高等学校机械类专业教材

机械制造技术

主　编　王　冬　颜兵兵
副主编　张　霞　王新荣　张莉君
参　编　奚　琪　杜佳兴　张　坤　黄德臣

机械工业出版社

本书以机械类本科专业毕业要求为导向，在认真总结和汲取教育教学改革、教材整合与改革成果的基础上编写而成。除绪论外，主要内容有机械制造过程概述、金属切削理论基础、金属切削机床与夹具、常用切削加工方法与刀具、机械加工工艺设计基础和先进制造技术。

本书以机械制造工程内容导入，继而分述制造过程各环节所涉及的基本概念、基本理论和技术方法、机床设备及工艺装备的工作原理与应用实践等，将理论与实践相融合，将传统制造技术与先进制造技术相结合，注重知识理论实用化，使学生在获取知识的同时，注重对学习能力和分析解决工程技术问题能力的培养。

本书可供高等院校和职业院校机械工程类、近机械类专业及其他工程类专业使用，也可作为相关工程技术人员的参考书。

图书在版编目（CIP）数据

机械制造技术/王冬，颜兵兵主编. —北京：机械工业出版社，2023.5
（2024.7重印）
高等学校机械类专业教材
ISBN 978-7-111-72747-7

Ⅰ.①机… Ⅱ.①王… ②颜… Ⅲ.①机械制造工艺-高等学校-教材 Ⅳ.①TH16

中国国家版本馆 CIP 数据核字（2023）第 040048 号

机械工业出版社（北京市百万庄大街22号 邮政编码100037）
策划编辑：余 皡　　　　　责任编辑：余 皡　杜丽君
责任校对：张晓蓉　于伟蓉　　封面设计：王 旭
责任印制：郜 敏
中煤（北京）印务有限公司印刷
2024年7月第1版第2次印刷
184mm×260mm·17.75 印张·435 千字
标准书号：ISBN 978-7-111-72747-7
定价：59.00元

电话服务　　　　　　　　　网络服务
客服电话：010-88361066　　机 工 官 网：www.cmpbook.com
　　　　　010-88379833　　机 工 官 博：weibo.com/cmp1952
　　　　　010-68326294　　金 书 网：www.golden-book.com
封底无防伪标均为盗版　　　机工教育服务网：www.cmpedu.com

前　　言

"机械制造技术"课程是机械制造领域的主要技术基础课程,与"金工实习"环节相呼应,也为后续"工艺装备设计""生产实习""毕业设计"等环节服务。所讲授的基本概念、基本理论和基本方法是构成学生科学素养的重要组成部分,是学生专业能力素质养成的基础,是一个机械学科科学工作者和工程技术人员应必备的知识。本书的宗旨也是为培养机械制造相关领域工程技术人才服务。

本书以机械类本科专业毕业要求为导向,按照专业规范及课程教学大纲的要求,以科学性、系统性、实用性、先进性为目标进行编写,力争适应不同类型、不同层次学校的教学需要。

全书除绪论外共分为 6 章。绪论部分介绍制造业在国民经济中的地位和作用,课程的主要内容、任务与要求;第 1 章为机械制造过程概述,介绍生产组织与生产过程,初步建立机械制造过程的概念;第 2 章为金属切削理论基础,介绍金属切削基本知识、基本规律及应用实践;第 3 章为金属切削机床与夹具,介绍机床与夹具的类型、工作原理、结构特点及应用实践;第 4 章为常用切削加工方法与刀具,介绍各种金属的基本切削加工方法、工艺特点与应用实践,以及切削刀具的工作原理、结构与选用;第 5 章为机械加工工艺设计基础,通过对零件结构工艺性分析,合理确定零件表面加工方案,合理选择机床设备及工艺装备,进行零件加工工艺规程设计;第 6 章为先进制造技术,介绍以"微细加工""纳米制造"等为代表的先进制造技术的工作原理、类型与方法、工艺过程及应用。

本书在编写过程中借鉴了黑龙江省属高等学校基本科研业务费科研项目(2021-KYY-WF-0562)、黑龙江省高等教育本科教育教学改革研究重点委托项目(SJGZ20220123)、佳木斯大学教育教学改革研究项目"专业认证教育理念引领下的课程教学模式构建"(ZYRZ2021-04)、"专业认证背景下机械制造技术基础课程教学的改革与建设"(2021JY1-05)的研究成果,可供高等院校和职业院校机械工程类、近机类专业及其他工程类专业使用,也可作为相关工程技术人员的参考书。

本书由王冬、颜兵兵任主编,张霞、王新荣、张莉君任副主编,奚琪、杜佳兴、张坤、黄德臣参加编写。具体编写分工如下:王冬负责编写绪论、第 2 章、4.1 节和 4.3 节,颜兵兵负责编写第 1 章、4.5 节和 4.6 节,张霞负责编写 3.2 节、3.3 节、3.5 节和 3.6 节,王新荣负责编写第 5 章,张莉君负责编写第 6 章,奚琪负责编写 4.2 节和 4.8 节,杜佳兴负责编写 4.4 节,张坤负责编写 3.1 节和 3.4 节,黄德臣负责编写 4.7 节。全书由李小海主审。

本书在编写过程中得到了许多兄弟院校同行、企业专家的大力支持和帮助,并提出了许多宝贵的修改意见,在此表示衷心的感谢!

教育及教材都是不断发展的,由于作者的水平有限,书中难免存在不妥之处,望读者批评指正和提出宝贵意见。

编　者

目　　录

前言

绪论 ………………………………………………………………………… 1

第1章　机械制造过程概述 ……………………………………………… 4
1.1　机械制造过程中的生产组织 ……………………………………… 5
1.2　生产过程与工艺过程 ……………………………………………… 7
1.3　工件的安装 ………………………………………………………… 10
1.4　案例分析——机械制造过程示例 ………………………………… 15
思考与练习题 …………………………………………………………… 18

第2章　金属切削理论基础 ……………………………………………… 20
2.1　基本定义 …………………………………………………………… 20
2.2　刀具材料 …………………………………………………………… 32
2.3　金属切削过程中的物理现象 ……………………………………… 36
2.4　金属切削条件的合理选择 ………………………………………… 57
2.5　综合训练 …………………………………………………………… 64
思考与练习题 …………………………………………………………… 67

第3章　金属切削机床与夹具 …………………………………………… 70
3.1　机床概述 …………………………………………………………… 70
3.2　机床的运动与传动 ………………………………………………… 76
3.3　CA6140机床传动与结构 …………………………………………… 85
3.4　通用机床及夹具简介 ……………………………………………… 95
3.5　数控机床 …………………………………………………………… 118
3.6　综合训练——CA6140机床的主轴箱拆装与测绘 ……………… 128
思考与练习题 …………………………………………………………… 131

第 4 章　常用切削加工方法与刀具 ……………………………… 134
4.1　车削加工 ………………………………………………………… 134
4.2　铣削加工 ………………………………………………………… 149
4.3　刨削、插削及拉削加工 ………………………………………… 157
4.4　钻、扩、铰削及镗削加工 ……………………………………… 168
4.5　渐开线齿形加工 ………………………………………………… 175
4.6　磨削加工 ………………………………………………………… 183
4.7　数控加工 ………………………………………………………… 194
4.8　综合训练 ………………………………………………………… 200
思考与练习题 …………………………………………………………… 206

第 5 章　机械加工工艺设计基础 ………………………………… 209
5.1　零件的结构工艺性分析及毛坯的选择 ………………………… 209
5.2　定位基准的选择 ………………………………………………… 213
5.3　零件主要表面的加工方案确定 ………………………………… 216
5.4　机械加工工艺过程设计 ………………………………………… 220
5.5　机床和工艺装备的选择 ………………………………………… 223
5.6　综合训练 ………………………………………………………… 224
思考与练习题 …………………………………………………………… 231

第 6 章　先进制造技术 ……………………………………………… 234
6.1　先进制造技术概述 ……………………………………………… 234
6.2　快速成型制造技术 ……………………………………………… 235
6.3　精密、超精密加工技术 ………………………………………… 239
6.4　微细加工技术 …………………………………………………… 244
6.5　纳米制造技术 …………………………………………………… 260
6.6　高能束加工技术 ………………………………………………… 263
思考与练习题 …………………………………………………………… 274

参考文献 ……………………………………………………………… 275

绪论

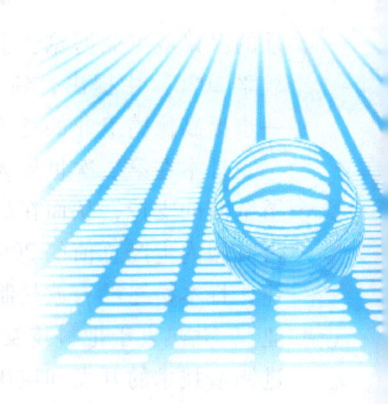

1. 制造业在国民经济中的地位和作用

制造业是一个国家经济发展的基础，是国民经济的支柱产业，是区别发展中国家和发达国家的重要因素，在世界发达国家的国民经济中占有重要份额。世界上任何一个经济强大的国家，无不具有发达的制造业，许多国家的经济腾飞，制造业功不可没。

早在18世纪60年代，传统工场手工业的生产已经不能满足市场的需要，以英国人瓦特改良了蒸汽机为标志，在英格兰中部地区率先开始工业革命，由一系列技术革命引起了从手工劳动向动力机器生产转变的重大飞跃，促使工业（特别是制造业）迅速发展。随后工业革命传播到英格兰再到整个欧洲大陆，到19世纪已传播到北美地区，后来，工业革命传播到世界各国。到20世纪初，制造业的迅猛发展为欧美一些国家带来了空前的经济发展和繁荣。

19世纪末，美国工业产值已超越英国，居世界第一位，约占世界工业总产值的1/3，成为世界第一工业强国。第二次世界大战结束后，在日本、德国等国家强劲竞争的背景下，美国制造业领先地位逐渐受到威胁。20世纪70年代，随着国外成本优势的不断增强，美国走向"去工业化"时代，普通工业机械、汽车、机电产品等传统装备制造开始大量向海外转移，1983年美国轿车产量首次被日本超过，同时机床的竞争力下滑。21世纪初，美国经济虽然成功向高端产业转移，但美国本土整体制造业占GDP的比重却逐年下降，制造业增速无法跟上美国经济的整体增速，就业率也随之下降。美国在"去工业化"时代加速向金融、房地产、服务业等虚拟经济领域转移并逐渐过度依赖，同时本土制造业进一步向新兴工业化国家外流，"产业空心化"态势严重。2008年金融危机后，美国政府开始反思虚拟经济过度发展带来的弊端，并认识到制造业等实体经济在整个国民经济中的地位和作用，近年来提出并实施了"再工业化"计划，号召让制造业重回美国。2018年，发布的《美国先进制造业领导战略》中提出，先进制造业是美国经济实力的引擎和国家安全的支柱。

德国是一个老牌制造业强国，经过几百年的工业革命、技术革命的洗礼，目前已经形成了一整套高效的经济社会发展体系，经济总量居欧洲首位。德国凭借强大的机械和装备制造业在工业制造方面一直处于欧洲"领头羊"的地位，是全球制造业中最具竞争力的国家之一，"德国制造"享誉全球。2009年—2012年间，欧洲深陷债务危机，德国经济却一枝独秀，依然坚挺，它增长的动力来自其基础产业为制造业所维持的国际竞争力。在2013年4

月的汉诺威工业博览会上德国正式提出"工业 4.0"战略，并在 2019 年发布的《国家工业战略 2030》中提出，到 2030 年德国制造业比重从 23% 提高到 25% 的目标。其目的是为了进一步提高德国工业的竞争力，在新一轮工业革命中占领先机，发挥制造业的重要作用。

日本在第二次世界大战后，先后提出技术立国和新技术利国等口号，对制造业的发展给予全面的支持，从而在战后短短的 30 年里，一跃成为世界经济大国。日本制造业的规模约占其国内生产总值的 20%，高于欧美等其他发达国家。不同于欧美等国更为重视信息化产业，日本始终没有放松制造业的发展。20 世纪 70、80 年代，当美国把制造业视为"夕阳工业"，并热衷于把科技发展的重点置于高新技术和军用技术时，日本就把主要精力投入到先进制造技术的开发和应用上，从而在国际竞争中后来居上，动摇了美国的技术领先地位。进入 21 世纪后，日本依然坚信制造业是立国之本，并清醒地认识到，信息化离不开发达的制造业，大力发展信息技术的同时不能降低制造技术的重要性。

在我国社会发展的工业化进程中，新中国成立之初，是一个典型的农业大国，工业基础非常薄弱，产业体系很不完善，工业化水平很低。改革开放后，实施"请进来"和"走出去"的战略，积极参与全球经济的竞争与合作。特别是 2002 年加入世贸组织以后，不断优化投资融资和营商环境，吸引全球跨国巨头纷纷落户我国，促使我国迅速成为"世界工厂"，中国制造行销全球，在 2010 年超越美国成为全球第一大制造国。按照联合国工业发展组织的数据，中国是全球唯一拥有全部制造业门类的国家，制造业 22 个大类行业的增加值均居世界前列；在世界 500 种主要工业品种中，目前有约 230 种产品产量位居全球第一。2012 年到 2021 年间，我国全部工业增加值由 20.9 万亿元增加到 37.3 万亿元，其中制造业增加值从 16.98 万亿元增加到 31.4 万亿元，年均增长 7% 左右。传统产业改造升级加快，数字化绿色化转型全面推进。高技术制造业和装备制造业占规模以上工业增加值比重分别从 2012 年的 9.4%、28% 提高到 2021 年的 15.1% 和 32.4%。如我国新能源汽车的产销量连续 7 年位居世界第一；2021 年，我国集成电路产业在全行业的销售额首次突破万亿元，从 2018 年至 2021 年复合增长率约为 17%，是同期全球增速的 3 倍多。同时着力培育优质企业，规模以上工业企业研发经费总额和投入强度成倍提升，新产品销售收入占业务收入的比重从 11.9% 提高到 22.4%，570 多家工业企业入围全球研发投入 2500 强。我国已培育 4 万多家"专精特新"中小企业、4762 家"小巨人"企业、848 家制造业单项冠军企业。近 10 年来，我国制造业规模实力不断步壮大，创新能力也有显著提升。

回顾世界经济的发展历程，发展制造业始终是世界大国实现工业化和迈向现代化的重要途径。近年来，制造技术的专业化不仅创造了更高的生产率和更先进的生产方式，而且先进的制造技术正系统地、全方位地改造升级着传统的制造技术。制造业作为高新技术的载体，直接体现了一个国家的生产力水平。工业强国都有一定规模和比例的制造业，特别是以先进制造业作为支撑。

当前，全球正以一种全然不同于以往的工业化进程，着力发展先进制造业，保持制造业比重基本稳定。我国面临着改造提升已有产业的"机会窗口"，必须抓住这一重要机遇深入推进工业化。顺应新一轮科技革命和产业变革的趋势，在前沿技术产业和战略性新兴产业，以及智能化、绿色化、服务化等方面抓紧推进，实现从"中国制造"向"中国创造"转变、从"中国速度"向"中国质量"转变、从"中国产品"向"中国品牌"转变，进而迈向全球价值链的中高端。

2. 本教材的主要内容

制造就是将有关资源（如物料、能量、资金、人力资源、信息等）按照人的需求转变为新的、更有应用价值的资源的过程和行为活动。制造业是将可用资源、能源与信息，通过制造过程转化为可供人们使用或利用的工业产品或生活消费品的行业，如人类的生产工具、消费产品、武器装备等。而机械制造业是以机械、仪器、仪表为主要生产制造对象的工业，通常所说的机械制造就是指生产制造上述对象的全部行为过程。

在机械制造过程中，按照人们所需的目的，运用主观掌握的知识和技能，利用可以利用的客观物质工具和有效方法，使原材料转化为物质产品的过程所施行的全部手段，就是机械制造技术，具体来说，它包括机械制造过程中所涉及的一切理论和实践、硬件和软件等。就本书而言，机械制造技术是以与机械制造冷加工过程相关的技术理论与装备为主要研究对象的应用性技术。

本教材在内容上以传统制造技术为基础，与先进制造技术相结合，详尽阐述金属切削理论与刀具技术，金属切削机床类型、典型结构及应用，常规加工方法与先进制造技术的工艺特点、应用案例及零件加工工艺流程等相关基本理论知识。同时加强技能训练，注重理论知识实践应用化，将理论与实践相融合，将传统制造工艺与现代制造工艺相结合。

3. 本课程的任务与要求

"机械制造技术"课程是机械类和近机械类专业的主干课程，随着科学技术及行业的发展，"宽口径、厚基础"已成为机械类和近机械类专业本科人才的主流培养理念，本课程性质为专业基础课，所讲授的基本概念、基本理论和基本方法是构成学生科学素养的重要组成部分，是学生专业能力素质养成的基础，是一个机械学科科学工作者和工程技术人员所必备的知识，为培养研究和解决机械制造相关领域的复杂工程技术问题的人才服务。学习本课程的主要任务是，掌握机械制造工程原理与技术方面的工程基础知识，能够应用机械制造工程原理与技术去分析和表达机械工程技术问题，能够针对制造过程中的工程技术问题提出可行的解决方案，设计满足使用要求的零部件加工工艺流程。

为此，学习本课程的具体要求如下：

1）了解机械制造过程及其生产组织；

2）掌握金属切削过程中的基本概念，理解并运用金属切削过程中的基本规律，能够合理选择切削条件；

3）熟悉金属切削机床及工艺装备的工作原理、结构特点与工艺范围，分析实际加工条件，合理选择金属切削机床及工艺装备；

4）掌握金属切削机床传动系统及刀具设计方法，能正确表达机床传动系统及刀具设计过程并具有实用性；

5）掌握加工方法的综合应用、机械加工工艺设计，合理制定零件加工的工艺规程；

6）具备现代制造技术的知识理念，把握其发展方向，能够在机械制造过程中合理应用和选用现代制造技术和设备；

7）通过综合训练与案例分析，将理论知识与工程实践相结合，提高解决实际问题的能力和创新能力。

第 1 章
机械制造过程概述

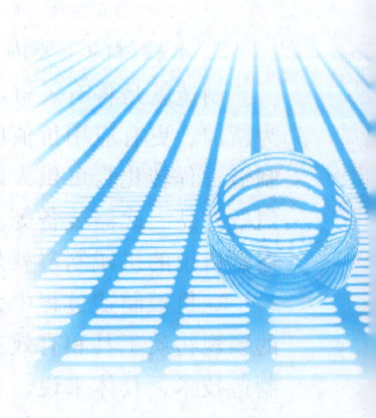

机器是由零件、部件组成的，机器的制造过程也就包含了从零部件加工、装配到整机总装的全部过程，如图 1-1 所示。零件是组成机器的最小单元，如一个螺母、一根轴等。毛坯经机械加工，满足技术要求后成为零件。部件是两个及以上零件结合成的机器的一部分，可划分组件（或合件）等若干层次。

将若干零件结合成部件的过程称为部装过程；将若干零件、部件结合成一台完整的机器（产品）的过程，称为总装过程。装配过程都要依据装配工艺要求，应用相应的装配工具和技术完成，各级装配的质量都会影响整机的性能和质量。零部件经总装之后，还要经过检验、试验、涂装等一系列辅助过程才能成为合格的机械产品。

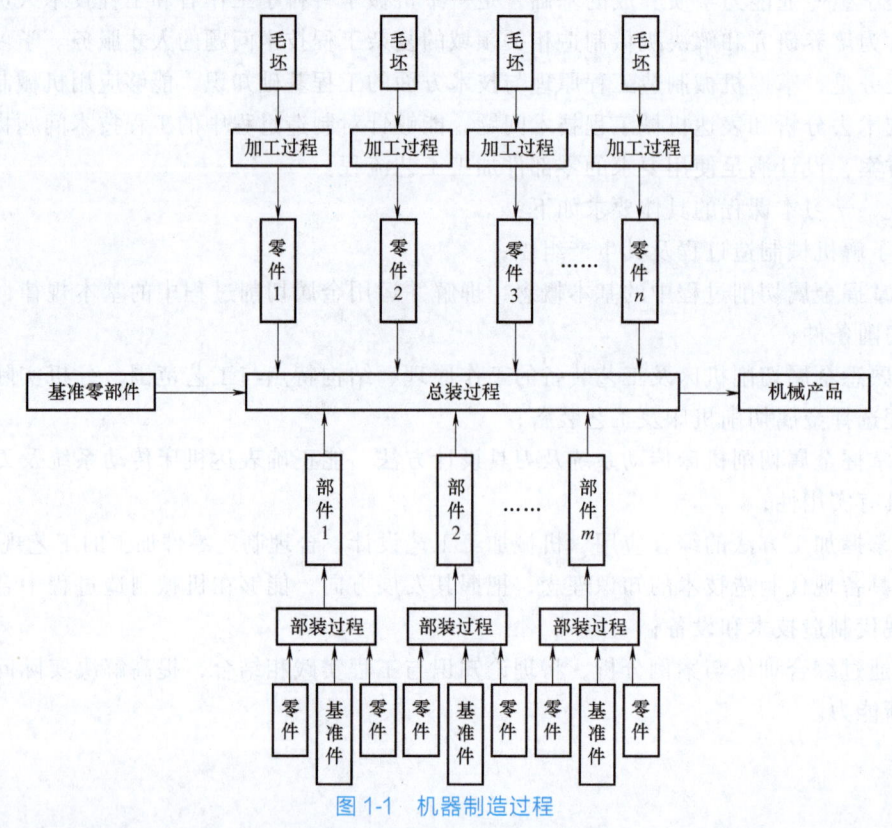

图 1-1 机器制造过程

1.1 机械制造过程中的生产组织

机械产品的制造过程是一个复杂的过程，往往需要经过一系列的机械加工过程和装配过程才能完成。对制造过程的要求是优质、高效、低耗，以取得最佳的经济效益。不同的产品其制造过程各不相同，即使是同一产品，在不同的情况下其制造过程也可能不相同。

确定一种产品的制造过程，不仅取决于产品自身的结构、功能特性、精度要求的高低以及企业的设备技术条件和水平，更取决于市场对该产品的种类及产量的要求。即产品的种类及产量决定着制造过程，决定着生产系统的构成，从而形成了不同的生产过程，这些不同的综合反映就是企业生产组织类型的不同。

1.1.1 生产纲领

生产纲领是企业根据市场的需求和自身的生产能力决定的、在计划生产期内应当生产的产品产量和进度计划。计划期为一年的生产纲领称为年生产纲领。

零件的年生产纲领的计算公式为

$$N = Qn(1+\alpha+\beta) \tag{1-1}$$

式中　N——零件的年生产纲领（件/年）；
　　　Q——产品的年产量（台/年）；
　　　n——每台产品中该零件的件数（件/台）；
　　　α——该零件的备品率；
　　　β——该零件的废品率。

年生产纲领是设计制定工艺规程的最重要依据，根据生产纲领并考虑资金周转速度、零件加工成本、装配、销售、储备量等因素，以确定该产品一次投入生产的批量和每年投入生产的批次，即生产批量。从市场角度看，产品的生产批量首先取决于市场对该产品的容量、企业在市场上占有的份额，该产品在市场上的销售和寿命周期等，市场决定生产的作用越来越突出。

1.1.2 生产组织类型

生产纲领决定工厂的生产过程和生产组织，包括确定各工作地点的专业化程度、加工方法、加工工艺、设备和工装等。例如，机床生产与汽车生产的工艺特点和专业化程度就不同；若产品相同，生产纲领不同，也会有完全不同的生产过程和专业化程度，即生产组织类型不同。

根据生产专业化程度不同，生产组织类型分为单件生产、成批生产、大量生产三种。其中，成批生产又可以分为大批生产、中批生产和小批生产。表1-1所列为各种生产组织类型的划分。从工艺特点上看，单件生产与小批生产相近，大批生产和大量生产相近。因此，在生产中一般按单件小批、中批、大批大量生产来划分生产组织类型，并按这三种类型归纳其工艺特点，见表1-2。

单件小批生产是指生产的产品数量不多，生产中各工作地点的工作很少重复或不定期重复的生产。例如，重型机械等的生产，各种机械产品的试制、维修生产等。在单件小批生产时，其生产组织的特点是要适应产品品种的灵活多变。

中批生产是指产品以一定的生产批量成批地投入制造，并按一定的时间间隔周期性地重复生产。每一个工作地点的工作内容周期性地重复。一般情况下，机床的生产多属于中批生产。在中批生产时，采用通用设备与专用设备相结合的方式，以保证其生产组织满足一定的灵活性和生产率的要求。

大批大量生产是指在同一工作地点长期进行一种产品的生产，其特点是每一工作地点长期的重复同一工作内容。大批大量生产一般是具有广阔市场且类型固定的产品，例如汽车、轴承、自行车等。大批大量生产过程中，广泛采用自动化专用设备，按工艺顺序流水线方式组织生产，生产组织的灵活性（即柔性）差。

表1-1 各种生产组织类型划分

生产组织类型	零件年生产纲领（件/年）		
	重型机械	中型机械	轻型机械
单件生产	≤5	≤20	≤100
小批生产	>5~100	>20~200	>100~500
中批生产	>100~300	>200~500	>500~5000
大批生产	>300~1000	>500~5000	>5000~50000
大量生产	>1000	>5000	>50000

表1-2 各种生产组织类型的工艺特点

类　型	单件小批生产	中批生产	大批大量生产
加工对象	经常变换	周期性变换	固定不变
毛坯及加工余量	模样手工造型，自由锻，加工余量大	金属模或模锻，加工余量中等	金属模机器造型、压铸、精铸、模锻，加工余量小
机床设备及其布置形式	通用机床，按类别和规格大小，采用机群式布置	通用机床与专用机床结合，按零件分类，采用流水线与机群式结合的方式布置	专用机床，按流水线或自动线布置
夹具	通用夹具、组合夹具和必要的专用夹具	专用夹具、可调夹具	高效专用夹具
刀具和量具	通用刀、量具	通用刀、量具和专用刀、量具结合	高效专用刀、量具
工件装夹方法	划线找正装夹，必要时用通用或专用夹具	部分划线找正，多用夹具装夹	专用夹具
装配方法	配刮	配刮或互换装配	互换装配
生产率	低	一般	高
成本	高	一般	低
操作工人技术要求	高	一般	低

应该指出，前面阐述的是在传统生产方式和传统概念下的生产组织类型，在数控加工设备和柔性生产没有出现和应用之前，是相当行之有效的。它遵循的是批量法则，即根据不同的生产纲领，组织不同层次的刚性生产线及自动化生产方式。随着市场经济和科学技术的发

展，人民的生活水平不断提高，市场需求的变化越来越快，传统的大批大量生产方式越来越不适应市场对产品换代的需要。新产品在市场上能够为企业创造较高利润的"有效寿命周期"越来越短，迫使企业要不断地更新产品。尤其数控加工设备和柔性生产制造系统技术的出现和发展，使得产品更新换代更快，推动了传统的大批、大量生产向着多品种、灵活高效的方向发展。新概念下的生产组织的类型正向着"以科学发展新观念为动力、以新技术、新设备为基础，以社会市场需求为导向"的柔性自动化生产方式转变。一些技术较先进、率先发展的大、中型企业通过技术改造，使各种生产类型的工艺过程都向着柔性化的方向发展。当然，一些中、小批量产品的生产企业，改革发展要有一个时间过程。传统的技术理论仍有许多有用的价值，也是现代理论的发展基础。

1.2 生产过程与工艺过程

除了天然物产，人类生产、生活中使用的各类产品大都需要经过一系列的生产制造活动和时间周期才能完成。如从采矿开始，把矿石运到原材料制造厂，经过熔炼变成各种原材料，将原材料运到机械制造厂，采用各种加工方法，将它们制造成机器零件，再将机器零件装配成具有一定性能的机械装备。

1.2.1 生产过程

机械制造厂将产品所需要的原材料或半成品转变为成品的全过程就是该产品的生产过程。产品的生产过程基本流程如图1-2所示，它包括：原材料准备；毛坯制造；零件机械加工与热处理；零件装配成机器、机器的质检及试运行和机器包装。例如，汽车的生产过程如图1-3所示。

原材料准备 → 毛坯制造 → 零件机械加工与热处理 → 零件装配成机器 → 机器的质检及试运行 → 机器包装

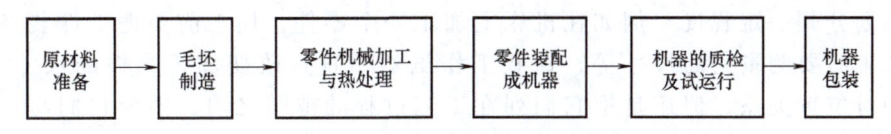

图1-2 产品生产过程的基本流程

机械制造厂的生产以车间为单位进行，产品的生产过程又可分为若干车间的生产过程，甲车间所用的原材料（或半成品），可能是乙车间的成品，而乙车间的成品又可能是其他车间的原材料（或半成品），例如铸造车间或锻造车间的成品是机加车间的原材料或半成品，而机加车间的成品又是装配车间的原材料（或半成品）等。

1.2.2 工艺过程

1. 工艺过程的概念与分类

在上述产品的生产过程中，凡是直接改变生产对象的形状、尺寸、性质以及相对位置关系等，使之成为成品或半成品的过程统称为工艺过程。

原材料经过铸造或锻造（冲压、焊接）等方法制成铸件或锻件毛坯，这个过程就是铸造或锻造工艺过程，统称为毛坯制造工艺过程，它主要改变了材料的形状和性质；在机械加工车间，使用各种工具和设备将毛坯加工成零件，主要改变其形状和尺寸，称为机械加工工

机械制造技术

图 1-3 汽车的生产过程

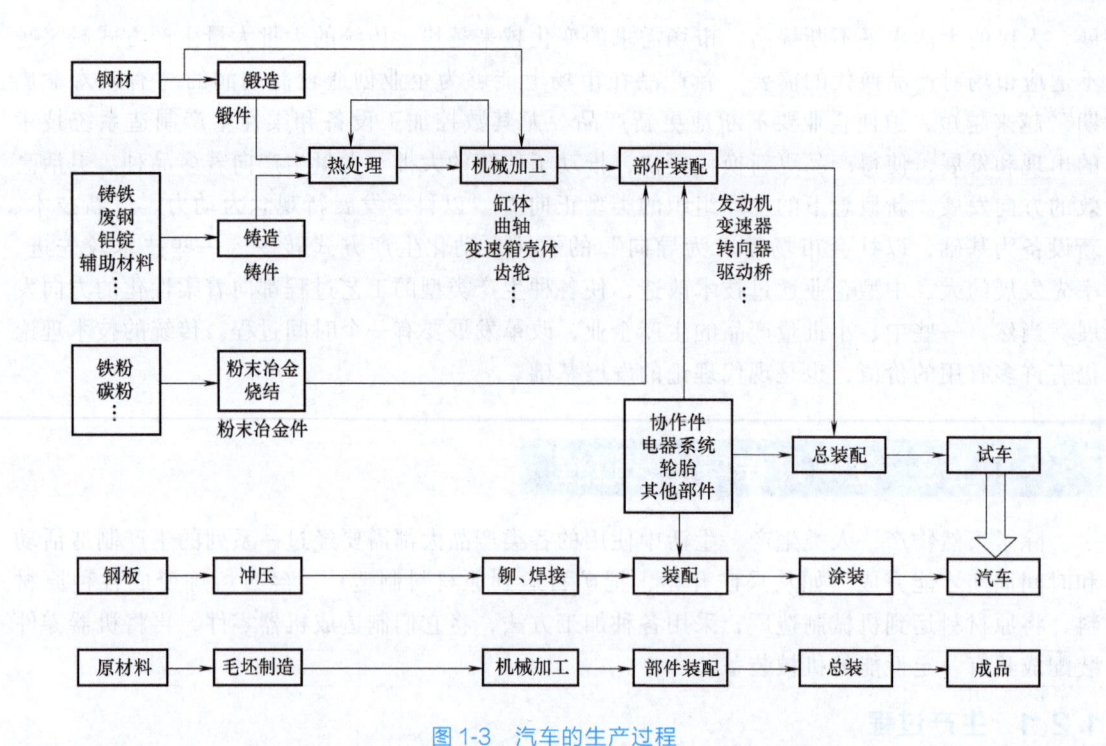

艺过程；将加工好的零件，按一定的装配技术要求装配成部件或机器，是改变了零件之间的相对位置，称为机械装配工艺过程。

除工艺过程外，生产过程中的其他过程，称为辅助过程，例如统计报表、动力供应、运输保管、工具的制造修理等。当然，把工艺过程从生产过程中划分出来，只能有条件地划分到一定程度，例如在机床上加工一个零件，加工前要把工件装夹到机床上去，加工后要测量它的尺寸等，这些工作虽然不直接改变加工零件的尺寸、形状、性质和相对位置关系，但还是把它们列在工艺过程的范畴之内，因为它们与加工过程密切相关，难以分割。

2. 机械加工工艺过程

一个机械零件，大都要经过毛坯制造、机械加工、热处理等阶段才能成为合格的成品，它涉及到许多加工方法的应用，这些加工方法完整有序地排列起来，就形成了零件的机械加工工艺过程。零件加工通过的整个路线称为工艺路线（或工艺流程）。工艺路线是制定工艺过程和进行车间分工的重要依据。

零件的加工工艺过程由若干个基本单元（即工序）组成，而每一个工序又可分为安装、工位、工步和走刀。

工序是指由一个（或一组）工人在一个工作地点对一个（或同时对几个）工件连续完成的那一部分工艺过程。图 1-4 所示的阶梯小轴中，毛坯为锻件，各个表面都需要进行加工，单件小批生产的部分工艺过程见表 1-3。如上述示例中，每一个工序号所对应的加工内容都是在同一台机床上连续完成的，因而是一个工序，工序是生产组织和工时定额计算的基础依据。

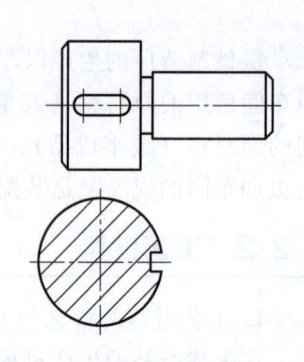

图 1-4 阶梯小轴

表 1-3　阶梯小轴单件小批生产的部分工艺过程

工序号	工序内容	机床设备
1	车一端面,钻中心孔;调头,车另一端面,钻中心孔	车床1
2	车大外圆及倒角;调头,车小外圆、切槽及倒角	车床2
3	铣键槽、去毛刺	铣床

（1）安装　如果一个工序中加工内容较多，要对工件几个方位的表面加工，需要工件处于不同的位置下才能完成，就需要相应地改变工件相对机床或夹具的位置，卸下再次装夹。采用传统的加工设备，有时需要对工件多次进行装夹，每次装夹下所完成的工序内容称为一次安装。比如阶梯小轴第1、2道工序的加工过程中，调头后重新进行装夹，这就是两次安装。重新安装往往都会影响重复定位的精度，所以要考虑减少安装次数和提高定位精度问题。若采用数控设备加工，通过工作台的转位可以改变刀具与工件的相对位置，使所需要的安装次数减少。五轴数控加工中心几乎可以通过一次安装，完成工件上除安装面以外的所有其他表面上的加工任务，减少了安装次数，并有效地保证了零件的尺寸精度和形状位置精度。

（2）工位　在一次安装过程中，通过工作台或某些机床夹具的分度、位移装置，使工件相对于机床变换加工位置，可以完成对工件不同表面位置的加工。工件在每一个加工位置上所完成的加工内容称为一个工位。如图1-5所示，该工件在具有分度机构的回转式钻床夹具上，有装卸工件、预钻孔、钻孔、扩孔、粗铰孔、精铰孔6个工位，并且这6个工位可同时进行工作。在机械加工中，采用多工位夹具，可减少工件的安装次数，减少定位误差，还可以缩短工序时间，提高生产率。

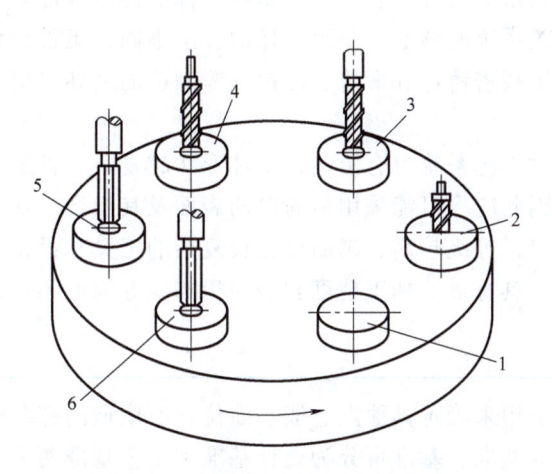

图1-5　圆盘零件的钻、扩、铲孔加工
1—装卸工件　2—预钻孔　3—钻孔
4—扩孔　5—粗铰孔　6—精铰孔

（3）工步　在同一个工位上，要完成不同的表面加工时，在加工表面、刀具、主运动转速和进给量不变的情况下所完成的加工内容，称为一个工步。

（4）走刀　在一个工步内，刀具在加工表面每切削一次所完成的工步内容，称为一次走刀。

1.3 工件的安装

工件作为加工对象，是机械加工过程的核心，工件的结构特征、加工表面类型及技术要求等都直接影响加工方法、刀具的选择及夹具的设计等，即加工方法、加工设备及工艺装备、加工工艺过程确定都取决于工件。经过加工的工件，其加工质量满足技术要求方可作为机械零件使用。

1.3.1 工件概述

1. 工件的毛坯

毛坯是工件的基础，毛坯的种类和质量直接影响机械加工质量，选择确定毛坯，要在保证零件要求的前提下，减少机械加工劳动量。还要充分重视利用新工艺、新技术、新材料，使零件总性价比最好。毛坯的种类有铸件、锻件、压制件、冲压件、焊接件、型材和板材等。

2. 工件的加工质量要求

工件加工质量包括加工精度和表面质量两方面。具有绝对准确参数的零件称为理想零件。加工精度是指工件加工后的几何参数（尺寸、形状和位置）与理想的零件几何参数的符合程度，符合程度越高，加工精度越高。从实际出发，零件很难、也不必要做得绝对精确，只要精度保持在一定范围，满足其功用即可。

工件表面质量指加工后表面的微观几何性能和表层的物理、力学性能，包括表面粗糙度、波度、表层硬化、残余应力等，它们直接影响零件的使用性能。

工件是机械加工工艺系统的核心。获得毛坯的方法不同，工件结构不同，机械加工工艺也有很大差别。例如，用精密铸造和锻造、冷挤压等制造的毛坯只要少量的机械加工，甚至不需加工。

工件的形状和尺寸对工艺系统也有影响，工件形状越复杂，被加工表面数量就越多，制造越困难，成本越高，因此应尽可能采用最简单的表面及其组合。加工精度和表面粗糙度的等级应根据实际要求确定，等级越高，越需要比较复杂的工具和设备，成本也就越高，在能满足工作要求的前提下，具有最低加工精度和表面粗糙度等级的零件，其工艺性最好。

1.3.2 工件的基准

所谓基准就是工件上用来确定其他点、线、面位置所依据的那些点、线、面。一般用中心线、对称线或平面作为基准。基准可分为设计基准和工艺基准两大类。

（1）设计基准 在零件设计图上所依据的基准，称为设计基准。如图 1-6a 中，A 面与 B 面互为设计基准；图 1-6b 中，$\phi 40mm$ 外圆面的中心线是 $\phi 60mm$ 外圆面的设计基准；图 1-6c 中，平面 1 是平面 2 与孔 3 的设计基准；孔 3 中心线是孔 4 和孔 5 的设计基准；图 1-6d 中，内孔 $\phi 30H7$ 的中心线是内孔 $\phi 30H7$、齿轮分度圆 $\phi 48mm$ 和齿顶圆 $\phi 50h8$ 的设计基准。

（2）工艺基准 零件在加工、检验和装配过程中所采用的基准，称为工艺基准。按其用途不同，工艺基准又分为工序基准、测量基准、定位基准和装配基准。

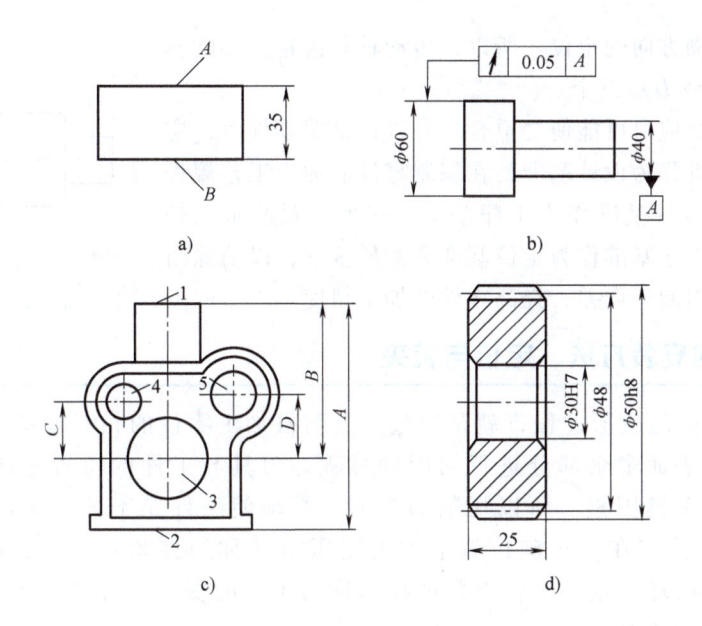

图 1-6 设计基准示例

1、2—平面 3~5—孔

1）工序基准：在工艺文件上用以确定本工序被加工表面加工后的尺寸、形状和位置的基准。如图 1-7a 所示，当加工端面 B 时，要保证工序尺寸 L_1，则端面 C 为工序基准。

2）测量基准：检验零件时，用以测量加工表面的尺寸、形状、位置等误差所依据的基准。例如，如图 1-7b 所示，检测尺寸 L_3 时，因为很难确定中心轴线 $O\text{-}O$ 的位置，实际是测量尺寸 L_5，此时，点 F 代表的圆柱的直母线就是测量基准；再如图 1-7c 所示，测量尺寸 L_2、L_4，端面 A 就是端面 B、C 的测量基准。

3）定位基准：加工时，使工件在机床或夹具中占据正确位置所用的基准。需要指出的是，定位基准不一定具体存在，而常用一些真实存在的表面来定位，这样的定位表面称为定位基准面。如图 1-7d 所示，在加工平面 E 时，定位基准为 ϕD_1 的轴线。定位基准面为外圆柱面 ϕD_1 与 V 形块相接触的母线 S、T。

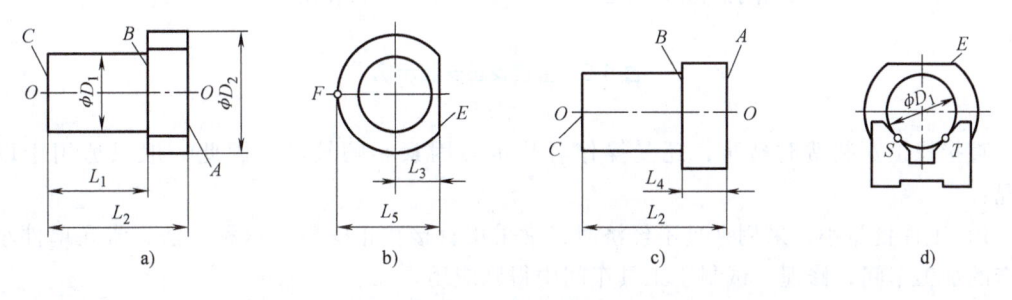

图 1-7 工序简图

4）装配基准：装配时用以确定零件、组件和部件相对于其他零件、组件和部件的位置所采用的基准。如图 1-8 所示，齿轮的内孔和传动轴的外圆 A 完成了二者的径向定位；齿轮的端面和传动轴的台阶面 B 完成了二者的轴向定位；通过键及键槽的侧面 C、D，实现了传动轴和齿轮的圆周方向的定位。所以，传动轴与齿轮的装配基准有 A、B、C（或 D）三个。

上述各种基准应尽可能使之重合。在设计机器零件时，应尽量选用装配基准作为设计基准，在编制零件的加工工艺规程时，应尽量选用设计基准作为工序基准；在加工及测量工件时，应尽量选用工序基准作为定位基准和测量基准，以消除由于基准不重合所引起的误差，提高零件的加工精度。

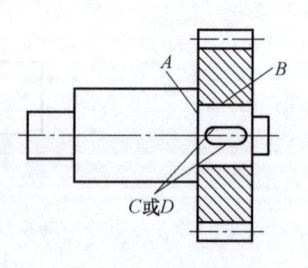

图 1-8 齿轮的装配

1.3.3 工件的安装方法、定位与装夹

机械零件表面的成形过程，就是通过刀具与被加工零件的相对运动，以及刀具切削刃对被加工零件表面多余部分进行切削的过程。刀具与工件的位置和运动精度是决定零件加工精度的关键因素。所以切削加工前，必须使工件在工艺系统内占据正确位置（称为定位），并使其在此正确位置上被夹紧压牢（称为夹紧），以保证加工过程中正确位置始终不被破坏。这一定位夹紧的操作称为工件的安装（或装夹），工件的安装是加工过程的基础和前提。

1. 工件的安装方法

常用的安装方法有直接找正安装、划线找正安装、用夹具安装。

（1）直接找正安装 是用百分表、划针或用目测，在机床上直接找正工件，使工件获得正确位置的方法，如图 1-9 所示。

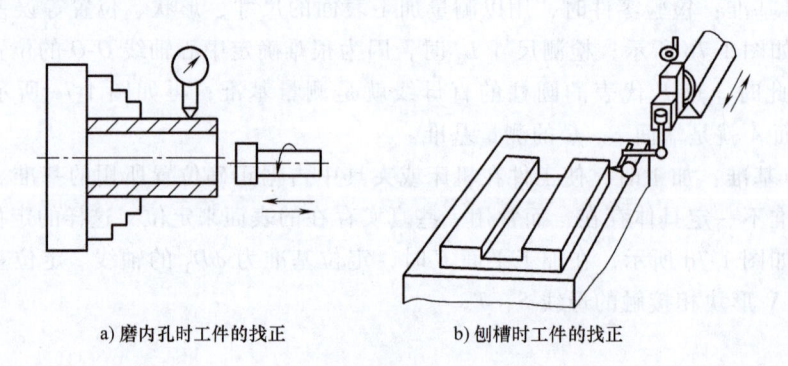

a) 磨内孔时工件的找正　　b) 刨槽时工件的找正

图 1-9 直接找正安装示例

直接找正安装费时费事，还受操作者技术等因素影响较大，因此一般只适用于以下情况：

1）工件批量小，采用夹具不经济时，常采用直接找正安装。这种方法，常在单件小批生产的加工车间，修理、试制、工具车间中得到应用。

2）对工件的定位精度要求特别高（例如小于 0.01~0.005mm），采用夹具不能保证精度时，只能用精密量具直接找正安装。

（2）划线找正安装 当零件形状很复杂时（例如车床主轴箱），采用直接找正安装会顾此失彼，这时就有必要按照零件图在毛坯上先划出中心线、对称线及各待加工表面的加工线，并检查它们与各不加工表面的尺寸和位置，然后按照划好的线找正工件在机床上的位置，如图 1-10 所示。对于形状复杂的工件，常常需要经过几次划线。划线找正的定位精度一般只能达到 0.2~0.5mm。

划线找正需要技术高的划线工，而且非常费时费力，因此它只适用于以下情况：

1) 批量不大，形状复杂的铸件。
2) 在重型机械制造中，尺寸和重量都很大的铸件和锻件。
3) 毛坯的尺寸公差很大，表面很粗糙，一般无法直接使用夹具时。

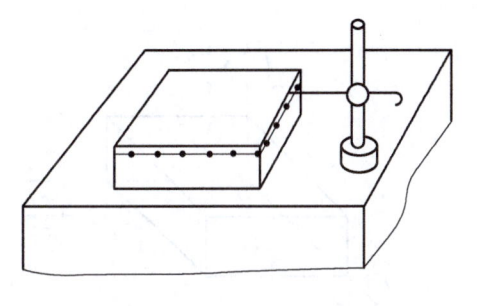

图 1-10 划线找正安装

(3) 用夹具安装 采用直接能够确定工件全部或部分位置、方向的工艺装备安装工件，可以大大提高效率和工件位置的一致性，这样的工艺装备就是夹具。如车床上的自定心卡盘、单动卡盘、顶尖等，又如刨床、铣床上的平口钳等。如图 1-11 所示，专用夹具是为某一工件的安装而专门设计的，工件的位置由夹具上的定位元件——底面上两块平行的支承板 1 和 2，侧面两支承钉 3 和 4，背面支承钉 5 来确定。侧面两支承钉 3 和 4 是保证尺寸 c，背面支承钉 5 是保证尺寸 a，而尺寸 b 由钻套来保证。

由此可知，用专用夹具安装工件不仅可以保证加工精度，而且能大大地提高生产率、缩短辅助时间，并减轻工人劳动强度，这种安装方法被广泛应用于成批及大量生产中。采用夹具安装工件，需要解决工件在夹具内的定位和夹紧问题，下面就对这一问题进行分析。

2. 工件的定位

当工件处于空间自由状态时，是无法对其进行切削加工而形成理想表面形状的。应如何正确确定工件相对机床或刀具的位置，进而实现工件的定位呢？

(1) 六点定位原理 如图 1-12a 所示，一个处于空间自由状态的物体，具有六个自由度，即沿三个互相垂直的坐标轴的移动自由度 $\vec{x}$、$\vec{y}$、$\vec{z}$ 和绕这三个坐标轴的转动自由度 $\hat{x}$、$\hat{y}$、$\hat{z}$。要确定物体在空间的位置，就是确定其六个空间自由度。同理，确定工件在机床或夹具上相对于和刀具的位置，即是限制工件的六个自由度。在实际生产中限制工件的自由度使其定位，往往是用定位元件对工件表面实施支承。如图 1-12b 所示，按照一定的顺序和位置，用合理分布的六个定位支承点就可以限制工件的六个自由度，这称为六点定位原理。

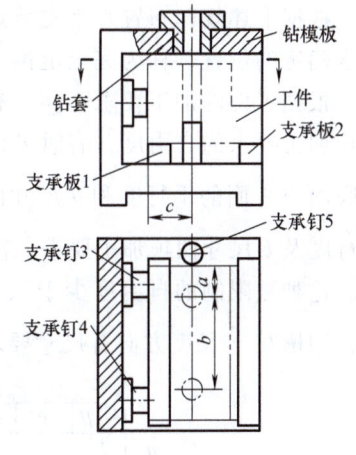

图 1-11 用专用夹具安装

(2) 常见定位方式分析 这里强调合理的顺序和位置分布，用且仅用六个定位支承点限制工件的六个自由度的理论很重要。工件底面布置三个支承点 (1、2、3)，而且不得在同一直线上，可限制 $\vec{z}$、$\hat{x}$、$\hat{y}$ 三个自由度，工件上此面称为主要定位基准；主要定位基准往往选择工件上最大的表面，且此三点组成的三角形越大，工件定位越平稳。

在工件的垂直侧面布置两个支承点 (4、5)，此两点的连线不能与主要定位基面垂直，

a)

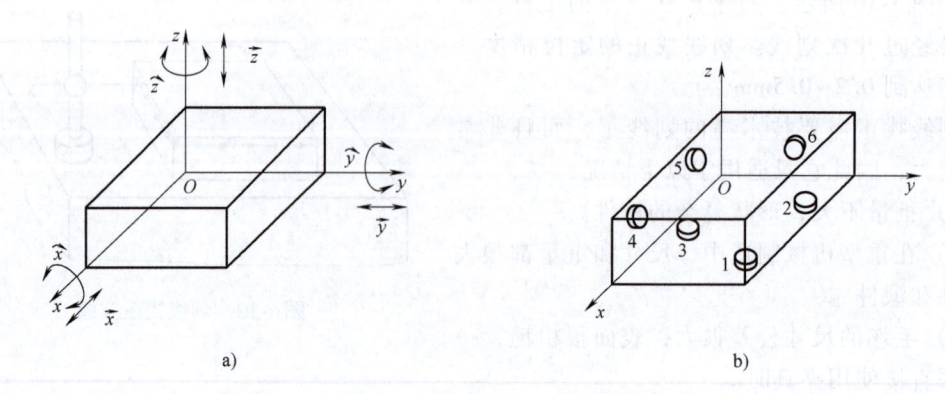

b)

图 1-12　六点定位原理

可限制 $\vec{y}$、$\hat{z}$ 两个自由度，工件上此面称为导向定位基准；此面尽量选择工件上窄长的表面，且此两点的距离要尽量远。

在工件上正垂直面上布置一个支承点（6），可限制 $\vec{x}$ 自由度，工件上此面称为止推定位基准。

根据上述规律布置六个支承点，则工件六个自由度被全部限制，因而工件在夹具中处于完全确定的位置，称为完全定位。

根据工件的加工要求不同，有些自由度对加工有影响，这样的自由度必须限制，有些不影响加工要求的自由度，有时可以不必限制。例如在四棱柱体工件上铣槽，如图 1-13 所示，槽底面与 A 面的平行度和 h 尺寸两项加工要求需限制 $\hat{x}$、$\hat{y}$、$\vec{z}$ 三个自由度；槽侧面与 B 面平行度及 b 尺寸两项加工要求，需限制 $\vec{y}$、$\hat{z}$ 两个自由度。若铣通槽，则 $\vec{x}$ 的自由度不必限制。这种被限制的自由度少于六个，但能保证加工要求的定位称为不完全定位。若铣不通槽，则槽在 $\vec{x}$ 长度方向有尺寸要求，此自由度 $\vec{x}$ 必须限制，这时就需要完全定位。

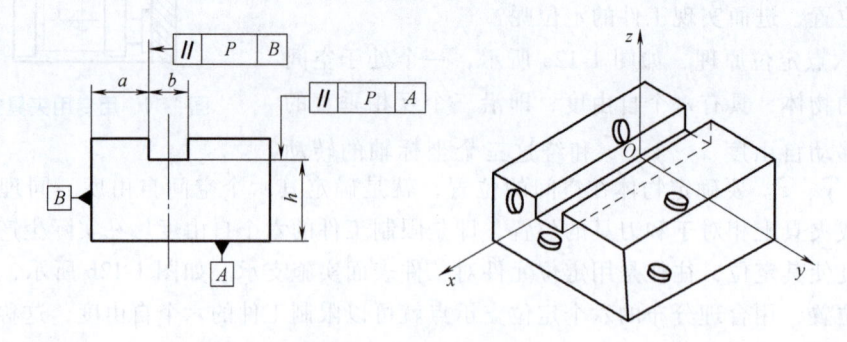

图 1-13　定位方案的确定

如上例中的零件，在底平面处只能用三个定位支承点，若设置了四个支承点，由于三点决定一平面，则其中必有一个是多余的，工件反而不稳定。几个定位支承点重复限制同一个自由度，这种定位现象称为过定位。过定位原则上不允许使用。只有在需要增强工件系统的刚度而各定位面间又有较高位置精度的条件下才允许采用。

如果上例中侧面减少一个支承点定位,则工件就有可能绕 z 轴旋转,这样,就无法保证槽与 B 面的距离和平行度。这种工件实际定位所限制的自由度数目少于按其加工要求必须限制的自由度数目的定位现象,称为欠定位。

能保证加工要求的定位,如不完全定位和完全定位,都称为正常定位。而不能保证加工要求的定位,如欠定位,称为非正常定位。

3. 工件的夹紧

工件在机械加工中要受到切削力、惯性力和重力等外力的作用。为保证工件在这些力的作用下不发生位移,避免机床、刀具的损坏及人身事故,并抑制振动,在工件完成定位后,还需要将其夹紧、压牢。夹具中对工件夹紧的机构装置称为夹紧装置。

(1) 夹紧装置的组成　夹紧装置分为手动夹紧和机动夹紧两类,根据结构特点和功用不同,典型夹紧装置一般由三部分组成。

1) 动力源装置。它用于产生夹紧力,是机动夹紧的必备装置,例如气压装置、液压装置、电动装置、磁力装置、真空装置等。图 1-14 中的活塞杆 4、活塞 5 和气缸 6 组成了气压装置。手动夹紧时,动力源由人力保证,没有动力原装置。

2) 传力机构。它是介于动力源和夹紧元件之间的机构,通过它将动力源产生的夹紧力传给夹紧元件,然后由夹紧元件完成最终对工件的夹紧。一般中间传力机构可以在传递夹紧力的过程中改变夹紧力的方向和大小,并可具有自锁性能。图 1-14 中的铰链杆 3 便是中间传力机构。

3) 夹紧元件。它是实现夹紧的最终执行元件,通过它和工件直接接触来完成夹紧工作。图 1-14 中的压板 2 就是夹紧元件。

(2) 对夹紧装置的基本要求　正确合理的选择夹紧装置,有利于保证工件的加工质量,提高生产率和减轻工人的劳动强度,因此对夹紧装置提出以下要求:

1) 夹紧过程可靠。夹紧不能破坏工件定位时所获得的正确位置。

2) 夹紧力大小适当。夹紧后的工件变形和表面压伤程度必须在加工精度允许的范围内。

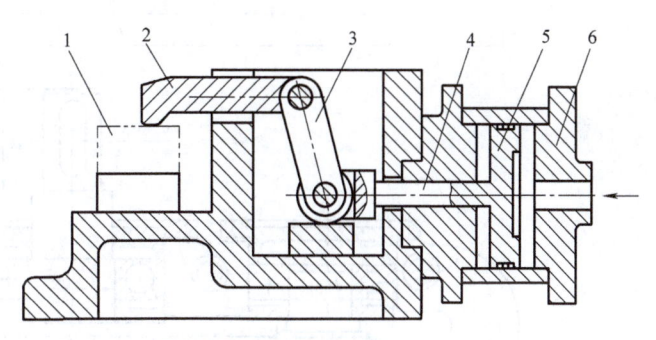

图 1-14　夹紧装置的组成

1—工件　2—压板　3—铰链杆　4—活塞杆　5—活塞　6—气缸

3) 结构性好。夹紧装置的结构力求简单、紧凑,便于制造和维修。

4) 操作性好。夹紧动作迅速、操作方便、安全省力。

1.4　案例分析——机械制造过程示例

新产品设计开发,要经过市场需求调查研究、产品功能价值定位、完成结构方案和全部设计,才能试制生产。一般是先完成总装配图设计,并区分标准件、非标准件,再逐个拆画完成非标准件的零件图。生产制造过程与设计过程顺序相反,即先要将各个零件合格地加工完毕，再根据机器的结构和技术要求，把这些零件装配、组合成合格产品。

下面就以小批量生产某减速器的制造过程为例，对机械制造过程加以简单阐述。

减速器包括几十种、近百个零件，其中除了标准件，所有非标准件都需要绘制零件图，并且逐个按图加工制造。减速器装配图如图 1-15 所示。

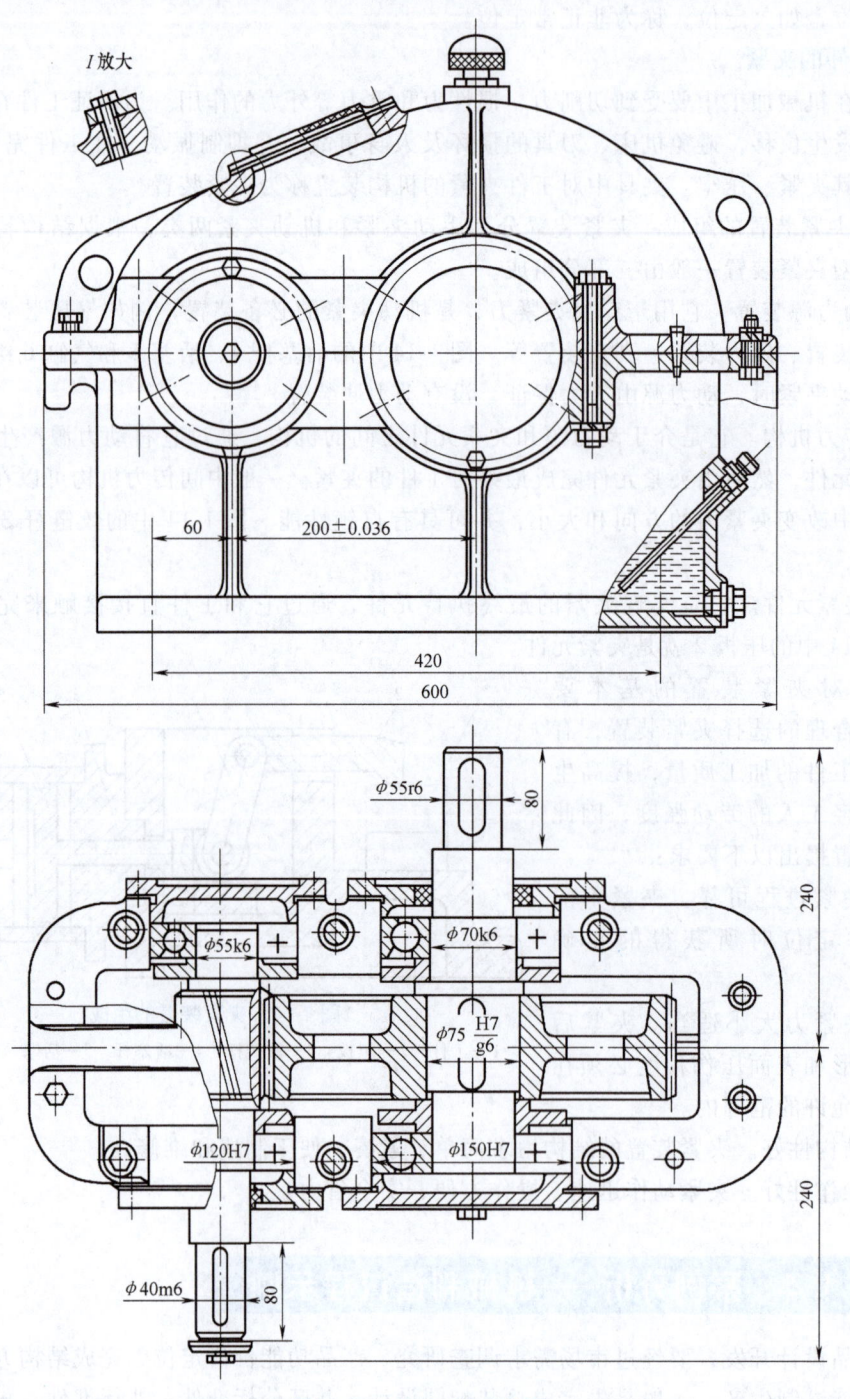

图 1-15　减速器装配简图

如前所述，机械制造过程的主要内容就是：毛坯制造（略）、零件加工、产品装配。下面仅以减速器底座（图1-16）和输出轴（图1-17）的零件的加工过程为例，结合零件简图及零件的加工工艺过程表（表1-4、表1-5）等，简单介绍这些零件的加工工艺过程和产品装配。

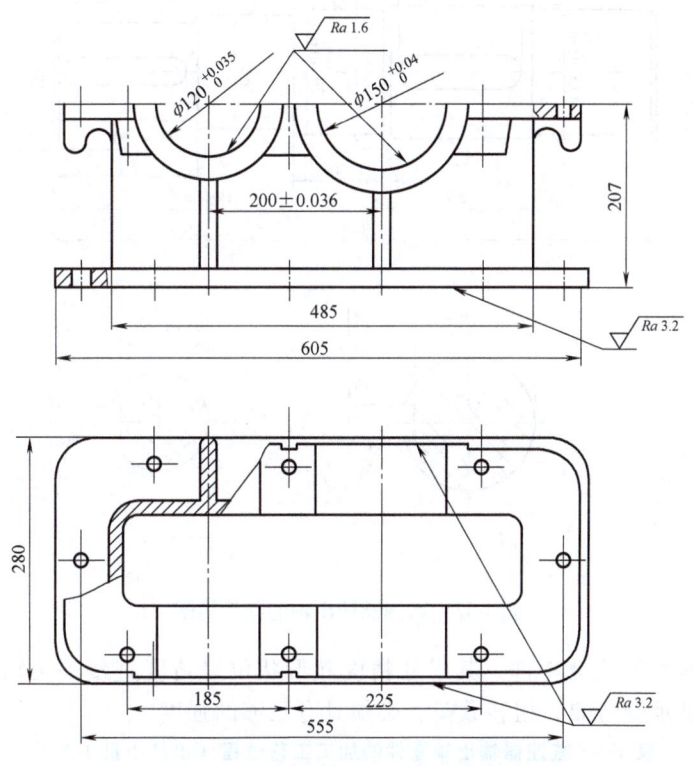

图 1-16 减速器底座的零件简图

底座零件是减速器的基础件，它是使轴及轴上组件具有正确位置和运动关系的基准，其质量对整机性能有着直接影响。对减速器箱体零件技术要求较高的加工表面主要有安装基面的底面、接合面和两个轴承支承孔。一般为了制造与装配方便，减速器箱体零件大都设计成分离式的结构，选用铸造毛坯。

表 1-4 减速器底座零件的加工工艺过程（单件小批生产）

工序号	工序内容	基准	加工设备
1	划底座底面及对合面加工线，划箱盖对合面及观察孔平面的加工线	根据对合面找正	划线平台
2	刨底座底面、对合面及两侧面；刨箱盖对合面、观察孔平面及两侧面	划线	龙门刨床
3	划连接孔、螺纹孔及销钉孔加工线	对合面	划线平台
4	钻连接孔、螺纹底孔	划线	摇臂钻床
5	攻螺纹孔、连接箱体	—	—
6	钻、铰销钉孔	划线	摇臂钻床
7	划两个轴承支承孔加工线	底面	划线平台
8	镗两个轴承支承孔	底面、划线	镗床
9	检验	—	—

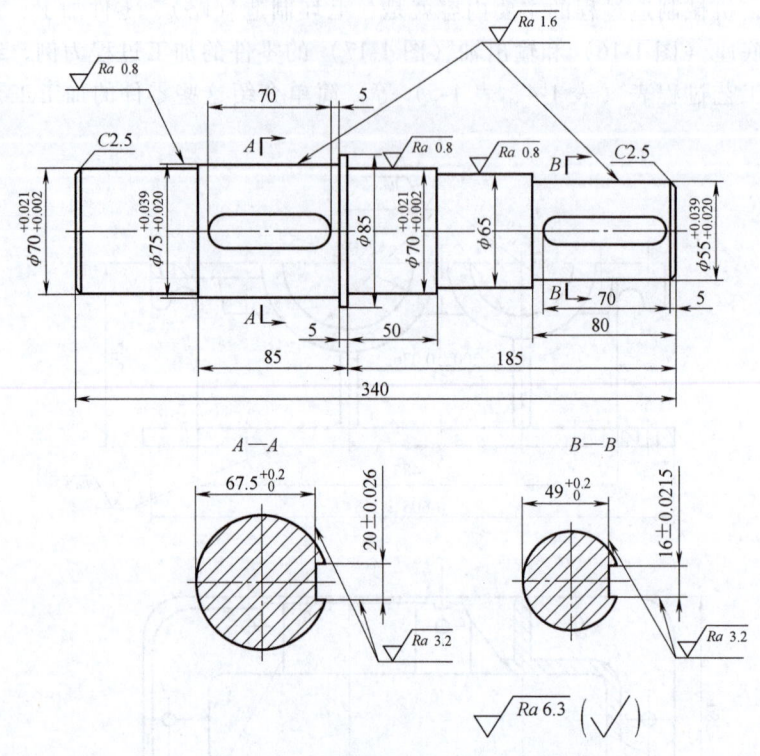

图 1-17 减速器输出轴的零件简图

输出轴是减速器的关键零件，其尺寸精度和形状位置精度直接决定轴上组件的回转精度。同时，输出轴承受弯曲、扭转载荷，必须具有足够的强度。

表 1-5 减速器输出轴零件的加工工艺过程（单件小批生产）

工序号	工序内容	设备
1	车端面、钻中心孔	车床
2	车各外圆、轴肩、端面和倒角	车床
3	铣键槽、去毛刺	铣床
4	磨外圆	磨床

除底座和输出轴零件外，各非标准零件也需逐个加工完成，本例从略。各件加工及采购完成后，则进入装配阶段。

思考与练习题

1-1 生产过程与工艺过程有何区别和联系？

1-2 怎样区分工艺过程中的工序、安装、工步和走刀？

1-3 什么是生产纲领、生产类型？简述各种生产组织类型的特点。

1-4 某机床厂年产 CA6140 型卧式车床 2000 台，已知机床主轴的备品率为 15%，机械加工废品率为 5%。试计算主轴的年生产纲领，并说明它属于何种生产类型，工艺过程有何

第1章　机械制造过程概述

特点。

1-5　何谓工件的基准？根据作用不同，可分为哪几种？

1-6　工件装夹的含义是什么？在机械加工中有哪几种装夹工件的方法？简述各种装夹方法的特点及应用场合。

1-7　何谓六点定位原理？何谓完全定位与不完全定位？何谓欠定位与过定位？

1-8　图 1-18 所示为安装工件时的三种定位方法，分析它们各限制了哪几个自由度，属于哪种定位方式。

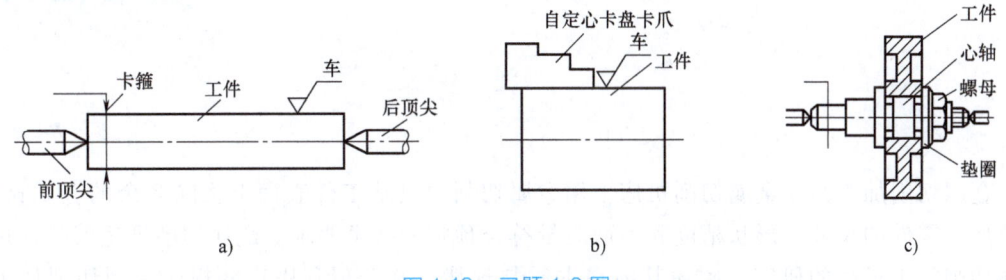

图 1-18　习题 1-8 图

1-9　根据图 1-19 所示工件加工要求，分析各工件所需要限制的自由度。

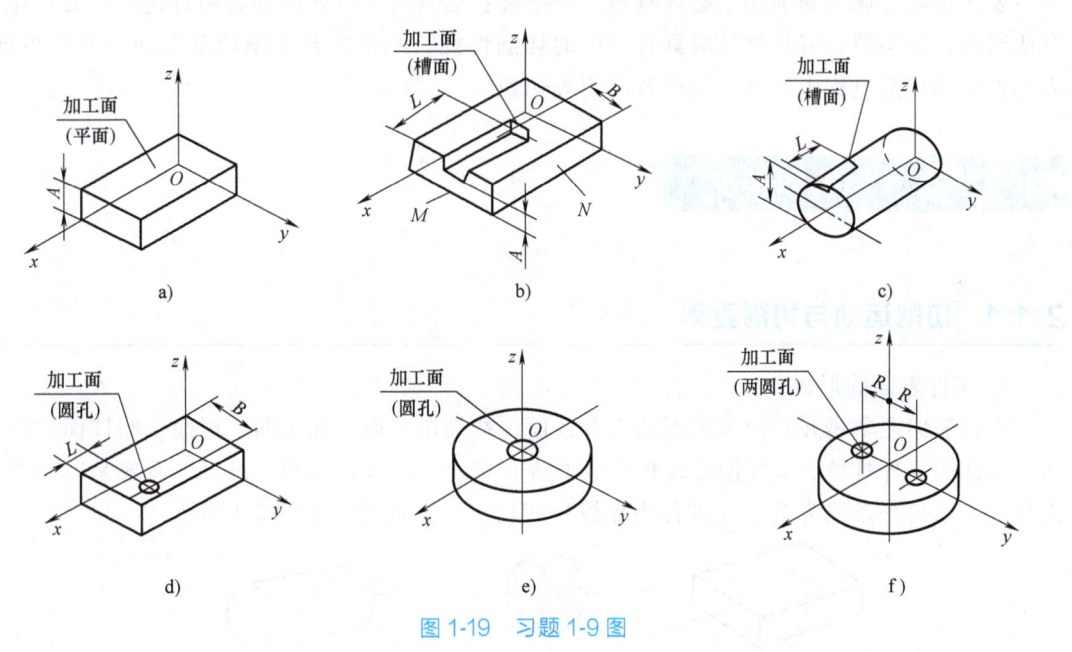

图 1-19　习题 1-9 图

第 2 章
金属切削理论基础

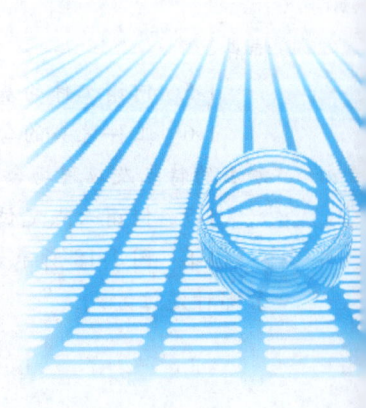

金属切削加工是在金属切削机床上用金属切削刀具从工件表面上去除多余的金属材料，使被加工零件的尺寸、形状精度和表面质量符合预定的技术要求。金属切削理论就是通过对金属切削加工过程的研究，阐述其内在本质与规律，并合理利用这些规律控制切削加工过程，以提高生产率、加工质量，降低加工成本。

要实现对金属的切削加工必须具备三个条件：刀具与工件之间要有相对运动；刀具应具有适当的几何参数；刀具材料应具有一定的切削性能。本章主要介绍切削运动、刀具角度、刀具材料和切削过程中的基本规律及应用等知识。

2.1 基本定义

2.1.1 切削运动与切削要素

1. 零件表面的形成

零件表面通常是几种简单表面的组合，而这些简单表面，如平面、球面、圆柱面、圆锥面、双曲面、外螺纹、直齿渐开线齿轮表面等，按照几何成形原理，都可以看成是以一条线为母线，以另一条线为轨迹（被称为导线）相对运动形成的，如图 2-1 所示。

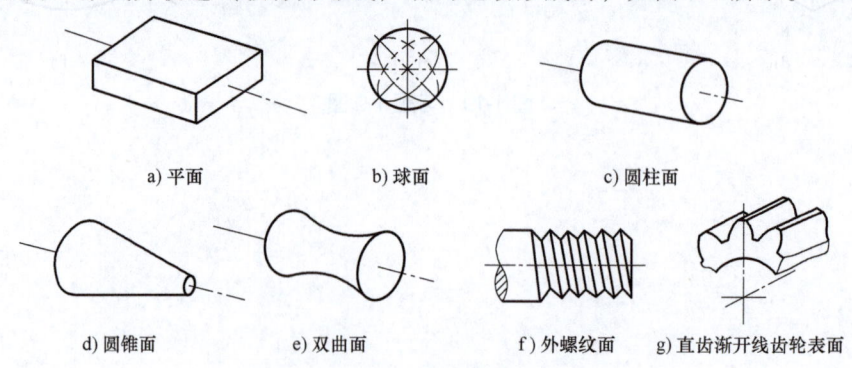

a) 平面　　b) 球面　　c) 圆柱面
d) 圆锥面　　e) 双曲面　　f) 外螺纹面　　g) 直齿渐开线齿轮表面

图 2-1　由简单表面形成的基本几何形体

平面是以一直线为母线，以另一直线为轨迹，做平移运动形成的；球面可视为一圆母线绕其直径回转而成的；圆柱面是以一直线为母线，绕另一平行线做圆周旋转运动形成的；直齿渐开线齿轮的轮齿表面，是由渐开线作母线，沿直线运动形成的。这类表面称为线性表面。形成工件上各种表面的母线和导线统称为发生线。

形成平面、圆柱面和直线表面的母线和导线，它们的作用可以互换，被称为可逆表面；而形成螺纹面、球面、圆环面和圆锥面等表面的母线和导线的作用不可以互换，则被称为非可逆表面。如前所述，零件的表面是几种简单表面的组合，那么这些组合而成的零件表面的总体获得方法，就可以是几种简单表面获得方法的组合。

按成形原理，零件表面的几何要素由发生线形成，在机械加工过程中，就是按照这些几何要素发生线的成形原理，加工形成零件的各表面。金属切削机床提供运动和动力，使工件与刀具之间，在保证正确的相对位置基础上，实现相对运动，结合刀具切削刃形状共同形成工件表面廓形。

可以看出，在零件加工过程中，工件或刀具或两者同时按一定规律运动，就可以形成发生线，进而形成所要求的表面。形成发生线的基本原理与方法可以分为以下四种，如图2-2所示。

（1）轨迹法　母线和导线都是刀具切削刃端点（刀尖）相对于工件的运动轨迹。如图2-2a所示，刀尖的运动轨迹和工件回转运动的结合，形成了回转成形面所需的母线和导线。

（2）成形法　刀具的切削刃廓形就是被加工表面的母线，导线是刀具切削刃相对于工件的运动形成的。如图2-2b所示，刨刀切削刃形状与工件曲面的母线相同，刨刀的直线运动形成直导线。

（3）展成法　如图2-2c所示，对齿廓表面进行加工时，刀具与工件间做展成运动，即

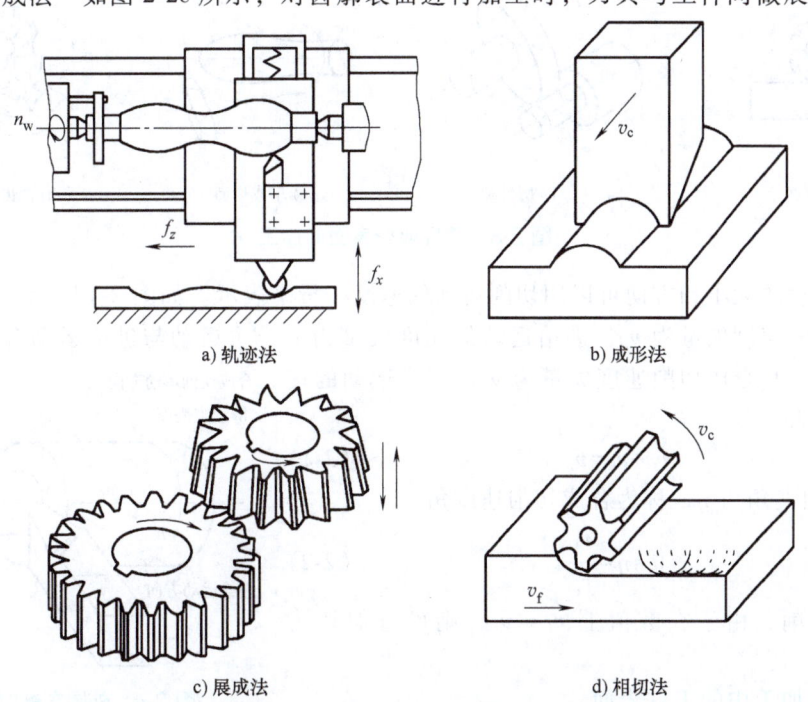

图 2-2　发生线的形成方法

啮合运动，切削刃各瞬时位置的包络线是齿廓表面的母线，导线是由刀具沿齿长方向的运动形成。

（4）相切法　如图 2-2d 所示，采用铣刀、砂轮等旋转刀具加工工件时，刀具的自身旋转运动形成圆形发生线，同时切削刃相对于工件的运动形成其他发生线。

2. 切削运动

切削运动又叫做表面成形运动，按保证金属切削过程的实现及切削过程的连续进行，可分为主运动和进给运动。零件典型表面的加工如图 2-3 所示。

（1）主运动　切下切屑所需的最基本的运动叫主运动。在切削过程中，主运动的速度最高，消耗的功率最大，且主运动只有一个。主运动可以是回转运动，如车削、钻削、铣削、磨削；也可以是直线运动，如拉削、刨削、插削等。

（2）进给运动　使切削能持续进行以形成工件所需表面的运动叫进给运动。一般情况下，进给运动的速度较低，消耗的功率小。进给运动的数量可以是一个或者几个，如车削外圆或端面时，只有一个进给运动；而外圆磨削时，有轴向、周向和径向三个进给运动。进给运动可以连续进行，如车外圆、钻孔和铣平面等；也可以间歇进行，如刨平面、插键槽等。

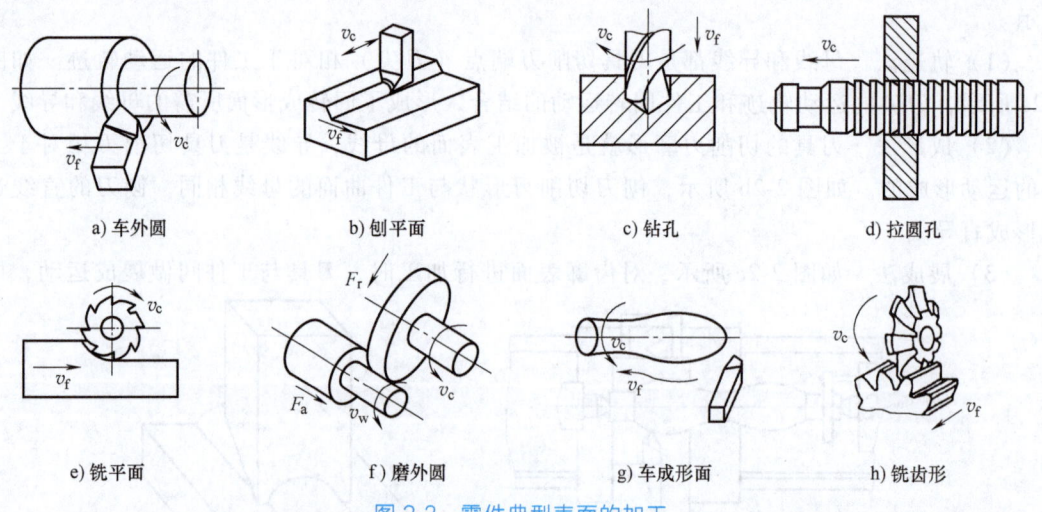

a) 车外圆　　b) 刨平面　　c) 钻孔　　d) 拉圆孔

e) 铣平面　　f) 磨外圆　　g) 车成形面　　h) 铣齿形

图 2-3　零件典型表面的加工

切削运动的大小和方向可以用切削运动的速度矢量来表示。如图 2-4 所示，在外圆车削时，主运动的速度矢量为 v_c，进给运动的速度矢量为 v_f，主运动与进给运动合成，得到合成切削运动，其合成切削速度矢量为 v_e，三个运动的速度矢量关系为

$$v_c + v_f = v_e \tag{2-1}$$

v_e 与 v_c 之间夹角为 η，称为合成切削速度角。

$$\tan\eta = \frac{v_f}{v_c} \tag{2-2}$$

对于外圆车削，由于在数值上 $v_f \ll v_c$，则可近似认为 $v_c \approx v_e$。

3. 切削加工中的工件表面

在刀具和工件相对运动的切削过程中，工件表面的

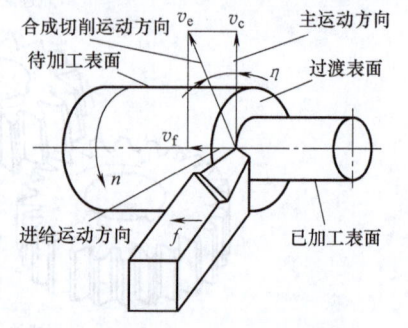

图 2-4　外圆车削时各速度矢量之间的关系

多余金属层不断被刀具切下转变为切屑,从而加工出所需要的工件新表面。因此在加工过程中,工件上有三个依次变化着的表面,如图2-5所示。

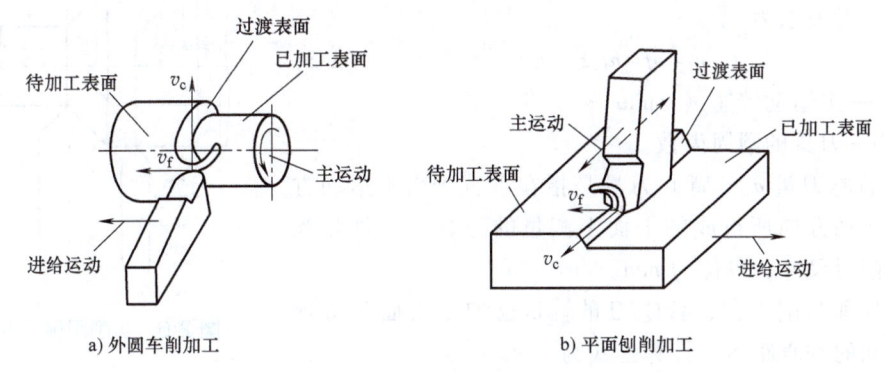

图2-5 切削过程中的工件表面
a) 外圆车削加工 b) 平面刨削加工

（1）待加工表面：加工过程中将要切除的工件表面。

（2）已加工表面：已被切除多余金属而形成符合要求的工件新表面。

（3）过渡表面（也称加工表面）：在待加工表面和已加工表面之间,加工过程中由切削刃在工件上即时形成、并在切削过程中将不断被切除和变化着的那部分表面。

4. 切削用量

切削用量包括切削速度 v_c、进给量 f（或进给速度 v_f、每齿进给量 f_z）和背吃刀量 a_p,这三个量的大小不仅对切削过程有着重要的影响,而且也是计算生产率、设计相关工艺装备的依据,故称为切削用量三要素,如图2-6所示。

（1）切削速度 v_c　单位时间内,工件与刀具沿主运动方向的相对位移称为切削速度,单位为 m/min 或 m/s。若主运动为回转运动（如车削、铣削、内外圆磨削、钻削、镗削等）,其切削速度 v_c 为工件或刀具最大直径处的线速度,计算公式为

$$v_c = \frac{\pi d n}{1000} \tag{2-3}$$

式中　d——刀具切削刃处的最大直径或工件待加工表面处的直径（mm）;

　　　n——刀具或工件的转速（r/min）。

若主运动为往复直线运动（如刨削、插削）,则切削速度 v_c 的平均值为

$$v_c = \frac{2 L n_r}{1000} \tag{2-4}$$

式中　L——往复运动的行程长度（mm）;

　　　n_r——主运动每分钟的往复次数。

（2）进给量 f　进给量即每转进给量,指主运动每转一转（即刀具或工件每转一转）时,刀具与工件间沿进给运动方向上的相对位移,单位为 mm/r。

进给量 f 用来表示进给运动的大小。同时,进给运动的大小还可以用进给速度 v_f 或每齿进给量 f_z 来表示。

进给速度 v_f 是指单位时间内刀具与工件沿进给运动方向上的相对位移,单位为 mm/min 或 mm/s。

对于多齿刀具而言（如麻花钻、铰刀、铣刀等）,当刀具转过一个刀齿时,刀具与工件

沿进给运动方向上的相对位移称为每齿进给量 f_z，单位为 mm/齿。

上述三者关系为

$$v_f = nf = nf_z z \qquad (2-5)$$

式中　n——主运动转速（r/min）；

　　　z——刀具的圆周齿数。

（3）背吃刀量 a_p　背吃刀量是指在垂直于由主运动方向和进给运动方向所组成的平面上测量的刀具与工件相互接触的切削层尺寸，单位为 mm。

对于外圆车削而言，背吃刀量就是已加工表面与待加工表面之间的垂直距离，计算公式为

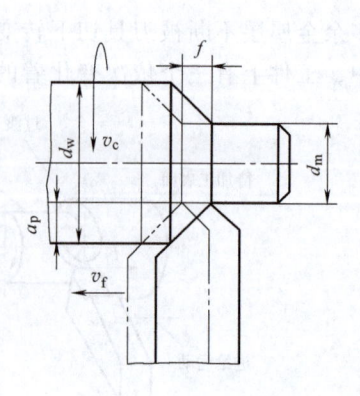

$$a_p = \frac{d_w - d_m}{2} \qquad (2-6)$$

图 2-6　切削用量三要素

式中　d_w——工件待加工表面处直径（mm）；

　　　d_m——工件已加工表面处直径（mm）。

对于钻孔，背吃刀量等于麻花钻直径的一半，即

$$a_p = \frac{d_o}{2} \qquad (2-7)$$

式中　d_o——麻花钻直径（mm）。

2.1.2　刀具角度

金属切削刀具的种类繁多，尽管它们的外形与结构不同，但切削部分具有共性，大都包括夹持部分（刀柄）和切削部分，有些刀具（如麻花钻）还有导向部分等。由于外圆车刀结构简单、应用广泛，具有代表性，下面以外圆车刀为例，说明刀具的结构及几何角度。

1. 刀具切削部分的结构要素

如图 2-7 所示，外圆车刀由刀头和刀杆两部分组成。刀杆是刀具的夹持部分，安装在机床的刀架上，其下表面为刀具的安装基准面，水平放置。刀头是刀具的切削部分，担负切削工作。刀具切削部分的结构要素如下：

（1）前刀面 A_γ　前刀面是切屑流经的刀面。

（2）主后刀面 A_α　主后刀面是指与工件的过渡表面相对的刀面，简称后刀面。

（3）副后刀面 A'_α　副后刀面是指与工件的已加工表面相对的刀面。

（4）主切削刃 S　主切削刃是前刀面与主后刀面的交线，它担负主要的切削工作。

（5）副切削刃 S'　副切削刃是前刀面与副后刀面的交线，它配合主切削刃工作并最终形成已加工表面。

（6）刀尖　主切削刃与副切削刃的交接部分称为刀尖，可分为尖点刀尖、圆弧刀尖和倒棱刀尖，如图 2-8 所示。

2. 刀具角度参考系

为了定义刀具的角度，引入若干假想的参考平面，由这些参考平面组成刀具角度参考系。刀具角度参考系可分为标注参考系和工作参考系。

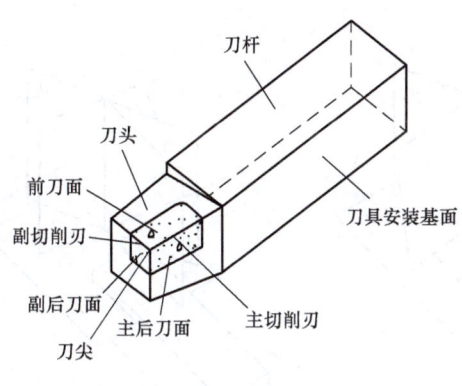

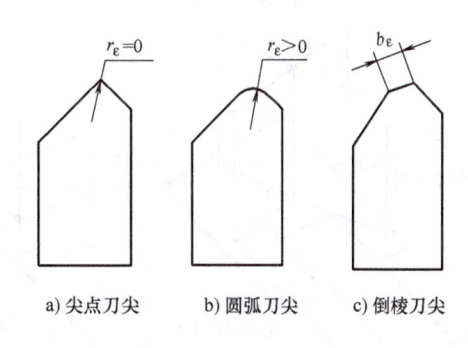

图 2-7　外圆车刀切削部分的结构

图 2-8　刀尖的形状
a) 尖点刀尖　b) 圆弧刀尖　c) 倒棱刀尖

（1）刀具标注参考系　刀具标注参考系又称为刀具静态参考系，是在两个假定条件下建立的。

1) 假定运动条件。不考虑进给运动的大小，即假设进给速度等于零。这样，可以用主运动的方向近似代替合成切削运动方向。

2) 假定安装条件。假定切削刃选定点与工件的中心线等高，并假定刀杆的中心对称线与进给运动方向垂直。

由于刀具切削刃上各点的运动情况可能不同，因此，在建立刀具标注参考系时，以切削刃上的某一指定点作为研究对象，这一点称为切削刃选定点。

刀具标注参考系主要有以下几个参考平面，如图 2-9 所示。

1) 基面 p_r。通过主切削刃选定点，与该点主运动方向垂直的平面，称为基面。它与车刀的安装基准面平行。

2) 切削平面 p_s。通过主切削刃选定点，与切削刃 S 相切，并与基面 p_r 垂直的平面称为切削平面，即主运动方向与切削刃在选定点处的切线所构成的平面。因此切削平面 p_s 必垂直于基面 p_r。

3) 正交平面 p_o。通过主切削刃选定点，同时垂直于基面 p_r 和切削平面 p_s 的平面称为正交平面。正交平面 p_o 必垂直于主切削刃 S 在基面 p_r 上的投影。同样，刀具副切削刃 S' 选定点上的正交平面也如此定义，称为副正交平面 p'_o。

由 p_r、p_s 及 p_o 组成正交平面参考系，三者相互垂直，如图 2-9a 所示。

4) 法平面 p_n。通过主切削刃选定点，垂直于主切削刃 S 的平面称为法平面。

由 p_r、p_s 及 p_n 组成法平面参考系，如图 2-9b 所示。

5) 假定工作平面 p_f。通过主切削刃选定点，与基面 p_r 垂直且与进给运动方向平行的平面称为假定工作平面，也就是主运动方向与进给运动方向所构成的平面。

6) 背平面 p_p。通过主切削刃选定点，同时垂直于基面 p_r 和假定工作平面 p_f 的平面称为背平面。

由 p_r、p_s 和 p_f（p_p）组成假定工作平面（背平面）参考系，如图 2-9c 所示。

需要说明的是，由于假定了运动和安装条件，在刀具标注参考系中确定的刀具角度时，往往不能确切地反映切削加工的真实情况。为此，还需建立刀具工作参考系。

a) 正交平面参考系　　b) 法平面参考系　　c) 假定工作平面(背平面)参考系

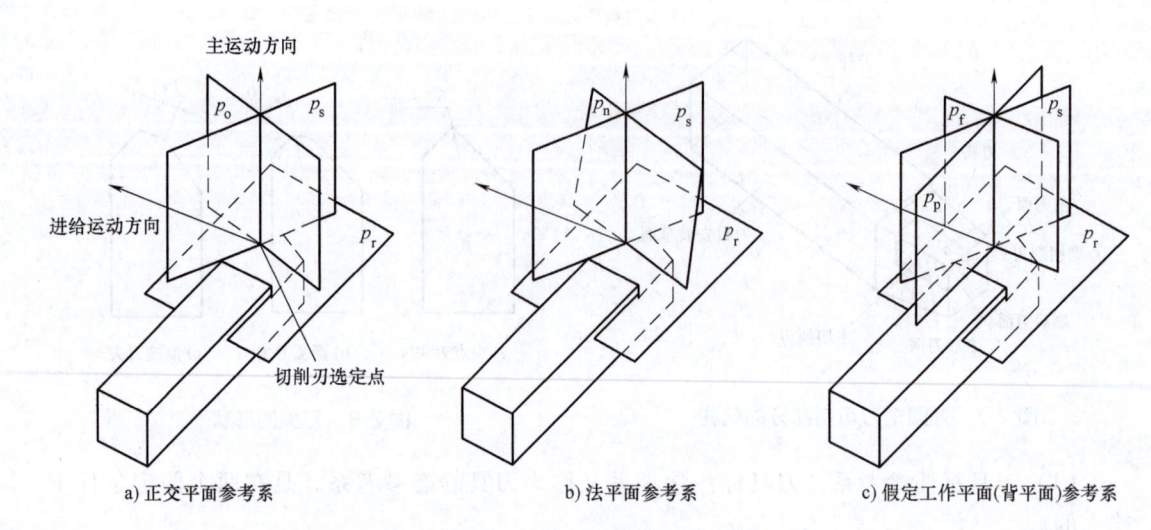

图 2-9　刀具标注参考系

（2）刀具工作参考系　刀具工作参考系又称刀具动态参考系，是考虑了刀具与工件之间的实际运动情况和实际安装条件下建立的参考系。刀具工作参考系中的参考平面要加"工作"二字，其符号要加注下标"e"，如工作基面用 p_{re} 表示，工作切削平面用 p_{se} 表示，以区别于刀具标注参考系。

刀具工作参考系的建立方法与刀具标注参考系一样，主要区别在于前者以合成运动方向为依据，而后者以主运动方向为依据。

1）工作基面 p_{re}。通过切削刃选定点，垂直于合成运动方向的平面称为工作基面。

2）工作切削平面 p_{se}。通过切削刃选定点，与切削刃相切，并垂直于工作基面 p_{re} 的平面称为工作切削平面。该平面包含合成运动方向。

其他参考平面，如工作正交平面 p_{oe}、工作法平面 p_{ne}、工作平面 p_{fe} 和工作背平面 p_{pe} 的定义与刀具标注参考系下的相应参考平面相似，这里不再赘述。

3. 刀具角度分类

刀具的切削刃或刀面在空间的方位角度称为刀具角度，可分为标注角度和工作角度。

（1）刀具的标注角度　在刀具标注参考系中确定的刀具角度，称为标注角度，也称刀具的静态角度。刀具的标注角度是在设计、制造和刃磨刀具时使用的角度。

在正交平面参考系（p_r—p_s—p_o）内标注的角度（图 2-10）：

1）前角 γ_o。前角是指在正交平面 p_o 中测量的前刀面 A_γ 与基面 p_r 之间的夹角。

2）后角 α_o。后角是指在正交平面 p_o 中测量的后刀面 A_α 与切削平面 p_s 之间的夹角。

刀具的前角和后角是有正负之分的。若基面 p_r 位于刀具实体之外，前角为正值；若基面 p_r 位于刀具实体之内，前角为负值；若基面 p_r 与前刀面 A_γ 重合，则前角为零度。后角 α_o 的正负判别方法与前角相同。

3）楔角 β_o。楔角是指在正交平面 p_o 中测量的前刀面 A_γ 与后刀面 A_α 之间的夹角。

由上述定义可知：

$$\gamma_o + \alpha_o + \beta_o = 90°$$

(2-8)

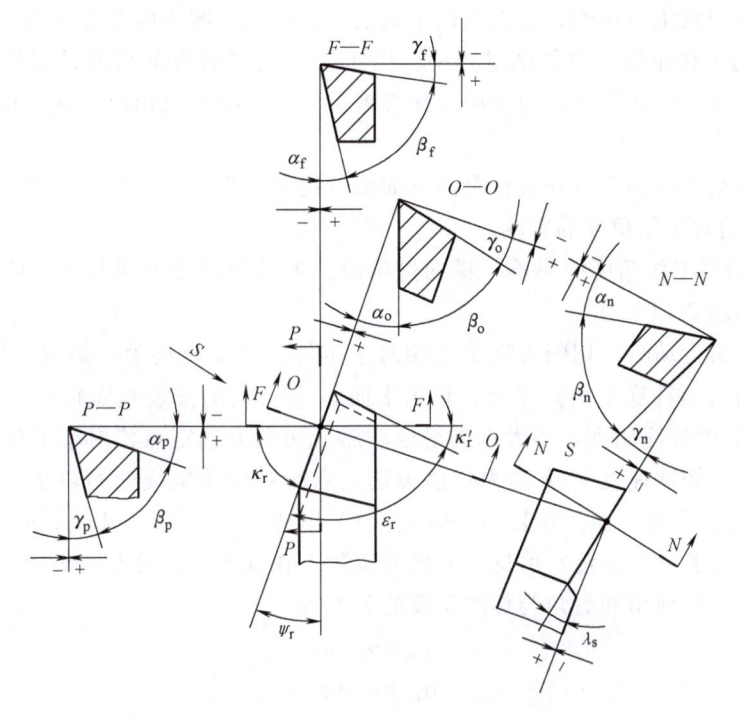

图 2-10 车刀的标注角度

4) 主偏角 κ_r。主偏角是指在基面 p_r 中测量的主切削刃 S 与进给方向之间的夹角。

5) 副偏角 κ'_r。副偏角是指在基面 p_r 中测量的副切削刃 S' 与进给方向之间的所夹的锐角。

6) 刀尖角 ε_r。刀尖角是指在基面 p_r 中测量的主切削刃 S 与副切削刃 S' 之间的夹角。

由图 2-10 可以看出：

$$\kappa_r + \kappa'_r + \varepsilon_r = 180° \tag{2-9}$$

7) 余偏角 ψ_r。余偏角是指在基面 p_r 中测量的主切削刃 S 与背平面 p_p 之间的夹角。

$$\kappa_r + \psi_r = 90° \tag{2-10}$$

8) 刃倾角 λ_s。刃倾角是指在切削平面 p_s 中测量的主切削刃 S 与基面 p_r 之间的夹角。刃倾角也有正负之分，如图 2-11 所示。判断方法是：将刀具水平放置，若刀尖位于切

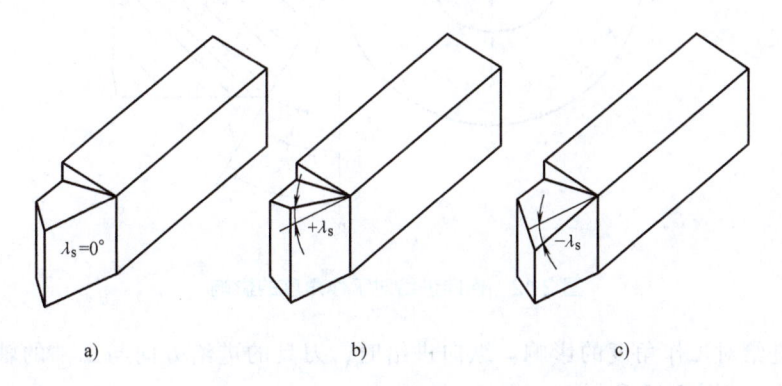

图 2-11 刃倾角的正负

削刃最高点，则刃倾角为正值；若刀尖位于切削刃最低点，则刃倾角为负值。

（2）刀具的工作角度　在切削过程中，由于受合成切削运动和刀具安装的影响，真正起作用的不是刀具的标注角度，而是由工作参考系下确定的刀具角度，这个角度称为刀具的工作角度。

下面针对进给运动和刀具安装情况两方面来叙述对刀具工作角度的影响。

1）进给运动对工作角度的影响。

① 横向进给对工作角度的影响。横向进给时，刀具的进给方向与工件的轴线垂直，以切断刀为例，如图 2-12 所示。

当不考虑进给运动时，切削刃选定点相对于工件的运动轨迹为一圆周，此时基面 p_r 与刀具的安装基面（刀杆底平面）平行，切削平面 p_s 与刀具的安装基面垂直，此时的前角 γ_o 和后角 α_o 为刀具的标注角度。当考虑进给运动后，切削刃选定点相对于工件的运动轨迹为一条螺旋线，合成切削速度 v_e 方向为切削刃选定点所对应螺旋线处的切线方向，工作基面 p_{re} 应与该切线方向垂直，而工作切削平面 p_{se} 与工作基面 p_{re} 垂直。于是，p_{re}、p_{se} 均相对于 p_r、p_s 逆时针转动了一个 η 角。可见，刀具的实际工作前角 γ_{oe} 增大，实际工作后角 α_{oe} 减小。刀具的实际工作前角和后角与标注角度的关系为

$$\gamma_{oe} = \gamma_o + \eta \tag{2-11}$$

$$\alpha_{oe} = \alpha_o - \eta \tag{2-12}$$

$$\tan\eta = \frac{v_f}{v_c} = \frac{f}{\pi d} \tag{2-13}$$

式中　η——合成切削速度角（°）；

d——切削刃选定点处工件的直径（mm）。

由式（2-13）可知，η 随着 d 的减小而增大，当切断刀切至靠近工件轴线时，刀具的工作后角 α_{oe} 为较小的负值，此时，工件不是被刀具切断的，而是被刀具的后刀面挤断的。

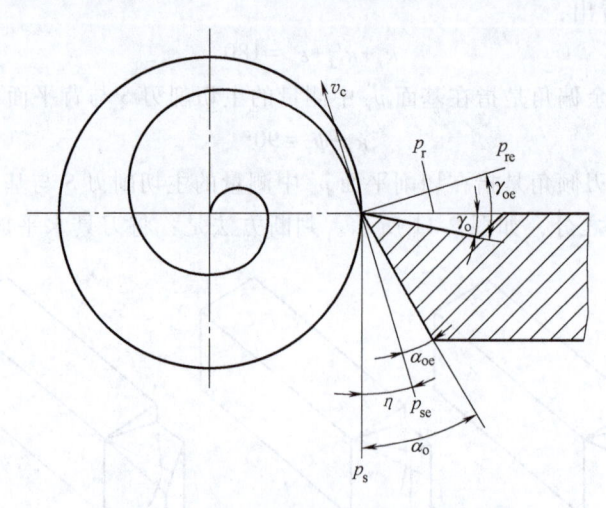

图 2-12　横向进给对工作角度的影响

② 纵向进给对工作角度的影响。纵向进给时，刀具的进给方向与工件的轴线平行，以外圆车削为例，如图 2-13 所示。

第2章 金属切削理论基础

与上述分析一样，当不考虑进给运动时，基面 p_r 与刀杆底平面平行，切削平面 p_s 与刀杆底平面垂直，此时侧前角 γ_f 和侧后角 α_f 为刀具的标注角度。当考虑进给运动后，工作基面 p_{re} 应与合成切削速度 v_e 方向垂直，而工作切削平面 p_{se} 与工作基面 p_{re} 垂直。在假定工作平面 p_f 中，p_{re}、p_{se} 均相对于 p_r、p_s 逆时针转动了一个 η_f 角。可以看出，刀具的实际工作前角 γ_{fe} 增大，实际工作后角 α_{fe} 减小，和标注角度的关系为

$$\gamma_{fe} = \gamma_f + \eta_f \tag{2-14}$$

$$\alpha_{fe} = \alpha_f - \eta_f \tag{2-15}$$

$$\tan\eta_f = \frac{f}{\pi d} \tag{2-16}$$

式中 η_f——假定工作平面中测量的合成切削速度角（°）；

d——切削刃选定点处工件的直径（mm）。

2）刀具安装对工作角度的影响。

① 切削刃选定点安装高低对工作角度的影响。以切断刀为例，如图 2-14 所示，若切削刃选定点高于工件中心线，工作基面 p_{re} 应与切削刃选定点处的主运动方向垂直（不考虑进给运动），而工作切削平面 p_{se} 与该点主运动方向平行，工作参考系相对于标注参考系转动了一个 μ 角。可见，刀具的实际工作前角 γ_{oe} 增大，实际工作后角 α_{oe} 减小。刀具的实际工作前角和后角与标注角度的关系为

$$\gamma_{oe} = \gamma_o + \mu \tag{2-17}$$

$$\alpha_{oe} = \alpha_o - \mu \tag{2-18}$$

$$\sin\mu = \frac{2h}{d} \tag{2-19}$$

式中 h——切削刃选定点高于工件中心线的距离（mm）；

d——切削刃选定点处工件的直径（mm）。

若切削刃选定点低于工件中心线，式（2-17）和式（2-18）中，μ 的符号相反。对于圆孔加工（如镗削），式（2-17）和式（2-18）中，μ 的符号相反。

② 刀杆中心线与进给方向不垂直对工作角度的影响。以外圆车削为例，如图 2-15 所示，此时，主要影响刀具实际工作主偏角 κ_{re} 和实际工作副偏角 κ'_{re}，与对应标注角度的关系为

$$\kappa_{re} = \kappa_r \pm G \tag{2-20}$$

$$\kappa'_{re} = \kappa'_r \mp G \tag{2-21}$$

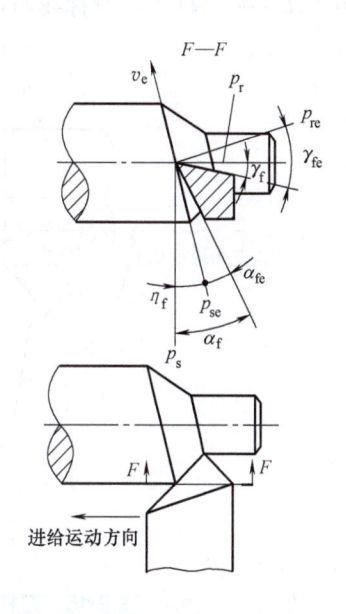

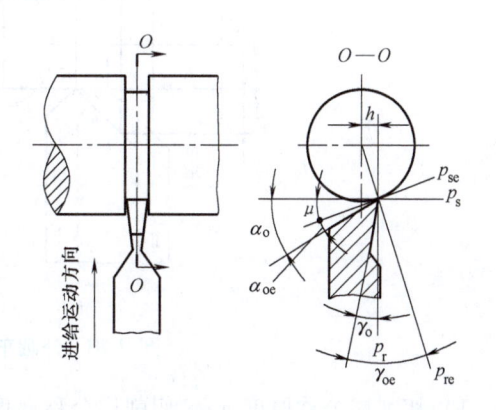

图 2-13 纵向进给对工作角度的影响

图 2-14 切削刃选定点安装高低对工作角度的影响

式中　G——刀杆中心对称线与进给运动方向垂线间的夹角。

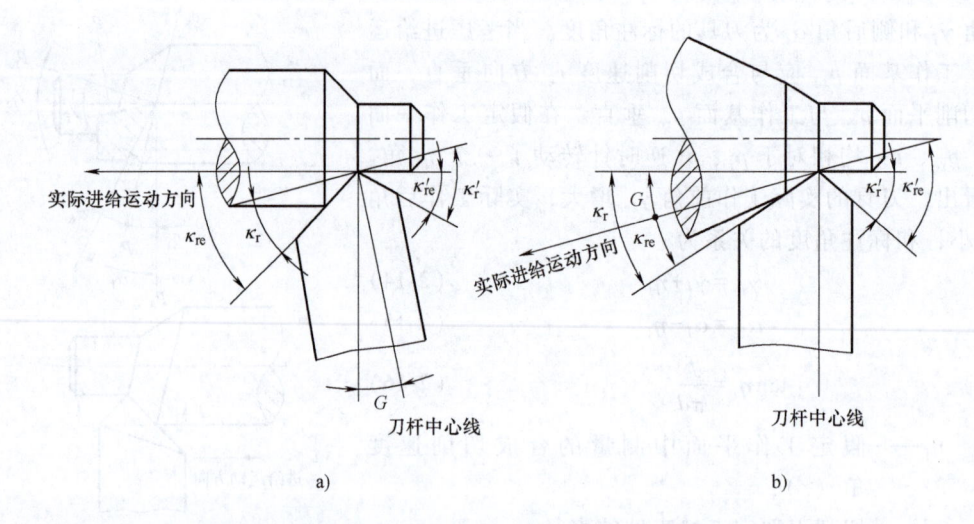

图 2-15　刀杆中心线与进给方向不垂直时对工作角度的影响

2.1.3　切削层参数与切削方式

1. 切削层参数

切削层是指刀具的切削刃在一次走刀的过程中从工件表面上切下的一层金属。切削层的截面尺寸称为切削层参数。切削层参数不仅决定了切屑尺寸的大小，而且对切削过程中产生的切削变形、切削力、切削热和刀具磨损等现象也有一定的影响。

以外圆车削为例，如图 2-16 所示。当工件旋转一转时，刀具沿进给方向向前移动一个进给量 f，即从位置 Ⅰ 移动到位置 Ⅱ，此时切下的一层金属为切削层。过切削刃的某一选定点，在基面内测量切削层的截面尺寸，即为切削层参数。

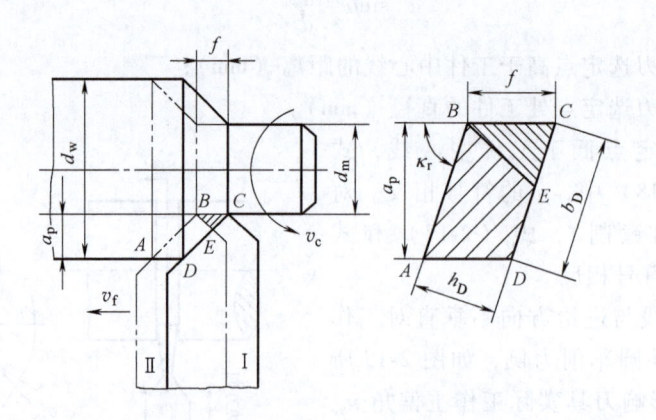

图 2-16　外圆车削时的切削层参数

1）切削层公称厚度 h_D。切削层公称厚度是指在基面内垂直于主切削刃方向测量的切削层尺寸，单位为 mm。

$$h_D = f\sin\kappa_r \tag{2-22}$$

2）切削层公称宽度 b_D。切削层公称宽度是指在基面内沿着主切削刃方向测量的切削层尺寸，单位为 mm。

$$b_D = \frac{a_p}{\sin\kappa_r} \tag{2-23}$$

3）切削层公称横截面积 A_D。切削层公称横截面积是指在基面内测量的切削层横截面积，单位为 mm²。

由图 2-16 可以看出，切削层横截面并非平行四边形 ABCD，而是近似平行四边形，两者相差一个三角形 BCD。在切削过程中，切削刃没有切下三角形 BCD 区域的金属，而是残留在工件的已加工表面上，这一区域面积称为残留面积 ΔA_D。残留面积的存在使工件已加工表面变得粗糙。因此当残留面积 ΔA_D 较小时，切削层公称面积 A_D 的计算公式为

$$A_D \approx h_D b_D = f a_p \tag{2-24}$$

若刀具的切削刃为曲线时，则切削层的截面形状如图 2-17 所示。这时，切削刃各点所对应的切削厚度互不相等。

2. 切削方式

（1）自由切削与非自由切削　只有一条直线型切削刃参加工作的切削称为自由切削，而曲线型切削刃或两条及两条以上的直线型切削刃参加工作的切削称为非自由切削。非自由切削时，切屑流出受到干扰，切屑产生较为复杂的三维变形，为了分析问题方便，本章以自由切削为对象进行介绍。

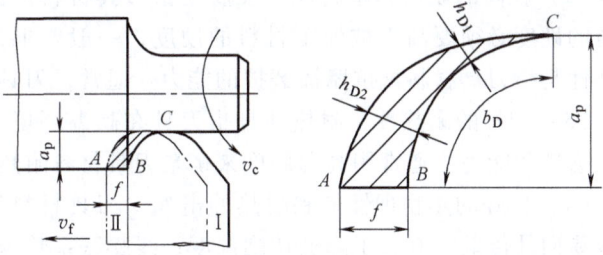

图 2-17　曲线刃切削时的切削厚度和切削宽度

（2）直角切削与斜角切削　切削刃垂直于切削速度方向的切削方式称为直角切削，即 $\lambda_s = 0°$，如图 2-18a 所示。切削刃不垂直于切削速度方向的切削方式称为斜角切削，即 $\lambda_s \neq 0°$，如图 2-18b 所示。

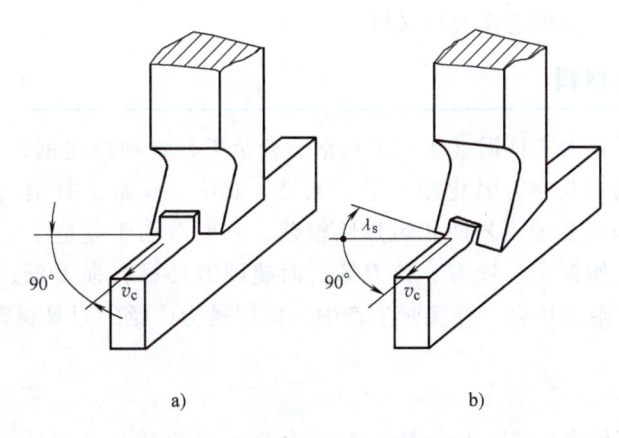

图 2-18　直角切削与斜角切削

2.2 刀具材料

对金属的切削加工，除了要求刀具有合理的几何角度外，尚需刀具材料具有良好的切削性能。刀具材料的切削性能直接影响着生产率、工件的加工质量、刀具的制造成本等。正确选择刀具材料是设计和选用刀具的重要内容之一，特别是对某些难加工材料的切削，刀具材料的选用显得尤为重要。

2.2.1 刀具材料应具备的性能

刀具材料是指刀具切削部分的材料。由于刀具切削部分是在高温、高压及强烈挤压与摩擦的恶劣条件下工作的，因此对刀具材料的性能有较高的要求。

（1）足够的强度和韧性　刀具的切削部分在切削时要承受很大的切削力、冲击力和切削振动，为防止刀具脆性断裂和崩刃现象的发生，刀具材料的抗弯强度和冲击韧性必须足够。

（2）较高的硬度和耐磨性　硬度是指刀具材料抵抗其他物体压入其表面的能力。刀具材料的硬度必须要高于被加工材料的硬度，一般要求刀具材料的常温硬度在 62HRC 以上。耐磨性是指刀具材料抵抗摩擦磨损的能力。通常，刀具材料硬度越高，耐磨性也越好。

（3）较好的耐热性　耐热性是指刀具在高温环境下仍能保持足够的强度、韧性、硬度和耐磨性的能力。通常用高温硬度来衡量刀具材料耐热性的好坏。

（4）良好的热物理性能和耐热冲击性　刀具材料的导热系数越大，导热性越好，切削热容易向外传散，有利于降低切削温度；线膨胀系数越小，刀具的热变形越小，耐热冲击性也越好，不会因较大的热冲击而使刀具产生微裂纹，甚至使刀具断裂。

（5）良好的工艺性　为便于刀具本身的制造和刃磨，要求刀具材料应有良好的工艺性。工艺性包括冷加工工艺性（切削性能和磨削性能）和热加工工艺性（焊接性能、热塑性能和热处理性能等）。

另外，在满足以上性能要求的前提下，尽量采用资源丰富、价格低廉等比较经济的材料。但是，上述对刀具材料的各项要求，往往是相互矛盾的。如强度高、韧性好的材料，其硬度和耐磨性较差；耐热性较好的材料，其韧性又不足够。所以应根据具体的切削条件，综合考虑上述各项要求，合理选择刀具材料。

2.2.2 常用刀具材料

刀具材料主要可分为工具钢（碳素工具钢、合金工具钢和高速钢）、硬质合金和超硬刀具材料（陶瓷、金刚石及立方氮化硼）等三大类。其中，碳素工具钢（如 T10A）、合金工具钢（如 9SiCr），因热处理工艺性和耐热性较差，一般常用于制造手工工具或一些形状比较简单的低速刀具，如锯条、锉刀、铰刀等。而超硬刀具材料强度低、脆性大，且成本较高，因此仅适用于有限的场合。在实际生产中，应用最为广泛的刀具材料还是高速钢和硬质合金。

1. 高速钢

高速钢是加入了较多的 W、Cr、Mo、V 等合金元素的高合金工具钢。和其他工具钢相比较，其综合力学性能有所提高，特别是耐热性显著提高，当切削温度达到 600℃ 时，仍能正常切削，切削速度可提高 2~4 倍。高速钢的抗弯强度甚至可达到 4GPa，是硬质合金的 2~3 倍，是陶瓷的 5~6 倍。由于高速钢刀具材料综合力学性能较好，故广泛应用于形状复杂、尺寸较大的刀具制造中，如麻花钻、铰刀、铣刀、拉刀、各种齿轮加工刀具及其他各种成形刀具。表 2-1 所列为几种常用高速钢的牌号、性能及主要用途。

表 2-1　几种常用高速钢的牌号、性能及用途

牌号	常温硬度 HRC	高温硬度 HRC（600℃）	抗弯强度/GPa	冲击韧度/(MJ/m²)	主要特性	主要用途
W18Cr4V	63~66	48.5	2.94~3.33	0.17~0.31	可磨削性好	用于制造复杂刀具、成形刀具及精加工刀具
W6Mo5Cr4V2	64~66	47~48	3.43~3.92	0.39~0.44	高温塑性好，可磨削性较差，热处理工艺性较差	用于制造复杂刀具、成形刀具及热轧刀具
W6Mo5Cr4V4	66~68	51	3~3.40	0.17~0.22	耐磨性及耐热性好，冲击韧性较低，热处理工艺性差	用于制造切削不锈钢、耐热合金等材料的刀具
W6Mo5Cr4V2Al	67~69	54~56	2.84~3.82	0.22~0.29	耐热性、耐磨性好，可塑性较差	用于制造切削难加工材料的刀具

2. 硬质合金

硬质合金是由高硬度、难熔金属碳化物（WC、TiC、TaC 和 NbC 等）和金属黏结剂（Co、Ni）通过粉末冶金的方法制成。这些金属碳化物的种类和含量决定了刀具材料的硬度，称为硬质相。而金属黏结剂的含量决定刀具材料的强度和韧性，称为黏结相。硬质合金刀具材料的硬度、耐磨性和耐热性均优于高速钢，常温硬度可达 89~94HRA，在 800~1000℃ 仍能进行切削，切削速度是高速钢的 2~5 倍，加工效率很高，应用非常广泛。但是硬质合金的强度和韧性较低，制造工艺性较差。表 2-2 所列为几种金属碳化物的性能。

表 2-2　几种金属碳化物的性能

种类	硬度 HRA	熔点/℃	弹性模量/GPa	导热系数/(W/m·℃)	密度/(g/cm³)
WC	92.5	2900	720	29.3	15.6
TiC	90~94	3200~3250	321	24.3	4.93
TaC	91	3730~4030	291	22.2	14.3

（1）硬质合金的分类　硬质合金按使用领域不同可分为 P、M、K、N、S、H 六类，其中 K 类、P 类和 M 类较为常用，其常用硬质合金牌号、基本成分及物理性能见表 2-3。

1）K 类硬质合金。与其他硬质合金相比，K 类硬质合金的强度高，韧性好，可制出比较锋利且抗冲击性好的切削刃，适用于加工短切屑的黑色金属（如铸铁、冷硬铸铁、灰口铸铁、短切屑可锻铸铁等），但硬度和耐磨性较差。常用有 K01、K10、K20、K30、K40，组别中的数字越大，则 Co 的含量越多，刀具材料的强度和韧性越好，硬度和耐磨性越差。因此，K01 适合精加工，K10、K20 适合半精加工，K30、K40 适合粗加工。

2）P 类硬质合金。与含钴量相同的 K 类硬质合金相比，P 类硬质合金的硬度和耐磨性较好，强度和韧性较差，具有较高的耐热性、较好的抗黏结和抗氧化能力。适合加工长切屑的黑色金属如钢、铸钢、长切屑可锻铸铁等。常用组别有 P01、P10、P20、P30、P40，组别中的数字越大，则 Co 的含量越多，TiC 的含量越少，刀具材料的硬度和耐磨性越差，强度和韧性越好。因此，P01 适合精加工，P10、P20 适合半精加工，P30、P40 适合粗加工。

3）M 类硬质合金。M 类硬质合金相当于在 P 类硬质合金中加入了 TaC（NbC），它可提高其抗弯强度和冲击韧性，并提高硬质合金的高温强度、高温硬度和抗氧化能力，适合加工不锈钢、铸钢、锰钢、可锻铸铁、合金钢、合金铸铁等，又称为通用硬质合金。常用的组别有 M10、M20、M30 等，组别中的数字越大，则 Co 的含量越多，韧性越高，耐磨性越低。

表 2-3 常用硬质合金的牌号、基本成分及物理性能

类别	分组号	基本成分	洛氏硬度 HRA，不低于	维氏硬度 HV，不低于	抗弯强度 R_m/MPa，不低于
K	K01	以 WC 为基、以 Co 作为黏结剂，或添加少量 TaC、NbC 的合金/涂层合金	92.3	1750	1350
K	K10		91.7	1680	1450
K	K20		91.0	1600	1550
K	K30		89.5	1400	1650
K	K40		88.5	1250	1800
P	P01	以 WC、TiC 为基、以 Co（Ni+Mo、Ni+Co）作为黏结剂的合金	92.3	1750	700
P	P10		91.7	1680	1200
P	P20		91.0	1600	1400
P	P30		90.2	1500	1550
P	P40		89.5	1400	1750
M	M10	以 WC、TiC 为基，以 Co 作为黏结剂，添加少量 TiC（TaC、NbC）的合金/涂层合金	91.0	1600	1350
M	M20		90.2	1500	1500
M	M30		89.9	1450	1650

（2）硬质合金的选用　正确选用硬质合金的牌号对刀具的切削性能有重要的影响。除上述应用外，硬质合金刀具选材时还应考虑以下几点：

1）粗加工时，切削力较大并伴随着切削振动，刀具易崩刃，应选用强度高、韧性好的刀具材料。

2）精加工时，切削速度往往较高，工件与刀具摩擦严重，应选用硬度高、耐磨性好的刀具材料。

3）断续切削时，对刀具的冲击大，应选用强度高、韧性好的刀具材料。

4）在切削淬硬钢、高强度钢、奥氏体钢和高温合金时，切削力集中在切削刃附近，易造成崩刃，不宜选用 P 类硬质合金，而用强度高、韧性好的 K 类硬质合金。

5）在切削钛合金时，若采用 P 类硬质合金，则由于硬质合金中的钛元素与工件中的钛元素之间的亲和力会使刀具产生冷焊现象，会使切削温度升高，加剧刀具磨损，这时应选用

不含钛且导热性好的 K 类硬质合金刀具。

6）由于硬质合金制造工艺性较差且强度和韧性较低（与合金工具钢相比），因此不适合制造形状复杂、尺寸较大的刀具。

常用硬质合金的组别及用途见表 2-4。

表 2-4 常用硬质合金的组别及用途

组别 类别	分组号	用 途
K	K01	适合铸铁、冷硬铸铁、短切屑可锻铸铁的高速精加工
K	K10	适合硬度高于 220HBW 的铸铁、短切屑可锻铸铁的精加工和半精加工
K	K20	适合硬度低于 220HBW 的灰铸铁、短切屑可锻铸铁在中等切削速度下的轻载荷粗加工和半精加工
K	K30	适合铸铁、短切屑可锻铸铁在不利条件下采用大切削角的低速粗加工
K	K40	适合铸铁、短切屑可锻铸铁在不利条件下采用低速、大进给量的粗加工
P	P01	适合钢、铸钢在高速、小切削面积、无振动条件下的精加工
P	P10	适合钢、铸钢在高速、中/小切削面积条件下的车削、仿形车削、车螺纹和铣削的半精加工
P	P20	适合钢、铸钢、长切屑可锻铸铁在中等切速、中等切削面积条件下的车削、仿形车削、铣削、小切削面积刨削的半精加工
P	P30	适合钢、铸钢、长切屑可锻铸铁在中等切速下的半精加工和精加工
P	P40	适合钢、含砂眼和气孔的铸钢件在低速下、大切削角条件下的中、低速粗加工
M	M10	适合不锈钢、铸钢、铸铁和合金铸铁、可锻铸铁在中、高速条件下的车削加工
M	M20	适合锰钢、铸钢、不锈钢、合金钢、合金铸铁、可锻铸铁在中速、中等切削面积条件下的车削、铣削加工
M	M30	适合锰钢、铸钢、不锈钢、合金钢、合金铸铁、可锻铸铁在中速、大切削面积条件下的车削、铣削加工

（K 类：强度和韧性 ↓，硬度和耐磨性 ↑；P 类：强度和韧性 ↓，硬度和耐磨性 ↑；M 类：强度和韧性 ↓，硬度和耐磨性 ↑）

2.2.3 其他刀具材料

（1）陶瓷 常用的陶瓷材料有 Al_2O_3 基陶瓷和 Si_3N_4 基陶瓷两类。

1）Al_2O_3 基陶瓷。Al_2O_3 基陶瓷又可分为纯氧化铝基陶瓷和复合氧化铝基陶瓷，其中复合氧化铝基陶瓷较为常用。复合氧化铝基陶瓷是在 Al_2O_3 中加入高硬度、难熔碳化物（如 WC、TiC）及金属添加剂（如 Ni、Mo）经热压而成，其抗弯强度可达 0.8GPa，硬度可达 93~94HRA。和硬质合金刀具材料相比，复合氧化铝基陶瓷有以下特点：切削速度是硬质合金的 2~5 倍；耐热性很好，在 1200℃ 时，硬质合金已丧失切削能力，而陶瓷此时的硬度可达 80HRA，仍能进行切削；有很高的化学稳定性，抗冷焊、扩散磨损的能力强；与金属材料的摩擦系数小，加工表面粗糙度较小；但强度和韧性相对较弱，抗冲击能力差。复合氧化铝基陶瓷主要用于淬硬钢、冷硬铸铁等材料的半精加工和精加工。

2) Si_3N_4 基陶瓷。Si_3N_4 基陶瓷是在 Si_3N_4 中加入 TiC 及 Co 等进行热压而成，其强度和韧性可达到 1GPa 以上，抗冲击性较好。同时，导热系数、线膨胀系数及耐热冲击性均优于 Al_2O_3 基陶瓷。

（2）人造金刚石　人造金刚石是在高温高压条件下，借助催化剂由石墨转化而成的。它是目前已知最硬的刀具材料，其硬度可达 10000HV，是硬质合金的 6~8 倍，可制成非常锋利的切削刃，且切削时不易产生积屑瘤，已加工表面的表面粗糙度小。它既可以加工硬质合金、陶瓷、玻璃等高硬耐磨材料，也可加工有色金属及其合金。但也存在一些缺点：

1）耐热性较差。当切削温度超过 700℃，碳原子即转化为石墨结构，丧失了原有的硬度。

2）不适于加工铁族材料。由于金刚石刀具材料中的碳元素与工件材料中的铁元素有很强的化学亲和性，在高温下碳元素极易产生扩散现象，使金刚石刀具表面石墨化，因此不适于加工铁族材料。

（3）立方氮化硼　立方氮化硼是由较软的六方氮化硼在高温、高压下加入催化剂转化而成，其硬度仅次于金刚石，但热稳定性和化学稳定性均优于金刚石，可耐 1500℃ 高温，可以用较高的切削速度实现对淬硬钢、冷硬铸铁、高温合金等材料的半精加工和精加工。

2.3　金属切削过程中的物理现象

在切削加工的过程中，伴随着切削变形、切削力、切削热、刀具磨损等物理现象的发生。在掌握切削刀具基本知识的基础上，研究分析这些物理现象，对于保证零件的加工质量、降低加工成本和提高生产率具有十分重要的意义。下面以切削塑性材料为例，来说明金属切削的变形过程。

2.3.1　金属切削的变形过程

刀具对工件的切削加工，实际上是切削层金属材料受到刀具的切削刃和前刀面强烈推挤作用，发生强烈的塑性变形，从工件母体上脱离下来，变成切屑。研究切屑形成过程是研究金属切削变形过程的根本，是研究切削过程中其他各物理现象的基础。

1. 变形区的划分

采用侧面方格变形观察法、高速摄影法、快速落刀法等可了解切削过程中产生的变形现象。图 2-19 所示为利用快速落刀法获得切屑根部标本，并通过扫描电镜观察到的切削变形图片。

通过观察发现，金属切削变形可划分为三个区域，如图 2-20 所示。

（1）第一变形区　金属材料从 OA 线开始发生塑性变形，到 OM 线晶粒的剪切滑移基本结

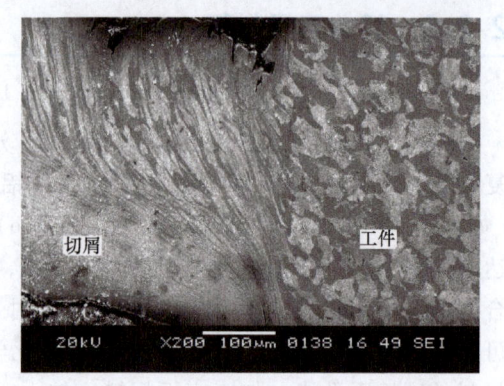

图 2-19　切屑根部的变形图片

束，这一区域称为第一变形区（图 2-20 中Ⅰ），又称剪切滑移变形区。OA 线称为始滑移线，OM 线称为终滑移线。

如图 2-21 所示，以切削层中某一点 P 为研究对象，当 P 点运动到 OA 线上的 1 点位置时，其所受的剪切应力 τ 达到了材料的剪切屈服极限 τ_s，则 P 点在向前运动的同时，也沿 OA 线方向滑移，其合成运动使 P 点由 1 运动到 2 点，2′-2 就是滑移量。P 点向 2、3、4 点运动时，同样存在滑移现象，越逼近切削刃和前刀面，滑移量越大。同时，P 点的运动方向也在悄然发生着变化，当 P 点运动到 OM 线上的 4 点时，由于其运动方向与前刀面平行，将停止沿 OM 线滑移，变成切屑从前刀面流出。

第一变形区的宽度与切削速度有直接关系。切削速度越大，第一变形区的宽度越窄，在一般切削速度范围内，其宽度仅为 0.02～0.2mm。因此，第一变形区可近似用一个平面来表示，称为剪切面。

（2）第二变形区　切削层金属经过第一变形区后形成切屑，在沿刀具前刀面流出时，进一步受到前刀面强烈的挤压和摩擦而发生更为严重的塑性变形，使切屑底层金属纤维化，其方向基本上与前刀面平行，这一变形区域称为第二变形区（图 2-20 中Ⅱ）。

（3）第三变形区　已加工表面的金属材料受到了切削刃和刀具后刀面的挤压与摩擦，造成更为严重的纤维化和加工硬化现象，这一区域称为第三变形区（图 2-20 中Ⅲ）。

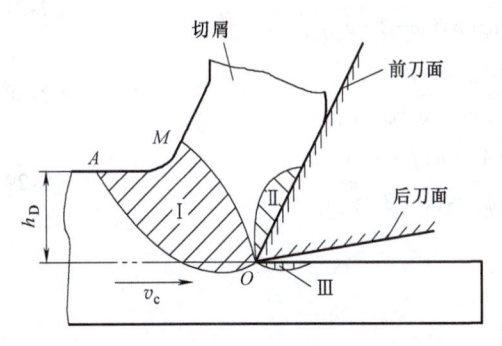

图 2-20　变形区的划分图

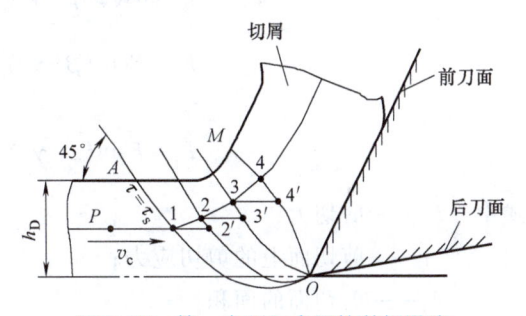

图 2-21　第一变形区金属的剪切滑移

2. 变形程度的衡量指标

变形程度的衡量指标有三个，剪切角 φ、切应变 ε 和变形系数 Λ_h。

（1）剪切角 φ　剪切面与切削速度之间的夹角称为剪切角。在其他条件不变时，切削速度增大，第一变形区后移，即剪切面后移，使剪切角增大，如图 2-22 所示。

剪切角的大小与作用在切屑上的力有直接关系，为了能够计算剪切角，首先来分析作用在切屑上的力。

1) 作用在切屑上的力。如图 2-23 所示，在直角自由切削的情况下，切屑一面受到来自剪切面的剪切力 F_s 和法向力 F_{sN} 的作用，一面受到来自刀具前刀面的摩擦力 F_γ 和法向力 $F_{\gamma N}$ 的作用，这两方面力的合力近似为一对作用力与反作用力，则：

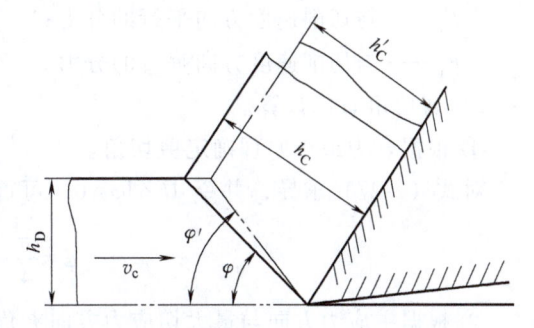

图 2-22　切削速度的变化对剪切角的影响

$$\sqrt{F_s^2+F_{sN}^2}=\sqrt{F_\gamma^2+F_{\gamma N}^2} \tag{2-25}$$

作用在切屑上的合力与各分力之间的关系如图 2-24 所示，由图可知

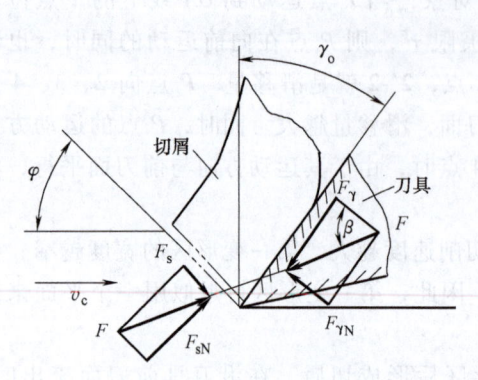

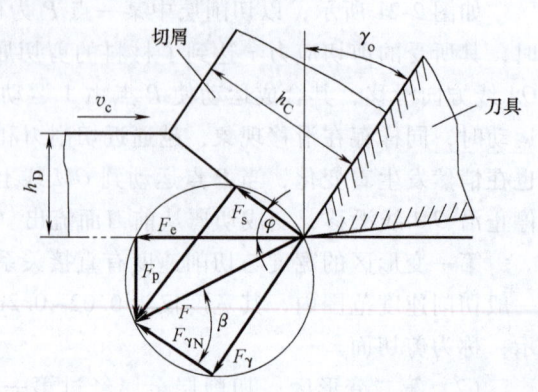

图 2-23　作用在切屑上的力　　　　图 2-24　作用在切屑上的合力与各分力之间的关系

$$F_s=\tau A_s=\frac{\tau A_D}{\sin\varphi}=F\cos(\varphi+\beta-\gamma_o) \tag{2-26}$$

$$F=\frac{F_s}{\cos(\varphi+\beta-\gamma_o)}=\frac{\tau A_D}{\sin\varphi\cos(\varphi+\beta-\gamma_o)} \tag{2-27}$$

$$F_e=F\cos(\beta-\gamma_o)=\frac{\tau A_D\cos(\beta-\gamma_o)}{\sin\varphi\cos(\varphi+\beta-\gamma_o)} \tag{2-28}$$

$$F_p=F\sin(\beta-\gamma_o)=\frac{\tau A_D\sin(\beta-\gamma_o)}{\sin\varphi\cos(\varphi+\beta-\gamma_o)} \tag{2-29}$$

式中　F_s——剪切力；

　　　τ——剪切面上的剪切应力；

　　　A_s——剪切面的面积；

　　　F——$F_{\gamma N}$ 与 F_γ 的合力；

　　　φ——剪切角；

　　　β——摩擦角，F 与 F_γ 之间的夹角（对于滑动摩擦而言，摩擦系数 $\mu=\tan\beta$）；

　　　A_D——切削面积；

　　　γ_o——刀具前角；

　　　F_e——与切削速度方向平行的分力；

　　　F_p——与切削速度方向垂直的分力。

2）剪切角 φ 的计算。

① 根据合力最小原理确定剪切角。

对式（2-27）求导，并令 $dF/d\varphi=0$，可得

$$\varphi=\frac{\pi}{4}-\frac{\beta}{2}+\frac{\gamma_o}{2} \tag{2-30}$$

② 根据主应力方向与最大切应力方向夹角为 45°的原理确定剪切角。

主应力方向为合力 F 的方向，最大切应力方向为剪切面的方向，因此，由图 2-24 可知

$$\varphi = \frac{\pi}{4} - \beta + \gamma_o \tag{2-31}$$

从式（2-30）和式（2-31）都可以看出：增大刀具前角 γ_o，使剪切角 φ 增大；增大摩擦角 β，使剪切角 φ 减小。

需要说明的是，虽然在定性分析上，上述计算剪切角的两种方法都揭示了相同的规律，但在定量计算上，结果却不相同。原因如下：在如图 2-24 所示切削模型里，将刀具切削刃看作是一条直线，但实际上刀具切削刃是圆钝的，从而会影响剪切角的大小；用剪切面代替有一定宽度的第一变形区，与实际不符；未考虑金属内部杂质缺陷对变形有影响；用平均摩擦系数表示前刀面上的刀-屑摩擦也与实际不符。

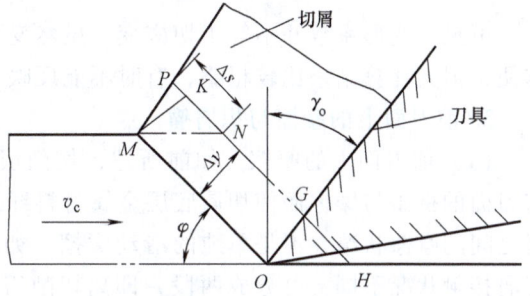

图 2-25　剪切滑移示意图

（2）切应变 ε　切应变又称相对滑移。由于第一变形区的变形特点为晶粒的剪切滑移，应该说用切应变来衡量切削变形程度比较合理。若切应变增大，则变形程度严重。如图 2-25 所示，当平行四边形 $OHNM$ 在刀具的作用下发生剪切变形后，变为平行四边形 $OGPM$，则切应变为

$$\varepsilon = \Delta s / \Delta y = NP/MK = \frac{NK+KP}{MK}$$

可得
$$\varepsilon = \cot\varphi + \tan(\varphi - \gamma_o) \tag{2-32}$$

（3）变形系数 Λ_h　实践表明，在金属切削过程中，刀具切下的切屑厚度 h_c 要大于切削厚度 h_D，而切屑长度 l_c 要小于切削长度 l_D，如图 2-26 所示。因此可根据切削前后金属材料厚度或长度方向的尺寸之比来衡量变形程度，这个比值称为变形系数，即

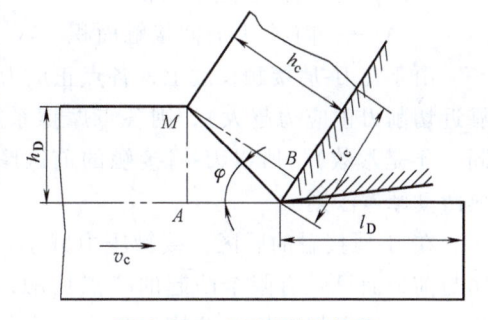

$$\Lambda_h = h_c/h_D \text{ 或 } \Lambda_h = \frac{l_D}{l_c} \tag{2-33}$$

图 2-26　变形系数的计算

很明显，若变形系数 Λ_h 越大，则说明变形程度越严重。

由于切削前后金属的体积是不变的，则
$$h_c b_c l_c = h_D b_D l_D$$

若假设切屑宽度 b_c 与切削宽度 b_D 近似相等，则

$$\Lambda_h = \frac{h_c}{h_D} = \frac{l_D}{l_c} = \frac{OM\sin(90°+\gamma_o-\varphi)}{OM\sin\varphi} = \frac{\cos(\varphi-\gamma_o)}{\sin\varphi} \tag{2-34}$$

式（2-34）经变换可写成

$$\tan\varphi = \frac{\cos\gamma_o}{\Lambda_h - \sin\gamma_o} \tag{2-35}$$

由式（2-35）可看出，当 φ 增大时，Λ_h 减小，变形程度减轻。

将式（2-35）带入式（2-32）中，可得到 Λ_h 与 ε 之间的关系为

$$\varepsilon = \frac{\Lambda_h^2 - 2\Lambda_h \sin\gamma_o + 1}{\Lambda_h \cos\gamma_o} \tag{2-36}$$

可见，变形系数并不等于切应变。虽然变形系数比较直观地反映了变形程度，而且测量方便，但其计算结果比较粗略，有时不能反映出剪切滑移的真实情况。

3. 前刀面上的摩擦与积屑瘤

（1）前刀面上的摩擦 如前所述，切削层金属变成切屑后从前刀面流出，进一步受到前刀面的挤压与摩擦而使切屑底层金属材料纤维化，形成第二变形区。研究发现，刀具与切屑之间的摩擦状况并不是单纯的滑动摩擦。如图 2-27 所示，在刀-屑接触长度 OB 上，根据刀屑接触状况不同，可分成两段，即离切削刃较近的 OA 段（前区）和离切削刃较远的 AB 段（后区）。

在刀-屑接触的前区，接触压力很大，切屑底层金属各点均紧密地冷焊（或称黏结）在刀具的前刀面上，形成滞留层。当新形成的切屑流经滞留层时，刀-屑摩擦实际上是滞留层与其上切屑金属间的内摩擦。因此，前区的平均摩擦系数 μ_1 的计算公式为

$$\mu_1 = \frac{F_{\gamma 1}}{F_{\gamma N1}} = \frac{\tau_s A_1}{\sigma_{av} A_1} = \frac{\tau_s}{\sigma_{av}} \tag{2-37}$$

式中 $F_{\gamma 1}$——前区摩擦力；
$F_{\gamma N1}$——前区刀-屑间接触压力；
τ_s——工件材料的剪切屈服极限；
σ_{av}——前区各点平均正应力；
A_1——前区刀-屑间接触面积。

由于在刀-屑接触长度上，各点正应力 σ 不同（越靠近切削刃正应力越大），则各点摩擦系数 μ_1 也不相同（不是常数），所以刀-屑接触的前区摩擦不服从古典滑动摩擦法则。

在刀-屑接触的后区，接触压力减小，切屑底层金属与前刀面只是有限个凸起的峰点接触，实际接触面积很小，使得相互接触的峰点处压应力很大，达到了材料的压缩屈服极限，因此在相互接触的峰点处也会产生冷焊现象。当切屑底层金属从前刀面流出时，冷焊结点受剪后产生的抗剪力即为摩擦力。则刀屑-接触后区的摩擦系数为

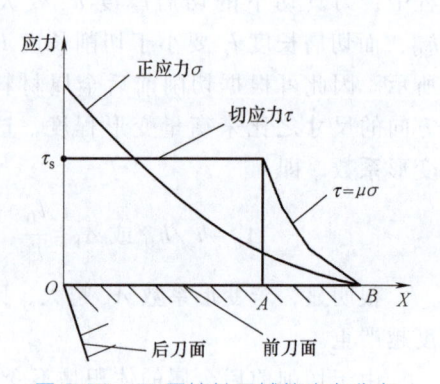

图 2-27 刀-屑接触区域的应力分布

$$\mu_2 = \frac{F_{\gamma 2}}{F_{\gamma N2}} = \frac{\tau_s A_2}{F_{\gamma N2}} = \frac{\tau_s \frac{F_{\gamma N2}}{\sigma_s}}{F_{\gamma N2}} = \frac{\tau_s}{\sigma_s} \tag{2-38}$$

式中 $F_{\gamma 2}$——后区摩擦力；
$F_{\gamma N2}$——后区刀-屑间接触压力；
τ_s——工件材料的剪切屈服极限；

σ_s——工件材料的压缩屈服极限；

A_2——后区刀-屑间接触面积，$A_2 = F_{\gamma N2}/\sigma_s$。

可见，在刀-屑接触的后区，摩擦系数 μ_2 为常数，服从古典滑动摩擦法则。

一般情况下，来自前区的摩擦力约占全部摩擦力的 75%。因此，在研究刀-屑摩擦时，应以刀-屑接触前区的摩擦为主要依据。

前刀面上的刀-屑摩擦不仅影响着切削变形，也是产生积屑瘤的主要原因。

（2）积屑瘤

1）积屑瘤现象。切削钢、铝合金等塑性材料时，在切削速度不高而又能形成带状切屑的情况下，有一些来自切屑底层的金属冷焊并层积在刀具前刀面上，形成硬度很高的三角形楔块（是工件硬度的 2～3 倍），它能够代替切削刃和前刀面进行切削，这一楔块称为积屑瘤，如图 2-28 所示。图 2-29 所示为积屑瘤示意图。可见，积屑瘤黏结在刀具前刀面上并包络切削刃，其向前伸出的尺寸称为积屑瘤的高度 H_b，向下伸出的尺寸称为过切量 Δh_D。

图 2-28　带有积屑瘤的切屑根部显微照片

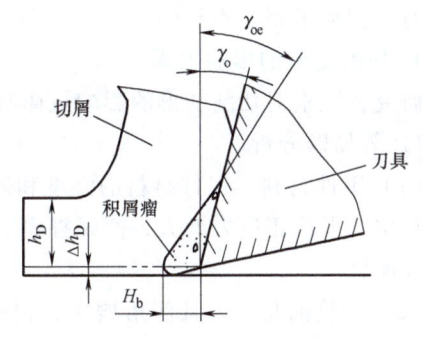

图 2-29　积屑瘤示意图

2）积屑瘤的成因。由于刀-屑间的挤压和摩擦，使一部分切屑底层的金属冷焊在刀具前刀面上，形成滞留层，这是积屑瘤形成的基础。当切屑流经滞留层时（产生的摩擦相当于"内摩擦"），受滞留层的阻碍而黏结在滞留层上，切屑底层金属在滞留层上逐渐层积，最后形成积屑瘤。

除刀-屑摩擦外，积屑瘤的形成还与工件材料及温度有关。若工件材料的加工硬化倾向大，经塑性变形的滞留层因加工硬化而使其强度、硬度增加，耐磨性好，能够抵抗切屑的挤压和摩擦而在前刀面停留，则会产生积屑瘤。若温度过低，刀-屑之间不易发生冷焊，不能形成滞留层，则不会产生积屑瘤；若温度过高，切屑底层的金属弱化，同样也不会产生积屑瘤。因此，积屑瘤只有在适当的温度下才会产生。

一般来说，切削速度越高，则切削温度也越高。因此，可利用切削速度代替切削温度来分析对积屑瘤的影响。

根据积屑瘤的消长产生，将切削速度分为四个区域，如图 2-30 所示。在 Ⅰ 区（低速区）和 Ⅳ 区（高速区），无积屑瘤产生；在 Ⅱ 区，积屑瘤的高度随着切削速度的增大而增大；在 Ⅲ 区，积屑瘤的高度随着切削速度的增大而减小。

3）积屑瘤对切削过程的影响。

① 对刀具寿命的影响。积屑瘤黏结在刀具前刀面上，在相对稳定时，可代替切削刃和前刀面进行切削，起到保护刀具的作用。若不稳定时，积屑瘤破裂而从前刀面脱落，可能会

带走刀具表面的金属颗粒，造成刀具磨损加剧。

② 增大刀具的实际工作前角。产生积屑瘤后，实际起作用的前刀面是积屑瘤表面，刀具实际工作前角 γ_{oe} 增大，可降低切削力，这对切削过程是有利的。

③ 增大切削厚度。由于有过切量 Δh_D 的存在，使实际切削厚度增大。

④ 增大已加工表面的表面粗糙度。积屑瘤在切削刃各点的过切量不同，在已加工表面上切出深浅和宽窄不同的"犁沟"，使粗糙度增大；积屑瘤的产生、成长与脱落是一个动态变化的过程，易引起切削振动，使表面粗糙度增大。因此，精加工时应设法避免或减小积屑瘤。

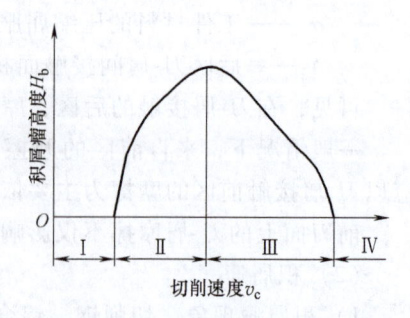

图 2-30 积屑瘤高度与切削速度之间的关系

可见，积屑瘤的存在对切削过程的影响有利有弊。对于粗加工，积屑瘤的存在是有利的；对于精加工则是不利的。

4. 切削变形的影响因素

研究各因素对切削变形的影响规律时，可借助式（2-30）、式（2-31）、式（2-34）和式（2-37）等加以分析。

（1）工件材料　工件材料的强度和硬度提高，刀-屑间接触长度及接触面积 A_1 减小，切削力集中，平均正应力增大，使摩擦系数 μ_1 减小，剪切角 φ 增大，变形系数 Λ_h 减小，变形程度减轻。

（2）刀具前角　刀具前角增大，根据剪切角的计算公式，直接增大剪切角；同时，刀具前角增大，刀-屑之间的正应力减小，摩擦系数增大，间接使剪切角减小。由于直接影响大于间接影响，所以前角增大使剪切角增大，变形程度减轻。

（3）切削速度　切削塑性材料时，在无积屑瘤的速度区域（Ⅰ区和Ⅳ区），切削速度增大，第一变形区后移，同时因温度升高而使摩擦系数降低，这些原因都会使剪切角增大，使变形系数减小。在有积屑瘤的速度区域，Ⅱ区：切削速度增大，刀具的实际工作前角增大，变形系数减小；Ⅲ区：切削速度增大，刀具的实际工作前角减小，变形系数增大。

切削脆性材料时，切削速度对切削变形的影响不显著。

（4）切削厚度　切削厚度增大，前刀面所受法向力 $F_{\gamma 1}$ 增大，摩擦系数减小，剪切角增大，变形系数减小。

5. 切屑的种类

加工条件不同，切削变形程度也不同。变形程度对切屑的形状会有一定的影响。在生产实际中，切屑形状多种多样，如带状屑、C形屑、螺卷屑、长紧卷屑、发条状卷屑、宝塔状卷屑、崩碎屑等。归纳起来可分为四种类型：带状切屑、节状切屑、粒状切屑和崩碎切屑，如图 2-31 所示。

（1）带状切屑　带状切屑的外表面呈毛茸状，内表面是光滑的。利用显微镜观察，在切屑的侧面上可以看到剪切面的条纹，但肉眼看来大体是平整的。一般情况下，在加工塑性金属材料时，切削速度较高、刀具前角较大、切削厚度较小，可形成带状切屑。其切削过程比较平稳，切削力波动较小，已加工表面的表面粗糙度较小。

（2）节状切屑　节状切屑又称挤裂切屑，其外表面呈锯齿形，内表面有时有裂纹。在

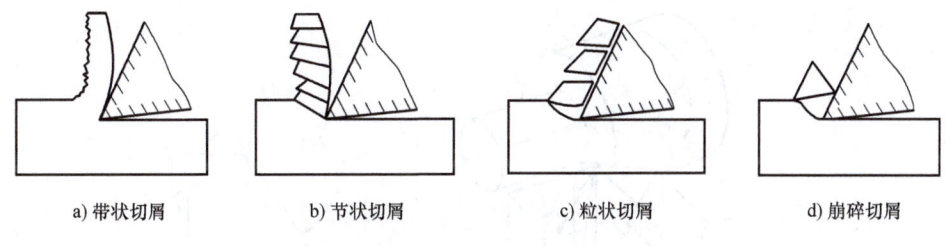

a) 带状切屑　　b) 节状切屑　　c) 粒状切屑　　d) 崩碎切屑

图 2-31　切屑的种类

形成带状切屑的条件下，适当降低切削速度、增大切削厚度、减小刀具前角，可形成此类切屑。

（3）粒状切屑　在形成节状切屑的条件下，进一步降低切削速度、增大切削厚度、减小刀具前角，切屑沿着剪切面方向分离，形成一个个独立的梯形单元，这时节状切屑就变成粒状切屑，又称单元切屑。

可见，上述三种切屑都是在切削塑性材料时形成的，当改变切削速度、切削厚度或刀具前角等切削条件时，这三种切屑形态往往可以相互转化。

（4）崩碎切屑　在切削脆性材料时，由于材料的塑性较小、抗拉强度低，在刀具的作用下，工件材料在未发生明显塑性变形的情况下就已脆断，形成不规则的碎块状切屑，同时使工件的已加工表面凸凹不平。

2.3.2　切削力

切削力不仅对切削热的产生、刀具磨损、加工质量等方面有重要的影响，而且也是计算切削功率、制订切削用量，设计和使用机床、刀具和夹具等工艺装备的主要依据。因此，研究切削力的规律，对生产实际有重要的意义。

1. 切削力的来源、合成与切削功率

（1）切削力的来源　刀具在切削工件时，前刀面对切屑、后刀面对已加工表面都有强烈的挤压与摩擦，使工件及切屑产生严重的弹塑性变形。若以刀具作为受力对象，则工件、切屑的弹塑性变形抗力及摩擦又反作用于刀具，如图 2-32 所示。因此，切削力的来源有工件、切屑对刀具的弹塑性变形抗力和工件、切屑对刀具的摩擦阻力两个方面。

（2）切削分力　以外圆车削为例，在直角切削时，若不考虑副切削刃的切削作用，上述各力对刀具的作用合力 F 应在刀具的正交平面 p_o 内。为了便于测量和应用，可将合力 F 分解为三个相互垂直的分力，如图 2-33 所示。

1）切削力 F_c。该力与基面垂直，即平行于切削速度方向。在切削过程中，切削力所消耗的功率占比最大，所以 F_c 是计算切削功率的主要依据，同时又是设计机床、刀具、夹具的主要数据，故又称为主切削力。

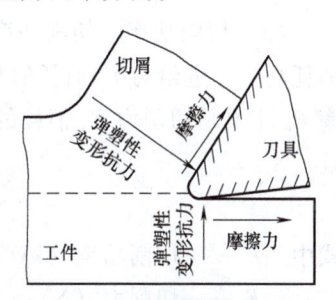

图 2-32　切削力的来源

2）进给力 F_f。该力在基面内，与进给运动方向平行，即与工件的轴线平行。进给力是计算进给运动所消耗的功率、设计校核进给机构强度的主要依据。

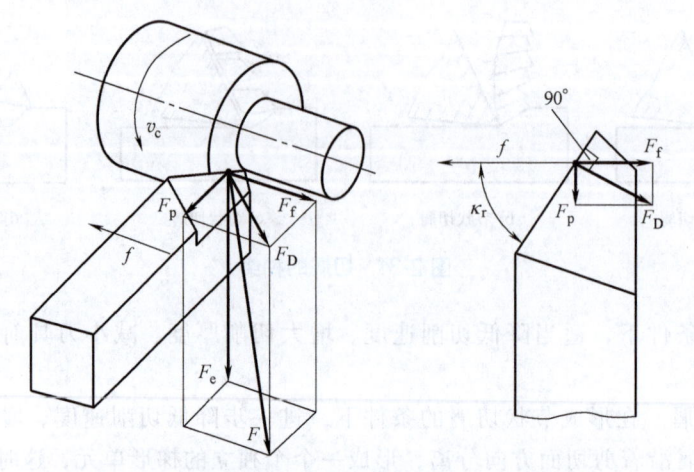

图 2-33 切削合力及其分解

3）背向力 F_p。该力在基面内，与进给运动方向垂直，即与工件的轴线垂直。外圆车削时，因背向力方向上的运动速度等于零，所以 F_p 不消耗切削功率。但是由于 F_p 作用在工艺系统刚度最弱的方向上，易使工件变形和产生振动，影响加工质量，尤其是加工细长轴时更为显著。背向力 F_p 是选用机床主轴轴承和校验机床刚度的依据。

由图 2-33 可知，切削合力 F 先分解为 F_e 和 F_D，F_D 又分解为 F_f 和 F_p。切削合力 F 与各分力之间的数值关系为

$$F = \sqrt{F_e^2 + F_D^2} = \sqrt{F_e^2 + F_f^2 + F_p^2} \tag{2-39}$$

因切削合力 F 在正交平面内，其在基面内的水平分力 F_D 与主切削刃在基面的投影垂直。所以 F_D 与 F_f、F_p 的关系为

$$F_f = F_D \sin\kappa_r \tag{2-40}$$

$$F_p = F_D \cos\kappa_r \tag{2-41}$$

这三个切削分力的数值随着刀具几何参数、刀具的磨损情况、切削用量等切削条件的变化而变化，对于外圆车削，一般来说，F_e 最大，F_f 和 F_p 较小，F_f 和 F_p 相对于 F_e 的比值关系为 $F_p = (0.15 \sim 0.7) F_e$，$F_f = (0.1 \sim 0.6) F_e$。

（3）切削功率 切削功率是各切削分力所消耗功率的之和。外圆车削时，背向力 F_p 不消耗功率，进给力 F_f 消耗的功率很小，仅为总功率的 1%～2%，可忽略不计。所以切削功率 P_c 主要是切削力 F_e 消耗的功率，可按下式计算：

$$P_c \approx \frac{F_e v_c}{1000} = \frac{F_e \pi d_w n}{6 \times 10^7} \tag{2-42}$$

式中 P_c——切削功率（kW）；

F_e——切削力（N）；

v_c——切削速度（m/s）；

n——工件转速（r/min）；

d_w——工件待加工表面直径（mm）。

计算机床电机功率时，还要考虑机床的传动效率，即

$$P_E \geq \frac{P_c}{\eta} \tag{2-43}$$

式中 P_E——机床电动机功率（kW）；

P_c——切削功率（kW）；

η——机床传动效率，一般取 0.75~0.85。

2. 切削力的计算方法

为了设计机床、夹具或选择合理的切削用量，需要知道切削力的数值。若利用测力系统进行切削试验来测量切削力，所得数据虽然准确可靠，但受到一定条件的限制。若通过资料或手册查得必要的数据，再利用已有的公式计算，也能得到较为准确的切削力数据。在生产实际中，要获得切削力的数值，理论上方法有以下三种：

（1）利用切削力理论公式

根据材料力学试验，工件所受的剪切应力 τ 与剪应变 ε 之间的关系如图 2-34 所示。在双对数坐标系下，AB 段为一条直线，则 τ 与 ε 的关系可表示为

$$\lg\tau = \lg\tau_s + \tan\theta\lg\varepsilon$$

即

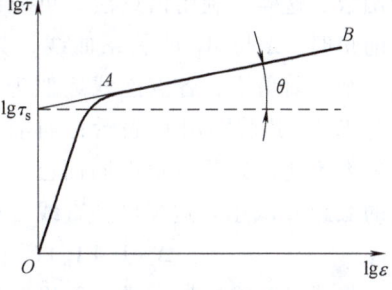

图 2-34 剪应力与剪应变的关系

$$\tau = \tau_s \varepsilon^n \tag{2-44}$$

式中 τ_s——材料的剪切屈服极限（GPa）；

n——材料的强化系数，$n = \tan\theta$。

常用材料的剪切屈服极限 τ_s 和强化系数 n 见表 2-5。

表 2-5 常用材料的剪切屈服极限 τ_s 和强化系数 n

材料类别	10 钢	20 钢	40 钢	50 钢	20Cr 钢	20Cr13 钢
剪切屈服极限 τ_s/GPa	0.32	0.35	0.48	0.50	0.34	0.44
强化系数 n	0.23	0.22	0.17	0.15	0.16	0.14

将式（2-44）带入式（2-28）中，并整理可得

$$F_e = \frac{\tau_s \varepsilon^n A_D \cos(\beta - \gamma_o)}{\sin\varphi\cos(\varphi + \beta - \gamma_o)} = \tau_s \varepsilon^n A_D [\cot\varphi + \tan(\beta - \gamma_o)] \tag{2-45}$$

再将式（2-35）、式（2-36）带入式（2-45），得

$$F_e = \tau_s A_D \left(\frac{\Lambda_h^2 - 2\Lambda_h \sin\gamma_o + 1}{\Lambda_h \cos\gamma_o}\right)^n \left[\frac{\Lambda_h - \sin\gamma_o}{\cos\gamma_o} + \tan(\beta - \gamma_o)\right] \tag{2-46}$$

若令式（2-46）中

$$\left(\frac{\Lambda_h^2 - 2\Lambda_h \sin\gamma_o + 1}{\Lambda_h \cos\gamma_o}\right)^n \left[\frac{\Lambda_h - \sin\gamma_o}{\cos\gamma_o} + \tan(\beta - \gamma_o)\right] = \Delta \tag{2-47}$$

则式（2-46）变形为

$$F_e = \tau_s A_D \Delta \tag{2-48}$$

实验表明，$\beta - \gamma_o$ 的数值与工件材料有关，切削不同工件材料的 $\beta - \gamma_o$ 值见表 2-6。

表2-6 切削不同工件材料的 $\beta-\gamma_o$ 值

工件材料	含碳量（碳的质量分数）小于0.15%的钢（如10钢）	含碳量（碳的质量分数）在0.15%~0.25%的钢（如20钢）	含碳量（碳的质量分数）大于0.25%的钢（如30钢、40钢、30Cr钢等）
$\beta-\gamma_o$ 值	40°	46°	50°

从表2-6可知，切削不同工件材料的 $\beta-\gamma_o$ 值在40°~50°的范围内变动，当工件材料一定，则 $\beta-\gamma_o$ 值为常数。从式（2-47）可以看出，Δ 是关于 Λ_h 和 γ_o 的函数。这样，利用描点法，可以绘制出在不同的刀具前角时，Δ 与 Λ_h 的关系曲线，如图2-35所示。可见，某一前角下，各点连线近似为直线，测量其斜率约为1.4，其截距用 C 表示；当前角不同时，所得直线斜率不变，只是截距不同而已；当前角增大时，直线的截距 C 减小。这样可列直线方程为

$$\Delta = 1.4\Lambda_h + C \tag{2-49}$$

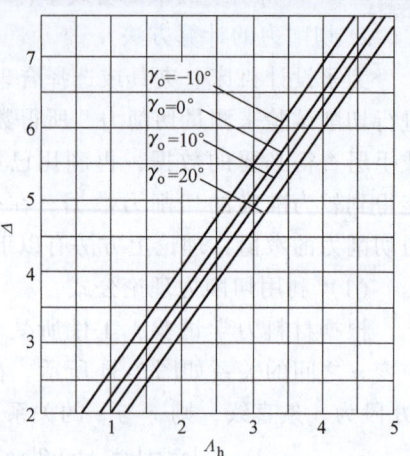

图2-35 不同前角下 Δ 与 Λ_h 的关系曲线

将式（2-49）带入式（2-48）中，得切削力的理论公式为

$$F_e = \tau_s A_D(1.4\Lambda_h + C) \tag{2-50}$$

从式（2-50）可以看出，当材料的剪切屈服极限 τ_s 越大，切削力 F_e 越大；切削面积 A_D 增大，即切削厚度 h_D 或切削宽度 b_D 越大（进给量 f 或背吃刀量 a_p 增大），切削力 F_e 越大；当刀具前角 γ_o 增大，Λ_h 减小，同时截距 C 也减小，有利于切削力 F_e 减小。

应当指出的是，切削力理论公式是在简化了许多切削条件下建立和推导出来的，如忽略了后刀面和切削刃钝圆半径的作用、将剪切面看做是单一平面、将工件材料视为理想金属、把刀-屑摩擦视为简单的滑动摩擦等，这些都与实际切削条件有很大区别。因此，利用切削力理论公式来计算切削力不准确，但可以利用切削力理论公式进行定性分析，掌握公式中各因素对切削力的影响规律。

（2）利用切削力的经验公式 通过试验测出切削力，再对试验数据进行处理，可得切削力的经验公式，又称为切削力的指数公式。这种计算切削力的方法在生产实际中应用广泛。经验公式的形式如下：

$$F_e = C_{F_e} a_p^{x_{F_e}} f^{y_{F_e}} K_{F_e} \tag{2-51}$$

$$F_f = C_{F_f} a_p^{x_{F_f}} f^{y_{F_f}} K_{F_f} \tag{2-52}$$

$$F_p = C_{F_p} a_p^{x_{F_p}} f^{y_{F_p}} K_{F_p} \tag{2-53}$$

式中　F_e——切削力（N）；

F_f——进给力（N）；

F_p——背向力（N）；

a_p——背吃刀量（mm）；

f——进给量（mm/r）；

C_{F_c}、C_{F_f}、C_{F_p}——系数，其数值取决于工件材料及切削条件；

x_{F_c}，y_{F_c}，x_{F_f}，y_{F_f}，x_{F_p}，y_{F_p}——指数，其数值取决于工件材料及切削条件；

K_{F_c}、K_{F_f}、K_{F_p}——修正系数，当实际切削条件与公式的条件不符时，应用相关数据修正，修正系数为各个单项修正系数之积。

切削结构钢、铸钢、灰铸铁和可锻铸铁时，切削力经验公式中的系数和指数见表2-7。关于系数、指数及修正系数的更多数据可查阅相关手册。

表2-7 切削力经验公式中的系数和指数

工件材料	刀具材料	切削力 F_c			进给力 F_f			背向力 F_p		
		C_{F_c}	x_{F_c}	y_{F_c}	C_{F_f}	x_{F_f}	y_{F_f}	C_{F_p}	x_{F_p}	y_{F_p}
结构钢及铸钢 σ_b = 0.735GPa	硬质合金	150	1.0	0.75	54	1.0	0.5	61	0.9	0.6
	高速钢	180	1.0	0.75	54	1.2	0.65	94	0.9	0.75
灰铸铁硬度 =190HBS	硬质合金	92	1.0	0.75	46	1.0	0.4	54	0.9	0.75
	高速钢	114	1.0	0.75	51	1.2	0.65	119	0.9	0.75
可锻铸铁硬度 =150HBS	硬质合金	81	1.0	0.75	38	1.0	0.4	43	0.9	0.75
	高速钢	100	1.0	0.75	40	1.2	0.65	88	0.9	0.75

注：表格中的系数和指数是在切削速度≤1.67m/s，进给量≤0.75mm/r；刀具几何参数为 $\gamma_o = 15°$，$\kappa_r = 75°$，$\lambda_s = 0°$，$b_{\gamma 1} = 0$，$r_\varepsilon = 2mm$；切削状态为干切削的条件下求得的。

（3）利用单位切削力 K_c 单位切削力是指单位面积上的切削力，单位为Pa。

$$K_c = \frac{F_c}{A_D} \times 10^6 = \frac{F_c}{h_D b_D} \times 10^6 \tag{2-54}$$

式中 F_c——切削力（N）；

A_D——切削面积（mm^2）；

h_D——切削厚度（mm）；

b_D——切削宽度（mm）。

单位切削力 K_c 的数值可根据切削条件查阅相关手册。查得 K_c 后，由式（2-54）可计算出切削力 F_c。

3. 切削力的影响因素

（1）工件材料 切削塑性材料时，工件材料的强度、硬度越高，剪切屈服极限 τ_s 越大，尽管变形系数 Λ_h 有所减小，但根据式（2-50），结果还是使切削力增大；强度、硬度相近的工件材料，若加工硬化倾向越大，即强化系数 n 越大，较小的变形就会引起硬度大大提高，从而使切削力增大。切削脆性材料时，被切材料的弹塑性变形小，加工硬化现象不显著，刀-屑摩擦与挤压较轻，切削力相对较小。

（2）切削用量

1）切削速度 v_c。切削塑性材料时，在无积屑瘤的速度区域，即Ⅰ区和Ⅳ区，随着 v_c 的增大，切削温度升高，工件材料的强度和硬度因产生弱化现象而降低，切削力减小。在有积屑瘤的速度区域，如Ⅱ区，v_c 增大，积屑瘤的高度 H_b 增大，刀具的实际工作前角 γ_o 增大，

变形系数 Λ_h 减小，切削力降低；相反，在Ⅲ区，v_c 增大，积屑瘤的高度 H_b 减小，刀具的实际工作前角 γ_o 减小，变形系数 Λ_h 增大，切削力增大。图 2-36 所示为在切削 45 钢时，切削速度对切削力的影响。图中，工件材料为 45 钢（正火），硬度为 187HBW；刀具结构为焊接式平前刀面外圆车刀；刀片材料为 YT15；刀具的几何参数为 $\gamma_o = 18°$，$\alpha_o = 6 \sim 8°$，$\alpha_o' = 4 \sim 6°$，$\kappa_r = 75°$，$\kappa_r' = 10 \sim 12°$，$\lambda_s = 0°$，$b_{\gamma 1}$（倒棱宽）$= 0$，$r_\varepsilon = 0.2 \text{mm}$；切削用量为 $a_p = 3 \text{mm}$，$f = 0.25 \text{mm/r}$。可见，受积屑瘤的影响，在中低速度区域内，$F\text{-}v_c$ 关系曲线具有驼峰性。

在切削脆性材料时，由于变形和摩擦都较小，所以 v_c 对切削力的影响不显著。

2）进给量 f 和背吃刀量 a_p。根据切削力的理论公式，f 及 a_p 增大，都会使切削力增大，但两者对切削力的影响程度不同。a_p 增大，变形系数 Λ_h 不变，切削力随 a_p 成正比增大；f 增大，切削厚度 h_D 增大，使 Λ_h 有所减小，故切削力不成正比增大，影响程度相对较弱。

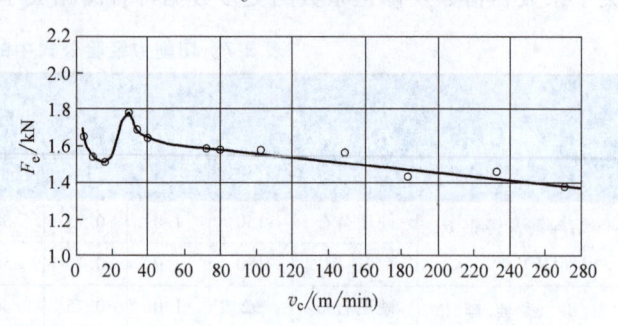

图 2-36 切削速度对切削力的影响

（3）刀具几何参数

1）刀具前角 γ_o。加工塑性材料时，γ_o 增大，使变形系数 Λ_h 和 C 值减小，根据式（2-50），切削力降低。

加工脆性材料时，由于刀-屑摩擦、切削变形及加工硬化现象不明显，故 γ_o 的变化对切削力的影响不如切削塑性材料时显著。

2）负倒棱。在刀具的前刀面上，沿切削刃方向磨出前角为负值（或前角为零，或很小的正前角）的窄棱面，以增加刃区的强度，这一窄棱面称为负倒棱。通常用负倒棱前角 γ_{o1} 及其倒棱宽 $b_{\gamma 1}$ 来衡量，如图 2-37a 所示。

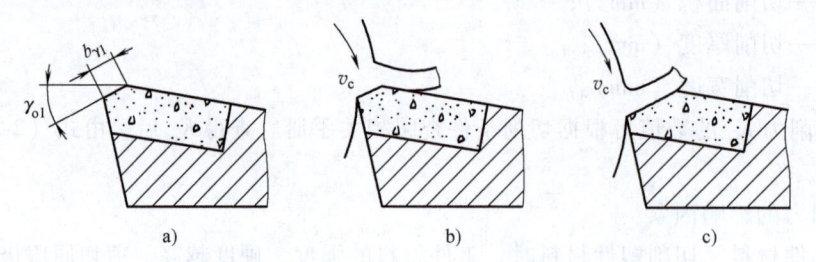

图 2-37 带有负倒棱的刀具前刀面与切屑的接触情况

显而易见，负倒棱的存在会使切削力增大。其影响程度与切削时负倒棱面所起的作用有关。若刀-屑接触长度远大于负倒棱宽 $b_{\gamma 1}$，如图 2-37b 所示，切屑流出时，刀具前刀面起主要作用，实际工作前角是 γ_o，负倒棱的存在使切削力增大，但影响程度不显著；若刀-屑接触长度小于或等于负倒棱宽 $b_{\gamma 1}$，如图 2-37c 所示，切屑流出时，实际起作用的是负倒棱面，实际工作前角为 γ_{o1}，这时负倒棱的存在使切削力增大且影响显著。

3）主偏角 κ_r。由式（2-40）和式（2-41）可知，κ_r 增大，使 F_f 增大，F_p 减小。κ_r 对 F_c 的影响较为复杂，如图 2-38 所示。随 κ_r 的增大，F_c 先减小，后又增大，其最

小值出现在 κ_r 为 60°~75°的范围内。F_e 先减小的原因是：当切削面积不变时，κ_r 增大使切削厚度 h_D 增大，变形系数 Λ_h 减小所致。F_e 后又增大的原因是：κ_r 进一步增大，由于刀尖圆弧半径 r_ε 的存在，使刀尖处参加切削工作的曲线切削刃长度增大及平均切削厚度减小，都会使变形加剧，导致切削力 F_e 增大。但 F_e 的变动范围不大，一般在 F_e 的10%以内变动。

4) 刃倾角 λ_s。刃倾角对切削力的影响如图 2-39 所示，λ_s 的变化对切削力 F_e 影响不大，但对 F_f、F_p 的影响较大。λ_s 的变化使切削合力 F 的方向发生改变。当 λ_s 增大，F_f 方向上测量的前角（侧前角）γ_f 减小，F_p 方向上的测量的前角（背前角）γ_p 增大，所以 F_f 增大，F_p 减小。γ_f、γ_p 随 λ_s 的变化可通过不同测量平面间的角度换算来验证。

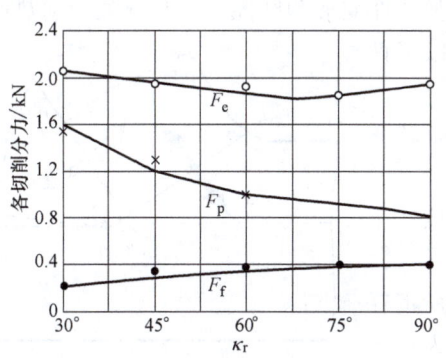

图 2-38 主偏角对各切削分力的影响

工件材料：45钢（正火），硬度为187HBW。
刀具结构：焊接式平前刀面外圆车刀。
刀片材料：YT15。
刀具的几何参数：$\gamma_o = 18°$，$\alpha_o = 6°~8°$，
$\kappa_r' = 10°~12°$，$\lambda_s = 0°$，
$b_{\gamma 1} = 0$，$r_\varepsilon = 0.2\text{mm}$。
切削用量：$a_p = 3\text{mm}$，$f = 0.3\text{mm/r}$，
$v_c = 95.5~103.5\text{m/min}$。

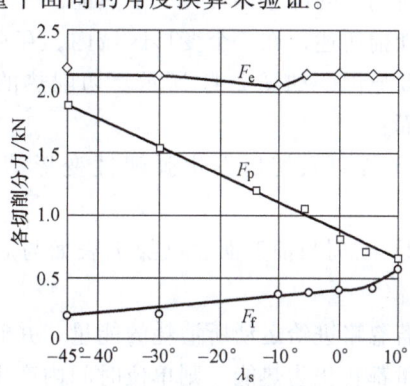

图 2-39 刃倾角对各切削分力的影响

工件材料：45钢（正火），硬度为187HBW。
刀具结构：焊接式平前刀面外圆车刀。
刀片材料：YT15。
刀具的几何参数：$\gamma_o = 18°$，$\alpha_o = 8°$，$\alpha_o' = 4°~6°$，
$\kappa_r = 75°$，$\kappa_r' = 10°~12°$，$\lambda_s = 0°$，
$b_{\gamma 1} = 0$，$r_\varepsilon = 0.2\text{mm}$。
切削用量：$a_p = 3\text{mm}$，$f = 0.35\text{mm/r}$，
$v_c = 100\text{m/min}$。

5) 刀尖圆弧半径 r_ε。如图 2-40 所示，当刀尖圆弧半径 r_ε 增大时，参加切削工作的曲线切削刃长度增大，平均切削厚度 h_D 减小，变形增大，使切削力 F_e 增大。同时 r_ε 增大，刀具的平均主偏角减小，F_f 减小，F_p 增大。

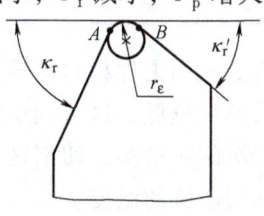

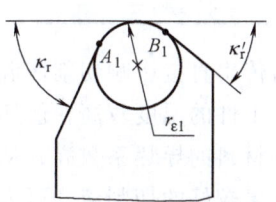

a) 刀尖圆弧半径较小时   b) 刀尖圆弧半径较大时

图 2-40 刀尖圆弧半径的变化对刀尖弧长的影响

（4）刀具的磨损　刀具发生磨损，特别是后刀面磨损后，在刀具的后刀面沿切削刃的方向上，磨出后角为零的棱面，使刀具后刀面与工件的摩擦加剧，切削力增大。

（5）切削液　采用润滑效果好的切削液，能减小前刀面与切屑、后刀面与工件表面的摩擦，显著地降低切削力。

2.3.3 切削热与切削温度

切削热和切削温度是切削过程中极为重要的物理现象,不仅会与其他物理现象相互影响,而且会影响工件的加工质量和刀具的寿命。

1. 切削热的产生与传出

(1) 切削热的产生 实验表明,切削时所消耗的能量,除 1%~2% 用以形成新表面和以晶格扭曲等形式形成潜藏能外,绝大部分消耗的能量都转化为热能。因此可近似地认为,切削时所消耗的能量都转化成了热能。

如前所述,在三个变形区域内,存在着强烈的弹塑性变形和摩擦。这是导致切削热产生的主要原因,如图 2-41 所示。切削热的产生来自以下两个方面:

1) 工件及切屑发生弹塑性变形消耗的能量而转化的热。

2) 切屑与前刀面、已加工表面与后刀面的摩擦产生的热。

若忽略进给运动所消耗的能量,并假定主运动所消耗的能量都转化为热能,则单位时间内产生的切削热为

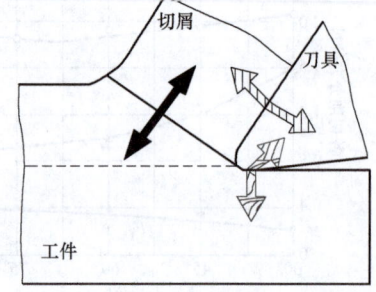

$$Q = F_e v_c \tag{2-55}$$

图 2-41 切削热的产生与传出

式中 Q——单位时间内产生的切削热(J/s);

F_e——切削力(N);

v_c——切削速度(m/s)。

(2) 切削热的传出 如图 2-41 所示,在切削区产生的热量要向刀具、工件、切屑和周围的介质(空气或切削液)传散。加工方式不同,从刀具、工件、切屑和周围介质传热的比例也不同,车削、钻削时不同部位的切削热的传散见表 2-8。

表 2-8 车削、钻削时不同部位切削热的传散

名 称	从工件传出的热	从刀具传出的热	从切屑传出的热	从周围介质传出的热
车削	3%~9%	10%~40%	50%~86%	1%
钻削	52.5%	12.5%	28%	5%

切削热的产生与传出直接影响切削区温度的高低。如工件材料的导热系数高,由工件和切屑传散的热量多,工件的温度较高,但切削区的温度较低,这有利于降低刀具的磨损,提高刀具寿命;若刀具材料的导热系数高,从刀具传散的热量多,切削区的温度也会降低。若在切削时采用冷却效果较好的切削液,可大大降低切削区的温度。

2. 切削温度的测量

切削温度的测量方法很多,有热电偶法、辐射温度计法、热敏法和金相组织观察法等,其中较为常用的是热电偶法。下面介绍热电偶法的测温原理。

热电偶法又分为自然热电偶法和人工热电偶法。

(1) 自然热电偶法 如图 2-42 所示,自然热电偶法是利用刀具材料和工件材料的化学成分不同而组成热电偶的两极,切削区为热电偶的热端,工件与刀具的引出线与毫伏表相连

保持室温，形成热电偶的冷端，热端与冷端之间会产生温差电动势，利用毫伏表测出电压值。再根据事先标定好的刀具与工件所组成热电偶的温度与电压关系曲线（此关系曲线与刀具、工件的材料有关），便可得到切削区的温度。

需要注意的是，自然热电偶法测量的是切削区的平均温度，而不能测量切削区某一点的温度；当刀具或工件的材料改变时，热电偶的温度与电压关系曲线需要重新标定。

（2）人工热电偶法　如图2-43所示，将两种事先标定好的金属丝一端焊接在需要测量温度的切削区某一点上形成热端，而另一端引出至室温环境下与毫伏表相连形成冷端。于是根据自然热电偶的测量原理，就可以测量切削区某一点的切削温度。

由于对两种材料的金属丝事先已做好关于温度与电压关系的标定，只要金属丝的材料不变，无论刀具或工件材料如何改变，都不需对温度与电压关系曲线重新标定，这方面比自然热电偶更方便。

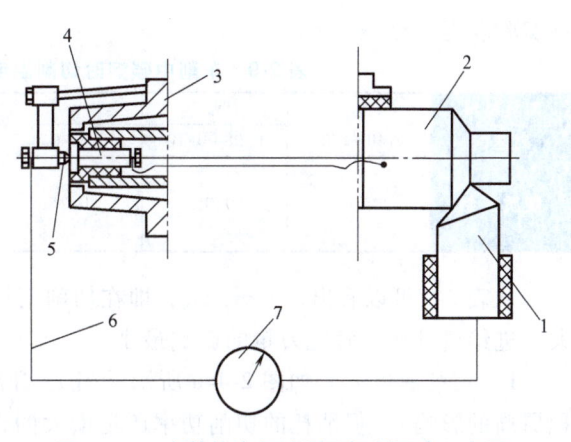

图2-42　自然热电偶法测量切削温度示意图
1—刀具　2—工件　3—车床主轴尾部　4—铜销
5—铜顶尖　6—导线　7—毫伏表

3. 切削温度的影响因素

这里所述的切削温度通常是指切削区的平均温度。

（1）工件材料　工件材料的强度、硬度越高，产生的切削力越大，消耗的切削功率多，产生的切削热多，切削温度升高；工件材料的导热性好，从切屑和工件传出的热量多，使切削区的温度降低；切削脆性材料时，由于切削变形和摩擦都比较小，所以切削温度一般低于钢料等塑性材料。

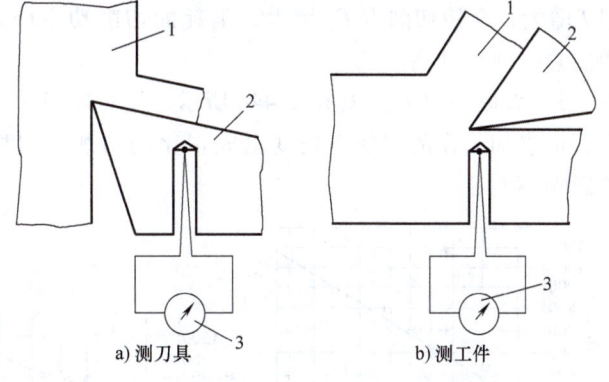

图2-43　人工热电偶法测量切削温度示意图
1—工件　2—刀具　3—毫伏表

（2）切削用量　与切削力的经验公式类似，通过实验得出的切削温度经验公式如下：

$$\theta = C_\theta a_p^{x_\theta} f^{y_\theta} v_c^{z_\theta} \tag{2-56}$$

式中　θ——切削温度（℃）；
　　　C_θ——系数；
　　　a_p——背吃刀量（mm）；
　　　f——进给量（mm/r）；
　　　v_c——切削速度（m/min）；
　　　x_θ、y_θ、z_θ——指数。

切削温度经验公式中的系数和指数与刀具材料、工件材料及加工方法等因素有关，可通过实验获得，见表 2-9。

表 2-9　车削中碳钢时切削温度经验公式的系数和指数

刀具材料	C_θ	x_θ	y_θ	z_θ	
高速钢	140~170	0.08~0.10	0.2~0.3	0.35~0.45	
硬质合金	320	0.05	0.15	进给量为 0.1mm/r 时	0.41
				进给量为 0.2mm/r 时	0.31
				进给量为 0.3mm/r 时	0.26

从表 2-9 可以看出，$x_\theta < y_\theta < z_\theta$，即在切削用量三要素中，切削速度对切削温度的影响最大，进给量其次，背吃刀量的影响最小。

1) 切削速度 v_c。如图 2-44a 所示，当 v_c 升高时，尽管切削力 F_e 有所减小（若不考虑积屑瘤的影响），但消耗的切削功率还是增大的，产生的切削热增多；此时，切屑快速从前刀面流出，所容纳的切削热来不及向切削区传散而被切屑带走，传出的热量也增多，但产生的切削热要大于传出的切削热，切削热逐渐聚集在切削区内。因此，v_c 增大，使切削温度 θ 升高，但不成正比变化。

2) 进给量 f。如图 2-44b 所示，进给量 f 增大使切削温度 θ 升高。原因是随着进给量的增大，切削厚度和刀-屑接触长度增大，切屑容热条件得以改善，由切屑带走的热量较多；但 f 增大，会使切削力 F_e 增大，消耗的切削功率增大，产生的切削热增多，且大于传出的切削热，使 θ 升高。

3) 背吃刀量 a_p。如图 2-44c 所示，当背吃刀量 a_p 增大时，尽管产生的热量成正比的增多，但参加工作的切削刃长度也成正比的增加，明显改善了散热条件。因此，a_p 变化对 θ 的影响不明显。

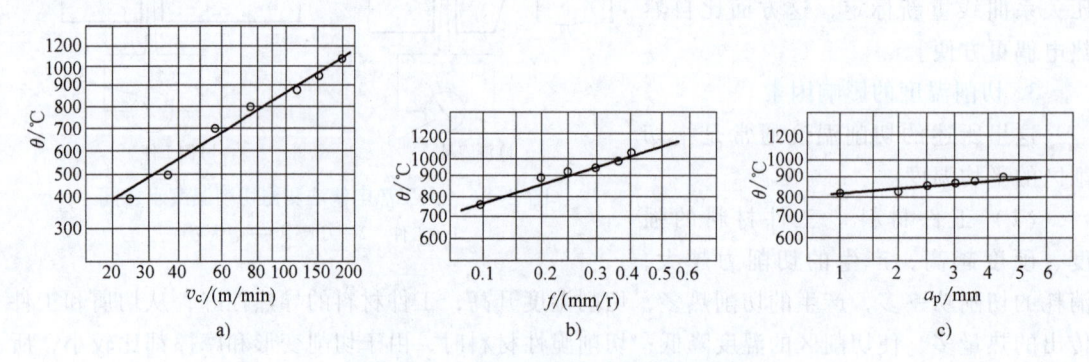

图 2-44　切削用量对切削温度的影响

工件材料：45 钢。刀具材料：YT15。切削用量：a) $a_p = 3$mm，$f = 0.1$mm/s；b) $a_p = 3$mm，$v_c = 1.57$m/s；c) $f = 0.1$mm/r，$v_c = 1.78$m/s

从图 2-44 也可看出，切削用量三要素对切削温度 θ 的影响程度不同。图中直线的斜率（公式中切削用量各要素对应的指数）越大，则对应要素对切削温度的影响越大。可见，v_c 影响最显著，f 其次，a_p 影响最小。由于切削温度是影响刀具寿命最为主要的因素，所以，在机床允许的情况下，为有效地控制切削温度、提高刀具寿命，选用大背吃刀量和进给量，比选用大的切削速度有利。

(3) 刀具几何参数

1) 刀具前角 γ_o。刀具前角 γ_o 增大，使切削力 F_e 明显减小，产生的热量减少，切削温

度 θ 降低。但 γ_o 若减小的过多，由于楔角 β_o 也减小，使刀具的容热体积减小，传出的热量也少，θ 不会进一步降低，反而可能会升高，如图 2-45 所示。

2）主偏角 κ_r。前面提到，主偏角 κ_r 对切削力 F_c 的影响不大。因此，κ_r 变化时，消耗的切削功率及产生切削热的变化也不大。但 κ_r 增大，使参加工作的主切削刃长度及刀尖角 ε_r 都减小，刀具的散热条件变差，所以切削温度升高，如图 2-46 所示。

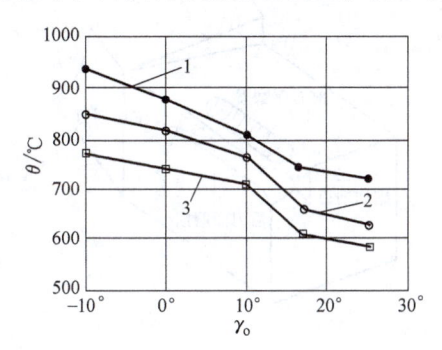

图 2-45　前角与切削温度的关系

工件材料：45 钢。刀具材料：YT15。切削用量：
　　$a_p = 3\text{mm}$，$f = 0.1\text{mm/r}$
　　1—$v_c = 135\text{m/min}$　2—$v_c = 105\text{m/min}$
　　3—$v_c = 81\text{m/min}$

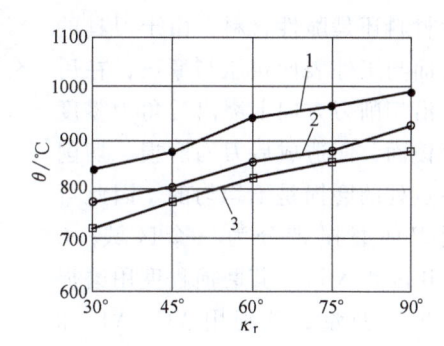

图 2-46　主偏角与切削温度的关系

工件材料：45 钢。刀具材料：YT15。切削用量：
　　$a_p = 2\text{mm}$，$f = 0.2\text{mm/r}$；
　　1—$v_c = 135\text{mm/min}$　2—$v_c = 105\text{mm/min}$
　　3—$v_c = 8\text{mm/min}$

3）负倒棱 $b_{\gamma 1}$ 和刀尖圆弧半径 r_ε。当 $b_{\gamma 1}$ 在 $0 \sim 2f$ 范围内变动、r_ε 在 $0 \sim 1.5\text{mm}$ 范围内变化时，因这两者的存在都会使切削变形增大，产生的切削热增多，同时又都能使刀具的散热条件有所改善，传出的热量也增大，产生的热量与传出的热量趋于平衡，所以切削温度基本无变化。

4）刀具的磨损和切削液。当刀具磨损时，在后刀面上磨出一个后角为零的窄棱面，与工件的摩擦加剧，使切削温度升高。切削液能起到散热、减小摩擦的作用，因此，合理使用切削液可有效降低切削温度。

2.3.4　刀具磨损与刀具寿命

刀具正常使用过程中，在切下切屑的同时，本身也会逐渐产生磨损。当刀具的磨损达到一定程度时，会使切削力增大，切削温度急剧升高，这时既影响工件的加工质量，又易使刀具过度磨损或发生破损（如烧刀、塑性变形、崩刃等），而导致刀具废弃。因此，需要及时对刀具进行重磨或更换刀片，防止刀具过度磨损。本节主要讲述刀具的磨损，包括磨损形态、磨损原因、磨损过程及磨钝标准，以及刀具寿命和其经验公式等内容。

1. 刀具磨损的形态

在切削过程中，切屑与前刀面、工件与后刀面的接触区内，存在强烈的挤压与摩擦，并伴随着较高的温度，使前、后刀面逐渐磨损，如图 2-47 所示。

（1）前刀面磨损　当切削塑性材料时，如果切削速度较高、切削厚度较大，在前刀面靠近切削刃的位置因切削温度最高而磨出一个小凹坑（称为月牙洼），形成前刀面磨损。随着切削的继续，前刀面磨损加剧，月牙洼的深度 KT 和宽度 KB 逐渐扩展，使月牙洼与切削刃间的棱边变窄，切削刃强度大为削弱，极易导致崩刃，从而造成刀具的破损。前刀面磨损程度一般以月牙洼最大深度 KT 表示。

（2）后刀面磨损　无论是切削塑性材料还是脆性材料，由于刀具的后刀面与工件表面挤压与摩擦，在后刀面沿切削刃方向上磨出后角为零度的窄棱面，而造成后刀面磨损。切削刃各点处的磨损是不均匀的。因此可将后刀面磨损带分为三个区域：C 区、B 区和 N 区，其磨损程度用磨损带宽度来衡量，分别用 VC、VB 和 VN 来表示。在 C 区（刀尖处），由于切削热比较集中，散热条件差，磨损严重。在 N 区（工件待加工表面处的后刀面磨损带），磨损也比较严重，原因是：由于工件表面有硬皮或产生加工硬化现象，待加工表面处的材料硬度较大，导致 N 区磨损比较严重；同时，在 N 区存在着很高的应力梯度和温度梯度，会引起很大的剪应力，使磨损加剧；此区域刀具材料在高温下易发生化学反应使磨损加剧。而在 B 区（后刀面磨损带的中间部位），磨损带长度较大，磨损程度相对较轻。刀具副后刀面的磨损与后刀面的情况类似，由于切削负荷小，磨损程度相对较弱。

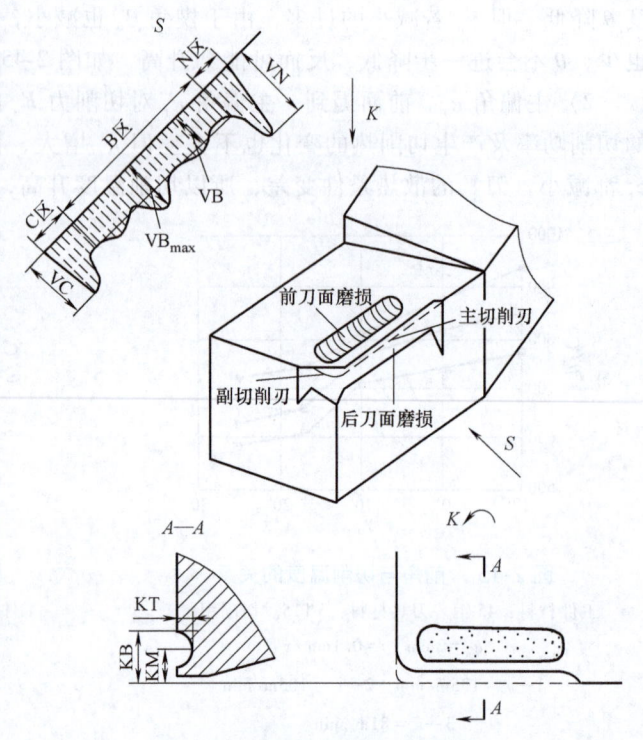

图 2-47　刀具的磨损形态示意图

（3）前、后刀面同时磨损　这是一种兼有上述两种情况的磨损形式。在切削塑性材料时，经常会发生这种磨损。

2. 刀具磨损的原因

与普通零件不同，刀具的工作环境有以下特点：刀具与工件间的接触压力大，有时超过工件材料的屈服极限；刀具与切屑、工件的新形成表面接触，易发生化学反应；刀具的工作环境温度高，有时甚至达到 1000℃ 以上。因此，刀具发生磨损是机械作用、热作用和化学作用综合影响的结果。

（1）硬质点磨损　虽然工件的硬度低于刀具的硬度，但在工件中经常掺杂一些硬度高、熔点高的硬质点，如碳化物（Fe_3C、TiC）、氮化物（TiC、Si_3N_4）和氧化物（SiO_2、Al_2O_3）等，能在刀具表面划出一道道沟痕，造成刀具磨损。

由于这些硬质点的高温硬度也很高，因此硬质点磨损在各种切削速度（切削温度）下都存在。但在低速切削时，其他磨损原因尚不显著，硬质点磨损成为刀具磨损的主要原因。高速钢刀具在中低速下工作，且其耐磨性比硬质合金差，故高速钢刀具发生硬质点磨损的概率较大。

（2）冷焊磨损　在适当的温度和压力下，刀具与工件、切屑之间因挤压摩擦而产生冷焊现象。在切削运动的作用下，冷焊结点受剪应力而破裂。一般来说，冷焊结点的破裂往往发生在强度较低的工件或切屑上，但由于交变应力、接触疲劳、热应力以及刀具表层结构缺陷等原因，冷焊结点也可能在刀具表面破裂，这样刀具表面的颗粒被工件或切屑带走，造成刀具的磨损。

冷焊现象一般在中低速下产生，而高速钢刀具就在这个速度区域内工作，因此高速钢刀具易发生冷焊磨损；硬质合金刀具通过提高切削速度后，可减轻发生冷焊磨损的程度。

（3）扩散磨损　在切削过程中，相互接触的切屑底层金属、工件新表面及刀具表面都是新鲜表面，当切削温度较高时，工件与刀具的化学元素活性增强，会发生扩散现象，即元素从浓度高的一侧向浓度低的一侧扩散，从而改变刀具表面的化学成分，使刀具表面变得脆弱，丧失原有的切削性能，造成刀具的磨损。

实验表明，刀具与工件间的元素浓度差值越大、切削温度越高，扩散现象越明显，刀具发生扩散磨损的程度越严重。高速钢刀具的工作温度较低，发生扩散磨损的程度要远小于硬质合金刀具。

（4）化学磨损　当切削温度在700~800℃以上时，刀具材料与某些介质（如空气中的氧或切削液中的硫、氯等）发生化学反应，在刀具表面形成一层硬度较低的化合物，从而丧失刀具材料原有的切削性能，造成刀具磨损。但是空气和切削液不易进入刀-屑接触区，化学磨损主要发生在主、副切削刃的工作边界处。

综上所述，切削温度（或切削速度）是影响刀具磨损最主要的因素。图2-48所示为不同切削温度下刀具发生磨损的原因及其磨损程度。可见，在高温时，刀具发生扩散和化学磨损的程度较高；在中低温时，冷焊磨损占主导地位；而磨料磨损程度基本上不随温度变化。

3. 刀具磨损过程及磨钝标准

刀具的磨损不仅影响工件的尺寸精度和表面质量，而且也影响刀具材料的消耗和加工成本。因此，当刀具磨损到一定程度就不能继续使用。那么，刀具磨损到什么程度不能使用呢？这需要制订一个磨钝的标准。为此，需先研究刀具的磨损过程。

（1）刀具磨损过程　根据切削实验可得刀具的典型磨损曲线，如图2-49所示。可以看出，磨损曲线近似由三段直线组成，根据直线的斜率不同，可将刀具的磨损分为三个阶段。

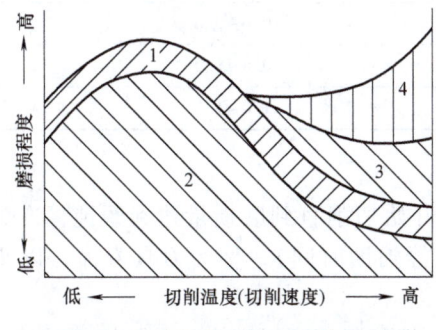

图2-48　切削温度对刀具磨损的影响
1—磨料磨损　2—冷焊磨损
3—扩散磨损　4—化学磨损

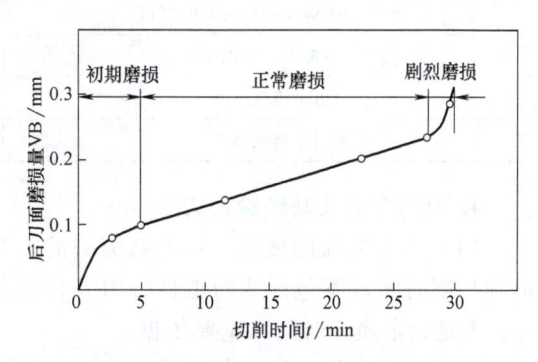

图2-49　刀具的典型磨损曲线
刀具：P10（TiC涂层）外圆车刀。工件材料：60Si2Mn（40HRC）。刀具的几何参数：$\gamma_o = 4°$，$\kappa_r = 45°$，$\lambda_s = -4°$，$r_\varepsilon = 0.5$mm。
切削用量：$v_c = 115$m/min，$f = 0.2$mm/r，$a_p = 1$mm。

1）初期磨损阶段。这一阶段磨损曲线的斜率较大，即刀具磨损严重。分析原因：一方面是新刃磨的刀具表面粗糙不平以及存在显微裂纹、刃磨裂纹等缺陷，造成刀具磨损；另一方面，新刃磨的刀具切削刃比较锋利，后刀面与加工表面间接触面积小，压应力较大，使这一阶段刀具磨损较快。

2）正常磨损阶段。这一阶段磨损曲线的斜率与初期相比减小，即刀具磨损相对平缓。经初期磨损后，刀具粗糙的表面已被磨平，且在后刀面沿切削刃方向磨出一条窄棱面，刀具与工件间接触压强减小，磨损强度降低。

3）剧烈磨损阶段。这一阶段磨损曲线的斜率很大，即刀具磨损剧烈。这一阶段的刀具切削刃变钝，切削力增大，同时刀具后刀面的磨损带宽度 VB 较大，与工件摩擦强烈，造成刀具磨损加剧。在此磨损阶段到来之前，应及时更换或重新刃磨刀具。

（2）刀具的磨钝标准　允许刀具磨损的限度称为刀具的磨钝标准。如图 2-50 所示，一般情况下用刀具后刀面磨损带的宽度 VB 来评定；但是对于自动化生产中的精加工刀具，通常以刀具的径向磨损量 NB 来衡量磨钝标准。

制订磨钝标准需考虑具体的加工条件，例如：工艺系统刚度较差时，选用较小的磨钝标准；切削难加工材料时，选用较小的磨钝标准；加工精度及表面质量要求较高时，选用较小的磨钝标准；加工大型工件时，为了避免中途换刀，允许选用较大的磨钝标准等。

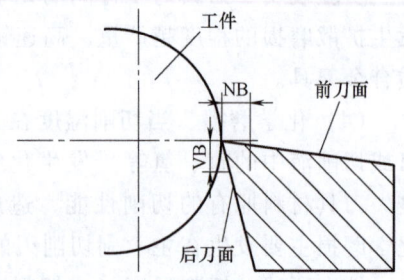

图 2-50　刀具的后刀面磨损量与径向磨损量

在生产实践中，不同加工条件下，硬质合金车刀的磨钝标准的推荐值见表 2-10。

表 2-10　硬质合金车刀的磨钝标准的推荐值

加工条件	后刀面的磨钝标准 VB/mm
精车	0.1~0.3
粗车合金钢及刚性较差的工件	0.4~0.5
粗车碳素钢	0.6~0.8
粗车铸铁工件	0.8~1.2
低速粗车钢及铸铁大件	1.0~1.5

4. 刀具寿命及其经验公式

（1）刀具寿命的概念　一把新刃磨的刀具，从开始切削直到磨损量达到磨钝标准为止的纯切削时间（不包括装卸工件，刀具位置的调整等辅助时间），称为刀具寿命，以 T 表示。T 是确定换刀时间的重要依据。

刀具总寿命与刀具寿命不同。刀具总寿命表示一把新刀用到报废为止总的切削时间，其中包括多次重磨。因此，刀具总寿命等于刀具寿命乘以重磨次数。

刀具寿命也可用达到磨钝标准前的切削路程（单位为 km）或加工零件数 N 表示。

（2）刀具寿命的经验公式　与切削力经验公式的形式相同，刀具寿命的经验公式也是关于切削用量三要素的指数形式，即

$$T = \frac{C_T}{v_c^{\frac{1}{m}} f^{\frac{1}{n}} a_p^{\frac{1}{p}}} \tag{2-57}$$

式中　　C_T——系数；

$1/m$、$1/n$、$1/p$——指数。

当加工条件不同时，可在《切削用量手册》中查出公式中的系数和指数值。例如，用硬质合金外圆车刀切削 $\sigma_b = 0.75\text{GPa}$ 的碳素钢时，当 $f > 0.75\text{mm/r}$，经验公式为

$$T = \frac{C_T}{v_c^5 f^{2.25} a_p^{0.75}} \tag{2-58}$$

由式（2-58）可知，切削速度对刀具寿命影响最大，进给量次之，背吃刀量影响最小。所以在优选切削用量以提高生产率时，首选大的背吃刀量，然后选大的进给量，最后选大的切削速度。

（3）刀具寿命的确定　确定刀具寿命的合理数值通常有两种方法：

1）根据单件工序、工时最短的原则来确定刀具寿命，即最大生产率寿命，用 T_p 表示。

2）根据单件工序成本最低的原则来确定刀具寿命，即经济寿命，用 T_c 表示。

一般情况下，这两种情况应当兼顾。

2.4　金属切削条件的合理选择

金属切削条件包括工件材料、刀具几何参数、切削用量和切削液等。以工件材料为主要依据，合理选择其他切削条件，对加工质量、生产率、加工成本有重要影响。

2.4.1　工件材料的合理选择

工件材料的切削加工性是指工件材料被切削加工的难易程度。它是一个相对性的概念，一种材料切削加工性的好坏，是相对另一种材料而言的。在不同的情况下，材料切削加工性的衡量指标可以不同。

（1）以相对加工性来衡量　所谓相对加工性是以切削正火状态下 45 钢（$\sigma_b = 0.637\text{GPa}$）的 v_{60} 作为基准，记作 $(v_{60})_j$，切削其他工件材料的 v_{60} 与之相比的数值，用 K_r 表示，则

$$K_r = \frac{v_{60}}{(v_{60})_j} \tag{2-59}$$

式中　　v_{60}——当刀具寿命为 $T = 60\text{min}$ 时，切削某种材料所允许的切削速度（m/min）；

$(v_{60})_j$——当刀具寿命为 $T = 60\text{min}$ 时，切削正火状态下 45 钢所允许的切削速度（m/min）。

相对加工性 K_r 是最常用的加工性指标，在不同的加工条件下都适用，通常分为 8 个等级，见表 2-11。凡 $K_r > 1$ 的材料，其加工性比 45 钢好；凡 $K_r < 1$ 的材料，加工性比 45 钢差。

（2）以已加工表面质量来衡量　精加工时，常以已加工表面作为衡量工件材料切削加工性的指标。容易获得较好的已加工表面质量的材料，其切削加工性好，反之较差。

表 2-11 材料切削加工性等级

加工性等级	名称和种类		相对加工性	代表性材料
1	很容易切削的材料	一般有色金属	>3.0	5-5-5铜铅合金,9-4铝铜合金,铝镁合金
2	容易切削的材料	易切削钢	2.5~3.0	退火15Cr,自动机钢
3		较易切削钢	1.6~2.5	正火30钢
4	普通材料	一般钢和铸铁	1.0~1.6	正火45钢,灰铸铁
5		稍难切削的材料	0.65~1.0	2Cr13调质钢,85钢
6	难切削材料	较难切削的材料	0.5~0.65	45Cr调质钢,65Mn调质钢
7		难切削材料	0.15~0.65	50CrV调质钢,某些钛合金
8		很难切削材料	<0.15	某些钛合金,铸造镍基高温合金

（3）以切削力或切削温度来衡量 在粗加工或机床刚度、功率不足时，用此项指标来衡量切削加工性。在相同的切削条件下，产生的切削力小、切削温度低的工件材料，其切削加工性好，反之较差。

（4）以切屑控制的难易程度来衡量 在自动机床或自动生产线上，常以此项指标来衡量工件材料的切削加工性。若切屑容易控制，切削加工性好，反之较差。

2.4.2 刀具几何参数的合理选择

通常，刀具几何参数的内容包括刃形、刃区剖面型式、刀面型式及刀具几何角度四个方面。

1）刃形即切削刃的形状，有直线刃、折线刃、圆弧刃、波形刃、阶梯刃以及空间曲线刃等。刃形直接影响切削层的形状及切削刃各点处的几何角度等。选择合理的刃形，对于提高刀具寿命、改善已加工表面质量等方面有直接的意义。

2）刃区剖面型式有锋刃、负倒棱、消振棱、刃带、倒圆刃等几种型式，如图2-51所示。其合理选择对切削效率、加工质量及刀具寿命有重要影响。

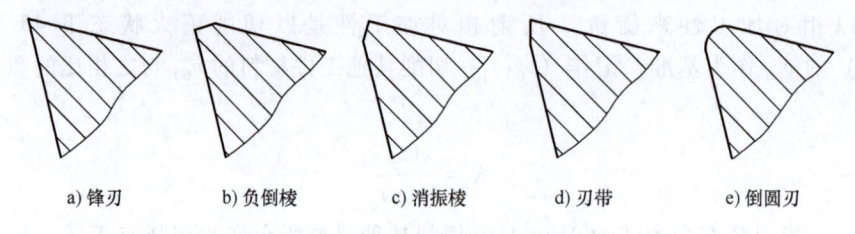

a) 锋刃　　b) 负倒棱　　c) 消振棱　　d) 刃带　　e) 倒圆刃

图 2-51　刀具刃区剖面型式

3）刀面型式也是多种多样，如在刀具前刀面上可磨出卷屑槽、断屑槽，后刀面的双重刃磨、铲背曲面等。合理的刀面型式对切屑的控制、刀具的磨损与寿命等方面有一定的影响。

4）刀具几何角度主要包括前角 γ_o、后角 α_o、主偏角 κ_r、副偏角 κ_r'、刃倾角 λ_s 和副后角 α_o' 等。

所谓刀具合理几何参数是指在保证加工质量的前提下，能够使刀具寿命长、生产率高、加工成本低的刀具几何参数。其合理选择主要考虑工件材料的化学成分、制造方法、热处理状态、物理力学性能等实际情况；要考虑刀具的材料和结构；要考虑工艺系统刚度、切削用量的大小及切削液性能等因素。

下面主要讲述刀具几何角度的合理选择。

1. 前角 γ_o 的功用及合理选择

（1）前角的功用

1）影响切削力及切削功率。刀具前角增大，可减小切削变形程度，减小切屑与前刀面的挤压与摩擦，使切削力减小，切削功率降低。

2）影响刀具强度和散热条件。刀具前角增大，会使刀具的楔角减小，刀具强度降低，刀具散热的体积减小，散热条件变差。

3）影响已加工表面的表面粗糙度。减小刀具前角，易产生积屑瘤，并引起切削振动，增大表面粗糙度。

4）影响切屑形态和断屑效果。减小刀具前角，切屑的变形程度增大，切屑因加工硬化而变得脆硬，容易折断。

可见，前角的大小对切削过程有利有弊，应根据具体的加工条件合理选择。

（2）前角的合理选择　所谓刀具的合理前角是指在满足加工要求的前提下，使刀具寿命为最大时所对应的刀具前角，记为 γ_{opt}。由于刀具材料、工件材料及加工质量等条件不同，刀具的合理前角也不同。图 2-52 所示为刀具材料及工件材料不同时刀具的合理前角。因此，应综合考虑各个加工条件，合理选择。

1）当工件材料的强度、硬度较低时，可选择较大的前角；当工件材料的强度、硬度高时，应取较小的前角，甚至是选用负前角；当加工冷作硬化倾向大的材料时，应选用较大的前角；当加工脆性材料时，宜选较小的前角。

2）当刀具材料的强度高、韧性好时，应选用较大的前角，否则选取较小的前角。

3）粗加工、断续切削或带有硬皮的铸锻件，在加工时，为保证刀具有足够的强度，应选用较小的前角。

4）对于成形刀具，为保证刃形与工件廓形尽可能相同，应选用较小的正前角。

a）刀具材料不同时　　b）工件材料不同时

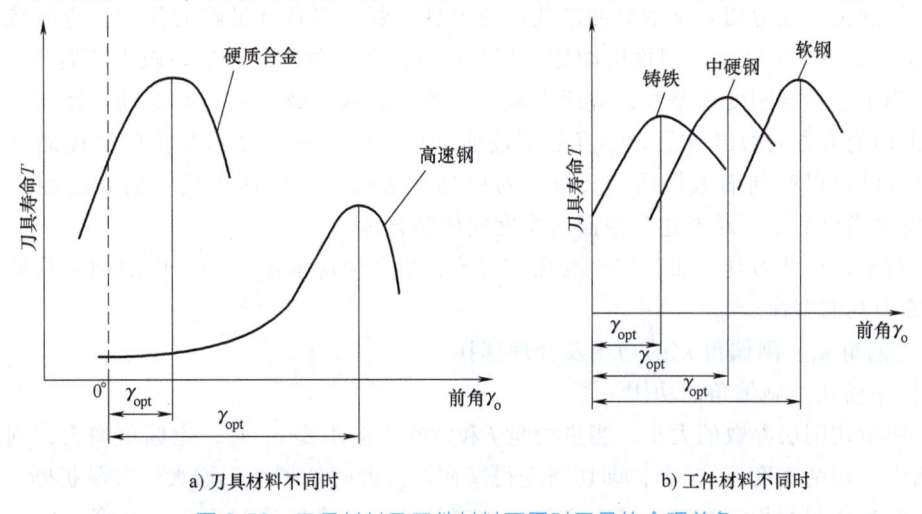

图 2-52　刀具材料及工件材料不同时刀具的合理前角

机械制造技术

5）机床功率不足或工艺系统刚度较差时，为降低切削力及切削功率，应选用较大的前角。

2. 后角 α_o 的功用及合理选择

（1）后角的功用

1）影响后刀面与工件加工表面间的摩擦。增大刀具后角，可减小摩擦。从这个作用上来看，后角的增大可提高已加工表面质量，延长刀具寿命。

2）影响刀具强度和散热条件。增大刀具后角，使楔角减小，将削弱切削刃和刀头的强度，刀具容热体积减小，散热条件变差。

3）增大后角，可减小切削刃钝圆半径 r_n，使切削刃锋利。

4）当磨钝标准 VB 相同时，后角大的刀具到达磨钝标准所磨去的金属体积较大，可延长刀具寿命。但若以刀具的径向磨损量 NB 作为磨钝标准，则情况相反，如图 2-53 所示。

（2）后角的合理选择 所谓刀具的合理后角是指在满足加工要求的前提下，使刀具寿命为最大时所对应的刀具后角，记为 α_{opt}。合理后角的选择与刀具材料、工件材料、切削厚度以及其他加工条件等因素有关，应针对具体情况，具体分析。

1）在其他加工条件相同时，高速钢刀具材料的合理后角要小于硬质合金的。原因是：相同条件下，高速钢刀具的合理前角大于硬质合金刀具的前角，为保证高速钢刀具有足够的强度，其后角应小一些。

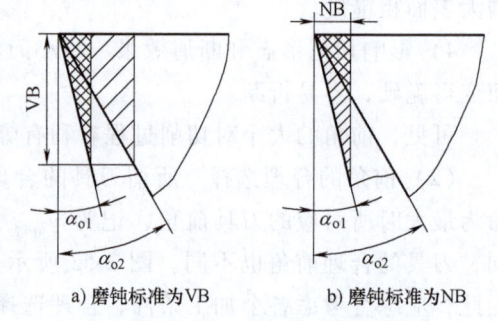

a) 磨钝标准为VB　　b) 磨钝标准为NB

图 2-53　后角与刀具磨损体积的关系

2）在工件材料的强度、硬度较高或脆性较大时，为保证刀具有足够的强度，宜取较小的后角。在工件材料的塑性大、易发生加工硬化时，为减小刀具的磨损及提高已加工表面质量，应选较大的后角。

3）当切削厚度增大时，对刀具的作用力增大，为提高刀具强度，应选较小的后角。

4）粗加工、强力切削及承受冲击载荷的刀具，要求刀具有足够的强度，应取较小的后角；而精加工时，为减小后刀面的摩擦、提高已加工表面的质量，应取较大的后角。

5）当工艺系统刚度较差时，应适当减小后角，以减小或消除切削振动。通常，在刀具后刀面沿切削刃方向磨出后角为零度的窄棱面（即刃带）或后角为负值的窄棱面（即消振棱），这样既可以起到消振作用，又可以对已加工表面起到熨压作用，提高已加工表面质量。但需要指出的是，对上述窄棱面的宽度应控制合理。

6）对于定尺寸刀具，如铰刀、圆孔拉刀等，后角值应取小一些，以增加刀具的重磨次数，提高刀具的寿命。

3. 主偏角 κ_r、副偏角 κ_r' 的功用及合理选择

（1）主偏角、副偏角的功用

1）影响切削层参数的大小。当进给量 f 和背吃刀量 a_p 不变时，主偏角增大，则切削厚度 h_D 增大，切削宽度 b_D 减小，即切屑变得窄而厚。此时切屑变形增大，容易折断。

2）影响残留面积的高度。减小主偏角、副偏角，可降低残留面积的高度，使已加工表

面的表面粗糙度减小。

3）影响切削刃、刀尖的强度和散热条件。减小主偏角、副偏角，可使刀尖角 ε_r 增大，提高刀尖强度，改善散热条件；同时减小主偏角，会使参加工作的主切削刃长度增大，单位长度切削刃上所受到的切削力减小，间接提高了切削刃的强度。

4）影响切削分力的大小。增大主偏角，会使进给力 F_f 增大，背向力 F_p 减小。

（2）主偏角的合理选择

1）当工艺系统刚度较好时，主偏角通常取较小的数值；但当工艺系统刚度不足时，易产生振动，对刀具的冲击较大。因此对于脆性相对较大的硬质合金刀具，在粗加工和半精加工时，主偏角取 60°~75°。

2）加工高硬的材料，如冷硬铸铁、淬硬钢等，为提高切削刃的强度，宜取较小的主偏角。

3）工艺系统刚性较好时，减小主偏角可降低切削温度，提高刀具寿命；工艺系统刚性不好时，如切削细长轴时，为减小工件变形、避免产生振动，应尽量减小背向力 F_p，取较大的主偏角，有时甚至可取到 90°~93°。

4）选择刀具主偏角，还与其他具体加工条件有关。如单件小批生产，应选择通用性好的 45°车刀；加工阶梯轴时，应选用 90°车刀等。

（3）副偏角的合理选择　在不引起切削振动的情况下，副偏角的数值应尽量取得小一些。

加工高硬材料及断续切削时，为提高刀具强度，应取较小的副偏角，通常 $\kappa'_r = 4° \sim 6°$；对于车刀、刨刀、硬质合金面铣刀等一般刀具，副偏角可取 5°~10°；对于切断刀、锯片铣刀及沟槽铣刀等，为保证刀具强度，副偏角很小，一般为 $\kappa'_r = 1° \sim 2°$；对于精加工刀具，为提高表面质量，可磨出 $\kappa'_r = 0°$ 的一段副切削刃（即修光刃），但其长度应选取适当，否则将引起切削振动。

4. 刃倾角 λ_s 的功用及合理选择

（1）刃倾角的功用

1）影响切屑流出方向。如图 2-54 所示，当 $\lambda_s = 0°$，切屑流向过渡表面；当 $\lambda_s < 0°$ 时，切屑流向待加工表面；当 $\lambda_s > 0°$ 时，切屑流向已加工表面。

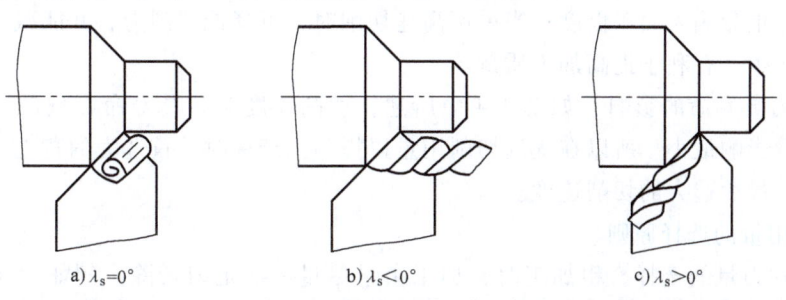

图 2-54　刃倾角对切屑流出方向的影响

a) $\lambda_s = 0°$　b) $\lambda_s < 0°$　c) $\lambda_s > 0°$

2）影响刀具强度和容热条件。减小刃倾角，刀具强度增大，散热条件得以改善，有利于提高刀具的寿命；同时在背吃刀量不变的情况下 $|\lambda_s|$ 增大，则参加工作的主切削刃长度增大，单位长度切削刃所承受的负荷减小，这样就间接增大了切削刃强度。

3）影响切削刃的锋利程度。与直角切削（$\lambda_s = 0°$时）相比较，斜角切削（$\lambda_s \neq 0°$时）使实际起作用的切削刃钝圆半径减小，切削刃变得锋利。

4）影响切削分力的大小。如前所述，增大刃倾角，会使进给力增大，背向力减小。

（2）刃倾角的合理选择　加工一般钢料和灰铸铁，粗车时取 $\lambda_s = 0° \sim -5°$，精车时取 $\lambda_s = 0° \sim 5°$；有冲击载荷时取 $\lambda_s = -5° \sim -15°$，冲击特别大时可取 $\lambda_s = -30° \sim -45°$；车削淬硬钢时取 $\lambda_s = -5° \sim -12°$；采用强力刨刀时取 $\lambda_s = -10° \sim -20°$；微量精车时，为提高刀具的锋利程度，可取 $\lambda_s = 45° \sim 75°$；工艺系统刚度不足时，为尽量减小背向力，可适当增大刃倾角；采用金刚石和立方氮化硼车刀时，为提高刀具强度，刃倾角可取负值。

2.4.3　切削用量的合理选择

在工艺系统确定的前提下，切削用量就是切削加工过程中最为"活跃"的要素。切削用量选择的合理与否，对于提高生产率、保证加工质量和延长刀具寿命均有重要影响。所谓合理的切削用量是指能够获得较高的生产率、较好的加工质量和较长刀具寿命所对应的切削用量。

1. 切削用量的作用

（1）对切削加工生产率的影响　生产率可用材料切除率 Q_Z 来表示。所谓材料切除率即单位时间内切除材料的体积。显而易见，材料切除率 Q_Z 与切削用量三要素之间的关系为

$$Q_Z = v_c f a_p 10^3 \tag{2-60}$$

式中　Q_Z——材料切除率（mm³/s）；
　　　v_c——切削速度（m/s）；
　　　f——进给量（mm/r）；
　　　a_p——背吃刀量（mm）。

可见，切削用量中三个要素与材料切除率（即与生产率）均呈线性关系，增大每一要素都可使生产率成正比增大。

（2）对加工质量的影响　当增大背吃刀量或进给量时，都可使切削力增大，因易产生切削振动而降低零件的加工精度和表面质量，并且进给量增大还会使已加工表面的残留面积高度增大，严重影响表面粗糙度；当采用高速切削时，可降低切削力，并能减小或避免积屑瘤和鳞刺的产生，有利于提高加工质量。

（3）对刀具寿命的影响　如 2.3.4 中所述，切削速度对刀具寿命影响最大，进给量次之，背吃刀量影响最小。所以在优选切削用量以提高生产率时，首选大的背吃刀量，然后选大的进给量，最后选大的切削速度。

2. 切削用量的选择原则

（1）背吃刀量的选择　粗加工时，加工余量尽量一次走刀切除。例如，在中等功率的卧式车床（C620）上加工时，背吃刀量可达 8~10mm。但对于以下情况，可分几次走刀：

1）工艺系统刚度不足或加工余量不均匀时，易产生较大的切削振动。

2）加工余量太大，易导致机床功率或刀具强度不足。

3）断续切削时，刀具受到较大冲击而易造成损坏。

半精加工时，若单边余量 $\Delta > 2$mm，应分两次走刀切除，第一次切除 (2/3~3/4) Δ，第

二次切除（1/3~1/4）Δ；若单边余量 Δ≤2mm，可一次走刀切除。

精加工时，应在一次走刀切除所有精加工工序余量，一般为 0.1~0.4mm。

（2）进给量的选择　粗加工时，在工艺系统强度、刚度及机床功率允许的情况下，选用尽可能大的进给量；半精加工或精加工时，在能够满足加工精度和表面质量的前提下，选用较大的进给量。

（3）切削速度的选择

1）粗加工时，由于背吃刀量和进给量均较大，为降低切削温度，保证刀具寿命，应选取较低的切削速度；相反，精加工时，为提高加工质量，应尽量避开形成积屑瘤和鳞刺的速度区域，采用高速切削。

2）工件材料的强度、硬度较高时，应选较低的切削速度；反之则选较高的切削速度。

3）和高速钢刀具相比较，硬质合金刀具的切削性能较好，允许的切削速度较高。

4）断续切削时，为减小冲击，应适当降低切削速度。

2.4.4　切削液的合理选择

合理选用切削液可以改善切屑、工件与刀具间的摩擦情况，可以散热降温，对于提高刀具寿命，提高加工精度和改善已加工表面质量均有重要影响。

1. 切削液的种类

切削加工中最常用的切削液，有水溶性和非水溶性两大类。

（1）水溶性切削液　水溶性切削溶主要有水溶液和乳化液。

1）水溶液：在水中加入了防锈剂、清洗剂、油性添加剂的液体。其冷却、清洗作用较好，并且也具有一定的润滑作用。

2）乳化液：在水中加乳化油搅拌而成的乳白色液体。乳化油是由矿物油与表面活性乳化剂配制成的一种油膏，按乳化油的含量可配制不同浓度的乳化液。低浓度乳化液主要起冷却作用，适用于粗加工；高浓度乳化液主要起润滑作用，适用于精加工和复杂工序加工。乳化油中也常添加防锈剂，极压添加剂，来提高乳化液的防锈，润滑性能。

（2）非水溶性切削液　非水溶性切削液主要是切削油，其中包括矿物油、动植物油和加入油性、极压添加剂配制的混合油。它主要起到润滑作用。

2. 切削液的作用机理

（1）冷却作用　切削液浇注到切削区域后，可以带走大量切削热，降低切削温度，从而提高刀具寿命和加工质量。特别是在刀具材料的耐热性和导热性较差、工件材料的热膨胀系数较大、导热性较差的情况下，切削液的冷却作用显得尤为重要。

（2）润滑作用　当切屑、工件与刀具界面间存在切削液油膜，形成流体润滑摩擦时，能得到比较好的效果。但在很多情况下，刀面与工件及切屑之间由于载荷作用、温度的影响，油膜厚度变薄，使金属表面凸起的锋点相接触，但由于润滑液的渗透和吸附作用，仍存在着润滑液的吸附膜，也能起到减小摩擦的作用，这种状态称为边界润滑摩擦。此时摩擦系数值大于流体润滑，但小于干切削时的干摩擦。在金属切削加工中，大多数润滑属于边界润滑。一般的切削润滑油在 200℃ 左右即失去流体润滑能力，此时形成低温低压边界润滑摩擦；而在某些切削条件下，切屑、刀具界面间可达 600~1000℃ 高温和 1.47~1.96GPa 的高压，形成了高温高压边界润滑，或称极压润滑。在切削液中加入极压添加剂可形成极压化学吸附膜。

（3）清洗作用　在切削过程中所产生的一些碎屑，易划伤加工表面和机床导轨面，要求切削液具有良好的清洗作用，清洗性能的好坏，与切削液的渗透性、流动性和使用的压力有关。加入大剂量的表面活性剂和少量矿物油，可提高其清洗效果。

（4）防锈作用　为了减小工件、机床、刀具等受周围介质（空气、水分等）的腐蚀，要求切削液具有一定的防锈作用，其作用的好坏取决于切削液本身的性能和加入的防锈添加剂的作用。在气候潮湿地区，对防锈作用的要求显得更为突出。

3. 切削液的选用

应当根据工件材料、刀具材料、加工方法和加工要求来选择不同的切削液。

1）粗加工时，对于高速钢刀具，为降低切削温度，应选冷却效果好的切削液；对于硬质合金刀具，因其耐热性相对较好，可不用切削液，也可使用低浓度的乳化液和水溶液连续浇注。

2）精加工时，为改善已加工表面质量并提高刀具寿命，对于高速钢刀具，应选用润滑性好的极压切削油或高浓度的极压乳化液；对于硬质合金刀具，应在粗加工所选切削液的基础上，适当提高切削液的润滑性能。

3）对于难加工材料，如高强度钢、高温合金等，对切削液的冷却、润滑作用要求较高，此时应尽可能选用极压切削油或极压乳化液。

2.5 综合训练

2.5.1 车刀角度刃磨与测量

1. 车刀的刃磨

未经使用的新刀或用钝后的车刀需要进行刃磨后才能进行车削。车刀的刃磨一般在砂轮机上进行，也可以在工具磨床上进行。

（1）砂轮的选择　常用的砂轮有氧化铝（白色）和碳化硅（绿色）两种，刃磨高速钢车刀用氧化铝砂轮，刃磨硬质合金车刀用碳化硅砂轮。砂轮有软硬、粗细之分，粗细以粒度表示，数字越大，则表示砂轮越细。粗磨车刀应选用较粗的软砂轮，精磨车刀应选用较细的硬砂轮。

（2）车刀的刃磨方法与步骤　虽然车刀有多种类型，但刃磨的方法大致相同，现以90°硬质合金焊接式车刀为例，介绍其刃磨步骤与要领。

1）用氧化铝砂轮磨去车刀的前刀面、主后刀面、副后刀面上的焊渣。

2）用氧化铝砂轮磨出刀柄的后角，其大小应比车刀的后角、副后角大2°左右。

3）用碳化硅砂轮刃磨各刀面及刀头。粗磨主后刀面如图2-55a所示。双手握住刀柄使主切削刃与砂轮外圆平行，刀柄底部向砂轮稍稍倾斜，倾斜角度应等于后角，使车刀慢慢地与砂轮接触，并在砂轮上左右移动。刃磨时应注意控制主偏角 κ_r 及后角 α_o 两个角度，后角 α_o 应大些。

4）粗磨副后刀面时，要控制副偏角 κ_r' 和副后角 α_o' 两个角度，如图2-55b所示，刃磨方法同上。

5）粗磨前刀面时，要控制前角 γ_o 及刃倾角 λ_s 两个角度。通常刀坯上的前角已制出，稍加修正即可，如图 2-55c 所示。

6）精磨前刀面、后刀面与副后刀面时，一般要选用粒度号大的碳化硅砂轮。

7）刃磨刀尖。刀尖有直线与圆弧等形式，应根据切削条件与要求选择。刃磨时，使主切削刃与砂轮成一定的角度，使车刀轻轻移向砂轮，按要求磨出刀尖。通常刀尖长度为 0.2~0.5mm。

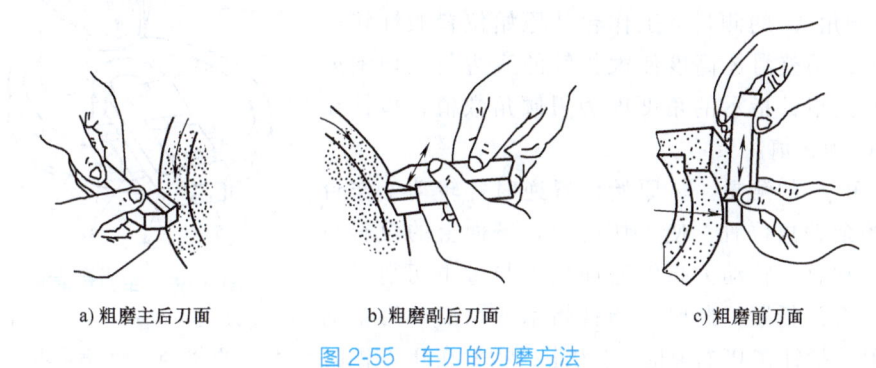

a) 粗磨主后刀面　　b) 粗磨副后刀面　　c) 粗磨前刀面

图 2-55　车刀的刃磨方法

（3）磨刀注意事项

1）磨刀时，人应站在砂轮的侧前方，双手握稳车刀，用力要均匀。

2）刃磨时，应将车刀适当左右移动，否则会使砂轮产生凹槽。

3）磨硬质合金车刀时，不可把刀头放入水中，以免刀片突然受冷收缩而碎裂。磨高速钢车刀时，要经常冷却，以免失去硬度。

2. 车刀标注角度的测量

（1）训练目的

1）熟悉车刀切削部分的构造要素，掌握车刀标注角度参考系及相应的角度定义。

2）了解量角台的构造，学会使用量角台测量刀具标注角度。

（2）设备与工具　车刀角度测量仪（车刀量角台）、车刀（45°、60°、75°、90°）、实验台。

（3）车刀角度测量仪结构　车刀角度测量仪是用来测量车刀标注角度的量仪，用它可以测量主剖面、法剖面和进给-切深剖面三个参考系的基本角度。它主要由立柱、底盘、工作台和刻度盘等组成，如图 2-56 所示。

底盘 2 为圆形，它是该量仪的支座，在底盘上表面边缘刻有顺-逆时针方向各 0°~100° 刻度。在底盘上通过转轴 7 连接的工作台 5 可以绕该轴转动，工作台指针 6 指示相对原始位置所转过的角度。立柱 20 装在底盘上，它通过螺纹与大螺母 19 联接，可使滑体 13 上下移动。滑体上装有小刻度盘 15，用旋钮 17 将弯板 18 紧固在滑体上。松开旋钮时，弯板以旋钮为轴做顺时针或逆时针转动，带动小指针 14 转动，以指示转过角度。弯板 18 的另一端固定一个大刻度盘 12，其上的螺钉轴 8 装有大指针 9，它的前面、底边和两个侧边为工作面。大指针 9 可绕螺钉轴 8 顺/逆时针转动并指示转过角度。小指针 14 处于 0°位置时，工作台面、大刻度盘和小刻度盘互相垂直，这时可测量主剖面、进给-切深剖面参考系内的角度。当 $\lambda_s \neq 0$ 时，指针至相应的角度，可测法剖面参考系内的角度。

(4) 车刀基本角度的测量步骤　在用车刀角度测量仪测量刀具标注角度之前，须将大、小指针和工作台指针全部调到零位。然后将被测车刀置于工作台上。

1) 主偏角 κ_r 的测量。按顺时针方向转动工作台使主切削刃（右偏刀）和大指针前面抵紧。这时底盘上指示的刻度即为主偏角数值。

2) 刃倾角 λ_s 的测量。工作台从原始位置顺针转过主偏角角度，调整滑体高度使大指针的底边与主切削刃抵紧，这时大指针指示的角度即为刃倾角数值，指针在 0°左边时 λ_s 为正值。

3) 前角 γ_o 的测量。从原始位置逆时针转动工作台至主偏角的余偏角位置，使主切削刃在基面上的投影与大指针前面垂直。转动大指针底面使其与过主切削刃上选定点的前刀面抵紧，此时大指针指示的角度即为主剖面前角数值，指针在 0°右侧时 γ_o 为正，指针在 0°左侧时为负。

4) 后角 α_o 的测量。测完前角后，工作台位置不变，调整车刀后刀面与大指针的相对位置，使大指针侧面与过主切削刃上选定点的后刀面抵紧，这时大指针指示即为后角数值。当指针在 0°左边时后角为正值，反之为负。

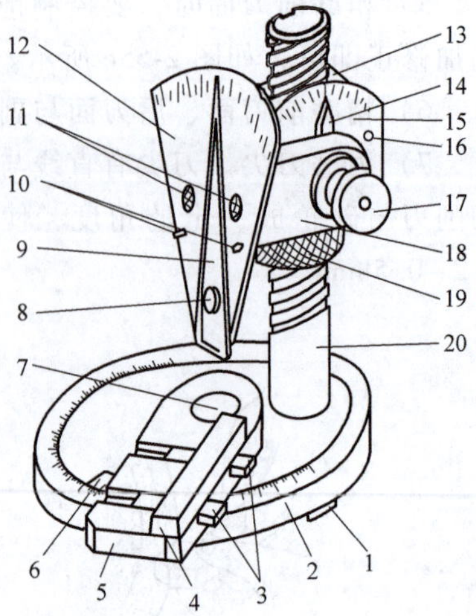

5) 副偏角 κ_r' 的测量。在原始位置情况下，逆时针转动工作台使刀具的副切削刃与大指针前面抵紧，这时工作台指针指示的角度即为副偏角数值。

6) 副后角 α_o' 的测量。测完副偏角后，工作台连同车刀顺时针转过 90°，调整车刀副后刀面与大指针的相对位置，使大指针侧面与过副切削刃上选定点的副后刀面抵紧，这时大指针指示即为副后角数值。

图 2-56　车刀角度测量仪
1—支脚　2—底盘　3—导条　4—定位块
5—工作台　6—工作台指针　7—转轴
8—螺钉轴　9—大指针　10—销轴
11—螺钉　12—大刻度盘　13—滑体
14—小指针　15—小刻度盘
16—小螺钉　17—旋钮
18—弯板　19—大螺母
20—立柱

2.5.2　刀具合理几何参数案例分析

例 2-1　图 2-57 所示为 75°大切深强力切削车刀，用于粗车 45 钢棒料。切削用量为：$a_p = 30 \sim 35$ mm，$f = 1 \sim 1.5$ mm，$v_c = 50$ m/min。

要求：(1) 选择刀具材料，并说明原因。(2) 说明为何要采用图 2-57 所示的刀具几何参数。

分析：(1) 刀具材料选择 P30 硬质合金。原因：中碳钢为塑性材料，应选择 P 类硬质合金，加工目的为粗加工，切削力大、切削温度高，为防止刀具切削刃崩刃或其他破损，应提高刀具韧性，选择韧性好的刀具材料，故选择 P30 硬质合金。

(2) 车刀的前角为 18°~20°，可以降低切削力；车刀的后角为 4°，数值较小，是为了与大前角相适应，刀具的楔角足够保证刀头的强度；为了增加切削刃的强度，采用了 -4°~-6°的刃倾角及宽度为 0.8~1.0mm、角度为 -10°的负倒棱；刀具主偏角选为 75°，可以减小径向力；刀尖强度通过采用 2~4mm 的过渡刃及 1.5~2mm 的刀尖圆弧得到保证。

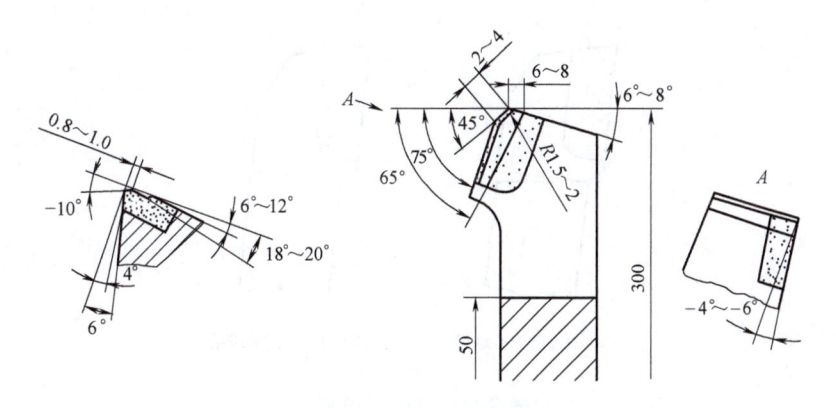

图 2-57　75°大切深强力切削车刀

例 2-2　图 2-58 所示为银白屑外圆车刀，其使用条件如下：

机床：C620 等卧式车床，加工材料：12Cr18Ni9Ti 不锈钢，切削用量：$a_p = 2 \sim 6mm$，$f = 0.2 \sim 0.5mm$，$v_c = 100 \sim 150m/min$，切削液：乳化液。

要求：（1）选择刀片材料，并说明原因；（2）说明为何要采用图 2-58 所示的刀具几何参数。

分析：（1）刀片材料选择 K20 或 K30 硬质合金。原因：不锈钢具有塑性大、导热性差、冷焊现象严重、韧性、高温强度和强化系数高的特点，不易切削加工；选择 YG6 或 YG8 硬质合金，刀具不易发生粘接磨损，同时刀片强度大，可抵抗大切削力的作用，不易出现破损的情况。

（2）切屑呈银白色，是因为切削时产生的热量少，切削温度低；车刀的前角为 28°，前角大，可减小切削过程中的变形，降低工件加工硬化程度，降低切削力和切削温度，提高刀具寿命；采

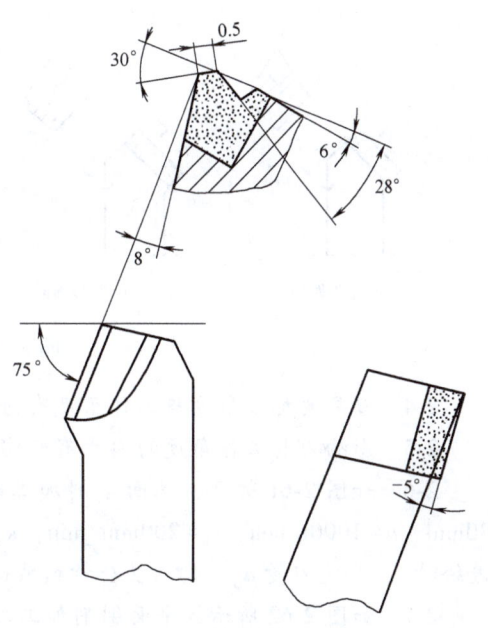

图 2-58　银白屑外圆车刀

用 -30°、宽度为 0.5mm 的负倒棱，可提高切削刃的强度；后角取 8°，是为了与前角相适应，保证刀刃楔角足够；主偏角取 75°，可降低主切削力，降低切削热的产生；刃倾角取 -5°，可提高刀头强度，以满足较大背吃刀量切削的需要。

思考与练习题

2-1　何谓刀具的基本角度和派生角度？试标注切断刀、端面车刀的基本角度。

2-2　分别画出图 2-59 所示右偏刀车端面时，由外向中心走刀和由中心向外走刀的前角、后角、主偏角、副偏角，并用规定的符号注出（视工件轴线处于水平方向）。

2-3　用规定的符号标出图 2-60 所示刀具的前角、后角、主偏角、副偏角（视工件轴线处于水平方向）。

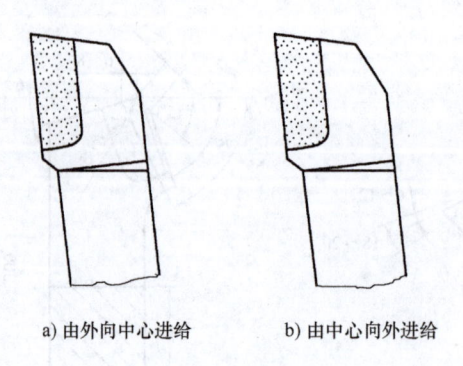

a) 由外向中心进给　　b) 由中心向外进给

图 2-59　习题 2-2 图

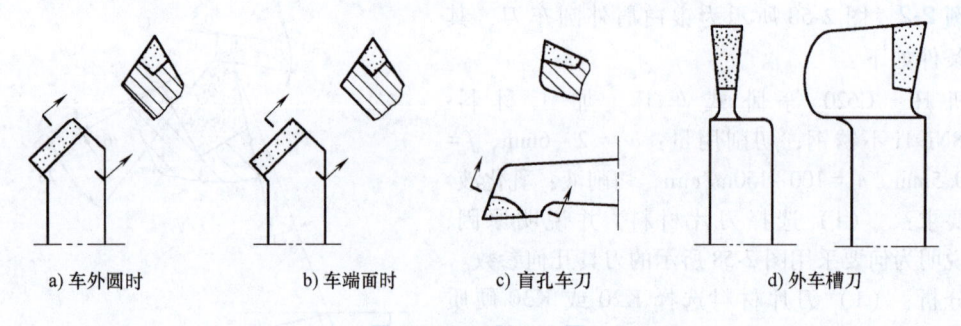

a) 车外圆时　　b) 车端面时　　c) 盲孔车刀　　d) 外车槽刀

图 2-60　习题 2-3 图

2-4　刀具的标注角度与工作角度有何区别？如何判断刀具角度的正负？

2-5　影响刀具工作角度的因素有哪些？它们是如何影响刀具工作角度的？

2-6　如图 2-61 所示，端面车削加工时，已知：工件外径 $d_w = 200\text{mm}$，内孔直径 $d_m = 80\text{mm}$，$n = 1000\text{r/mm}$，$v_f = 200\text{mm/min}$，$\kappa_r = 45°$，本次走刀余量为 3mm。试求切削速度 v_c、进给量 f、背吃刀量 a_p、切削层公称横截面积 A_D、切削层公称宽度 b_D 和厚度 h_D。

2-7　如图 2-62 所示，平面刨削加工时，已知：加工余量为 2mm，刨刀的往复运动行程长度 $L = 400\text{mm}$，每分钟往复次数 $n = 60\text{str/min}$，平均进给速度 $v_f = 120\text{mm/min}$，主偏角 $\kappa_r = 60°$。试求：切削速度 v_c、进给量 f、背吃刀量 a_p、切削层公称横截面积 A_D、切削层公称宽度 b_D 和厚度 h_D。

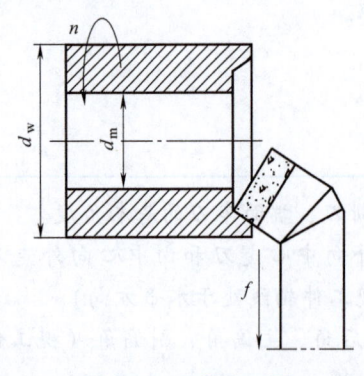

图 2-61　习题 2-6 图

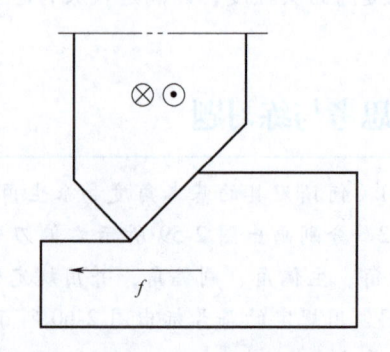

图 2-62　习题 2-7 图

2-8　刀具材料应具备哪些性能？

2-9　常用的刀具材料有哪些？试比较高速钢和硬质合金刀具材料的力学性能与应用范围。

2-10　根据下列切削条件，选择合适的刀具材料连接。

切削条件	刀具材料
高速精镗铝合金缸套	W18Cr4V
加工麻花钻螺旋槽用成形铣刀	YG3X
45 钢锻件粗车	YG8
高速精车合金钢工件端面	YT5
粗铣铸铁箱体平面	YT30

2-11　金属切削变形区是怎样划分的？各有何变形特点？

2-12　衡量切削变形程度的方法有哪几种？它们之间有何联系？

2-13　剪切角的计算公式有哪两种？它们之间有何区别？为什么？

2-14　何谓积屑瘤现象？它对切削过程有何影响？如何对其进行控制？

2-15　为什么说前刀面上的刀-屑摩擦不服从古典滑动摩擦法则？

2-16　切屑的形态有哪几种？如何控制切屑的形态？

2-17　试分析各因素对切屑变形的影响。

2-18　切削合力可分为哪几个分力？各分力有何作用？

2-19　根据切削力的理论公式，你能发现哪些规律？

2-20　切削用量三要素和刀具几何参数是如何影响切削力的？

2-21　切削热是怎样产生和传出的？

2-22　影响切削温度的因素有哪些？影响程度如何？

2-23　试述刀具磨损的形态、原因、磨损过程及其特点。

2-24　何谓刀具的磨钝标准？试述制订磨钝标准的原则。

2-25　何谓刀具寿命？试推导刀具寿命与切削用量三要素之间的关系。

2-26　什么是工件材料的切削加工性？什么是相对加工性？怎样衡量工件材料的切削加工性？

2-27　影响工件材料切削加工性的因素有哪些？如何改善工件材料的切削加工性？

2-28　切削加工中常用的切削液有哪几类？它的主要作用是什么？

2-29　前角、后角的作用有哪些？生产实际中应如何选择？

2-30　为什么精加工刀具都选择较大的后角，而对于铰刀、拉刀等刀具却相反？

2-31　主偏角和副偏角的作用有哪些？生产实际中应如何选择？

2-32　刃倾角的作用有哪些？生产实际中应如何选择？

第 3 章 金属切削机床与夹具

3.1 机床概述

金属切削机床（Metal cutting machine tools）是用切削加工的方法将金属毛坯加工成机器零件的机器，它是制造机器的机器，所以又称为工作母机或工具机，习惯上简称为机床。机械制造工业肩负着为国民经济各部门提供各种机器、仪器和工具的重任，是国民经济各部门赖以发展的基础。机床工业则是机械制造工业的基础，一个国家机床工业的技术水平，在很大程度上标志着这个国家的工业生产能力和科学技术水平。因此，金属切削机床在国民经济现代化建设中起着重大的作用。

3.1.1 机床的分类与型号

1. 机床的分类

传统的机床分类方法，是按加工性质和所用刀具分类的。目前将机床分为 12 大类：车床、钻床、镗床、磨床、齿轮加工机床、螺纹加工机床、铣床、刨插床、拉床、特种加工机床、锯床及其他机床。在每一类机床中，按工艺范围、布局型式和结构等分为若干组，每一组又分为若干系。

同类型机床按照应用范围（通用性程度）可分为：通用机床、专门化机床和专用机床。

1) 通用机床：可以加工多种零件的多道工序，工艺范围宽、通用性强，但结构复杂，适用于单件小批生产。例如：卧式车床、万能升降台铣床等。

2) 专门化机床：加工某一类（或少数几类）零件的某一道（或几道）的特定工序，工艺范围较窄，适用于成批生产。例如：曲轴车床、凸轮轴车床、精密丝杠车床等。

3) 专用机床：加工特定零件的特定工序，工艺范围最窄、结构简单，适用于大批大量生产。例如：专用镗床、组合机床等。

同类型机床按工作精度可分为：普通精度机床、精密机床和高精度机床。

机床还可按自动化程度分为：手动机床、机动机床、半自动机床和自动机床。

机床还可按重量与尺寸分为：仪表机床、中型机床（一般机床）、大型机床（重量大于 10t）、重型机床（大于 30t）和超重型机床（大于 100t）。

机床按主要工作部件的数目可分为：单轴的、多轴的或单刀的、多刀的机床等。

2. 机床的型号

机床型号是指按一定的规律赋予每种机床一个代号，可简明地表达出机床的类型、主要规格及有关特征等，以便于机床的管理和使用。我国从 1957 年开始对机床型号的编制方法做了规定，随着机床工业的不断发展，至今已经变动了多次。GB/T 15375—2008《金属切削机床　型号编制方法》规定，机床型号采用汉语拼音字母和阿拉伯数字，按一定规律组合而成。此标准适用于新设计的各类通用及专用金属切削机床、自动线，但不包括组合机床、特种加工机床。通用机床型号的表示方法如图 3-1 所示。

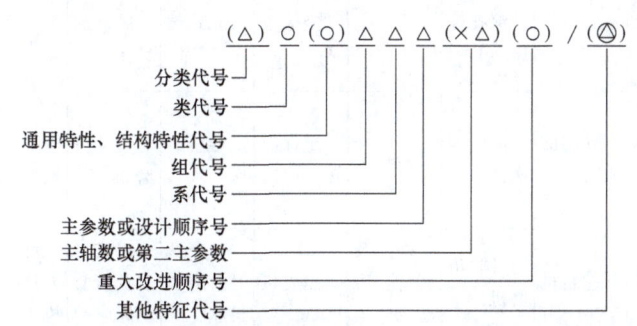

```
(△) ○ (○) △ △ (×△) (○) /(⌘)
    分类代号
        类代号
            通用特性、结构特性代号
                组代号
                    系代号
                        主参数或设计顺序号
                            主轴数或第二主参数
                                重大改进顺序号
                                    其他特征代号
```

注：1. 标有"（ ）"的代号或数字，当无内容时，则不表示；若有内容则不带括号。
　　2. 标有"○"符号的为汉语拼音大写字母。
　　3. 标注"△"符号的为阿拉伯数字。
　　4. 标注"⌘"符号的为汉语拼音大写字母，或阿拉伯数字，或两者兼有之。

图 3-1　通用机床型号的表示方法

（1）通用机床型号

1）机床类、组、系的划分及其代号　机床的类别代号大部分用汉语拼音大写字母表示。例如，"车床"的汉语拼音是"Che chuang"，所以用"C"表示。当需要时，每类又可分为若干分类；分类代号用阿拉伯数字表示，在类别代号之前，居于型号之首，但第一分类不予表示，例如磨床类分为 M、2M、3M 三个分类。机床的类别代号及其读音见表 3-1。

表 3-1　机床的类别代号

类别	车床	钻床	镗床	磨床			齿轮加工机床	螺纹加工机床	铣床	刨插床	拉床	锯床	其他机床
代号	C	Z	T	M	2M	3M	Y	S	X	B	L	G	Q
读音	车	钻	镗	磨	二磨	三磨	牙	丝	铣	刨	拉	割	其

机床的组别和类别代号用两位数字表示。每类机床按其结构性能及使用范围分为 10 个组，用数字 0~9 表示。每组机床又分若干个系，系的划分原则是：主参数相同，并按一定公比排列，工件和刀具本身的及相对的运动特点基本相同，且基本结构及布局型式相同的机床，即划为同一系。机床的类、组划分详见表 3-2。

2）机床的特性代号　它表示机床所具有的特殊性能，包括通用特性和结构特性。用汉语拼音字母表示，位于类别代号之后。

当某类型机床除有普通型外，还具有某种通用特性，则在类别代号之后加上相应的特性代号。若同时具有两种通用特性，则可用两个代号同时表示，如用"MBG"表示半自动高精度磨床。机床的通用特性代号见表 3-3。

表 3-2 机床的类、组划分

类别	组别 0	1	2	3	4	5	6	7	8	9
车床 C	仪表车床	单轴自动	多轴自动、半自动车床	回轮、转塔车床	曲轴及凸轮轴车床	立式车床	落地及卧式车床	仿形及多刀车床	轮、轴、辊、锭及铲齿车床	其他车床
钻床 Z		坐标镗钻床	深孔钻床	摇臂钻床	台式钻床	立式钻床	卧式钻床	铣钻床	中心孔钻床	其他钻床
镗床 T			深孔镗床		坐标镗床	立式镗床	卧式铣镗床	精镗床	汽车、拖拉机修理用镗床	其他镗床
磨床 M	仪表磨床	外圆磨床	内圆磨床	砂轮机	坐标磨床	导轨磨床	刀具刃磨床	平面及端面磨床	曲轴、凸轮轴、花键轴及轧辊磨床	工具磨床
磨床 2M		超精机	内圆珩磨机	外圆及其他珩磨机	砂带抛光及磨光机床	抛光机	刀具刃磨及研削机床	可转位刀片磨削机床	研磨机	其他磨床
磨床 3M		球轴承套圈沟磨床	滚子轴承套圈滚道磨床	轴承套圈超精机		叶片磨削机床	滚子超加工机床	钢球加工机床	气门、活塞及活塞环磨削机床	汽车、拖拉机修磨机床
齿轮加工机床 Y	仪表齿轮加工机		锥齿轮加工机	滚齿及铣齿机	剃齿及珩齿机	插齿机	花键轴铣床	齿轮磨齿机	其他齿轮加工机	齿轮倒角及检查机
螺纹加工机床 S			套丝机	攻丝机			螺纹铣床	螺纹磨床	螺纹车床	
铣床 X	仪表铣床	悬臂及滑枕铣床	龙门铣床	平面铣床	仿形铣床	立式升降台铣床	卧式升降台铣床	床身式铣床	工具铣床	其他铣床
刨插床 B		悬臂刨床	龙门刨床			插床	牛头刨床		边缘及模具刨床	其他刨床
拉床 L			侧拉床	卧式外拉床	连续拉床	立式内拉床	卧式内拉床	立式外拉床	键槽、轴瓦及螺纹拉床	其他拉床
锯床 G			砂轮片锯床		卧式带锯床	立式带锯床	圆锯床	弓锯床	锉锯床	
其他机床 Q	其他仪表机床	管子加工机床	木螺钉加工机		刻线机	切断机	多功能机床			

表 3-3 机床的通用特性代号

通用特性	高精度	精密	自动	半自动	数控	加工中心（自动换刀）	仿形	轻型	加重型	柔性加工单元	数显	高速
代号	G	M	Z	B	K	H	F	Q	C	R	X	S
读音	高	密	自	半	控	换	仿	轻	重	柔	显	速

对于主参数值相同而结构不同的机床，在类别代号之后加结构特性代号予以区别。结构特性代号与通用特性代号不同，在机床型号中没有统一的含义。例如，CA6140型卧式车床型号中的"A"，可理解为在结构上有别于C6140型卧式车床。为避免混淆，通用特性代号已用的字母及"I"和"O"都不能作为结构特性代号。型号中有通用特性代号时，结构特性代号排在通用特性代号之后。

3）机床主参数、第二主参数和设计顺序号　机床主参数代表机床规格的大小，用折算值（主参数乘以折算系数）表示。某些通用机床，当不能用一个主参数表示时，则在型号中用设计顺序号表示。设计顺序号由1起始，当小于10时，则在之前加数字"0"。

第二主参数一般是指主轴数、最大跨距、最大工件长度、工作台工作面长度等，也用折算值表示。常用机床的主参数和折算系数见表3-4。

表3-4　常用机床的主参数和折算系数

机　　床	主参数名称	折算系数
卧式车床	床身上最大回转直径	1/10
立式车床	最大车削直径	1/100
摇臂钻床	最大钻孔直径	1/1
卧式镗床	镗轴直径	1/10
坐标镗床	工作台面宽度	1/10
外圆磨床	最大磨削直径	1/10
内圆磨床	最大磨削孔径	1/10
矩台平面磨床	工作台面宽度	1/10
齿轮加工机床	最大工件直径	1/10
龙门铣床	工作台面宽度	1/100
升降台铣床	工作台面宽度	1/10
龙门刨床	最大刨削宽度	1/100
插床及牛头刨床	最大插削及刨削长度	1/10
拉床	额定拉力	1/10

4）机床的重大改进顺序号　当机床的性能及结构布局有重大改进，并按新产品重新设计、试制和鉴定时，在原机床型号的尾部，加重大改进顺序号，以区别于原机床型号。序号按A、B、C等字母的顺序选用。

5）其他特性代号　主要用以反映各类机床的特性，例如：对数控机床，可用来反映不同的数控系统；对于一般机床，可用来反映同一型号机床的变型等。其他特性代号用汉语拼音字母，或阿拉伯数字，或二者的组合来表示。

6）企业代号　如果需要标注，应放在机床代号的尾部。企业代号包括机床厂或机床研究单位代号，由型号管理部门统一规定。设计单位为机床厂时，企业代号由机床厂所在城市名称的大写汉语拼音字母及该机床厂在该城市建立的先后顺序号，或机床厂名称的大写汉语拼音字母表示；设计单位为机床研究所时，企业代号由研究所名称的大写汉语拼音字母表示。例如："S1"代表沈阳第一机床厂，"JCS"代表北京机床研究所。

综合以上通用机床型号的编制方法，CA6140型卧式车床代号的含义为：

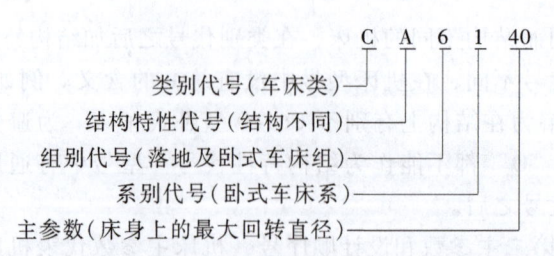

```
                                    C A 6 1 40
        类别代号（车床类）─────────┘ │ │ │ │
        结构特性代号（结构不同）──────┘ │ │ │
        组别代号（落地及卧式车床组）─────┘ │ │
        系列代号（卧式车床系）──────────┘ │
        主参数（床身上的最大回转直径）──────┘
```

（2）专用机床型号 专用机床型号一般由设计单位代号和设计顺序号组成。设计单位代号采用前述的企业代号。设计顺序号按各机床厂、研究所的设计顺序排列，由"001"起始。设计单位代号与设计顺序号间用"-"分开，读作"之"。例如，北京第一机床厂设计制造的第一百种专用机床为专用铣床，其型号为：B1-100。

显然，目前使用的机床型号编制办法有些过细。机床数控化以后，其功能日趋多样化，一台数控车床同时具有多种组别和系列的车床的功能，也就是说，很难把它归属于哪个组别、哪个系列的机床了。随着机床工业的发展，机床型号的编制方法将进一步修订和补充。

3.1.2 机床的组成

机床的各种运动和动力都来自动力源，并由传动装置将运动和动力传递给执行件来完成各种要求的运动，图3-2所示为CA6132车床的外形。因此，为了实现加工过程中所需的各种运动，机床必须具备三个基本部分：

1）动力源：提供运动和动力的装置，是执行件的运动来源，称为动力源。普通机床通常都采用三相异步电动机作动力源（不需对电动机调整，连续工作）；数控机床采用的是直流或交流调速电动机、伺服电动机和步进电动机等作动力源（可直接对电动机调速，频繁起动）。

2）执行件：执行机床运动的部件，通常指机床上直接夹持刀具或工件并实现其运动的零、部件。它是传递运动的末端件，其任务是带动工件或刀具完成一定形式的运动（旋转或直线运动）和保持准确的运动轨迹。常见的执行件有主轴、刀架、工作台等。

3）传动装置：传递运动和动力的装置。传动装置把动力源的运动和动力传给执行件，同时还完成变速、变向、改变运动形式等任务，使执行件获得所需要的运动速度和方向。

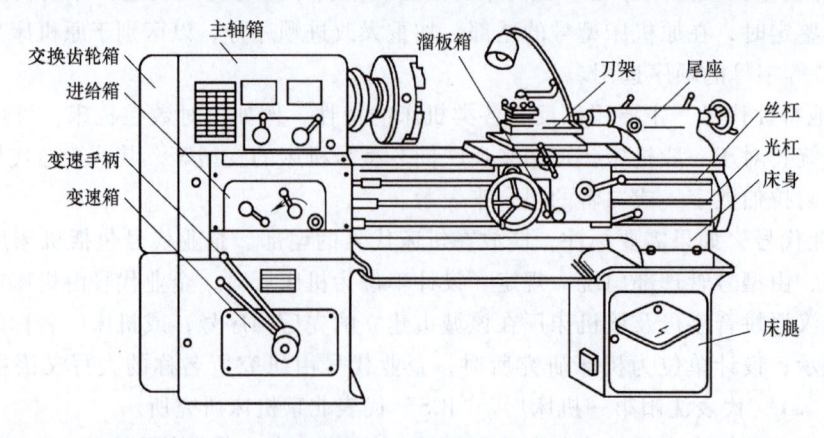

图3-2 CA6132车床外形

3.1.3 机床夹具的作用与分类

1. 机床夹具在机械加工中的作用

夹具是机械制造厂里的一种工艺装备,在机械制造过程中,被广泛采用。机床夹具就是夹具中的一种。机床夹具是机床上用来装夹工件(或引导刀具)的一种装置。它使工件相对于机床或刀具获得正确的位置,并在加工过程中保持位置不变。如车床上使用的自定心卡盘、铣床上使用的平口虎钳、分度头等,都是机床夹具。

机床夹具的作用主要有以下几个方面:

(1)较容易、较稳定地保证加工精度 用夹具装夹工件时,工件相对于刀具(或机床)的位置由夹具来保证,基本不受工人技术水平的影响,因而能较容易、较稳定地保证工件的加工精度。例如,图3-3所示零件斜孔的加工,就用图3-4所示的专用钻斜孔夹具来完成。

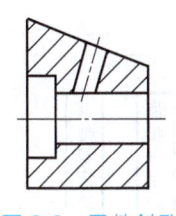

图 3-3 零件斜孔

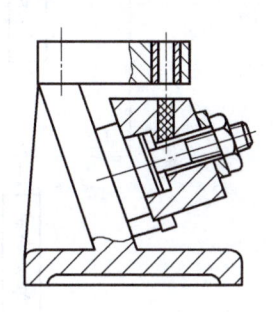

图 3-4 专用钻斜孔夹具

(2)提高劳动生产率 采用夹具后,工件不需划线找正,装夹也方便迅速,显著减少了辅助时间,提高了劳动生产率。如采用图3-4所示专用钻斜孔夹具,省去了在工件加工位置划十字中心线、在交点打冲孔的时间,也省去了按工件角度要求找正冲孔位置的时间。

(3)扩大机床的使用范围 使用专用夹具可以改变机床的用途和扩大机床的使用范围,实现"一机多能"。例如,在车床或摇臂钻床上安装镗模夹具后,就可对箱体孔系进行镗削加工。

(4)改善劳动条件、保证生产安全 使用专用机床夹具可减轻工人的劳动强度、改善劳动条件、降低对工人操作技术水平的要求,保证安全。

2. 机床夹具的分类

机床夹具通常有三种分类方法,即按应用范围、夹具动力源、使用机床来分类,如图3-5所示。

通用夹具是指已经标准化的、在一定范围内可用于加工不同工件的夹具,如车床、磨床上用的顶尖、自定心卡盘和单动卡盘,铣床、刨床上用的平口钳、分度头和回转工作台等。这类夹具已作为机床附件,由专门的工厂制造。

专用夹具是指专为某一工件的某道工序而专门设计的夹具,其他类型的夹具则是在此基础上变化发展而来的。专用夹具的特点是结构紧凑,操作迅速、方便、省力,可以保证较高的加工精度和生产率,但设计制造周期较长、制造费用也较高。当产品变更时,专用夹具将由于无法再使用而报废。因此专用夹具只适用于产品固定且批量较大的生产中。

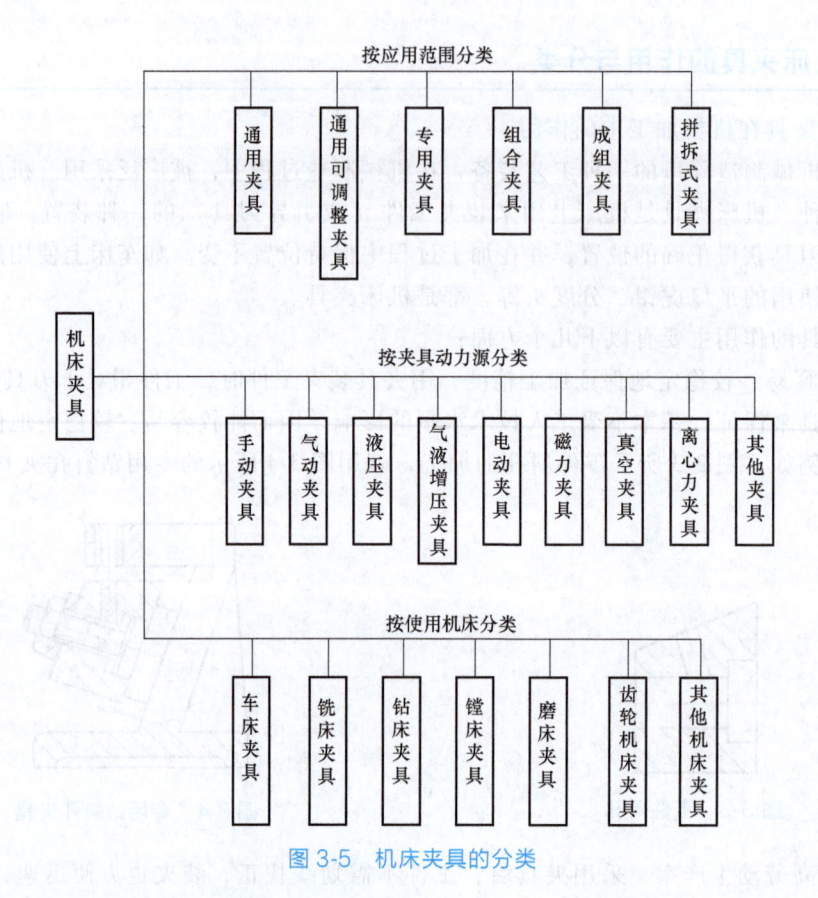

图 3-5　机床夹具的分类

3.2　机床的运动与传动

3.2.1　机床的运动

在金属切削机床上切削工件时，工件与刀具间的相对运动，就其运动形式而言，有直线运动和旋转运动两种。通常用符号 A 表示直线运动，用符号 B 表示旋转运动。机床的运动，包括表面成形运动和辅助运动两大类。

1. 表面成形运动

机床在切削过程中，使工件获得一定表面形状所必须的刀具和工件间的相对运动，称为表面成形运动；简称成形运动。如图 3-6a 所示，在用尖头车刀车削外圆柱面时，工件的旋转运动 B_1 产生母线（圆），刀具的纵向直线运动 A_2 产生导线（直线）。B_1 和 A_2 就是两个表面成形运动。

成形运动按其组成情况不同，可分为简单运动和复合运动。如果一个独立的成形运动，是由单独的旋转运动或直线运动构成的，则称此成形运动为简单成形运动，简称简单运动。如图 3-6a 所示，工件的旋转运动 B_1 和刀具的直线移动 A_2 就是两个简单运动。如图 3-6b 所示，用砂轮磨削外圆柱面时，砂轮和工件的旋转运动 B_1、B_2 以及工件的直线移动 A_3，也都是简单运动。

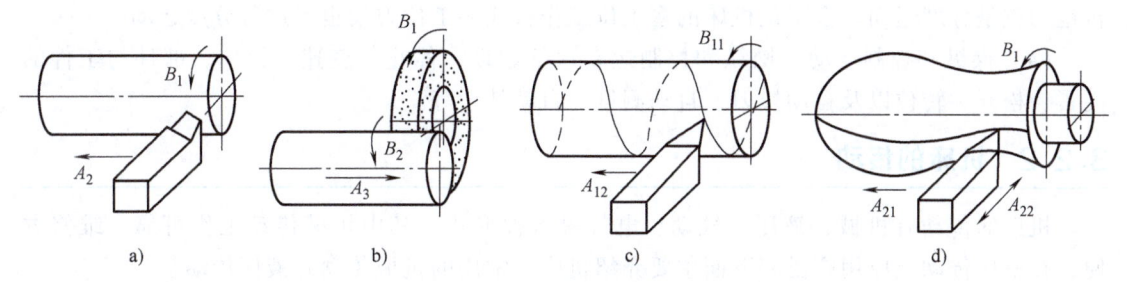

图 3-6 成形运动的组成

如果一个独立的成形运动，是由两个或两个以上的单元运动（旋转或直线）按照某种确定的运动关系组合而成，这种成形运动称为复合成形运动，简称复合运动。如图 3-6c 所示，车削螺纹时，螺纹车刀是成形车刀，其形状相当于螺纹沟槽的截面。因此，形成螺旋面只需要一个运动：车刀相对于工件做螺旋运动。在机床上，最容易得到并易保证精度的是旋转运动（如主轴的旋转）和直线运动（如刀架的移动）。因此，把这个螺旋运动分解为等速旋转运动和等速直线移动。在图 3-6c 中，以 B_{11} 和 A_{12} 表示，下角标的第一位数，表示第一个运动（这里也只有一个运动）；后一位数，表示第一个运动中的第1、第2两个分解部分。运动的两个部分 B_{11} 和 A_{12} 彼此不能独立，它们之间必须保持严格的运动关系，即工件每转一转时，刀具的移动量应为工件螺纹的一个导程，从而 B_{11} 和 A_{12} 组成了一个复合运动。如图 3-6d 所示，用尖头车刀车削回转体成形面时，车刀的曲线轨迹运动通常是由方向相互垂直的、有严格速比关系的两个直线运动 A_{21} 和 A_{22} 来实现，A_{21} 和 A_{22} 也组成一个复合运动。

成形运动按其在切削加工中所起的作用，又可分为主运动和进给运动。主运动和进给运动可能是简单运动，也可能是复合运动。

表面成形运动是机床上最基本的运动，其轨迹、数目、行程和方向等在很大程度上决定着机床的传动和结构形式。显然，采用不同工艺方法加工不同形状的表面，所需要的表面成形运动是不同的。然而，即使是用同一种工艺方法和刀具结构加工相同表面，由于具体加工条件不同，表面成形运动在刀具和工件之间的分配往往也不同，从而产生了各种类型的机床。

2. 辅助运动

机床上除表面成形运动外，还需要辅助运动，以实现机床的各种辅助动作。辅助运动的种类很多，主要包括以下几种。

（1）空行程运动　空行程运动是指进给前后的快速运动和调位运动。例如，在装卸工件时，为避免碰伤操作者，刀具与工件应相对退离。在进给开始之前快速引进，使刀具与工件接近，进给结束后应快退。例如车床的刀架或铣床的工作台，在进给前后都有快进或快退运动。调位运动是在调整机床的过程中，把机床的有关部件移到要求的位置。例如摇臂钻床，为使钻头对准被加工孔的中心，可转动摇臂，使主轴箱在摇臂上移动；龙门式机床，为适应工件的不同高度，可使横梁升降。

（2）切入运动　切入运动用于保证被加工表面获得所需要的尺寸。

（3）分度运动　加工若干个完全相同的均匀分布的表面时，为使表面成形运动得以周期地继续进行的运动称为分度运动。例如车削多头螺纹，在车削完一条螺纹后，工件相对于刀具要回转 $1/K$ 转（K 为螺纹头数）才能车削另一条螺纹表面。这个工件相对于刀具的旋转运动就是分度运动。多工位机床的多工位工作台或多工位刀架也需进行分度运动。

（4）操纵和控制运动　操纵和控制运动包括起动、停止、变速、换向、部件与工件的夹紧、松开、转位以及自动换刀、自动测量、自动补偿等。

3.2.2 机床的传动

机床的传动有机械、液压、气动、电气等多种形式，其中机械传动工作可靠、维修方便，在机床传动上应用广泛。下面主要介绍机床上常用的机械传动和液压传动。

1. 机床的机械传动

由于机床的原动力绝大部分是来自电动机，而机床的主运动和进给运动根据实际情况，需要不同的运动方式和运动速度，为此机床需要采用不同的传动方式，如带传动、齿轮传动、蜗杆蜗轮传动、齿轮齿条传动、丝杠螺母传动等。每一对传动元件称为一个传动副。传动副的传动比等于从动轮转速与主动轮转速之比，即

$$i = \frac{n_{从}}{n_{主}} \tag{3-1}$$

（1）机床常用的传动副

1）带传动。带传动是利用带与带轮之间的摩擦作用，将主动轮的转动传到被动轮上去。目前，在机床传动中一般用 V 带传动，如图 3-7 所示。

若不考虑带与带轮之间的相对滑动对传动的影响，则主动轮和从动轮的圆周速度都与带的速度相等，即 $v_1 = v_2 = v_带$。其中

$$v_1 = \frac{\pi d_1 n_1}{1000}, \quad v_2 = \frac{\pi d_2 n_2}{1000}$$

式中　d_1、d_2——主、从动轮的直径（mm）；
n_1、n_2——主、从动轮的转速（r/min）。

带传动的传动比为

$$i = \frac{n_2}{n_1} = \frac{d_1}{d_2} \tag{3-2}$$

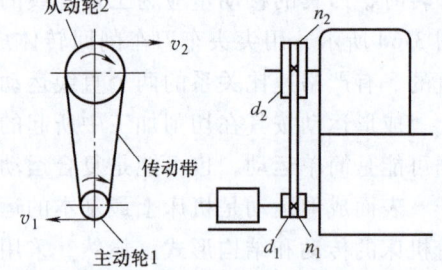

图 3-7　V 带传动

由式（3-2）可知，带轮的传动比等于主动轮的直径与从动轮直径之比。若考虑带传动中的滑动，则其传动比为

$$i = \frac{n_2}{n_1} = \frac{d_1}{d_2}\varepsilon \tag{3-3}$$

式中　ε——滑动系数，约为 0.98。

带传动的优点是传动平稳；轴间距离较大；结构简单，制造和维修方便；过载时带打滑，起到安全保护的作用。其缺点是外廓尺寸大，传动比不准确，摩擦损失大，传动效率较低。

2）齿轮传动。齿轮传动是目前机床中应用最多的一种传动方式。齿轮的种类很多，如直齿轮、斜齿轮、锥齿轮、人字齿轮等，最常用的是直齿圆柱齿轮传动。齿轮传动如图 3-8 所示。

齿轮传动中，主动轮转过一个齿，被动轮也转过一个齿，主动轮和从动轮每分钟转过的齿数应该相等，即 $n_1z_1 = n_2z_2$。故传动比为

$$i = \frac{n_2}{n_1} = \frac{z_1}{z_2} \tag{3-4}$$

式中　n_1、n_2——主动轮、从动轮的转速（r/min）；

　　　z_1、z_2——主动轮、从动轮的齿数。

由式（3-4）可知，齿轮传动的传动比等于主动齿轮与从动齿轮齿数之比。

齿轮传动的优点是机构紧凑，传动比准确，可传递较大的圆周力，传动效率高。其缺点是制造比较复杂，当精度不高时传动不平稳，有噪声。

3) 蜗杆蜗轮传动　蜗杆为主动件，将其运动传给蜗轮，反之则无法传动，如图 3-9 所示。图中，d 为蜗轮直径，p 为蜗轮齿距。

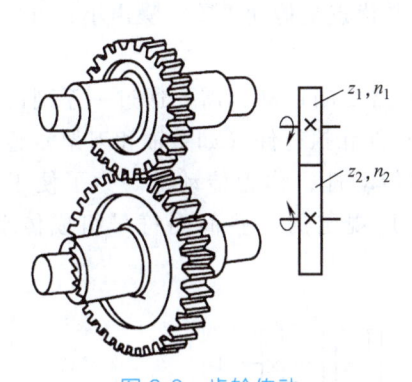

图 3-8　齿轮传动

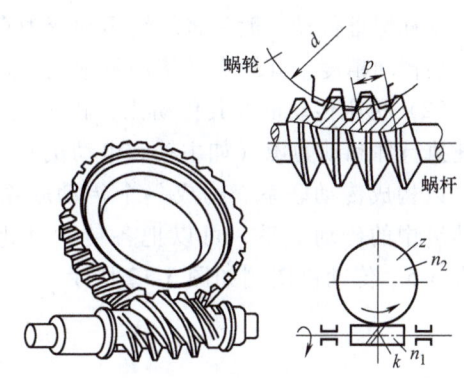

图 3-9　蜗杆蜗轮传动

若蜗杆的头数为 k，转速为 n_1；蜗轮的齿数为 z，转速为 n_2，则其传动比为

$$i = \frac{n_2}{n_1} = \frac{k}{z} \tag{3-5}$$

式中　n_1、n_2——蜗杆、蜗轮的转速（r/min）；

　　　k——蜗杆的螺纹头数；

　　　z——蜗轮的齿数。

蜗杆蜗轮传动的优点是可以获得较大的传动比，而且传动平稳，噪声小，结构紧凑。其缺点是传动效率比齿轮传动低，需要有良好的润滑条件。

4) 齿轮齿条传动。齿轮齿条传动可以将旋转运动变为直线运动（齿轮为主动件），也可以将直线运动变为旋转运动（齿条为主动件），如图 3-10 所示。若齿轮顺时针旋转，则齿条向左做直线运动。其移动速度为

$$v = pzn = \pi mzn \tag{3-6}$$

式中　v——移动速度（mm/min）；

　　　z——齿轮齿数；

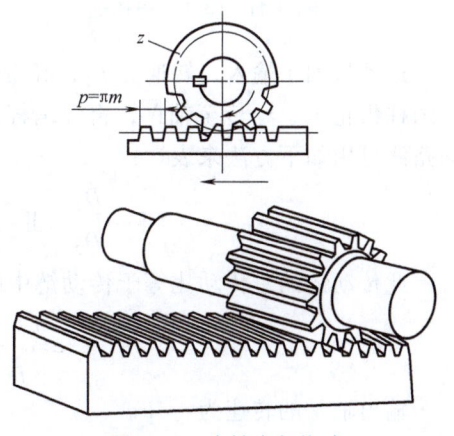

图 3-10　齿轮齿条传动

n——齿轮转速（r/min）；

p——齿轮、齿条的齿距（mm）；

m——齿轮、齿条的模数（mm）。

齿轮齿条传动的优点是效率较高，但缺点是制造精度不高时，传动的平稳性和准确性较差。

5）丝杠螺母传动 如图3-11所示，通常丝杠旋转，螺母不转，则它们之间沿轴线方向的相对移动速度为

$$v = knp \tag{3-7}$$

式中 n——丝杠转速（r/min）；

p——丝杠螺距（mm）；

k——丝杠螺纹头数（若$k=1$，则为单头螺纹）。

丝杠螺母传动一般是将旋转运动变为直线移动。其优点是传动平稳，噪声小，可以达到较高的传动精度。其缺点是传动效率较低。

（2）机床传动链及其传动比 机床上为了得到所需要的运动，需要通过一系列的传动件把执行件和动力源（如主轴和电动机），或者把执行件和执行件（如主轴和刀架）连接起来，以构成传动联系。构成一个传动联系的一系列传动件，称为传动链。为了便于分析传动链中的传动关系，可以把各传动件进行简化，用规定的一些简图符号组成传动图，见表3-5。传动链图例如图3-12所示。

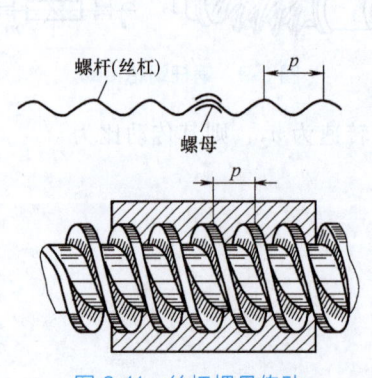

图3-11 丝杠螺母传动

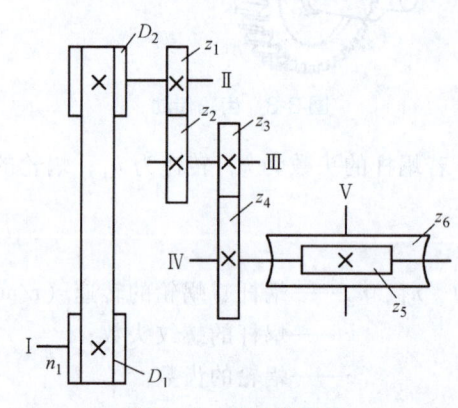

图3-12 传动链图例

运动从轴Ⅰ输入，转速为n_1，经带轮D_1、D_2传至轴Ⅱ，经圆柱齿轮z_1、z_2传至轴Ⅲ，经圆柱齿轮z_3、z_4传至轴Ⅳ，再经蜗杆z_5和蜗轮z_6传至轴Ⅴ，把运动输出。此传动链的传动路线可用如下方法来表达：

$$\text{Ⅰ} \xrightarrow{\dfrac{D_1}{D_2}} \text{Ⅱ} \xrightarrow{\dfrac{z_1}{z_2}} \text{Ⅲ} \xrightarrow{\dfrac{z_3}{z_4}} \text{Ⅳ} \xrightarrow{\dfrac{z_5}{z_6}} \text{Ⅴ}$$

此传动链的总传动比等于传动链中的所有传动副传动比的乘积。所以传动链总传动比为

$$i_{\text{Ⅰ}\sim\text{Ⅴ}} = \frac{n_\text{Ⅴ}}{n_\text{Ⅰ}} = i_1 i_2 i_3 i_4 i_5 = \frac{D_1}{D_2}\varepsilon\frac{z_1}{z_2}\frac{z_3}{z_4}\frac{z_5}{z_6}$$

输出轴Ⅴ的转速为

$$n_\text{Ⅴ} = n_\text{Ⅰ} i_{\text{Ⅰ}\sim\text{Ⅴ}}$$

表 3-5 常用传动件的简图符号

名称	图形	符号	名称	图形	符号
轴			滑动轴承		
滚动轴承			推力轴承		
双向摩擦离合器			双向滑动齿轮		
螺杆传动（整体螺母）			螺杆传动（开合螺母）		
平带传动			V带传动		
齿轮传动			蜗杆传动		
齿轮齿条传动			锥齿轮传动		

根据传动联系的性质，传动链可以区分为两类：外联系传动链和内联系传动链。

1) 外联系传动链联系动力源（如电动机）和机床执行件（如主轴、刀架和工作台等），使执行件得到预定速度的运动，并传递一定的动力。此外，外联系传动链还包括变速机构和换向（改变运动方向）机构等。外联系传动链传动比的变化，只影响生产率或表面粗糙度，不影响发生线的性质。因此，外联系传动链不要求动力源与执行件间有严格的传动比关系。例如，在车床上用轨迹法车削圆柱面时，主轴的旋转和刀架的移动就是两个互相独立的成形运动，有两条外联系传动链。主轴的转速和刀架的移动速度，只影响生产率和表面粗糙度，不影响圆柱面的性质。传动链的传动比不要求很准确。工件的旋转和刀架的移动之间，也没有严格的相对速度关系。

2) 内联系传动链联系复合运动之内的各个运动分量，因而对传动链所联系的执行件之间的相对速度（及相对位移量）有严格的要求，用来保证运动的轨迹。例如，在卧式车床上用螺纹刀车螺纹时，为了保证所加工螺纹的导程，主轴（工件）每转一转，车刀必须移动一个导程。联系主轴与刀架之间的螺纹传动链，就是一条内联系传动链。再如，用齿轮滚刀加工直齿圆柱齿轮时，滚刀每转 1/K 转（K 为滚刀头数），工件必须转 1/z 转（z 为工件齿数）。联系滚刀旋转 B_{11} 和工件旋转 B_{12} 的传动链，就是内联系传动链。内联系传动链有严格的传动比要求，否则就不能保证被加工表面的性质，例如如果传动比不准确，则车螺纹时就不能得到要求的导程；加工齿轮时不能展成正确的渐开线齿形。为了保证准确的传动比，在内联系传动链中不能用摩擦传动或瞬时传动比有变化的传动件，如链传动。

（3）机床上常见的变速机构　为适应不同的加工要求，机床的主运动和进给运动的速度需经常变换。因此，机床传动系统中要有变速机构。变速机构有无级变速和有级变速两类。目前，有级变速广泛用于中小型通用机床中。

通过不同方法变换两轴间的传动比，当主动轴转速固定不变时，从动轴得到不同的转速，从而实现机床运动有级变速。常用的变速结构有以下两种：

1）滑移齿轮变速。滑移齿轮变速机构是通过改变滑移齿轮的位置进行变速的，如图 3-13 所示。

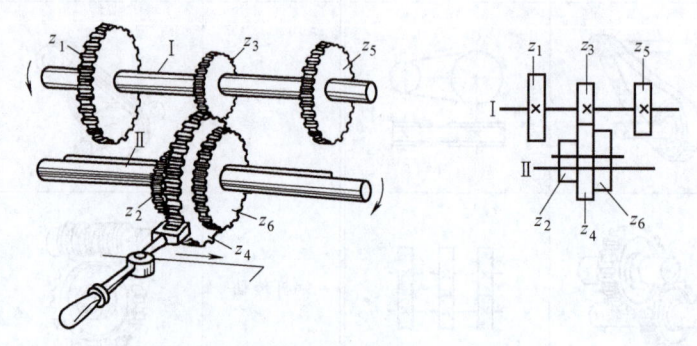

图 3-13　滑移齿轮变速机构

齿轮 z_1、z_3、z_5 固定在轴 I 上，由齿轮 z_2、z_4、z_6 组成的三联滑移齿轮与轴 II 键连接，并可轴向移动。通过手柄拨动三联滑移齿轮，可改变其在轴上的位置，实现轴 I、II 间不同齿轮的啮合，获得不同传动比，从而使轴 II 获得不同转速。

滑移齿轮变速机构变速方便（但不能在运转中变速），结构紧凑，传动效率高，在机床中的应用最广。

2）离合器式齿轮变速。离合器式齿轮变速是利用离合器进行变速。如图 3-14 所示为一牙嵌式离合器齿轮变速机构，在轴 I（主动轴）上固定有齿轮 z_1、z_3，轴 II（从动轴）左右两侧有空套齿轮 z_2、z_4，在轴 II 中间部位安装有牙嵌式离合器 M，并与之键连接。当手柄左移牙嵌式离合器时，牙嵌式离合器左侧端面键与空套齿轮 z_2 端面键相啮合，通过齿轮 z_1、z_2 的啮合把运动和动力从轴 I 传至轴 II；当手柄右移牙嵌式离合器时，牙嵌式离合器右侧端面键与空套齿轮 z_4 端面键相啮合，通过齿轮 z_3、z_4 的啮合把运动和动力从轴 I 传至轴 II。这样利用轴 I、II 间不同的齿轮副啮合，可获得不同的传动比，使轴 II 获得不同的转速。

离合器变速机构传动比准确；变速方便、操纵省力，可传递较大的转矩；可采用斜齿轮传动，使传动平稳。但不能在运转中变速，各对齿轮经常处于啮合状态，故磨损较大，传动效率低。该机构多用于重型机床及采用斜齿轮传动的变速箱等。

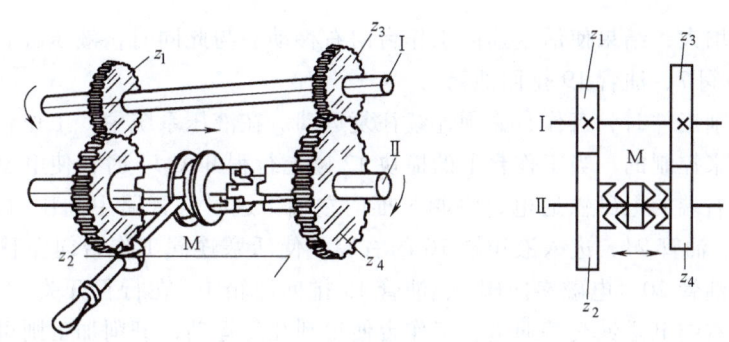

图 3-14 离合器式齿轮变速机构

2. 机床的液压传动

液压传动是应用液体作为工作介质，通过液压元件来传递运动和动力的。这种传动形式具有许多突出的优点，因此，在机床上的应用日益广泛。

（1）液压传动简介　机床上应用液压传动的地方很多，如磨床的进给运动一般采用液压传动。下面介绍一个简化了的平面磨床工作台液压系统。

图 3-15 所示为平面磨床工作台液压系统原理图。液压泵 3 由电动机带动旋转，并从油箱 1 中吸油，油液经过滤器 2 进入液压泵，通过液压泵内部的密封腔容积的变化输出压力油。在图 3-15a 所示状态下，压力油经油管 16、节流阀 5、油管 17、电磁换向阀 7、油管 20，进入液压缸 10 左腔，由于液压缸是固定在床身上的，因此，在压力油推动下，迫使液压

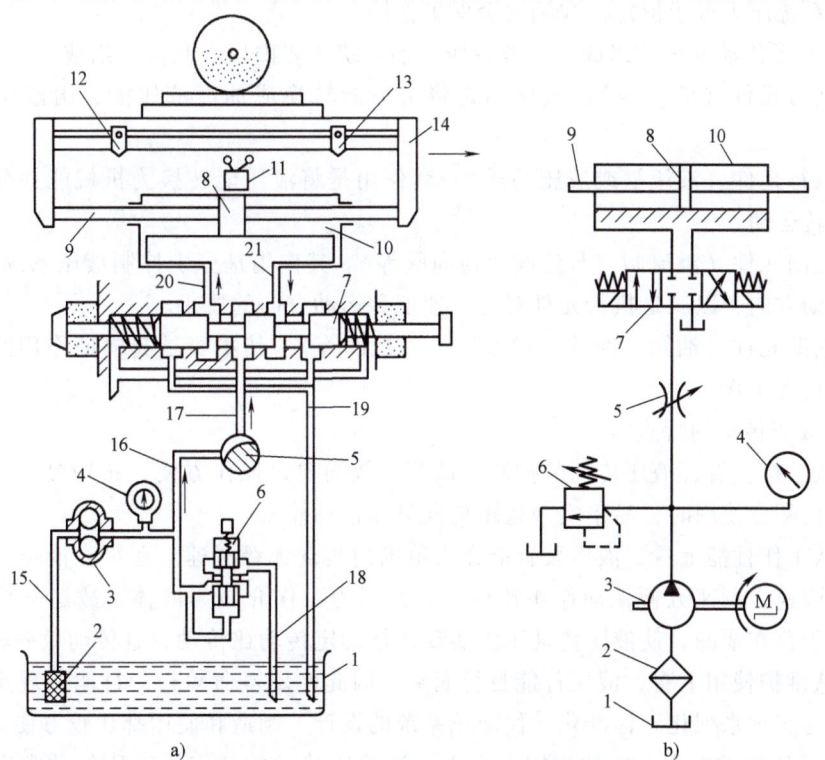

图 3-15　平面磨床工作台液压系统原理图

1—油箱　2—滤油器　3—液压泵　4—压力表　5—节流阀　6—溢流阀　7—电磁换向阀
8—活塞　9—活塞杆　10—液压缸　11—行程开关　12、13—撞块　14—工作台　15~21—油管

缸左腔容积不断增大，结果使活塞连同工作台向右移动。与此同时，液压缸右腔的油，经油管 21、电磁换向阀 7、油管 19 排回油箱。

当磨床在磨削工件时，工作台必须连续往复运动。在液压系统中，工作台的运动方向是由电磁换向阀 7 来控制的。当工作台上的撞块 12 碰上行程开关 11 时，使电磁换向阀 7 左端的电磁铁断电而右端的电磁铁通电，将阀芯推向左端。这时，管路中的压力油将从油管 17 经电磁换向阀 7、油管 21，进入液压缸 10 的右腔，使活塞连同工作台向左移动，同时液压缸左腔的油，经油管 20、电磁换向阀 7、油管 19 排回油箱 1。在行程开关 11 的控制下，电磁换向阀 7 左、右端电磁铁交替通电，工作台便得到往复运动，磨削加工则可持续进行。当左、右两端电磁铁都断电时，其阀芯处于中间位置，这时进油路及回油路之间均不相通，工作台便停止不动。

磨床在磨削工件时，根据加工要求不同，工作台运动速度应能进行调整。在图 3-15 所示的液压系统中，工作台的移动速度是通过节流阀 5 来调整的。当节流阀 5 开口开大时，进入液压缸的油液增多，工作台移动速度增大；当节流阀开口关小时，工作台移动速度减小。

磨床工作台在运动时要克服磨削力和相对运动件之间的摩擦力等阻力。要克服的阻力越大，则缸中的油液压力越高。反之，压力就越低。因此，液压系统中应有调节油液压力的元件。在图 3-15 所示的液压系统中，液压泵出口处的油液压力是由溢流阀 6 决定的。当油液的压力升高到超过溢流阀的调定压力时，溢流阀 6 开启，油液经油管 18 排回油箱 1，油液的压力就不会继续升高，稳定在调定的压力范围内。可见，溢流阀能使液压系统过载时溢流，维持系统压力近于恒定，起到安全保护作用。

（2）液压传动系统的组成　一般液压传动系统主要由以下几部分组成。

1）动力元件（液压泵）。其作用是将机械能转换成油液液压能，给液压系统提供压力油。

2）执行元件（液压缸或液压马达）。其作用是将液压能转换为机械能并分别输出直线运动或旋转运动。

3）控制元件（溢流阀、节流阀及换向阀等）。其作用是分别控制液压系统油液的压力、流量和流动方向，以满足执行元件对力、速度和运动方向的要求。

4）辅助元件（油箱、油管、过滤器、密封件等）。其主要是起辅助作用的，以保证液压系统的正常工作。

（3）液压传动的特点

1）从结构上看，液压传动的控制、调节比较简单，操作方便，布局灵活。当与电气或气压传动相配合使用时，易于实现远距离操纵和自动控制。

2）从工作性能上看，液压装置能在大范围内实现无级调速，还可在液压装置运行的过程中进行调速，调速方便，动作快速性好。又因为工作介质为液体，故运动传递平稳、均匀。但由于存在泄漏，使液压传动不能实现严格的定传动比传动，且传动效率较低。

3）从维护使用上看，液压件能自行润滑。因此使用寿命较长，且能实现系统的过载保护；元件易实现系列化、标准化，使液压系统的设计、制造和使用都比较方便。

（4）液压传动在机床中的应用　由于上述液压传动的特点，液压传动常应用在机床上的一些装置中。

1）进给运动传动装置。进给运动传动装置在机床上使用最为广泛，如磨床的砂轮架，车床、六角车床、自动车床的刀架或转塔刀架、磨床、铣床、刨床、组合机床的工作台进给运动。这些进给运动一般要求有较大的调速范围，且在工作中能无级调速，因此，采用液压传动是最合适的。

2）往复主运动传动装置：如龙门刨床的工作台、牛头刨床或插床的滑枕，这些部件一般需要做高速往复运动，并要求换向冲击小，换向时间短，能量消耗低。因此，可采用液压传动来实现。

3）仿形装置。仿形装置可用于车床、铣床、刨床上的仿形加工，如仿形车床的仿形刀架。由于工作时要求灵敏性好，靠模接触力小，寿命长，故可采用液压伺服系统来实现。

4）辅助装置。机床上的夹紧装置、变速操纵装置、工件和刀具装卸装置、工件输送装置等，均可采用液压传动来实现。这样，有利于简化机床结构，提高机床自动化的程度。

此外，液压传动还应用在数控机床及静压支承等方面。

3.3 CA6140 机床传动与结构

车床（Lathe）类机床主要用于加工各种回转表面。由于多数机器零件具有回转表面，车床的通用性又较广，因此在机器制造中，车床的应用极为广泛，在金属切削机床中所占的比重最大，约占机床总台数的 20%～35%。在所有的车床类机床中，卧式车床应用最广泛。本节以典型的卧式车床 CA6140 为例介绍机床的传动与结构。

3.3.1 CA6140 机床概述

1. 车床的运动

为了加工出所要求的工件表面，车床必须具备下列运动。

（1）表面成形运动

1）工件的旋转运动。工件的旋转运动是车床的主运动，其转速较高，是消耗机床功率的主要部分。

2）刀具的移动。刀具的移动是车床的进给运动。刀具可做平行于工件旋转轴线的纵向进给运动（车圆柱表面）或垂直于工件旋转轴线的横向进给运动（车端面），也可做与工件旋转轴线倾斜一定角度的斜向运动（车圆锥表面）或做曲线运动（车成形回转表面）。进给量 f 常以主轴每转刀具的移动量计，单位为 mm/r。

车削螺纹时，只有一个复合的主运动——螺旋运动。它可以被分解为两部分：主轴的旋转和刀具的移动。

（2）辅助运动 除了表面成形运动以外，机床在加工过程中还需完成一系列其他的运动，即辅助运动。如为了将毛坯加工到所需要的尺寸，车床还应有切入运动；车削多头螺纹时，需要有工件相对于刀具回转的分度运动；还有刀架纵、横向的机动快速移动等。

2. 工艺范围

卧式车床的工艺范围很广，能进行多种表面的加工：各种轴类、套类和盘类零件上的回转表面，如车削内外圆柱面、圆锥面、环槽及成形回转面；车削端面；车削螺纹；还可以进行钻孔、扩孔、铰孔和滚花等工作，如图 3-16 所示。

卧式车床的通用性较大，但结构较复杂，而且自动化程度低，在加工形状比较复杂的工

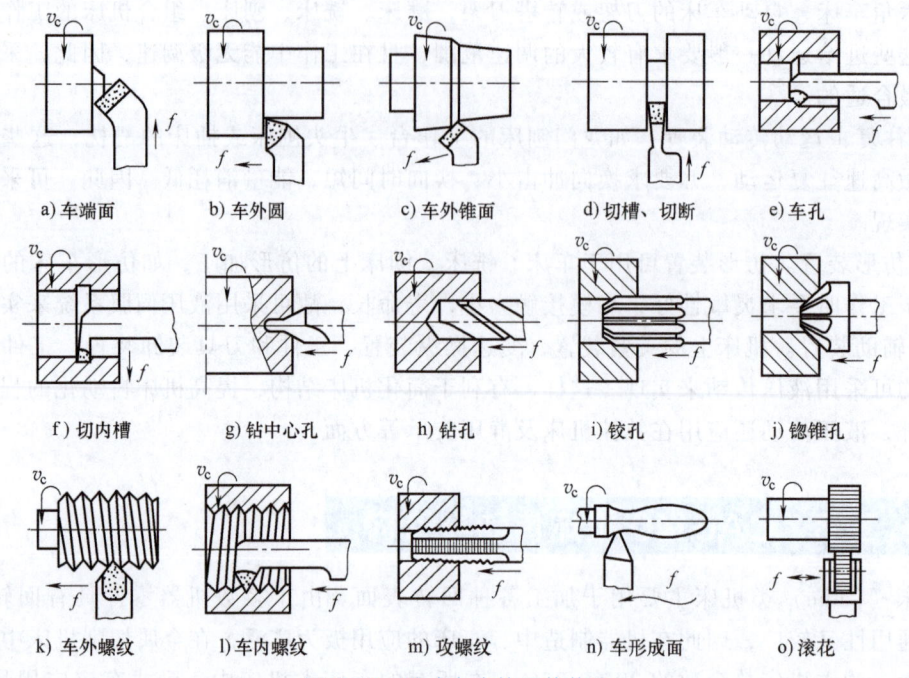

a) 车端面　b) 车外圆　c) 车外锥面　d) 切槽、切断　e) 车孔

f) 切内槽　g) 钻中心孔　h) 钻孔　i) 铰孔　j) 锪锥孔

k) 车外螺纹　l) 车内螺纹　m) 攻螺纹　n) 车形成面　o) 滚花

图 3-16　卧式车床的工艺范围

件时，换刀较麻烦，加工过程中的辅助时间较多，所以适用于单件、小批生产及修理车间等。

3. 机床的布局

卧式车床的加工对象主要是轴类零件和直径不太大的盘类零件，故采用卧式布局。为了适应右手操作的习惯，主轴箱布置在左端。图 3-17 所示为 CA6140 车床的外形，其主要组成部件及功能如下。

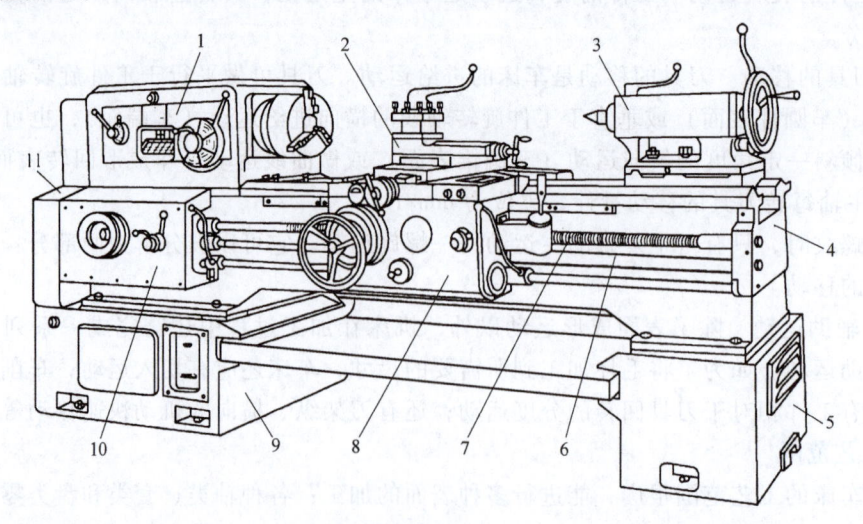

图 3-17　CA6140 车床外形

1—主轴箱　2—刀架　3—尾座　4—床身　5、9—床腿　6—光杠　7—丝杠
8—溜板箱　10—进给箱　11—交换齿轮箱

（1）主轴箱（Headstock） 主轴箱固定在床身的左端，内部装有主轴和变速及传动机构，工件通过卡盘等夹具装夹在主轴前端。主轴箱的功用是支承主轴并把动力经变速传动机构传给主轴，使主轴带动工件按规定的转速旋转，以实现主运动。

（2）刀架（Tool Post） 刀架可沿床身上的刀架导轨做纵向移动。刀架部件由几层组成，它的功用是装夹车刀，实现纵向、横向或斜向运动。

（3）尾座（Tailstock） 尾座安装在床身右端的尾座导轨上，可沿导轨纵向调整其位置。它的功用是用后顶尖支承长工件，也可以安装钻头、铰刀等孔加工刀具进行孔加工。

（4）进给箱（Feedbox） 进给箱固定在床身的左端前侧。进给箱内部装有进给运动的变速机构，用于改变机动进给的进给量或所加工螺纹的导程。

（5）溜板箱（Apron） 溜板箱与刀架的最下层纵向溜板相连，与刀架一起做纵向运动，它的功用是把进给箱传来的运动传递给刀架，使刀架实现纵向和横向进给，或快速移动，或车螺纹。溜板箱上装有各种操纵手柄和按钮。

（6）床身（Bed） 床身固定在左右床腿上。在床身上安装着车床的各个主要部件，使它们在工作时保持准确的相对位置或运动轨迹。

3.3.2 CA6140 机床传动系统

CA6140 机床是普通精度级的卧式车床的典型代表。这种车床的通用性强，可以加工轴类、盘套类零件；车削米制、英制、模数制、径节制四种标准螺纹和精密、非标准螺纹；还可完成钻、扩、铰孔加工。

机床的传动关系可用传动系统图体现出来。图 3-18 所示为 CA6140 机床的传动系统图。图中，各种传动元件用简单的规定符号代表，各齿轮所标数字表示齿数。机床的传动系统图应画在一个能反映机床基本外形和各主要部件相互位置的平面上，并尽可能绘制在机床外形的轮廓线内。各传动元件应尽可能按运动传递的顺序安排。该图只表示传动关系，不代表各传动元件的实际尺寸和空间位置。

CA6140 机床的传动系统，主要包括主运动传动链、进给传动链和刀架快速移动传动链等。

1. 主运动传动链

主运动传动链的首末两端件是主电动机和主轴，可使主轴获得 24 级正转转速和 12 级反转转速。主电动机的运动经 V 带传至主轴箱的轴 I，轴 I 上的双向摩擦片式离合器 M_1 控制主轴的起动、停止和换向。离合器左边摩擦片被压紧时，主轴正转；离合器右边摩擦片被压紧时，主轴反转；离合器两边摩擦片均未压紧时，主轴停转。轴 I 的运动经离合器 M_1 和轴 II 上的滑移齿轮传至轴 II，再经过轴 III 上的滑移齿轮传至轴 III。然后分两路传给主轴 VI：当主轴 VI 上的滑移齿轮 z_{50} 位于左边位置时，轴 III 运动经齿轮 63/50 直接传给主轴，主轴获得高转速；当 z_{50} 位于右边位置与 z_{58} 联为一体时，运动经轴 III、轴 IV、轴 V 之间的背轮机构传给主轴，主轴获得中低转速。主运动传动路线的表达式为

$$电动机 \xrightarrow{\phi 130}{\phi 230} \begin{Bmatrix} M_1 左 \to \begin{Bmatrix} 56/38 \\ 51/43 \end{Bmatrix} \\ M_1 右 \to 50/34 \to 34/30 \end{Bmatrix} \to \begin{Bmatrix} 39/41 \\ 22/58 \\ 30/50 \end{Bmatrix} \to \begin{Bmatrix} \begin{Bmatrix} 20/80 \\ 50/50 \\ 63/50 \end{Bmatrix} \to \begin{Bmatrix} 20/80 \\ 51/50 \end{Bmatrix} \xrightarrow{26}{58} M_2 \end{Bmatrix} \to 主轴$$

由传动路线表达式可知，主轴正转转速级数为 $n = 2 \times 3 \times (1 + 2 \times 2) = 30$（级）。但在轴 IV、

机械制造技术

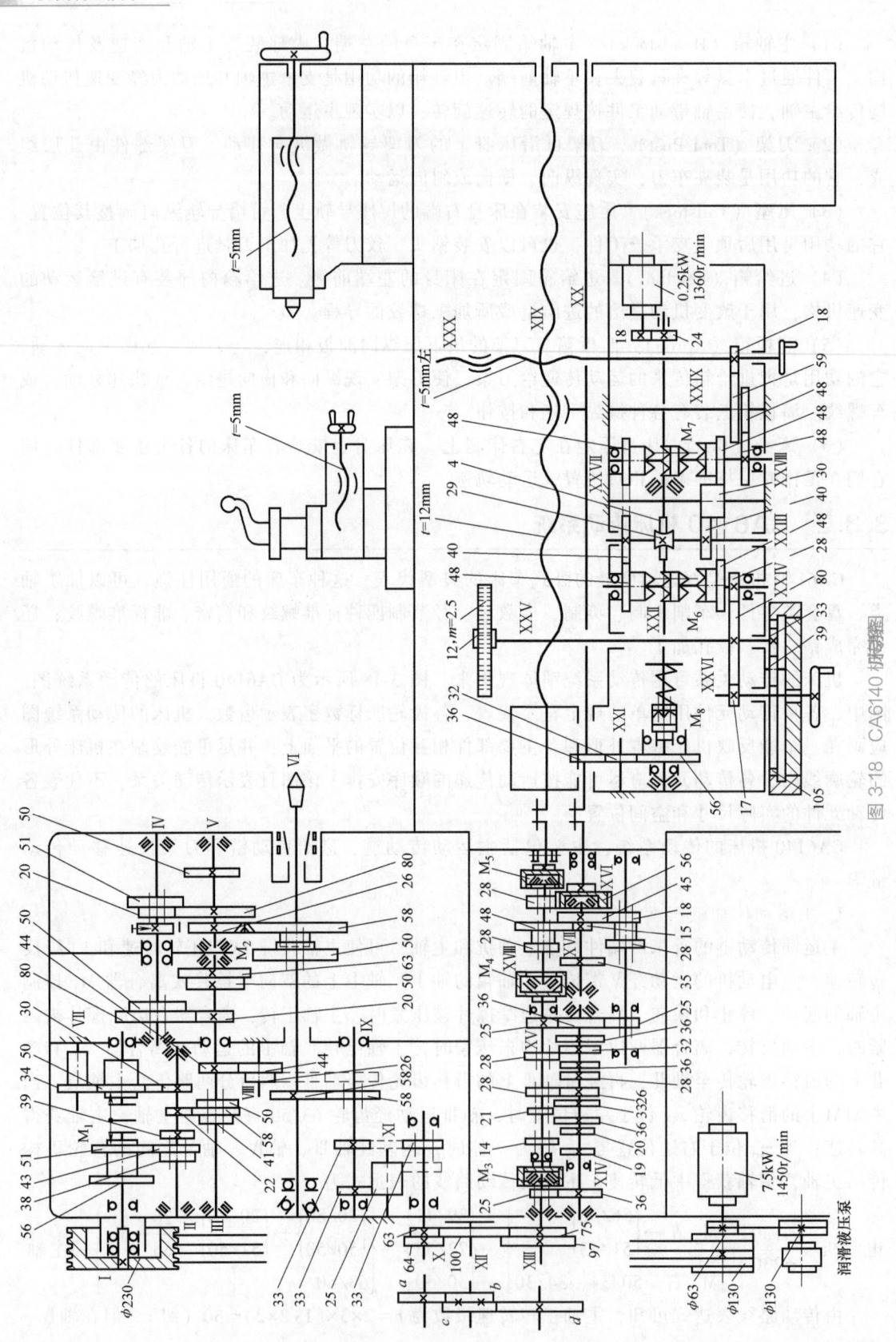

图 3-18 CA6140 机床传动系统图

轴Ⅴ之间的4种传动比分别为 $u_1=1/16$、$u_2≈1/4$、$u_3≈1/4$、$u_4≈1$，因而，实际上只有3种不同的传动比。故主轴的实际正转转速级数是 $n=2×3×(1+2×2-1)=24$ 级。同理，主轴的反转转速级数为12级。

主轴的转速可按运动平衡公式计算，即

$$n_主 = 1450 × \frac{130}{230} × u_{Ⅰ-Ⅱ} u_{Ⅱ-Ⅲ} u_{Ⅲ-Ⅵ} \tag{3-8}$$

式中　　　$n_主$——主轴转速（r/min）；

$u_{Ⅰ-Ⅱ}$、$u_{Ⅱ-Ⅲ}$、$u_{Ⅲ-Ⅵ}$——Ⅰ-Ⅱ轴、Ⅱ-Ⅲ轴、Ⅲ-Ⅵ轴之间的变速传动比。

2. 进给传动链

进给传动链是实现刀架纵向或横向移动的传动链。卧式车床在切削螺纹时，进给传动链是内联系传动链，主轴每转刀架的移动量应等于螺纹的导程。在切削外圆和端面时，进给传动链是外联系传动链。进给量也以工件每转刀架的移动量计。因此，在分析进给传动链时，都把主轴和刀架当作传动链的两端件。

运动从主轴Ⅵ开始，经轴Ⅸ传至轴Ⅹ。轴Ⅸ传至轴Ⅹ可经一对齿轮，也可经轴Ⅺ上的惰轮。这是进给换向机构。然后，经挂轮架传至进给箱。从进给箱传出的运动：一条路线，经丝杠ⅩⅨ带动溜板箱，使刀架做纵向运动，这是车削螺纹传动链；另一条路线，经光杠ⅩⅩ和溜板箱，带动刀架做纵向或横向的机动进给，这是机动进给传动链。

3. 刀架快速移动传动链

为了减轻工人劳动强度和缩短辅助时间，刀架可以实现纵向和横向机动快速移动。如图3-18所示，按下快速移动按钮，快速电动机经齿轮副18/24使轴ⅩⅫ高速转动，再经蜗杆副4/29传动溜板箱内的转换机构，使刀架实现纵向或横向的快速移动。快移方向仍由溜板箱中双向离合器 M_6 和 M_7 控制。为了缩短辅助时间和简化操作，在刀架快速移动时不必脱开进给运动传动链。这时，为了避免仍在转动的光杠和快速电动机同时驱动轴ⅩⅫ造成破坏，在齿轮56与轴ⅩⅫ之间装有超越离合器。

3.3.3　CA6140机床典型结构

机床的结构分析是机床分析的重要内容。机床所需要的各种运动要有相应的结构来保证，因此，必须借助装配图和零件图，对机床部件、组件、相关机构及重要零件进行结构分析；了解结构的功用、组成、工作原理、性能特点、工作可靠性措施以及结构工艺性等；熟悉机床的结构及其调整方法。

1. 机床的展开图

机床的箱体是一个比较复杂的传动部件。表达箱体中各传动件的结构和装配关系，常用展开图。展开图基本上是按各种传动轴传递运动的先后顺序，沿其轴心线剖开，并展开在一个平面上的装配图，图3-19所示为CA6140机床的主轴箱展开图。该图是沿轴Ⅳ—Ⅰ—Ⅱ—Ⅲ（Ⅴ）—Ⅵ—Ⅺ—Ⅸ—Ⅹ的轴线剖切，展开后绘制出来的。在展开图中可以看出，各传动件（轴、齿轮、带传动和离合器等）的传动关系，各传动轴及主轴上有关零件的结构形状、装配关系，以及箱体有关部分的轴向尺寸和结构。

下面以CA6140机床的主轴箱内部结构为例，介绍主轴箱典型结构。

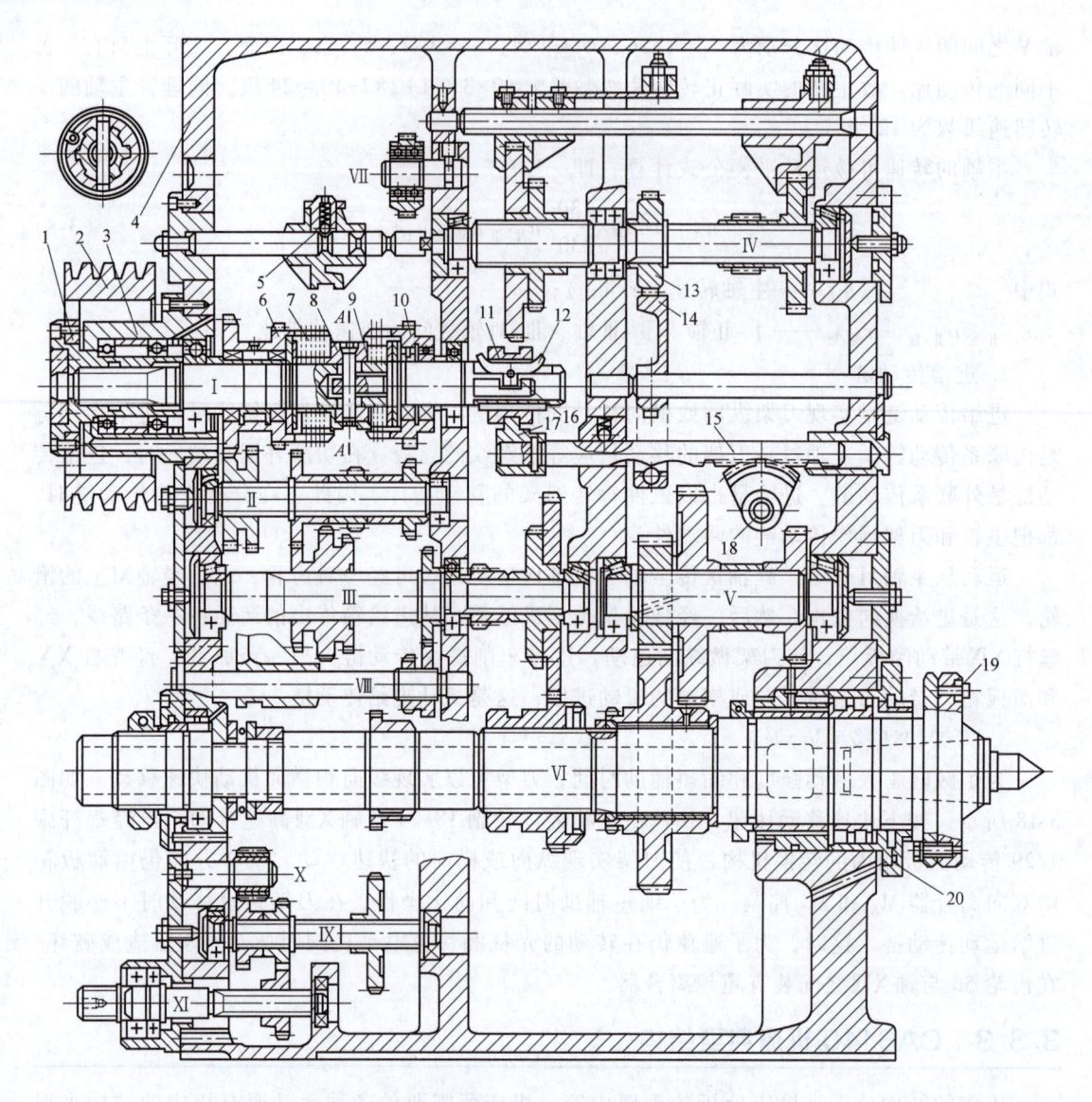

图 3-19 CA6140 机床的主轴箱展开图

1—花键套 2—带轮 3—法兰 4—主轴箱体 5—弹簧销 6—空套齿轮 7—正转摩擦片
8—压块 9—反转摩擦片 10—齿轮 11—滑套 12—元宝销 13—制动盘 14—制动杠杆
15—齿条 16—杆 17—拨叉 18—齿扇 19—圆形拨块 20—端盖

2. 主轴箱典型结构

（1）卸荷带轮　电动机经 4 根 V 带将运动传至轴 I 左端的带轮 2（图 3-19）。带轮 2 与花键套 1 用螺钉连接成一体，支承在法兰 3 内的两个深沟球轴承上，而法兰 3 被固定在主轴箱体 4 上。这样，带轮 2 可通过花键套 1 带动轴 I 旋转，而 V 带的拉力则经轴承和法兰 3 传至箱体 4，使轴 I 只传递转矩，不承受弯矩，因而不产生弯曲变形。

（2）双向多片离合器、制动器及其操纵机构　双向多片离合器装在轴 I 上，如图 3-20 所示，它由内摩擦片 3、外摩擦片 2、止推片 10 及 11、压块 8 及空套齿轮 1 等组成。离合器左、右两部分结构是相同的。双向多片离合器的作用是在主电动机转向不变的前提下，除能

第3章 金属切削机床与夹具

实现主轴转向（正转、反转或停止）的控制并靠摩擦力传递运动和转矩外，还能起过载保护作用。当机床过载时，摩擦片打滑，就可避免损坏传动齿轮或其它零件。左离合器用来传动主轴正转，用于切削加工，需传递的转矩较大，所以片数较多。右离合器传动主轴反转，主要用于退刀，片数较少。

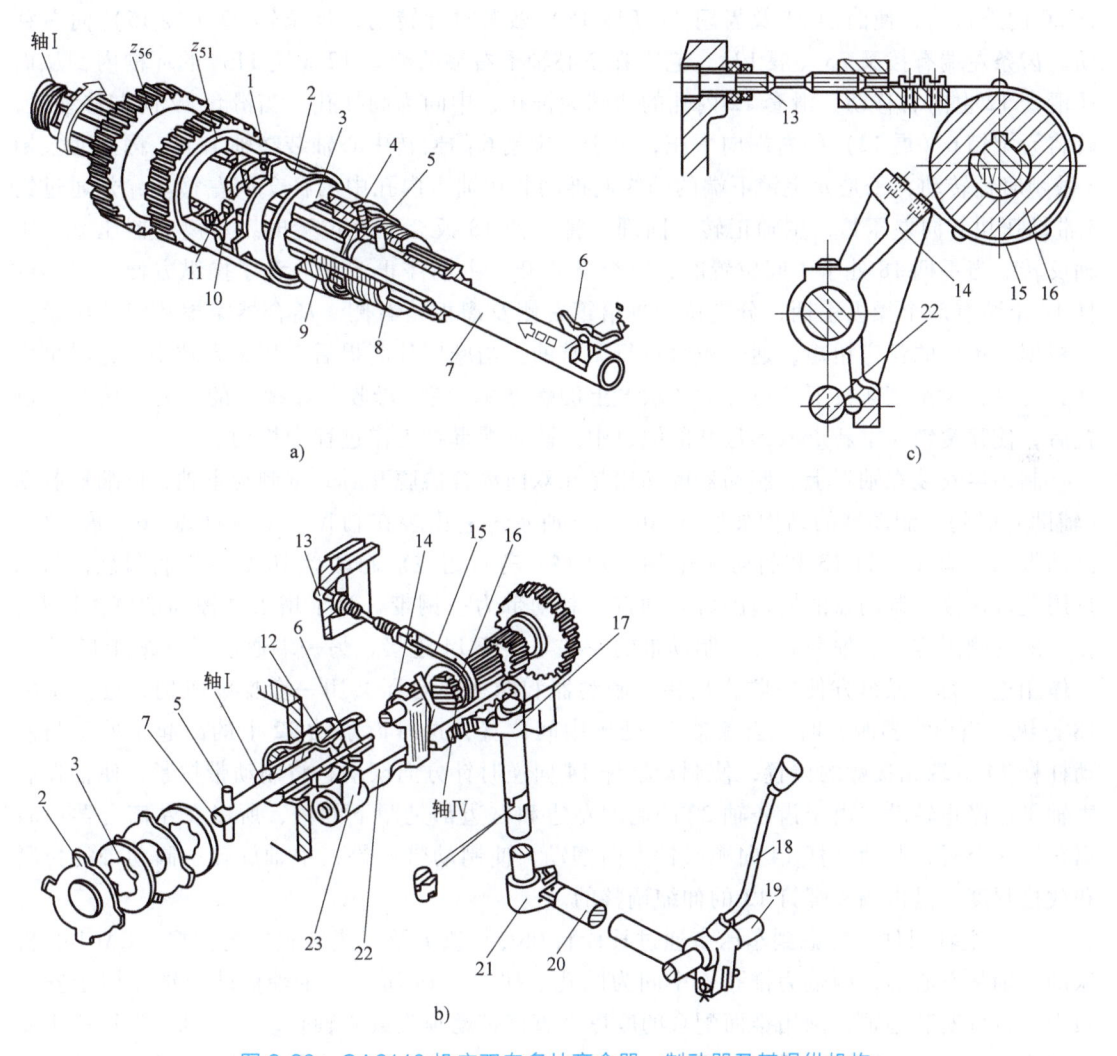

图 3-20 CA6140 机床双向多片离合器、制动器及其操纵机构

1—空套齿轮 2—外摩擦片 3—内摩擦片 4—弹簧销 5—销 6—元宝销 7—杆 8—压块
9—螺母 10、11—止推片 12—滑套 13—调节螺钉 14—制动杠杆 15—制动带 16—制动盘
17—齿扇 18—手柄 19—操纵杆 20—杆 21—曲柄 22—齿条轴 23—拨叉

图 3-20a 中表示的是左离合器，图中内摩擦片 3 的内孔为花键孔，装在轴 I 的花键部位上，与轴 I 一起旋转。外摩擦片 2 外圆上有四个凸起，卡在空套齿轮 1（展开图 3-19 中件号 6，以下在展开图 3-19 中的件号以"展"+"件号"的形式表示）的缺口槽中；外片内孔是光滑圆孔，空套在轴 I 的花键部位的外圆上。内、外摩擦片相间安装，在未被压紧时，内、外摩擦片互不联系。当图 3-20a 中杆 7（展 16）通过销 5 向左推动压块 8（展 8）时，使内摩擦片 3 与外摩擦片 2 相互压紧，于是轴 I 的运动便通过内、外摩擦片之间的摩擦力传给空

套齿轮1（展6），使主轴正转。同理，当压块8向右压时，运动传给轴Ⅰ右端的齿轮（展10），使主轴反转。当压块8处于中间位置时，左、右离合器都处于脱开状态，这时轴Ⅰ虽然转动，但离合器不传递运动，主轴处于停止状态。离合器的左、右接合或脱开（即压块8处于左端、右端或中间位置）由手柄18来操纵，如图3-20b所示。当向上扳动手柄18时，杆20向外移动，使曲柄21及齿扇17（展18）做顺时针转动，齿条轴22（展15）向右移动。齿条左端有拨叉23（展17），它卡在空心轴Ⅰ右端的滑套12（展11）的环槽内，从而使滑套12也向右移动。滑套12内孔的两端为锥孔，中间为圆柱孔。当滑套12向右移动时，就将元宝销6（展12）的右端向下压，由于元宝销6的回转中心轴装在轴Ⅰ上，因而元宝销6做顺时针转动，于是元宝销下端的凸缘便推动装在轴Ⅰ内孔中的杆7向左移动，并通过销5带动压块8向左压紧，主轴正转。同理，将手柄18扳至下端位置时，右离合器压紧，主轴反转。当手柄18处于中间位置时，离合器脱开，主轴停止转动。为了操纵方便，在操纵杆19上装有两个操纵手柄，分别位于进给箱右侧及溜板箱右侧。离合器摩擦片间的压紧力是根据应传递的额定扭矩，通过螺母进行调整的。当摩擦片磨损后，压紧力减小，这时可用螺钉旋具将弹簧销4按下，再拧动压块8上的螺母9，使螺母收紧摩擦片的间距，调整好位置后，使弹簧销4重新卡入螺母9的缺口中，防止螺母在工作过程中松动。

制动器安装在轴Ⅳ上。制动器的功用是在双向离合器脱开后立刻制动主轴，以缩短制动（辅助）时间。制动器的结构如图3-20b和c所示。它由装在轴Ⅳ上的制动盘16（展13）、制动带15、调节螺钉13和制动杠杆14（展14）等件组成。制动盘16是一钢制圆盘，与轴Ⅳ用花键连接。制动盘的周边围着制动带，制动带为一钢带，为了增加摩擦面的摩擦因数，在它的内侧固定一层酚醛石棉。制动带的一端与杠杆14连接，另一端通过调节螺钉13等与箱体相连。为了操纵方便并防止出错，制动器和摩擦离合器共用一套操纵机构，也由手柄18操纵。当离合器脱开时，齿条轴22处于中间位置，这时齿条轴22上的凸起正处于与制动杠杆14下端相接触的位置，使制动杠杆14向逆时针方向摆动，将制动带拉紧，使轴Ⅳ和主轴迅速停止转动。由于齿条轴22凸起的左边和右边都是凹下的槽，所以在左离合器或右离合器接合时，制动杠杆14向顺时针方向摆动，使制动带放松，主轴旋转。制动带的拉紧和放松程度，是由调节螺钉13的伸缩调整的。

（3）主轴组件 考虑到车床有通过长棒料和安装顶尖及夹紧装置等的需要，CA6140机床的主轴是空心的，两端为锥孔，中间为圆孔。如图3-19所示，主轴前端的锥孔用于安装顶尖，也可安装心轴，利用锥面配合的摩擦力直接带动顶尖或心轴转动；主轴尾端锥孔主要是作为工艺基准，尾端的圆柱面是安装各种辅具（气动、液压或电气装置）的安装基面。

主轴前端外圆采用短锥法兰式结构，用于安装卡盘或拨盘，如图3-21所示。安装时，拨盘或卡盘座3由主轴6的短圆锥面定位，使事先装在拨盘或卡盘座上的四个双头螺栓4及其螺母5通过主轴肩及锁紧盘（圆环）1的圆柱孔，然后将锁紧盘1转过一个角度，双头螺栓4处于锁紧盘1的沟槽内，并拧紧双头螺栓4和螺母5，就可以使卡盘的拨盘可靠地安装在主轴的前端。这种结构装卸方便，工作可靠，定心精度高；主轴前端的悬伸长度较短，有利于提高主轴组件的刚度，所以得到广泛的应用。主轴轴肩右端面上的圆形拨块（展19）用于传递转矩。

近年来，CA6140机床的主轴组件在结构上进行了较大改进，由原来的三支承结构（前、后支承为主，中间支承为辅）改为两支承结构如图3-22所示，由前端轴向定位改为后

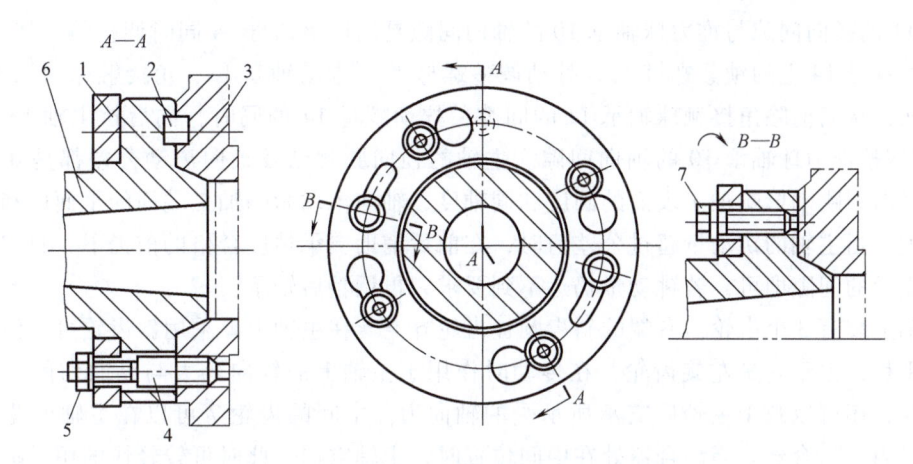

图 3-21 CA6140 机床卡盘或拨盘的安装

1—锁紧盘 2—端面键 3—拨盘或卡盘座 4—双头螺栓 5—螺母 6—主轴 7—螺钉

端轴向定位。经实践验证，这种结构的主轴组件完全可以满足刚度与精度方面的要求，且使结构简化，成本降低。主轴的前支承是 P5 级精度的 3182121 型双列圆柱滚子轴承 2，用于承受径向力。这种轴承具有刚性好、精度高、尺寸小及承载能力强等优点。后支承有两个滚动轴承：一个是 P5 级精度的 46215 型角接触球轴承 11，大口向外安装，用于承受径向力和由后向前（即由左向右）方向的轴向力；另一个是 P5 级精度的 8215 型推力球轴承 10，用于承受由前向后（即由右向左）方向的轴向力。

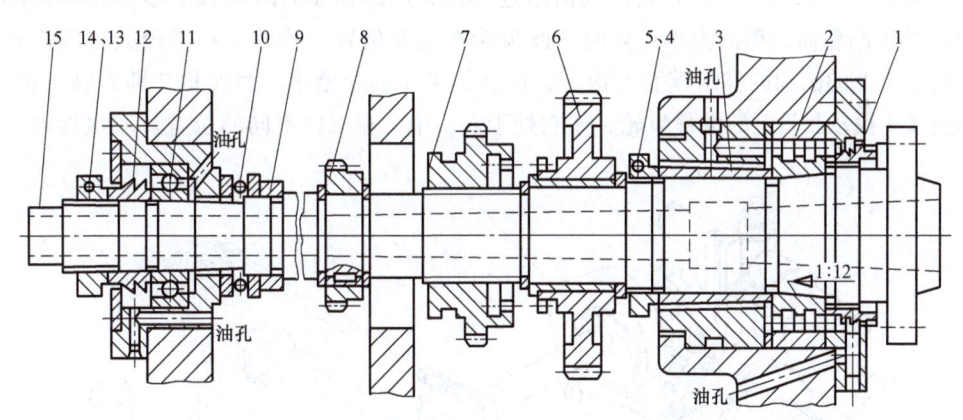

图 3-22 CA6140 机床主轴组件两支承结构

1—螺母 2—双列圆柱滚子轴承 3、9、12—轴套 4、13—锁紧螺钉 5、14—调整螺母
6—斜齿圆柱齿轮 7、8—齿轮 10—推力球轴承 11—角接触球轴承 15—主轴

主轴支承对主轴的回转精度及刚度影响很大，因为轴承的间隙直接影响加工精度，所以主轴轴承应在无间隙或少量过盈的条件下运转。为此，主轴组件应在结构上保证能调整轴承间隙。前轴承径向间隙的调整方法如下：首先松开主轴前端螺母 1，并松开前支承左端调整螺母 5 上的锁紧螺钉 4。拧动调整螺母 5，推动轴套 3，这时 P5 级 3182121 型轴承 2 的内环相对于主轴锥面做轴向移动，由于轴承内环很薄，而且内孔也和主轴锥面一样具有 1∶12 的锥度，因此内环在轴向移动的同时做径向弹性膨胀，从而调整轴承的径向间隙或预紧程度。调整妥当后，再将前端螺母 1 和支承左端调整螺母 5 上的锁紧螺钉 4 拧紧。后支承中角接触

球轴承 11 的径向间隙与推力球轴承 10 的轴向间隙是用调整螺母 14 同时调整的，其方法是：松开调整螺母 14 上的锁紧螺钉 13，拧动调整螺母 14，推动轴套 12、角接触球轴承 11 的内环和滚珠，从而消除角接触球轴承 11 的间隙；拧动螺母 14 的同时，向后拉主轴 15 及轴套 9，从而调整推力球轴承 10 的轴向间隙。主轴的径向圆跳动及轴向窜动公差都是 0.01mm。主轴的径向圆跳动影响加工表面的圆度和同轴度，轴向窜动影响加工端面的平面度和螺纹的螺距精度。当主轴的跳动量超过公差值时，在前后辅助支承精度合格的前提下，只需适当地调整前支承的间隙即可，若跳动量仍达不到要求，再调整后轴承。

主轴上装有 3 个齿轮。右端的斜齿圆柱齿轮 6 空套在主轴上。采用斜齿轮可以使主轴运转比较平稳；由于它是左旋齿轮，在传动时作用于主轴上的轴向分力与纵向切削力方向相反，因此，还可以减少主轴后支承所承受的轴向力。中间的齿轮 7 可以在主轴的花键上滑移，它是内齿离合器。当离合器处在中间位置时，主轴空档，此时可较轻快的用手扳动主轴转动，以便找正工件或测量主轴旋转精度。当离合器在左面位置时，主轴高速旋转；移到右面位置时，主轴在中、低速段旋转。左端的齿轮 8 固定在主轴上，用于传动进给链。

（4）变速操纵机构　主轴箱中共有 7 个滑移齿轮，其中 5 个用于改变主轴转速，1 个用于车削左、右螺纹的变换，1 个用于正常导程与扩大导程的变换，这些滑移齿轮由 3 套操纵机构分别操纵。如图 3-23 所示，轴Ⅱ上的双联齿轮和轴Ⅲ上的三联齿轮是用一个手柄同时操纵的，手柄装在主轴箱的前壁面上，通过链传动使轴 4 转动，在轴 4 上固定有盘形凸轮 3 和曲柄 2。凸轮 3 上有一条封闭的曲线槽，它由两段不同半径的圆弧和直线所组成。凸轮上有 6 个不同的变速位置 $a \sim f$，凸轮曲线槽通过杠杆 5 操纵轴Ⅱ上的双联滑移齿轮。当杠杆的滚子中心处于凸轮曲线槽的大半径处时，此齿轮在左端位置；若处于小半径处，则移到右端位置。曲柄 2 上的圆销的伸出端套有滚子，嵌在拨叉 1 的长槽中。当曲柄 2 随着轴 4 转动时，可带动拨叉 1 拨动轴Ⅲ上的滑移齿轮，使它处于左、中、右三种不同的位置。顺次地转动手柄

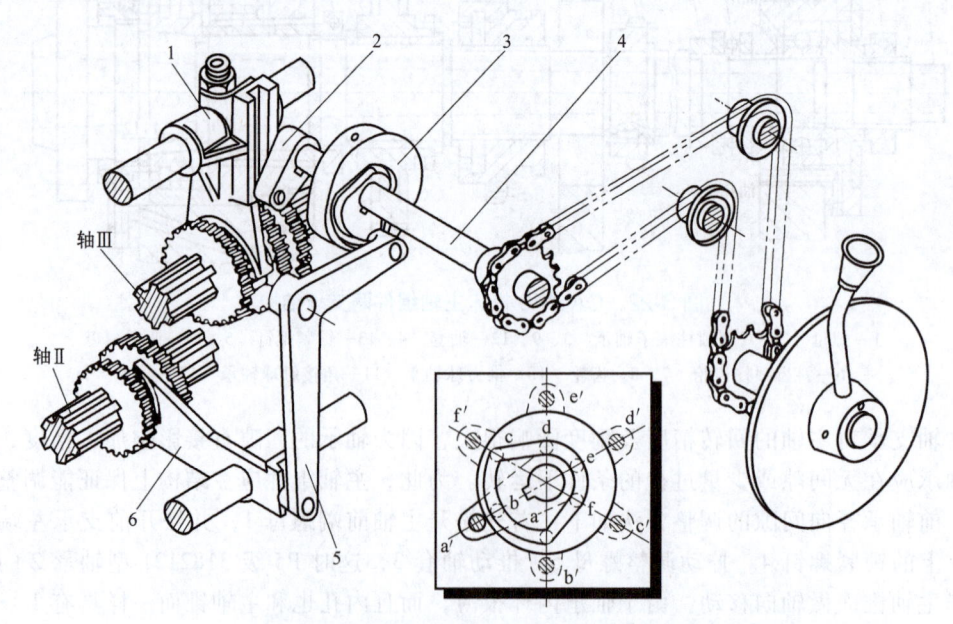

图 3-23　CA6140 机床主轴箱轴Ⅱ和轴Ⅲ上滑移齿轮操纵机构立体图
1、6—拨叉　2—曲柄　3—凸轮　4—轴　5—杠杆

至各个变速位置，就可使两个滑移齿轮的轴向位置实现 6 种不同的组合，从而使轴Ⅲ得到 6 种不同的转速。滑移齿轮移至规定的位置后，必须可靠地定位，这里采用了弹簧销（展5）。

3.4 通用机床及夹具简介

3.4.1 车床及其通用夹具

1. 车床的分类

车床的种类很多，按其结构和用途，主要可分为以下几类：卧式车床及落地车床，立式车床，回轮、转塔车床，单轴和多轴、自动和半自动车床，仿形车床及多刀车床，各种专门化车床（如凸轮轴车床、曲轴车床、车轮车床及铲齿车床）等。此外，在大批大量生产的工厂中，还有各种各样的专用车床，如组合机床。在所有的车床类机床中，以卧式车床应用最为广泛。

根据结构布局、用途和加工对象的不同，车床的常见类型主要有：

（1）卧式车床 卧式车床是通用车床中应用最普遍、工艺范围最广泛的一种类型，在卧式车床上可以完成各种类型的内外回转体圆柱面、圆锥面、成形面、螺纹、端面等的加工，还可进行钻、扩、铰、滚花等加工。但其自动化程度低，加工生产率低，加工质量受操作者的技术水平影响较大。CA6140 卧式车床的运动、布局、传动及结构参见 3.3 节。

（2）立式车床 当工件直径较大而长度较短时，可采用立式车床加工。如图 3-24 所示，立式车床主轴轴线采用竖直布置，工件的安装平面处于水平位置，有利于工件的安装和调整，机床的精度保持性也好。同时，工件的装夹和找正也比较方便。此外，由于工件和工作台面的质量均匀地作用在工作台导轨或推力轴承上，所以立式车床比卧式车床更能保持工作精度。但立式车床结构复杂、质量较大。

立式车床一般属于大型机床的范畴，在冶金机械制造业中应用很广。立式车床分为单柱式和双柱式两类。单柱式立式车床最大加工直径较小，一般为 800~1600mm；双柱式立式车床最大加工直径较大，目前常用的双柱式立式车床最大加工直径已达 2500mm 以上。

1）单柱式立式车床如图 3-24a 所示，它的工作台面装在底座上，工件装夹在工作台上，并由工作台带动做主运动。进给运动由垂直刀架和侧刀架实现。侧刀架可在立柱的导轨上移动并做竖直进给，还可沿刀架底座的导轨做横向进给。垂直刀架可在横梁的导轨上移动做横向进给，垂直刀架的滑板可沿刀架滑座的导轨做竖直进给，中小型立式车床的一个垂直刀架上通常有转塔刀架，在转塔刀架上可以安装几组刀具（一般为 5 组），轮流进行切削。横梁可根据工件的高度沿立柱导轨调整位置。

2）双柱式立式车床如图 3-24b 所示。它有左、右两根立柱，并与顶梁组成封闭式机架，因此具有较高的刚度。横梁上有两个立刀架，一个主要用来加工孔，一个主要用来加工端面。立刀架同样具有水平进给和沿刀架滑板的垂直进给运动。工作台支撑在底盘上，工作台的回转运动是车床的主运动。

（3）转塔车床 转塔车床没有尾座和丝杠，在尾座的位置装有一个多工位的转塔刀架，该刀架上可以安装多把刀具，通过转塔转位可以使不同的刀具依次处于工作位置，对工件进行不同内容的加工。减少了反复装夹刀具的时间。因此，在成批加工形状复杂的工件时具有较

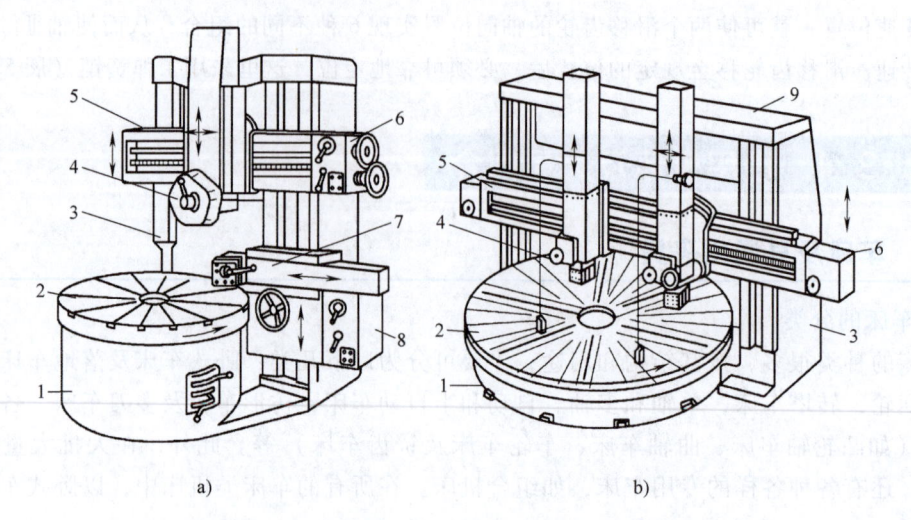

图 3-24 立式车床

1—底座 2—工作台 3—立柱 4—垂直刀架 5—横梁
6—垂直刀架进给箱 7—侧刀架 8—侧刀架进给箱 9—顶梁

高的生产率。虽然没有丝杠,但这类机床可用丝锥、板牙一类刀具加工螺纹。在转塔车床上能够加工的零件如图 3-25 所示。

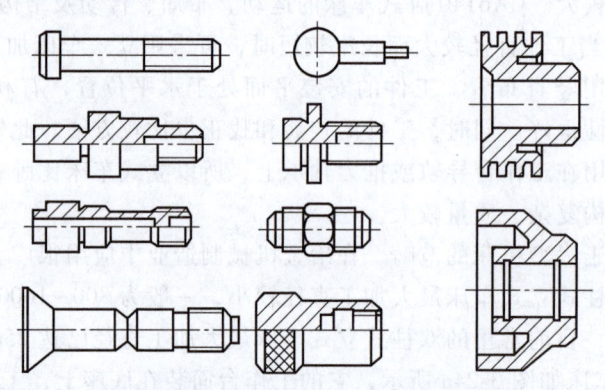

图 3-25 转塔车床上加工的典型零件

转塔车床外形如图 3-26 所示,转塔刀架可绕垂直轴线转位,并且只能做纵向进给,用于车削外圆柱面及使用孔加工刀具进行孔加工,或使用丝锥、板牙等加工内外螺纹。前刀架可做纵、横向进给,用于加工大圆柱面、端面以及车槽、切断等。前刀架去掉了转盘和小刀架,就不能用于切削圆锥面。这种车床常用前刀架和转塔上的刀具同时进行加工,因而具有较高的生产率。尽管转塔车床在成批加工复杂零件时能有效地提高生产率,但在单件、小批生产时受到限制,因为需要预先调整刀具和行程而花费较多的时间;在大批、大量生产中,又不如自动车床、半自动车床及数控车床效率高,因而被这些先进的车床所代替。

(4) 自动和半自动车床　自动和半自动车床均是高效率的加工机床,是为了适应成批或大量生产的需要而发展起来的。自动机床的切削运动和辅助运动全部自动化,并能连续重复自动工作循环。半自动车床能自动完成一个工作循环,但工件必须由人工进行装卸,重新起动机床才能开始下一个工作循环。

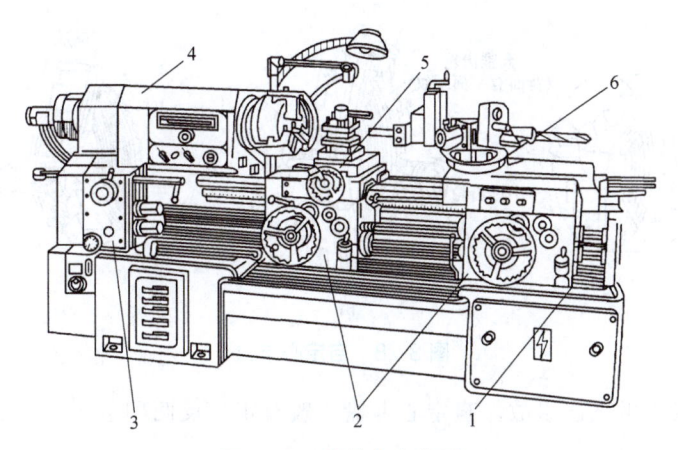

图 3-26 转塔车床外形

1—床身　2—溜板箱　3—进给箱　4—主轴箱　5—前刀架　6—转塔刀架

自动车床能实现自动工作循环，主要靠自动车床上设置的自动控制系统。自动控制系统主要控制机床各工作部件和工作机构运动的速度、方向、行程距离和位置，以及动作先后顺序和起止时间等。自动控制的方式可以是机械的、液压的、电气的，也可以是几种方式的组合。在自动、半自动车床中，通常采用机械式的凸轮和挡块控制的自动控制系统，这种控制系统的核心为凸轮和挡块，其工作稳定可靠，但是要改变工件时，需另行设计和制造凸轮，而且停机调整机床所需的时间较长，因而适宜用在大批大量生产中。

图 3-27 所示为单轴六角自动车床。主轴箱 3 右侧装有前刀架 5、后刀架 7 和上刀架 6，它们只做横向进给运动，可以完成车成形面、切槽和切断等工作。床身 2 右上方装有六角回转刀架 8，可自动换位并做纵向运动。分配轴 4 装在床身前面，轴上的凸轮控制机床进给运动部分的动作，定时完成各个自动工作循环。

2. 车床通用夹具

车床上常用装夹工件的通用夹具及附件有自定心卡盘、单动卡盘、顶尖、心轴、中心架、跟刀架、花盘和弯板等。

（1）卡盘装夹　卡盘是车床使用最多的一种夹具，可分为自定心卡盘和单动卡盘两种。

1）自定心卡盘。自定心卡盘是车床上最常用的附件，其结构如图 3-28 所示。卡盘体内有三个带有方孔的小锥齿轮，通过方孔转动其中任一个小锥齿轮都可以使大锥齿轮转动。大锥齿轮背后有平面螺纹，与三个卡爪背面的平面螺纹相配合。当转动大锥齿轮时，三个卡爪同时向中心收拢或张开，以夹紧不同直径的工件，并且能够自动定心，其定心精度为 0.05~0.15mm。

卡爪张开时，其露出卡盘外圆部分的长度不能超过卡爪长度的一半，以防损坏卡爪背面

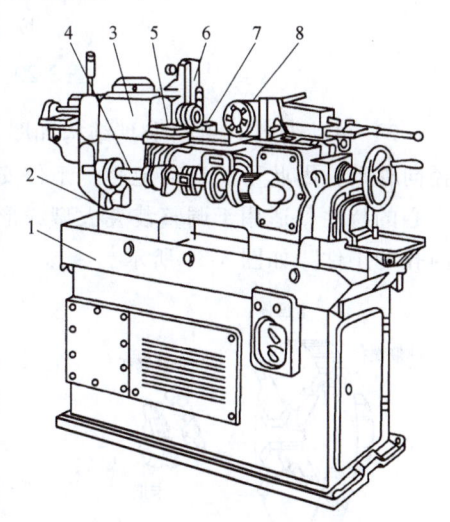

图 3-27 单轴六角自动车床

1—底座　2—床身　3—主轴箱
4—分配轴　5—前刀架　6—上刀架
7—后刀架　8—六角回转刀架

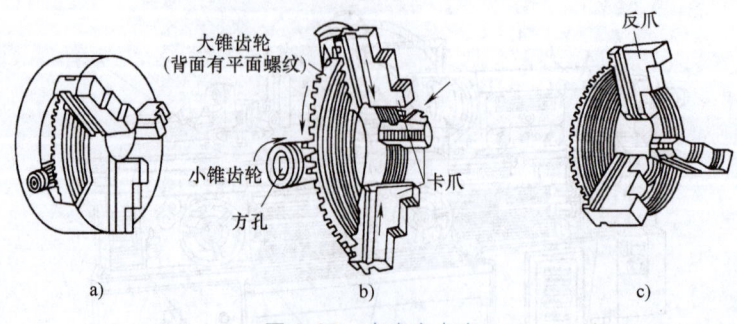

图 3-28 自定心卡盘

的螺纹，甚至造成卡爪飞出事故。自定心卡盘一般有正、反两副卡爪，有的只有一副可正反使用的卡爪。

用自定心卡盘安装工件操作方便，但夹紧力较小，适合于夹紧力和传递扭矩不大的短轴、盘套类的中小型工件，如图 3-29 所示。当工件的直径较大时，可以采用反爪来装夹工件，其形式如图 3-29e 所示。

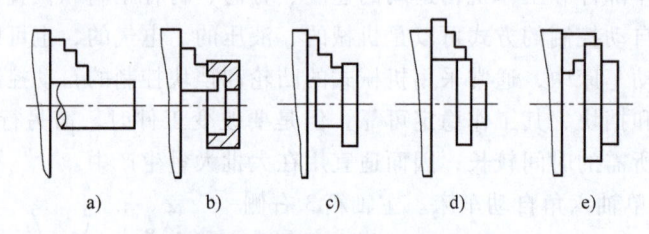

图 3-29 自定心卡盘安装工件举例

2) 单动卡盘。单动卡盘结构如图 3-30 所示。它的四个卡爪通过四个螺杆操纵，可独立径向移动，因此不能自动定心，工件安装校正比较麻烦。但单动卡盘夹紧力大及其不能自动定心的特性，适用于调整装夹大型或形状不规则的零件，也可用来安装加工带有偏心外圆、内孔的工件，如图 3-31 所示。

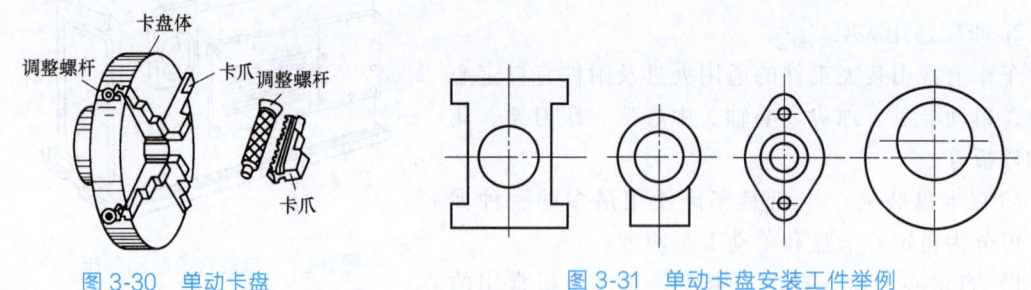

图 3-30 单动卡盘

图 3-31 单动卡盘安装工件举例

用单动卡盘安装工件毛坯面及粗加工时，一般先用划针盘找正工件，如图 3-32a 所示。既要校正工件端面基本垂直于其轴线，又要使回转中心与机床轴线基本重合。在找正工件过程中，相对的两对卡爪始终要保持交错调整。每次调整量不宜过大（1~2mm），并在工件下方的导轨上垫上木板，防止工件意外掉到导轨上。

对已加工过的表面进行精车时，要求调整后的工件旋转精度达到一定值，这样就需要在工件与卡爪之间垫上小铜块，用百分表多次交叉找正外圆与端面，使工件的轴向圆跳动和径向圆跳动调整到最理想的数值，如图3-32b所示。若用卡爪直接夹住工件，接触面长时，则很难调整出轴向圆跳动和径向圆跳动都很好的状态。

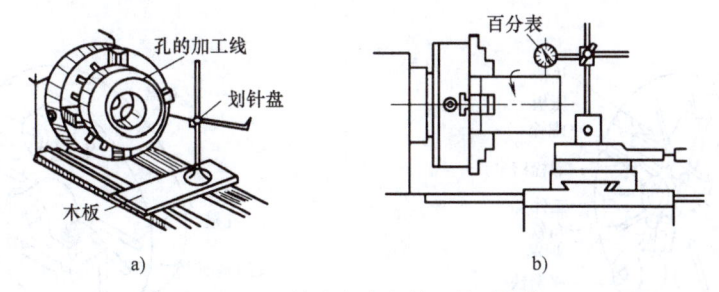

图3-32 用单动卡盘安装工件时的找正

（2）顶尖装夹　对于长轴类工件或加工表面较多、位置精度要求较高的轴类零件，往往用顶尖安装工件，如图3-33所示。前顶尖安装在主轴锥孔内，并随主轴一起旋转，后顶尖安装在尾座套筒内，前、后顶尖分别顶入工件两端面的中心孔内，工件的位置即被确定；将鸡心夹头紧固在轴的一端，鸡心夹头的尾部插入拨盘的槽内；拨盘安装在主轴上并随主轴一起转动，通过拨盘带动鸡心夹头即可使工件转动。

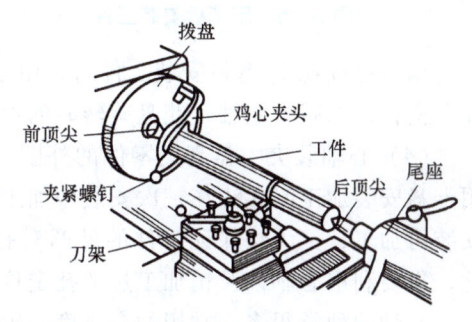

图3-33 用顶尖安装工件

用顶尖安装工件时，工件两端需车端面，用中心钻钻中心孔。中心孔的圆锥部分和顶尖配合，圆柱部分可以容纳润滑油。

常用的顶尖有固定顶尖和回转顶尖两种，其形状如图3-34所示。前顶尖装在主轴锥孔内，随主轴与工件一起旋转，与工件无相对运动，不发生摩擦，因此采用固定顶尖。后顶尖装在尾座套筒内，一般也用固定顶尖，但在高速切削时，为了防止后顶尖与中心孔因摩擦过热而损坏或烧坏，因此采用回转顶尖。由于回转顶尖的准确度不如固定顶尖高，故一般用于轴的粗加工和半精加工。当轴的精度要求比较高时，后顶尖也应使用固定顶尖，但要合理选择切削速度。

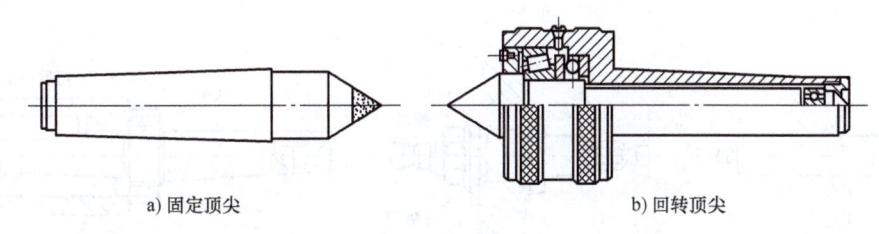

图3-34 顶尖

（3）花盘（花盘-弯板）安装　花盘是安装在车床主轴上的一个直径较大的铸铁圆盘。在圆盘面上有许多径向的、穿通的导槽，可以用来固定紧固螺栓，花盘的端面平面度要求较高，并且与主轴轴线垂直。

加工某些形状不规则的并要求孔的轴线与安装面有位置公差要求的（如平行度或垂直度）复杂零件时，可用花盘-弯板安装工件，但安装位置要仔细找正。要求外圆、孔的轴线与安装基面垂直，或端面与安装面平行时，可以把工件直接压在花盘上加工，如图 3-35 所示；当要求孔的轴线与安装面平行，或端面与安装基面垂直时，可用花盘-弯板安装工件，如图 3-36 所示。

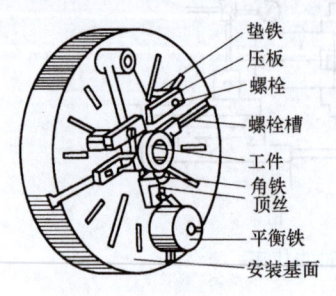

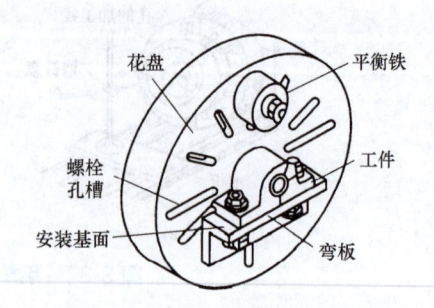

图 3-35　用花盘安装工件　　　　　图 3-36　用花盘-弯板安装工件

用花盘或花盘-弯板安装工件时，由于重心常常偏离主轴轴线，所以常常需要在另一边加平衡铁，以减少主轴、花盘旋转时的振动。

（4）心轴装夹　盘套类零件的外圆、孔和两个端面常有同轴度或垂直度的要求，但利用卡盘安装加工时无法在一次安装中加工完成有位置精度要求的所有表面。如果把零件调头安装再加工，又无法保证零件的外圆对孔的径向圆跳动和端面对孔的端面圆跳动要求。因此，需要利用心轴以及精加工过的孔定位，来保证有关圆跳动要求。

心轴的种类很多，常用的有锥度心轴、圆柱心轴和可胀心轴，如图 3-37 所示。

1）锥度心轴。如图 3-37a 所示，其锥度为 1/1000~1/2000。工件从小端压入心轴，靠心轴圆锥面与工件间的变形将工件夹紧，由于切削力是靠其配合面的摩擦力传递的，故切削力不可太大，切削余量要小。使用这种方法加工的工件同轴度较高。

2）圆柱心轴。如图 3-37b 所示，心轴是做成带螺母压紧形式的，心轴与工件内孔是间隙量很小的间隙配合，工件套在心轴上后，靠螺母及垫圈压紧。这种心轴安装形式的定位精度比锥度心轴略差。

3）可胀心轴。如图 3-37c 所示，工件装在可胀锥套上，拧紧右边螺母，使锥套沿心轴锥体向左移动而使直径增大，即可胀紧工件。卸下工件时，先拧松右边螺母，再拧动左边螺母向右推动工件，即可将工件卸下。

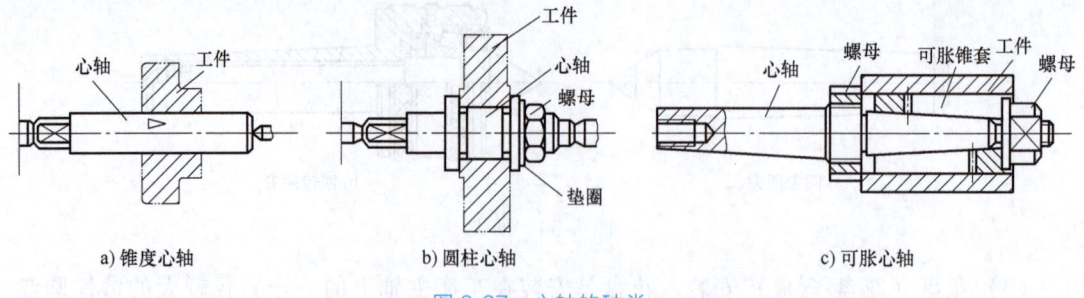

a）锥度心轴　　　　b）圆柱心轴　　　　c）可胀心轴

图 3-37　心轴的种类

（5）应用中心架和跟刀架附加支承　车削细长轴时，由于其刚度差，在加工过程中容易变形和振动，造成工件出现两头细、中间粗的腰鼓形误差。为了提高工件在切削时的刚性，需采用中心架或跟刀架作为工件的附加支承，以提高其刚度。

1)中心架。中心架主要用以车削有台阶或需要调头车削的细长轴。它固定在床身导轨上,如图3-38所示,车削时先在工件上中心架支承处车出凹槽,调整两个支承与其接触,然后进行车削。

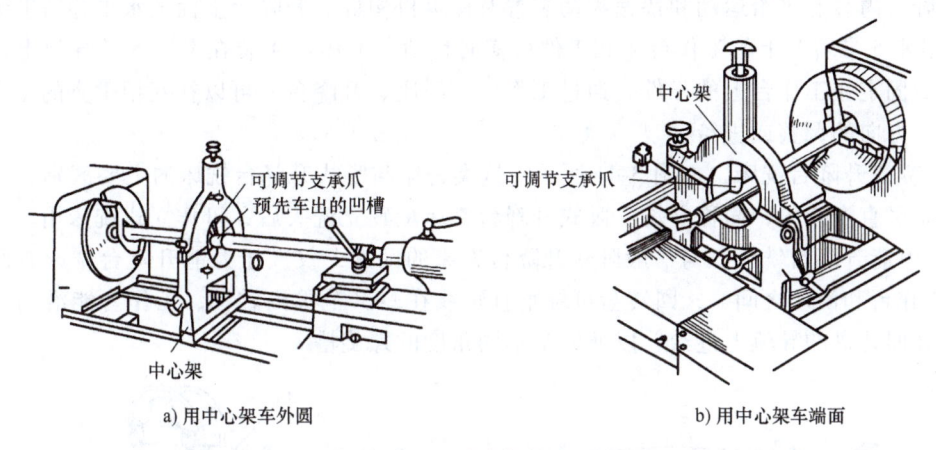

a) 用中心架车外圆　　b) 用中心架车端面

图3-38　中心架的应用

2)跟刀架。跟刀架主要用来车削细长光轴。它安装在车床刀架的床鞍上,与整个刀架一起移动,如图3-39所示。两个支承点安装在车刀的对面,用以支承工件。车削时,工件先将一头车好一段外圆,然后使跟刀架支承爪与其接触,并调整松紧适宜。工作时支承处要加油润滑。

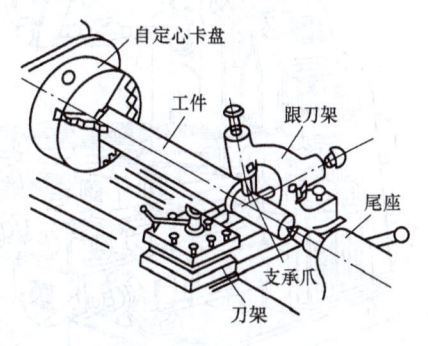

图3-39　跟刀架的应用

3.4.2　铣床及其通用夹具

铣床(Milling Machine)是用铣刀进行加工的机床。由于铣床应用了多刃刀具连续切削,所以生产率较高,而且还可以获得较好的加工表面质量。铣床的工艺范围很广,在铣床上可以加工平面(水平面、垂直面)、沟槽(键槽、T形槽、燕尾槽等)、分齿零件(齿轮、花键轴、链轮)、螺旋形表面(螺纹、螺旋槽)及各种曲面。此外,铣床可对回转体表面、内孔加工及进行切断工作,还可以对工件进行铣削、钻削和镗孔等加工。因此,在机械制造业中,铣床的应用较广。

1. 铣床的分类

铣床的主要类型有升降台铣床、龙门铣床、工具铣床等,此外还有仿形铣床、仪表铣床和各种专门化铣床。

(1) 升降台铣床　升降台铣床有卧式升降台铣床、立式升降台铣床和万能升降台铣床三大类,适用于在单件、小批及成批生产中加工小型零件。

1)卧式升降台铣床的主轴是水平的,简称卧铣。如图3-40所示。它由底座8、床身1、铣刀轴(刀杆)3、悬梁2及悬梁支架6、升降工作台7、滑座5和工作台4等主要部件组成。铣刀装在铣刀轴3上,铣刀旋转做主运动。床身1固定在底座8上,用于安装和支承机床的各个部件。床身1内装有主轴部件、主传动装置和变速操纵机构等。床身顶部的燕尾形导轨上装有悬梁2，可以沿水平方向调整其位置。在悬梁的下面装有悬梁支架6，用以支承铣刀轴3的悬伸端，以提高刀杆的刚度。升降工作台7安装在床身导轨上，可做竖直方向运动。升降台内装有进给运动和快速移动装置及操纵机构等。升降台上面的水平导轨上装有滑座5，滑座5带着其上的工作台4和工件可横向移动，工作台4装在滑座5的导轨上，可纵向移动。固定在工作台上的工件，通过工作台、滑座、升降台，可以在互相垂直的三个方向实现任一方向的调整或进给。

2）立式升降台铣床，如图3-41所示。这类铣床与卧式升降台铣床的主要区别，在于它的主轴是竖直安装的，简称立铣。卧式升降台铣床配置立铣头后，可作立式铣床用。

3）万能升降台铣床，与一般卧式升降台铣床的区别，仅在于万能升降台铣床有回转盘（位于工作台和滑座之间），回转盘可绕垂直轴线在±45°范围内转动，工作台能沿调整转角的方向在回转盘的导轨上进给，以便铣削不同角度的螺旋槽。

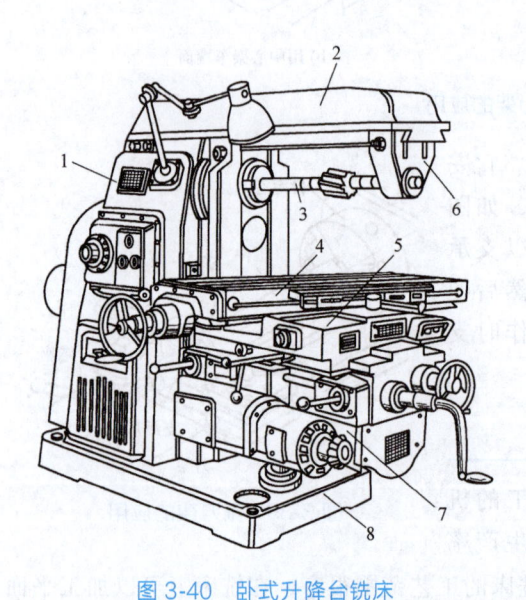

图3-40 卧式升降台铣床
1—床身 2—悬梁 3—铣刀轴 4—工作台
5—滑座 6—悬梁支架 7—升降工作台 8—底座

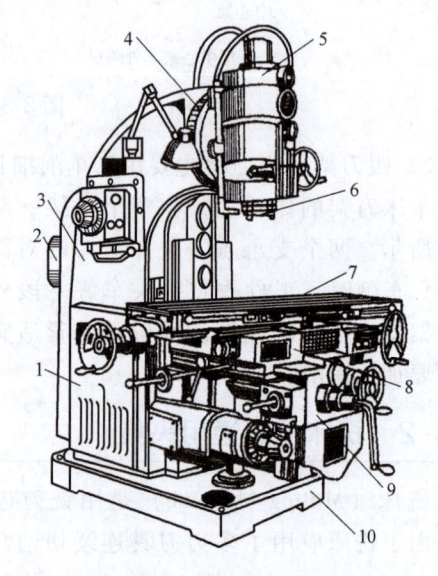

图3-41 立式升降台铣床
1—床身 2—电动机 3—变速箱
4—旋转刻度盘 5—立铣头 6—主轴
7—工作台 8—滑座 9—升降台 10—底座

（2）龙门铣床 龙门铣床是一种大型高效通用机床，主要用于加工各类大型工件上的平面、沟槽等。可以对工件进行粗铣、半精铣，也可以进行精铣加工，如图3-42所示。它的布局呈框架式，在横梁5和立柱4上各安装两个铣削主轴箱。每个铣头（3和6、2和8）都是一个独立的主运动部件。铣刀旋转为主运动。工作台9上安装被加工的工件。加工时，工作台9沿床身1上导轨做直线进给运动，四个铣头都可沿各自的轴线做轴向移动，实现铣刀的切深运动。为了调整工件与铣头间的相对位置，立铣头3和6可沿横梁5水平方向移位，侧铣头2和8可沿立柱4在垂直方向移位。7为按钮站，操作位置可以自由选择。由于在龙门铣床上可以用多铣刀同时加工工件的几个平面，所以，龙门铣床生产率很高，在成批和大量生产中得到广泛应用。

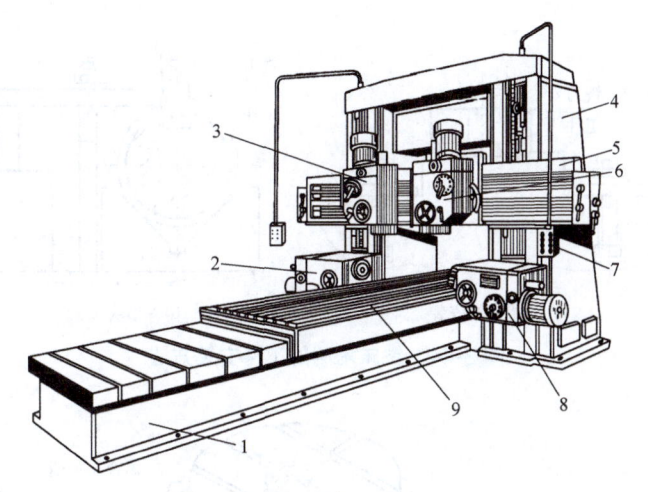

图 3-42 龙门铣床

1—床身 2、8—侧铣头 3、6—立铣头 4—立柱 5—横梁 7—按钮站 9—工作台

（3）万能工具铣床　工具铣床主要用于加工各种工具、刀具及模具，其中最常用的是万能工具铣床。如图 3-43 所示。它主要由底座、床身、升降台、工作台、主轴座、铣刀轴（刀杆）、悬梁及支架等组成。床身固定在底座上，主轴座安装在床身水平导轨上，可在其上做横向移动。悬梁安装在主轴座顶部导轨上，可以沿水平方向调整其位置，悬梁上的支架用以支承刀杆。铣刀装在铣刀轴上，铣刀旋转作主运动。升降台安装在床身立面导轨上，可做竖直方向运动。工件安装在工作台上，工作台可沿着升降台水平导轨做纵向移动。万能工具铣床的横向进给运动由主轴座的移动来实现，纵向及垂直方向进给运动分别由工作台及升降台的移动来实现。

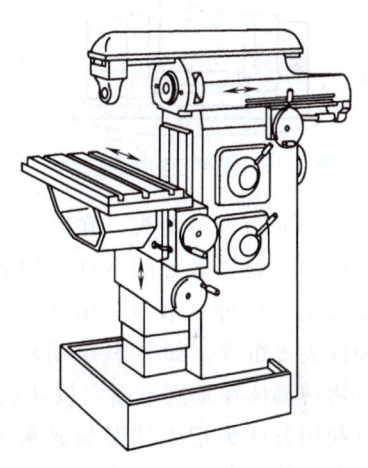

图 3-43 万能工具铣床

万能工具铣床除了能完成卧式铣床和立式铣床的加工外，若配备回转工作台、平口钳、分口钳、分度头、立铣头、插削头等附件后，可大大增加机床的万能性。

2. 铣床通用夹具

铣床装夹工件的通用夹具及主要附件有平口钳、回转工作台和分度头等。它们的作用可归纳为两方面：装夹工件和扩大铣床的加工范围。

铣床常用的工件安装方法有平口钳安装、压板螺栓安装（图 3-44a）、V 形块安装（图 3-44b）。

（1）平口钳　平口钳是一种通用夹具，如图 3-45 所示。使用前，先找正平口钳在工作台上的位置，以保证固定钳口部分与工作台台面的垂直度和平行度，然后夹紧工件，进行铣削加工。

（2）回转工作台　回转工作台是立铣加工常用的附件，利用它可以加工带圆弧的型面和型槽。如图 3-46a 所示，工件装在转台上，其内部有蜗轮蜗杆副，转动手轮即可使蜗杆转动，随即带动蜗轮旋转而使转台转动。转台圆周和手轮上有刻度，可以准确确定转台的位置。图 3-46b 所示为在回转工作台上铣圆弧槽。

a) 压板螺栓安装 b) V形块安装

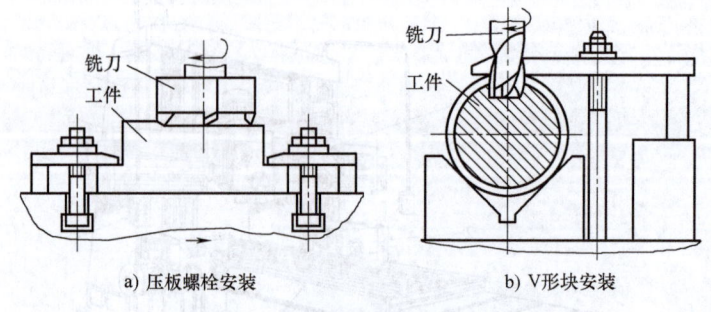

图 3-44 铣床常用的工件安装方法

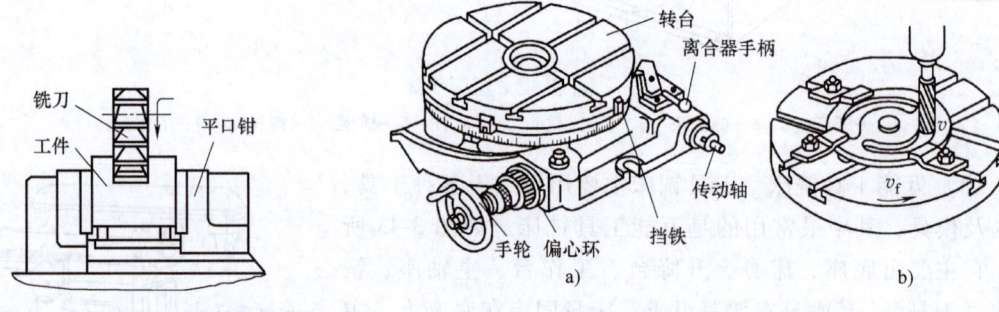

图 3-45 用平口钳安装工件

图 3-46 回转工作台

（3）万能分度头 在卧式升降台铣床上加装分度头可以加工需要等分的零件，如离合器和齿轮等。万能分度头是一种分度装置，由底座、转动体、分度盘、主轴和顶尖等组成，如图 3-47 所示。主轴装在转动体内，并可随转动体在垂直平面内扳动成水平、垂直或倾斜位置，可利用分度头把工件安装成水平、垂直及倾斜位置；同时主轴前端有锥孔，可以安装顶尖，主轴有外螺纹，用来安装卡盘，在顶尖和卡盘上可以安装工件，用万能分度头安装工件，如图 3-48 所示。例如铣齿轮时，要求铣完一个齿形后转过一个角度，再铣下一个齿，这种使工件转过一定角度的工作就是分度。分度时，摇动手柄，通过蜗杆、蜗轮带动分度头主轴，再通过主轴带动安装在轴上的工件旋转。此外，在万能工具铣床上通过挂轮，还可以铣螺旋槽。

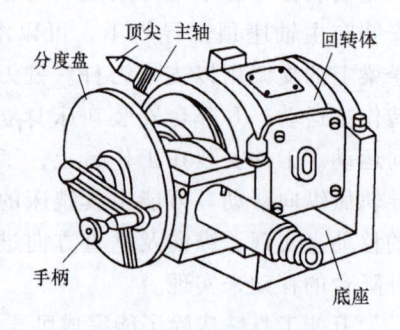

图 3-47 万能分度头

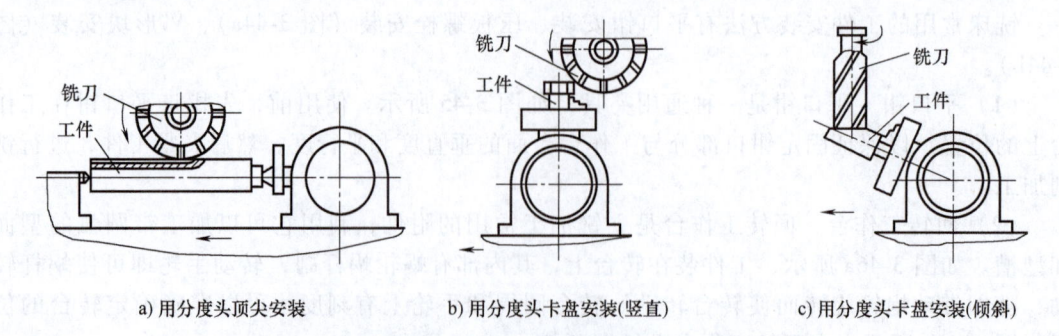

a) 用分度头顶尖安装 b) 用分度头卡盘安装(竖直) c) 用分度头卡盘安装(倾斜)

图 3-48 用万能分度头安装工件

3.4.3 直线运动机床

直线运动机床包括刨床、插床和拉床。这类机床的共同特点是主运动都是直线运动。

1. 刨床

刨床主要用于加工各种平面和沟槽。常用的刨床有牛头刨床和龙门刨床。牛头刨床主要用于加工中小型零件,龙门刨床则用于加工大型零件或同时加工多个中型零件。

(1) 牛头刨床 现以常用的B6065型牛头刨床为例进行介绍。

1) 牛头刨床的编号方法。B6065型牛头刨床的编号中,B为类别代号,刨床的汉语拼音字首;6、0分别为组别和系别代号,代表牛头刨床;65是主参数代号,折算系数是1/10,即最大刨削长度为650mm。

2) 牛头刨床的组成部分及其作用。牛头刨床外形如图3-49所示。

床身:用来支承刨床的各部件。其顶面有导轨,供滑枕沿导轨做往复直线运动使用。垂直面有导轨,供工作台升降使用,床身内部有传动机构。

滑枕:主要用来带动刨刀做往复直线运动,滑枕的前端装有刀架。

刀架:主要用于夹持刨刀。其结构如图3-50所示,当转动刀架手柄时,滑板便可沿转盘上的导轨带动刨刀做上下移动。若松开转盘上的螺母,可将转盘转一定角度,以实现刀架斜向进给,滑板上装有可偏转的刀座,抬刀板可以绕销轴向上转动,这样在空行程时,刀板绕销轴自由上抬,可减少刀具与工件的摩擦。

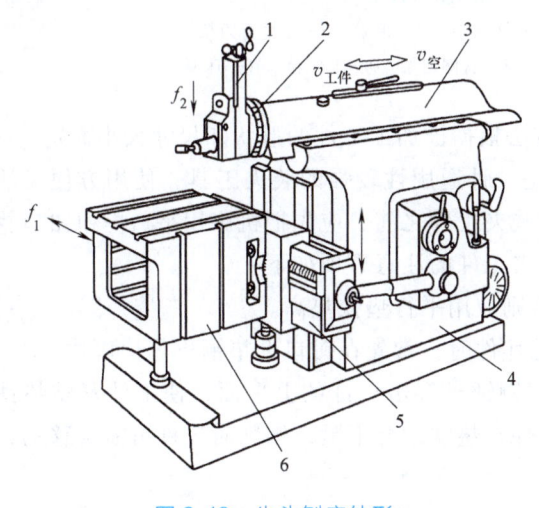

图3-49 牛头刨床外形
1—刀架 2—转盘 3—滑枕
4—床身 5—横梁 6—工作台

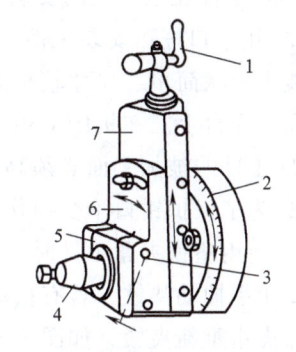

图3-50 刀架
1—刀架手柄 2—转盘 3—销轴
4—刀夹 5—抬刀板 6—刀座 7—滑板

在牛头刨床上加工时,常采用平口钳或螺栓压板将工件装夹在工作台上,刨刀装在滑枕的刀架上。滑枕带动刨刀做往复直线运动为主切削运动,工作台带动工件垂直于主运动方向做间歇运动为进给运动。刀架的转盘可绕水平轴线偏转角度,这样在牛头刨床上不仅可以加工水平和竖直面,还可以加工各种斜面和沟槽。

(2) 龙门刨床 龙门刨床是用来刨削大型零件的刨床。对中小型零件,它一次加工可装夹数个零件,也可用几把刨刀同时对几个面进行加工。龙门刨床的主参数是最大刨削宽度。

龙门刨床主要由床身、立柱、横梁、工作台、两个垂直刀架、两个侧刀架等组成，如图 3-51 所示。加工时，工件安装在工作台上和其一起做往复直线运动。根据加工的需要，安装在垂直刀架或侧刀架上的刀具，分别沿横梁或立柱做间歇进给运动。工作台的往复直线运动由直流电动机驱动，可进行无级调速，两个垂直刀架由一台电动机驱动，做垂直或水平进给，两个侧刀架分别由两台电动机驱动，能做垂直进给。横梁在立柱上的位置可以调整。

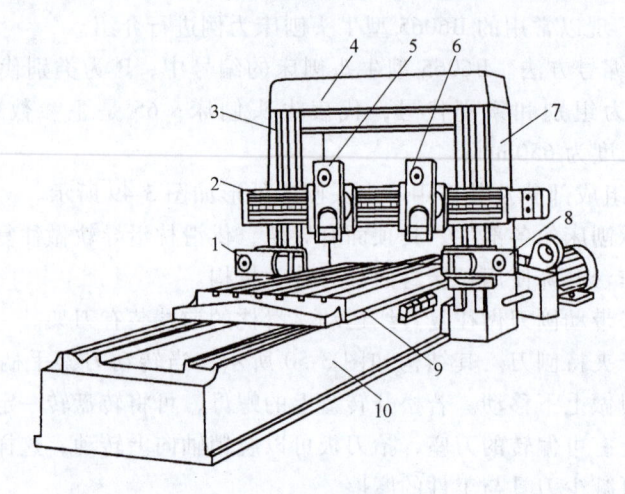

图 3-51 龙门刨床外形

1—左侧刀架　2—横梁　3—左立柱　4—顶梁　5—左垂直刀架
6—右垂直刀架　7—右立柱　8—右侧刀架　9—工作台　10—床身

（3）工件在刨床上的安装　装夹的方法根据被加工工件的形状和尺寸大小而定。

1）用平口虎钳安装工件。平口虎钳是一种通用性较强的装夹工具，使用方便灵活，适用于装夹形状简单、尺寸较小的工件。在装夹工件之前，应先把机床用平口虎钳钳口找正并固定在工作台上。在机床上用平口虎钳装夹工件的注意事项如下：

① 工件的被加工面必须高出钳口，否则应用平行垫铁垫高。

② 为了保护钳口不受损伤，在夹持毛坯件时，常先在钳口上垫铜皮等护口片。

③ 使用垫铁夹紧工件时，要用木锤或铜锤子轻击工件的上平面，使工件紧贴垫铁。夹紧后要用手抽动垫铁，若有松动，说明工件与垫铁贴合不紧，刨削时工件可能会移动，应松开平口虎钳重新夹紧，如图 3-52a 所示。

④ 如果工件按划线加工，可用划针和内卡钳来找正工件，如图 3-52b 所示。

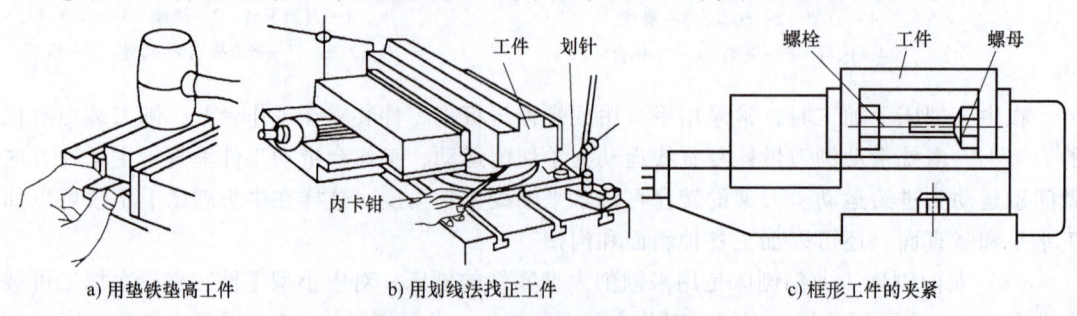

a) 用垫铁垫高工件　　b) 用划线法找正工件　　c) 框形工件的夹紧

图 3-52 用平口虎钳安装工件

⑤ 装夹刚性较差的工件（如框形工件）时，为了防止工件变形，应先将工件的薄弱部分支撑起来或垫实，如图 3-52c 所示。

2）用压板、螺栓在工作台安装工件。有些工件较大或形状特殊，需要用压板螺栓和垫铁把工件直接固定在工作台上进行刨削。安装时先把工件找正，具体安装方法如图 3-53 所示。用压板、螺栓在工作台上装夹工件时，根据工件装夹精度要求，也用划针、百分表等找正工件，或先划好加工线再进行找正。

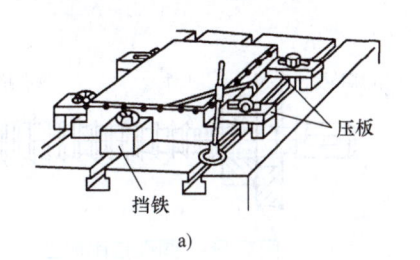

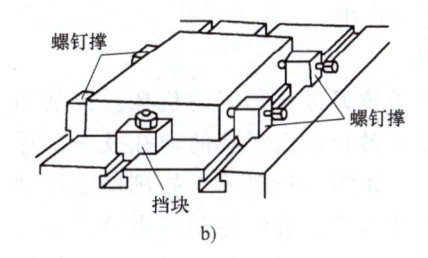

图 3-53 在工作台上安装工件

3）用专用夹具安装工件。这种安装方法既保证工件加工后的准确性，安装又迅速，不需花费找正时间，但要预先制造专用夹具，所以多用于成批生产。

2. 插床

当滑枕带着刀具（插刀）在竖直方向做往复直线运动（主运动）时，这种机床称为插床。插床实质上是立式刨床，主要用于单件小批生产中加工零件的内表面，例如孔内键槽、方孔、多边形孔和花键孔等，也可以加工某些不便于铣削或刨削的外表面（平面或成形面）。其中用得最多的是插削各种盘类零件的内键槽，如图 3-54 所示。

插床外形如图 3-55 所示。工件安装在插床的圆工作台上，插刀装在滑枕的刀架上。滑枕带动插刀在竖直方向的往复直线运动为主运动，工作台带动工件沿垂直于主运动方向的间

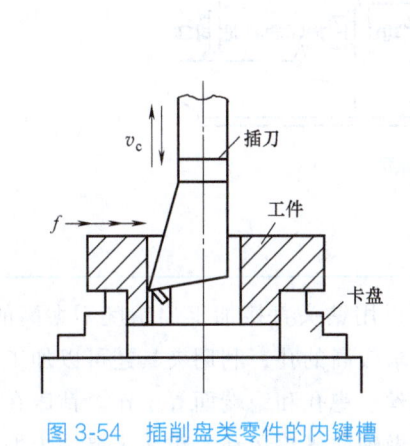

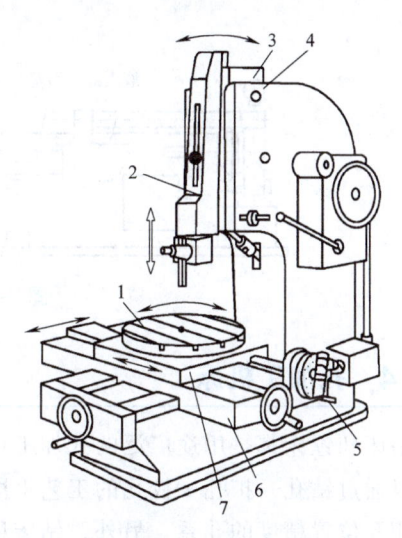

图 3-54 插削盘类零件的内键槽

图 3-55 插床外形
1—圆工作台 2—滑枕 3—滑枕导轨座
4—床身 5—分度装置 6—床鞍 7—溜板

歇运动为进给运动,圆工作台还可绕垂直轴线回转,实现圆周进给和分度。滑枕导轨座可绕水平轴线在前后小范围内调整角度,以便加工斜面和沟槽。插削前需在工件端面上画出键槽加工线,以便对刀和加工。工件用自定心卡盘和单动卡盘夹持在工作台上,插削速度一般为 20~40mm/min。

插床上多用自定心卡盘、单动卡盘和插床分度头等安装工件,也可用平口钳和压板螺栓安装工件。由于插削与刨削加工一样,生产率低,因此插床一般用于工具车间、机修车间和单件小批量生产中。

3. 拉床

拉床是用拉刀进行加工的机床。拉削用于大批量加工各种截面形状的通孔及一定形状的外表面。如图3-56所示,拉削的主运动是拉刀的直线运动,进给运动是由拉刀前后刀齿的高度差来实现的。拉削时,拉刀使被加工表面在一次进给中成形,所以拉床的运动比较简单,它只有主运动,没有进给运动。拉削时,拉刀应做平稳的低速直线运动。拉刀承受的切削力很大,拉床的主运动通常是由液压驱动的。拉刀或固定拉刀的滑座通常由液压缸的活塞杆带动。

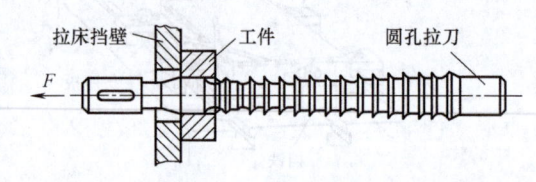

图 3-56 圆孔拉削加工

常用的拉床按照用途可分为内表面拉床和外表面拉床,按照布局形式可分为立式拉床和卧式拉床。图3-57所示为卧式拉床外形。床身的左侧装有液压缸,由压力油驱动活塞,通过活塞杆右部的刀夹(由随动支架支承)夹持拉刀沿水平方向向左做主运动。拉削时,工件以其基准面紧靠在拉床挡板的端面上。拉刀尾部支架和支承滚柱用于承托拉刀。一件拉完后,拉床将拉刀送回到支承座右端,将工件穿入拉刀,将拉刀左移使其柄部穿过拉床支承座插入刀夹内,即可第二次拉削。拉削开始后,支承滚柱下降不起作用,只有拉刀尾部支架随行。

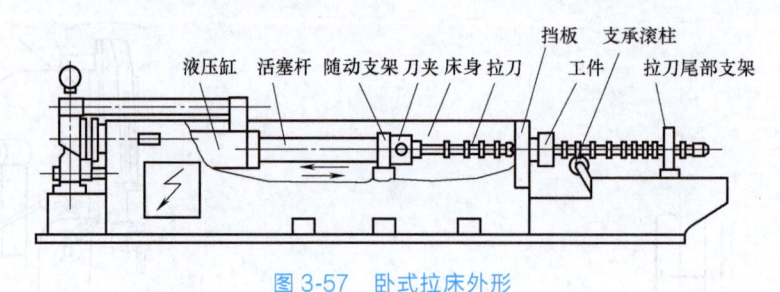

图 3-57 卧式拉床外形

3.4.4 孔加工机床

钻床和镗床都是用途广泛的孔加工机床。钻床可以用钻头直接加工出精度不太高的孔。也可以通过钻孔—扩孔—铰孔的工艺手段加工精度要求较高的孔,利用夹具还可以加工要求一定相互位置精度的孔系。另外,钻床还可以进行攻丝、锪孔和锪端面等工作。钻床在工作时,工件一般不动,刀具则一边做旋转主运动,一边做轴向进给运动。镗床主要用于加工尺寸较大、精度要求较高的孔,特别适用于加工分布在不同位置上,孔距精度、相互位置精度要求很严格的孔系。

1. 钻床

机械零件上分布着很多大小不同的孔，其中那些数量多、直径小、精度不是很高的孔，都是在钻床上加工出来的。钻、扩、铰削都可以在钻床上实现对孔的加工，其主运动都是刀具的回转运动，进给运动是刀具的轴向移动，但所用刀具和能够达到的加工质量不同。

钻床的主要类型有立式钻床、台式钻床、摇臂钻床、深孔钻床、铣钻床及中心孔钻床等。钻床的主参数一般为最大钻孔直径。

（1）立式钻床　在立式钻床上可以完成钻孔、扩孔、铰孔、攻螺纹、锪沉头孔、锪端面等工作。加工时，工件固定不动，刀具在钻床主轴的带动下旋转做主运动，并沿轴向做进给运动，如图 3-58 所示。

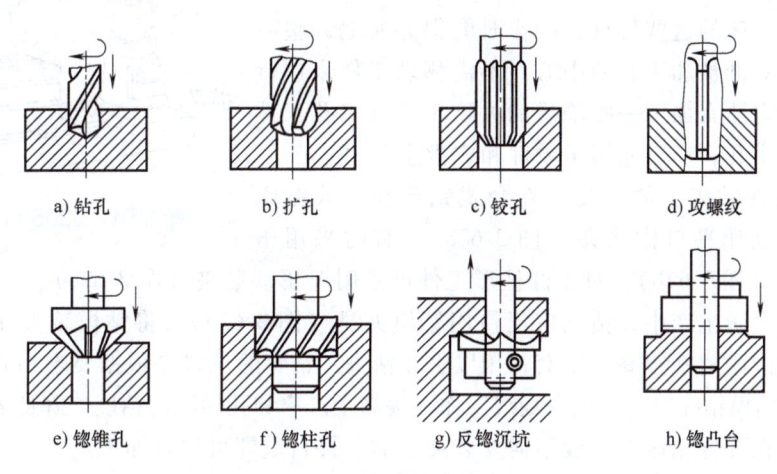

a) 钻孔　　b) 扩孔　　c) 铰孔　　d) 攻螺纹

e) 锪锥孔　　f) 锪柱孔　　g) 反锪沉坑　　h) 锪凸台

图 3-58　立式钻床的应用

图 3-59 所示为 Z5125 立式钻床，其特点是主轴轴线垂直布置，位置固定，适用于中小型工件的孔加工。加工前，需先调整工件在工作台上的位置，使被加工孔中心线对准刀具轴线。加工时，工件固定不动，主轴旋转并做轴向进给。工作台和主轴箱可沿立柱导轨调整位置，以适应不同高度的工件。

（2）台式钻床　台式钻床简称"台钻"。图 3-60 所示为 Z4012 台式钻床。台钻钻孔直

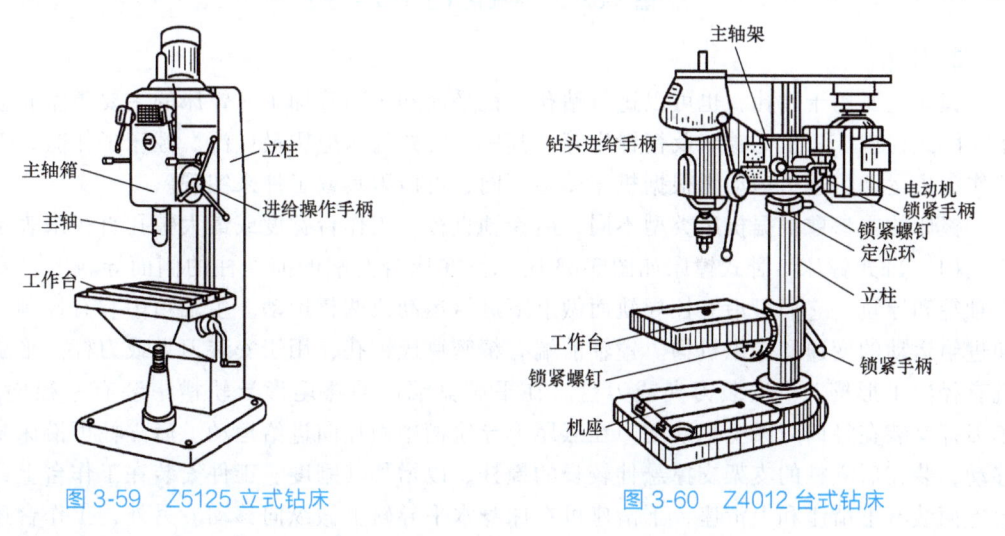

图 3-59　Z5125 立式钻床

图 3-60　Z4012 台式钻床

径一般小于15mm，最小可加工直径零点几毫米的小孔。由于加工的孔径较小，所以台钻的主轴转速很高，最高转速可达10000r/min。主轴的转速可通过改变V带在带轮上的位置来调节。

台钻的自动化程度较低，通常是手动进给。它的结构简单，使用灵活方便，主要用于加工小型零件上的各种小孔。在仪表制造、钳工和装配中使用较多。

(3) 摇臂钻床　摇臂钻床是适用于大型工件的孔加工的钻床。图3-61所示为Z3050摇臂钻床，主轴箱可以在摇臂上水平移动，摇臂即可以绕立柱转动，又可以沿立柱垂直升降。加工时，工件在工作台或底座上安装固定，通过调整摇臂和主轴箱的位置来对正被加工孔的中心。

由于摇臂钻床的这些特点，操作时能很方便地调整刀具的位置，以对准被加工孔的中心，不需移动工件来进行加工。因此，它适宜加工一些笨重的大型工件及多孔工件上的大、中、小孔，广泛应用于单件和成批生产中。

(4) 工件在钻床上的安装　在台式钻床和立式钻床上，工件通常采用平口钳装夹（图3-62a），有时采用压板、螺栓装夹（图3-62b）。对于圆柱形工件可采用V形块装夹（图3-62c）。

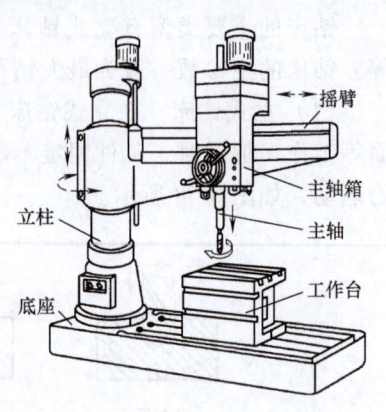

图3-61　Z3050摇臂钻床

在成批和大量生产中，钻孔广泛使用钻模夹具（图3-62d）。将钻模装夹在工件上，钻模上装有淬硬的耐磨性很高的钻套，用以引导钻头。钻套的位置是根据要求钻孔的位置确定的，因而应用钻模钻孔时，可免去划线工作，提高生产率和孔间距的精度，降低表面粗糙度。

大型工件在摇臂钻床上一般不需要装夹，靠工件自重即可进行加工。

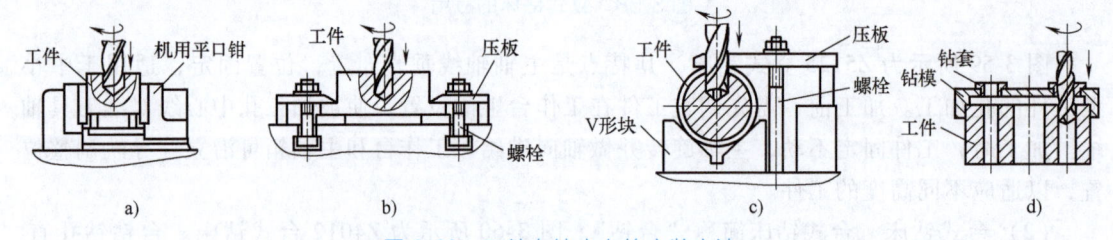

图3-62　工件在钻床上的安装方法

2. 镗床

镗床主要用于镗孔，也可以进行钻孔、铣平面和车削等加工。镗床的主要类型有立式镗床、卧式镗铣床、坐标镗床及精镗床等。其中，卧式镗床应用最广泛。镗床工作时，刀具旋转作为主运动，进给运动则根据机床类型不同，可由刀具或工件来实现。

镗床的主参数根据机床类型不同，由镗轴直径、工作台宽度或最大镗孔直径来表示。

(1) 卧式镗床　卧式镗床如图3-63所示。在床身右端的前立柱的侧面导轨上，安装着主轴箱和导轨，它们可沿立柱导轨面做上下进给运动或调整运动。主轴箱中装有控制主运动和进给运动的变速和操纵机构。镗轴前端有精密莫氏锥孔，用于安装刀具或刀杆。平旋盘上铣有径向T形槽，供安装刀夹或刀盘。在平旋盘端面的燕尾形导轨槽中装有一径向刀架，车刀杆座装在径向刀架上，并随刀在燕尾形导轨槽中做径向进给运动。后立柱可沿床身导轨移动，装在后立柱的支架支撑悬伸较长的镗杆，以增加其刚度。工件安装在工作台上，工作台下面装有下滑座和上滑座，下滑座可在床身水平导轨上做纵向移动。另外，工作台还可以在上滑座的环行导轨上绕垂直轴转动，再利用主轴箱上、下位置调节，可在工件一次安装中，对工件上互相平行或成某一角度的平面或孔进行加工。

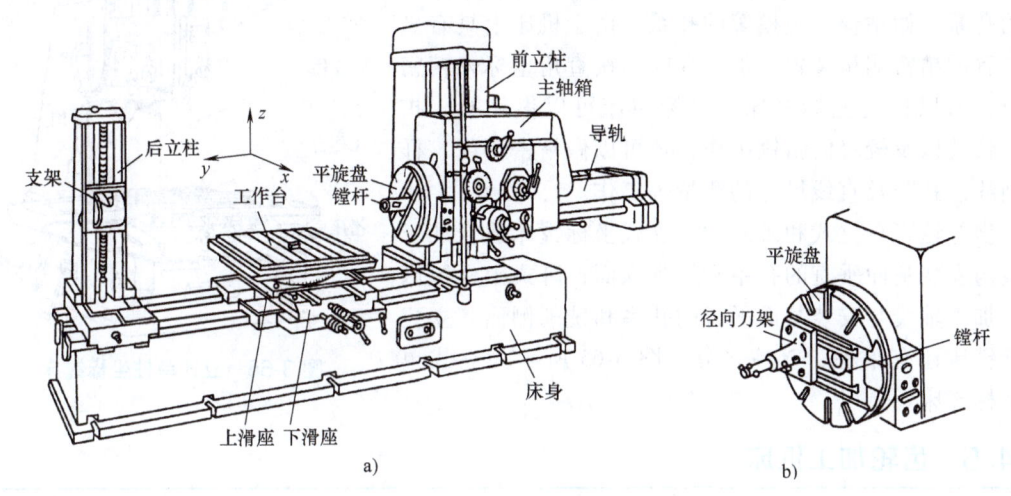

图 3-63　卧式镗床

卧式镗床具有下列运动：

1）主运动。主运动包括：镗轴的旋转运动和平旋盘的旋转运动，而且两者是独立的，分别由不同的传动机构驱动。

2）进给运动。进给运动包括：镗轴的进给运动、主轴箱的垂直进给运动、工作台的纵向或横向进给运动、平旋盘上径向刀架的径向进给运动。

3）辅助运动　辅助运动包括主轴、主轴箱及工作台在进给方向上的快速调位运动、后立柱的纵向调位运动、后支架的垂直调位移动、工作台的转位运动。这些辅助运动可以手动，也可以由快速电动机传动。

卧式镗床的主要加工方法如图 3-64 所示。

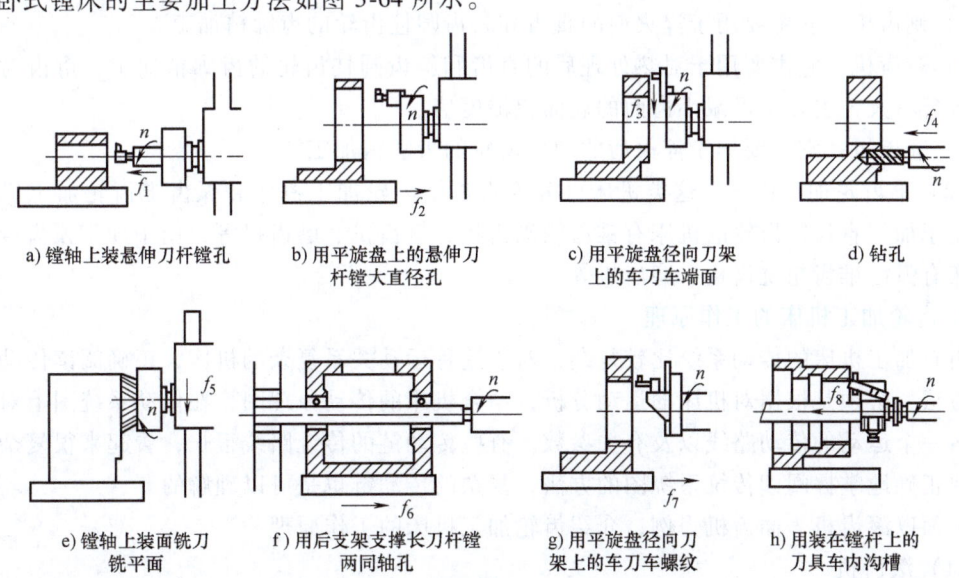

a) 镗轴上装悬伸刀杆镗孔
b) 用平旋盘上的悬伸刀杆镗大直径孔
c) 用平旋盘径向刀架上的车刀车端面
d) 钻孔
e) 镗轴上装面铣刀铣平面
f) 用后支架支撑长刀杆镗两同轴孔
g) 用平旋盘径向刀架上的车刀车螺纹
h) 用装在镗杆上的刀具车内沟槽

图 3-64　卧式镗床的主要加工方法

（2）坐标镗床　坐标镗床是一种高精密机床，主要用于镗削高精度的孔，特别适合加工相互位置精度很高的孔系，如钻模、镗模等的孔系。由于机床上具有坐标位置的精密测量装置，加工孔时，按直角坐标来精密定位，所以称为坐标镗床。坐标镗床可以做钻孔、扩孔、铰孔以及较轻的精铣工作，还可以做精密刻度、样板划线、孔距及直线尺寸的测量等工作。

坐标镗床有立式和卧式的。立式坐标镗床适合加工轴线与安装基面垂直的孔系和铣削顶面；卧式坐标镗床适合加工轴线与安装基面平行的孔系和铣削侧面。立式坐标镗床还有单柱、双柱之分，图 3-65 所示为立式单柱坐标镗床。

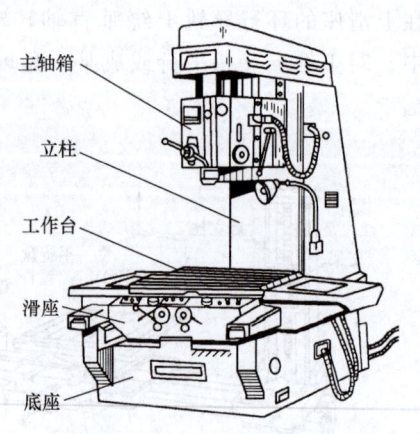

图 3-65　立式单柱坐标镗床

3.4.5　齿轮加工机床

齿轮加工机床是用来加工各种齿轮的机床。由于齿轮传动具有传动比准确、传力大、效率高、结构紧凑、可靠耐用等优点，因此齿轮传动在各种机械及仪表中的应用极为广泛。随着科学技术的不断发展，对齿轮的传动精度和圆周速度等的要求也越来越高，为此齿轮加工机床已成为机械制造业中一种重要的技术装备。

1. 齿轮加工机床类型

按齿形形成原理，切削加工齿轮的方法分为成形法和展成法两大类。按照被加工齿轮种类不同，齿轮加工机床可分为圆柱齿轮加工机床和锥齿轮加工机床两大类。

（1）圆柱齿轮加工机床

1）滚齿机。它主要用于加工直齿、斜齿圆柱齿轮和蜗轮。

2）插齿机。它主要用于加工单联及多联的内、外直齿圆柱齿轮。

3）剃齿机。它主要用于淬火前的直齿和斜齿圆柱齿轮的齿廓精加工。

4）珩齿机。它主要用于对热处理后的直齿和斜齿圆柱齿轮的齿廓精加工。珩齿对齿形精度改善不大，主要是可减小齿面的表面粗糙度值。

5）磨齿机。它主要用于淬火后的圆柱齿轮的齿廓精加工。

（2）锥齿轮加工机床　这类机床可分为直齿锥齿轮加工机床和弧齿锥齿轮加工机床两类。用于加工直齿锥齿轮的机床有锥齿轮刨齿机、铣齿机、磨齿机等，用于加工弧齿锥齿轮的机床有弧齿锥齿轮铣齿机、磨齿机等。

2. 齿轮加工机床的工作原理

齿轮加工机床的传动系统比较复杂，对于这种运动关系复杂的机床，正确阅读传动系统图的方法，必须是根据对机床的运动分析，结合机床的传动原理图，在传动系统图上对应地找到每一个运动的传动路线以及有关参数。有些传动链的传统路线很长，看起来很复杂，但是只要正确地掌握阅读传统系统图的方法，复杂的传动链也是可以理解的。

下面以滚齿机、插齿机为例，介绍齿轮加工机床的工作原理。

（1）滚齿机

1）Y3150E 滚齿机的用途。Y3150E 滚齿机是一种中型通用滚齿机，主要用于加工直齿和斜齿圆柱齿轮，也可以采用径向切入法加工蜗轮。可加工工件的最大直径为500mm，最大模数为8mm。图3-66所示为Y3150E滚齿机，立柱2固定在床身1上，刀架溜板3可沿立柱导轨上下移动。刀架体5安装在刀架溜板3上，可绕自己的水平轴线转位。滚刀安装在刀杆4上，做旋转运动。工件安装在工作台9的心轴7上，同工作台一起转动。后立柱8和工作台9一起装在床鞍10上，可沿机床水平导轨移动，用于调整工件的径向位移或径向进给运动。

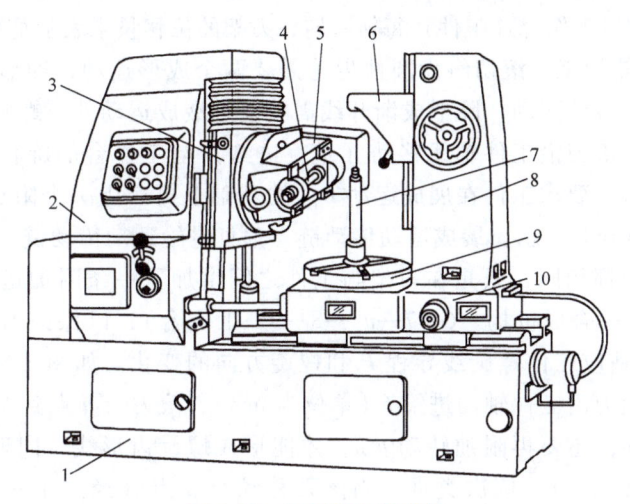

图 3-66　Y3150E 滚齿机

1—床身　2—立柱　3—刀架溜板　4—刀杆　5—刀架体　6—支架　7—心轴　8—后立柱　9—工作台　10—床鞍

2）滚齿机的运动分析。

① 直齿圆柱齿轮加工。用齿轮滚刀加工齿轮的过程，相当于交错轴斜齿轮副啮合滚动的过程。由滚齿原理分析可知，滚切直齿圆柱齿轮时，所需的加工运动包括形成渐开线的复合展成运动和形成全齿长所需的垂直进给运动。如图3-67所示，展成运动由滚刀的旋转运动 B_{11} 和工件的旋转运动 B_{12} 组成，垂直进给运动是由机床带动滚刀沿工件轴向的运动 A_2。

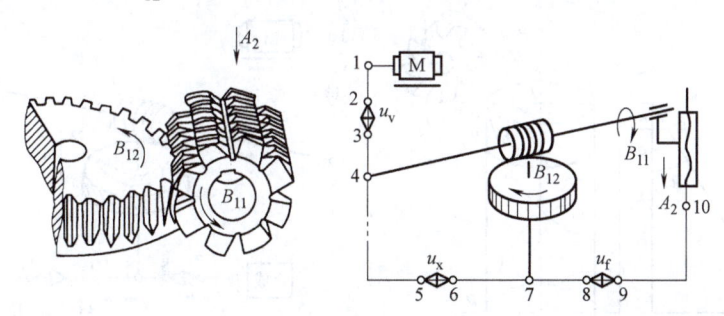

图 3-67　滚切直齿圆柱齿轮的传动原理图

展成运动传动链：联系滚刀主轴旋转和工作台旋转的传动链（刀具—4—5—u_x—6—7—工作台），它是展成运动传动链，由它保证工件和刀具之间严格的运动关系，其中换置机构 u_x 用来适应工件齿数和滚刀头数的变化。这是一条内联系传动链，它不仅要求传动比准确，而且要求滚刀和工件两者旋转方向必须符合一对交错轴螺旋齿轮啮合时的相对运动方向。当滚刀旋转方向一定时，工件的旋转方向由滚刀的螺旋方向确定。

主运动传动链：联系动力源和滚刀主轴的传动链（电动机—1—2—u_v—3—4—滚刀），它是外联系传动链。这条传动链产生切削运动，其传动链中换置机构 u_v 用于调整渐开线齿廓的成形运动速度，应当根据工艺条件确定滚刀转速来调整其传动比。

垂直进给运动传动链：为了使刀架得到该运动，用垂直进给传动链（7—8—u_f—9—10）将工作台和刀架联系起来。传动链中的换置机构 u_f 用于调整垂直进给量的大小和进给方向，以适应不同加工表面粗糙度的要求。由于刀架的垂直进给运动是简单运动，所以这条传动链是外联系传动链。通常以工作台（工件）每转一转，刀架的位移量来表示垂直进给量的大小。

② 斜齿圆柱齿轮加工。滚切斜齿圆柱齿轮需要两个成形运动，即形成开线齿廓的展成运动和形成齿长螺旋线的运动。除形成渐开线需要复合展成运动外，螺旋线的实现也需要一个复合运动。因此，滚刀沿工件轴线移动（垂直进给）与工作台的旋转运动之间也必须建立一条内联系传动链。要求工件在展成运动 B_{12} 的基础上再产生一个附加运动 B_{22}，以形成螺旋齿形线。如图 3-68b 所示，展成运动传动链、垂直进给运动传动链、主运动传动链与直齿圆柱齿轮的传动原理相同，只是在刀架与工件之间增加了一条附加运动传动链（刀架—12—13—u_y—14—15—合成机构—6—7—u_x—8—9—工作台），以保证形成螺旋齿形线，其中换置机构 u_y 用于适应工件螺旋线导程 P 和螺旋方向的变化。如图 3-68a 所示，设工件的螺旋线为右旋，当滚刀沿工件轴向进给 f（单位为 mm），滚刀由 a 点到 b 点，这时工件除了做展成运动 B_{12} 以外，还要再附加转动 $b'b$，才能形成螺旋齿形线。同理，当滚刀移动至 c 点时，工件应附加转动 $c'c$。依次类推，当滚刀移动至 p 点（经过了一个工件螺旋线导程 P），工件附加转动为 $p'p$，正好转一转。附加运动 B_{22} 的旋转方向与工件展成运动 B_{12} 旋转方向是否相同，取决于工件的螺旋方向及滚刀的进给方向。如果 B_{12} 和 B_{22} 同向，计算时附加运动取 +1 转，反之取 -1 转。在滚切斜齿圆柱齿轮时，要保证 B_{12} 和 B_{22} 这两个旋转运动同时传给工件又不发生干涉，需要在传动系统中配置运动合成机构，将这两个运动合成之后，再传给工件。工件的实际旋转运动是由展成运动 B_{12} 和形成螺旋线的附加运动 B_{22} 合成的。

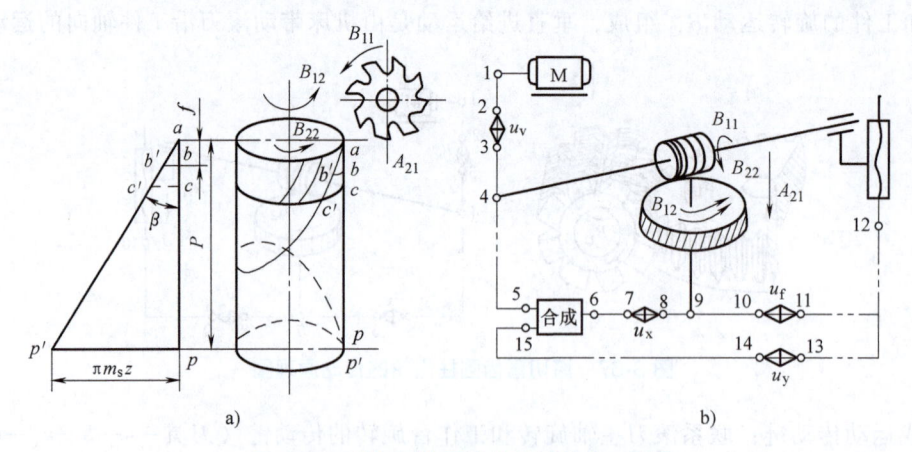

图 3-68 滚切斜齿圆柱齿轮的传动原理图

(2) Y5132 插齿机

1) Y5132 插齿机的用途。图 3-69 所示为 Y5132 插齿机。插齿刀 2 装在刀架上，随主轴 1 做上下往复运动并旋转；工件 4 装在工作台 5 上做旋转运动，并随工作台一起做径向直线运动。该机床加工外齿轮的最大直径为 320mm，最大宽度为 80mm；加工内齿轮最大直径为 500mm，最大宽度为 50mm。

2）插齿机的运动分析

① 直齿圆柱齿轮加工。由插齿的加工原理可知，插齿的展成运动是插齿刀与被加工齿轮之间的啮合传动。这是一条内联系传动链，两者的转速比应严格符合下列关系：

$$n_\text{工} = n_\text{刀} \frac{z_\text{刀}}{z_\text{工}} \quad (3-9)$$

式中 $z_\text{刀}$、$z_\text{工}$——插齿刀和被加工齿轮的齿数；
$n_\text{刀}$、$n_\text{工}$——插齿刀和被加工齿轮的转速。

在插齿加工中，主运动是插齿刀的轴向往复运动，因而齿轮宽度是由主运动的轨迹形成的。显然，通过调整插齿刀的轴向往复运动，就可以加工不同齿轮宽度。为切出全齿高，还有一个径向切入运动。

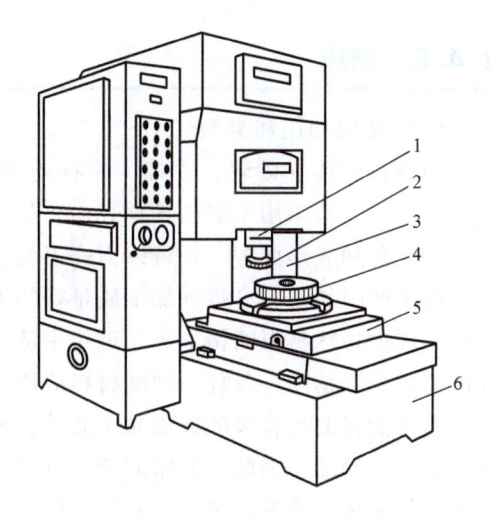

图 3-69 Y5132 插齿机
1—主轴 2—插齿刀 3—立柱
4—工件 5—工作台 6—床身

② 斜齿圆柱齿轮加工。加工斜齿圆柱齿轮的展成运动和主运动与直齿圆柱齿轮加工时相同，其特殊之处在于必须使插齿刀附加一个转动，以形成斜齿轮的齿向螺旋线。这一附加转动与插齿刀的轴向运动之间也必须保持严格的相对运动关系，以得到齿向螺旋角。所以，这也是一条内联系传动链。

插齿加工的传动原理图如图 3-70 所示。插齿机需要两个成形运动：即形成渐开线齿面的展成运动和形成齿轮宽度的轴向切削运动。有三条运动传动链：主运动传动链、圆周进给运动传动链和展成运动传动链。

主运动传动链：电动机—1—2—u_v—3—4—5—曲柄偏心盘—插齿刀，在电动机的驱动下插齿刀做往复切削运动。改变换置机构的传动比 u_v，就可以改变插齿刀的切削速度。

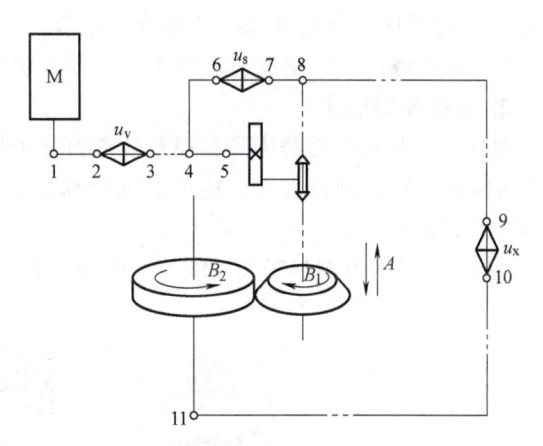

图 3-70 插齿加工的传动原理图

圆周进给运动传动链：曲柄偏心盘—5—4—6—u_s—7—8—插齿刀，改变换置机构的传动比 u_s，就可以改变插齿刀的转速。当插齿刀转速较低时，被加工齿轮的齿面包络线多，加工齿面质量高。

展成运动传动链：插齿刀—8—9—u_x—10—11—工作台，它是插齿机的主要传动链，传动链中的换置机构传动比 u_x 要根据被加工齿轮的齿数和插齿刀的齿数来调整。

除上述成形运动外，插齿机还有让刀运动、径向切入运动。加工时可选择一次、两次和三次进给自动循环。机床设有换向机构，可以改变插齿刀和工件的旋转方向，使插齿刀的两个刀刃能充分利用。

3.4.6 磨床

1. 磨床的功用和类型

用磨料磨具（砂轮、砂带、油石或研磨料等）作为工具对工件进行切削加工的机床，统称为磨床。磨床用于磨削各种表面，如内外圆柱面和圆锥面、平面、螺旋面、齿轮的轮齿表面以及各种成形面等，还可以刃磨刀具，应用范围非常广泛。

由于磨削加工容易得到加工质量好的表面，所以磨床主要用于零件精加工，尤其是淬硬钢和高硬度特殊材料的精加工。近年来随着科学技术的发展，现代机械零件的精度和表面粗糙度要求越来越高，各种高硬度材料应用日益增多，以及随着精密铸造和精密锻造工艺的发展，有可能将毛坯直接磨成成品。此外，随着高速磨削和强力磨削工艺的发展，磨削效率也有了进一步提高。因此，磨床的使用范围日益扩大，在金属切削加工机床中所占的比重不断上升。目前在工业发达国家，磨床在机床总数中的比例已达到30%~40%。

磨床的种类很多，其主要类型有：

1) 外圆磨床：如万能外圆磨床、普通外圆磨床、无心外圆磨床等。
2) 内圆磨床：如普通内圆磨床、无心内圆磨床、行星内圆磨床等。
3) 平面磨床：如卧轴矩台平面磨床、立轴矩台平面磨床、卧轴圆台平面磨床、立轴圆台平面磨床等。
4) 工具磨床：如工具曲线磨床、钻头沟背磨床、丝锥沟槽磨床等。
5) 刀具刃磨床：如万能工具磨床、拉刀刃磨床、滚刀刃磨床等。
6) 专门化磨床：专门用于磨削某一类零件的磨床，如花键轴磨床、曲轴磨床、凸轮轴磨床、齿轮磨床、螺纹磨床、活塞环磨床等。
7) 其他磨床：如珩磨机、研磨机、抛光机、超精机、砂轮机等。

2. 万能外圆磨床

M1432B万能外圆磨床是普通精度级万能外圆磨床，它主要用于磨削标准公差等级IT6~IT7的内外圆柱、圆锥表面，还可磨削阶梯轴的轴肩、端平面等，磨削表面粗糙度Ra值为 0.08~1.25μm。

图3-71所示为M1432B万能外圆磨床，它由下列主要部件组成：

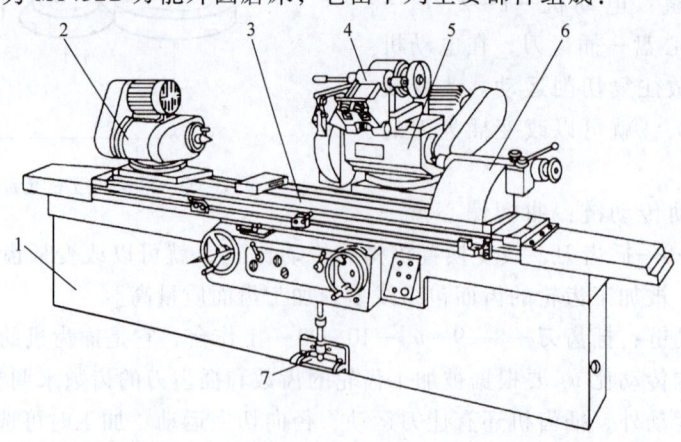

图 3-71 M1432B 万能外圆磨床

1—床身 2—头架 3—工作台 4—内磨装置 5—砂轮架 6—尾座 7—脚踏操纵板

1）床身：磨床的基础支承件，其上装有工作台、砂轮架、头架、尾座及横向滑鞍等部件，床身可使它们在工作时保持准确的相对位置。床身的内部用作液压油的油池。

2）头架：用于安装及夹持工件，并带动工件旋转。在水平面内可逆时针方向转90°。

3）工作台：由上下两层组成，上工作台可相对于下工作台在水平面内回转一定角度（±10°），用于磨削锥度较小的长圆锥面。上工作台上装有头架和尾座，它们随工作台一起做纵向往复运动。

4）内磨装置：主要由支架和内圆磨具两部分组成。内圆磨具是磨内孔用的砂轮主轴部件，它作为独立部件安装在支架孔中，便于更换。通常每台磨床备有几套尺寸与极限工作转速不同的内圆磨具。

5）砂轮架：用于支承并传动高速旋转的砂轮主轴。砂轮架装在滑鞍上，当需要磨削短锥面时，砂轮架可以在水平面内调整至一定角度（±30°）。

6）尾座：和头架的前顶尖一起支承工件。

M1432B万能外圆磨床的运动是由机械和液压联合传动的。液压传动的包括：工作台纵向往复运动、砂轮架快速进退和周期径向自动切入、尾座顶尖套筒缩回等。其余运动都是机械传动。

3. 内圆磨床

内圆磨床主要用于磨削各种内孔，包括圆柱形通孔、盲孔、阶梯孔及圆锥孔等。某些内圆磨床还附有磨削端面的磨头。

内圆磨床的主要类型有普通内圆磨床、无心内圆磨床和行星内圆磨床。其中，普通内圆磨床比较常用。

图3-72所示为普通内圆磨床。头架3装在工作台2上并由其带着沿床身1的导轨做纵向往复运动。头架主轴由电动机经带传动做圆周进给运动。砂轮架滑座4上装有磨削内孔的砂轮主轴。砂轮架滑座沿滑鞍5的导轨做周期性的横向进给（液动或手动）。头架可绕竖直轴调整一定的角度，以磨削锥孔。

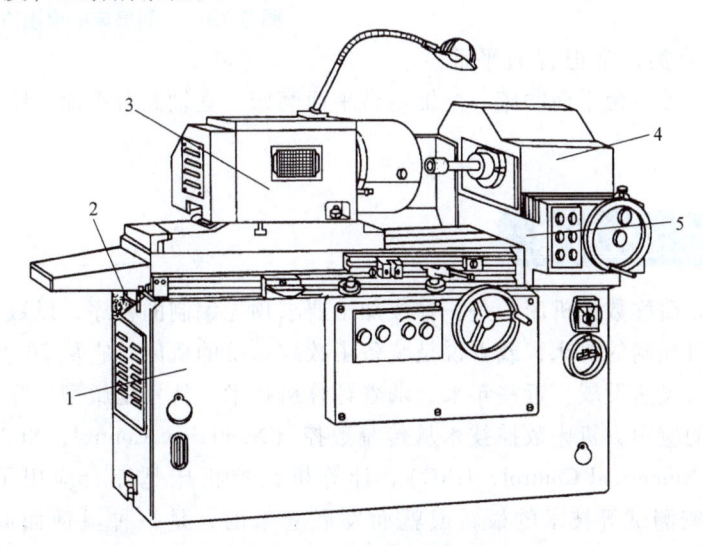

图3-72 普通内圆磨床

1—床身 2—工作台 3—头架 4—砂轮架滑座 5—滑鞍

机械制造技术

普通内圆磨床的加工精度为：对于最大磨削孔径为 50~200mm 的机床，如试件的孔径为机床最大磨削孔径一半，磨削孔深为机床最大磨削深度的一半时，精磨后能达到圆度≤0.006mm、圆柱度≤0.005mm 及表面粗糙度 $Ra=0.32$~$0.63\mu m$。

普通内圆磨床的自动化程度不高，磨削尺寸通常是靠人工测量来加以控制的，仅适用于单件和小批生产中。为了满足成批和大量生产的需要，还有自动化程度较高的半自动和全自动内圆磨床。这种机床从装上工件到加工完毕，整个磨削过程为全自动循环的，工件尺寸采用自动测量仪自动控制。所以，全自动内圆磨床生产率较高，并可放入自动线中使用。

4. 平面磨床

平面磨床主要用于磨削各种平面，其磨削方法如图 3-73 所示。

根据砂轮的工作面不同，平面磨床可以分为用砂轮轮缘（即圆周）进行磨削和用砂轮端面进行磨削两类。用砂轮轮缘磨削的平面磨床，砂轮主轴为水平布置（卧式）；而用砂轮端面磨削的平面磨床，砂轮主轴为竖直布置。根据工作台的形状不同，平面磨床又分为矩形工作台和圆形工作台两类。

按上述方法分类，常把普通平面磨床分为四类：卧轴矩台平面磨床、立轴矩台平面磨床、立轴圆台平面磨床和卧轴圆台平面磨床。

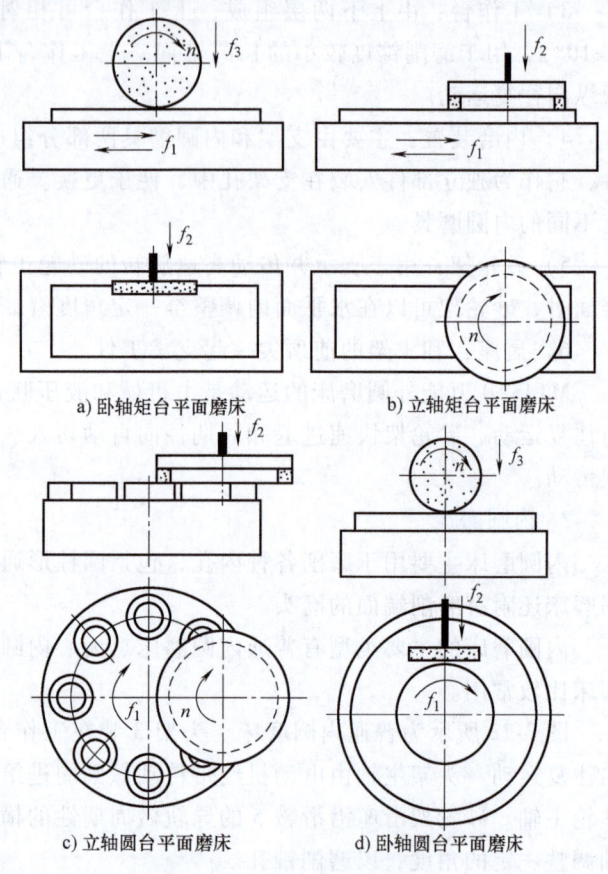

图 3-73 平面磨床的磨削方法
a) 卧轴矩台平面磨床　b) 立轴矩台平面磨床　c) 立轴圆台平面磨床　d) 卧轴圆台平面磨床

3.5 数控机床

数字控制机床简称数控机床，是一种按加工要求预先编制的程序，以数字量作为指令信息形式通过计算机控制的机床，或者说是装备了数控系统的机床。它从 20 世纪 50 年代初期问世以来，已取得飞速发展。近些年来，随着计算机技术，特别是微型计算机技术的发展及其在数控机床中的应用，机床数控技术从传统数控（Numerical Control，NC）发展到计算机数控（Computer Numerical Control，CNC）。计算机数控机床是综合应用了计算机、微电子、自动化和精密测试等技术的最新成就而发展起来的，是一种灵活而高效的自动化机床。在我国机械制造领域中，数控机床的优势越发明显，已成为现代机床的重要发展方向。

3.5.1 数控机床的特点和用途

数控机床与一般机床相比，大致有以下几方面的特点。

（1）具有较强的适应性和通用性　数控机床的加工对象改变时，只需重新编制相应的程序，输入计算机就可以自动地加工出新的工件。同类工件系列中不同尺寸、不同精度的工件，只需局部修改零件程序的相应部分。随着数控技术的迅速发展，数控机床的柔性也在不断地扩展，逐步向多工序集中加工方向发展。

使用数控车床、数控铣床和数控钻床等数控机床时，分别只限于各种车、铣或钻加工。然而，在机械工业中，多数零件往往必须进行多种工序的加工。这种零件在制造中，大部分时间用于安装刀具、装卸工件、检查加工精度等，真正进行切削的时间只占30%左右。在这种情况下，单功能数控机床就不能满足要求了。因此出现了具有刀库和自动换刀装置的各种加工中心机床，如车削加工中心、镗铣加工中心等。车削中心用于加工回转体，且兼有铣（铣键槽、扁头等）、镗、钻（钻横向孔等）等功能。镗铣加工中心用于箱体零件的钻、扩、镗、铰、攻螺纹和铣等工序。加工中心机床具有更强的适应性和更广的通用性。

（2）获得更高的加工精度和稳定的加工质量　数控机床是按照数字形式给出的指令脉冲进行加工的，脉冲当量（数控装置每输出一个指令脉冲，机床移动部件的最小位移量）目前可达到0.01~0.0001mm，进给传动链的反向间隙与丝杠导程误差等均可由数控装置进行补偿，所以可获得较高的加工精度。

当加工轨迹是曲线时，数控机床可以做到使进给量保持恒定。这样，加工精度和表面质量可以不受零件形状复杂程度的影响。工件的加工尺寸是按预先编好的程序由数控机床自动保证的，可以避免操作误差，使得同一批加工零件的尺寸一致，重复精度高，加工质量稳定。

（3）具有较高的生产率　数控机床四面都有防护罩，不用担心切屑飞溅伤人，可以充分发挥刀具的切削性能。因此，数控机床的功率和刚度都比普通机床高，允许进行大切削用量的强力切削。主轴和进给都采用无级变速，可以达到切削用量的最佳值。这就有效地缩短了切削时间。

数控机床在程序指令的控制下可以自动换刀、自动变换切削用量、完成快速进退等，因而大大缩短了辅助时间。在数控加工过程中，由于程序指令可以自动控制工件的加工尺寸和精度，一般只需做首件检验或工序间关键尺寸的抽样检验，因而可以减少停机检验的时间。加工中心进一步实现了工序集中，一次装夹可以完成大部分工序，从而有效地提高了生产率。

（4）改善劳动条件，提高劳动生产率　应用数控机床时，工人不需直接操作机床，而是编好程序调整好机床后由数控系统来控制机床，免除了繁重的手工操作。一人能管理几台机床，提高了劳动生产率。当然，对工人的技术要求也提高了。数控机床的操作者，既是体力劳动者，也是脑力劳动者。

（5）便于现代化的生产管理　用计算机管理生产是实现管理现代化的重要手段。数控机床的切削条件、切削时间等都是由预先编好的程序决定的，都能实现数据化。这就便于准确地编制生产计划，为计算机管理生产创造了有利条件。数控机床适宜与计算机联机，目前已成为计算机辅助设计、辅助制造和计算机管理一体化的基础。

3.5.2 数控车床

本节以 AD25 数控车床为例,对数控车床的特点加以介绍。

1. AD25 数控车床性能简介

AD25 数控车床是全功能精密数控车床。图 3-74 所示。它由底座、斜床身、主轴箱、刀架溜板、电动刀架、液压尾座、控制系统等主要部分构成。数控机床不需人工操作,也没有机械操作元件(如手柄、手轮等)。底座上装有后置斜床身,床身采用整体箱型结构,刚度比水平卧式车床高。床身导轨为镶钢、淬硬导轨,耐磨性好。床身左端固定有主轴箱,床身右端装有尾座,尾座可以根据工件长度在床身导轨上做纵向移动。床身中部为刀架溜板,分为两层:底层为纵向溜板,可沿床身导轨作纵向(Z 向)移动;上层为横向溜板,可沿纵向溜板上的导轨做横向(沿床身倾斜方向,即 X 向)移动。刀架溜板上装有转塔刀架,刀架为多工位,可根据零件的加工需求合理布置刀具。在加工过程中,可按照零件加工程序自动转位,将所需的刀具转到加工位置。

机床后面左侧装有电控柜,内有数控系统、主轴伺服驱动器和 X、Z 轴伺服驱动器及机床各种电源装置、电气控制元件。显示器及操作面板在机床的右前方防护罩上,操作者通过面板上的按键和各种开关按钮实现对机床的控制。配备的防护罩使数控车床不必担心切屑飞溅伤人,可最大限度地提高切削速度,充分发挥刀具的切削性能。高刚度、高精度的数控车床可将粗、精加工集中在一台设备上完成。AD25 数控机床属于半闭环控制系统的全功能数控车床,适宜加工各种形状复杂的轴、套、盘类零件,如车削内、外圆柱面、圆锥面、圆弧面、端面、切槽、倒角、车螺纹等的加工。该机床的主要技术参数如下:

最大切削直径　　　　　　　360mm
最大切削长度　　　　　　　530mm
自动送料最大直径　　　　　75mm
行程　　　　　　　　　　　x 轴 210mm；z 轴 590mm
主轴转速　　　　　　　　　35～3500r/min(无级变速)
刀塔刀具数量　　　　　　　10 把
换刀时间　　　　　　　　　1.0s
主轴电动机　　　　　　　　18.5kW

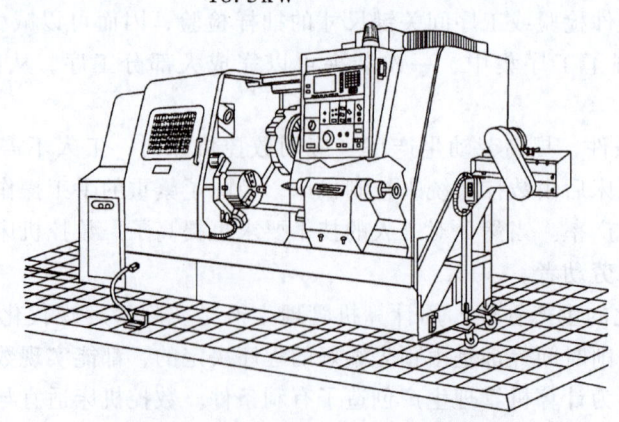

图 3-74 AD25 数控车床外形图

2. AD25 数控车床传动系统

图 3-75 所示为 AD25 数控车床的传动系统简图。由于应用了数控系统，极大简化了机床的传动系统。交流主轴伺服电动机通过同步带传动带动主轴旋转，由装在主轴前端的液压自定心卡盘带动工件旋转，实现主运动。主轴的角位移量由主轴尾部的同步带带动脉冲编码器检测。Z 向进给伺服电动机直接驱动滚珠丝杠，带动拖板实现 Z 向（即纵向）进给运动；拖板上的 X 向进给伺服电动机驱动滚珠丝杠，带动电动刀架实现 X 向（即横向）进给运动。尾座体的移动通过销轴由拖板的 Z 向移动来带动，尾座心轴采用 PLC 液压控制。

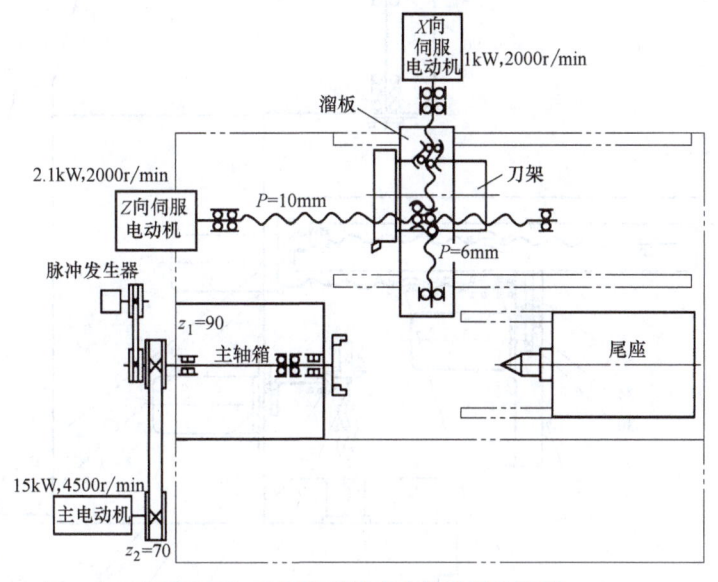

图 3-75 AD25 数控车床传动系统简图

3.5.3 数控铣床

本节以 XK5040/1 数控立式升降台铣床为例，对数控铣床加以介绍。

1. 机床的特点和用途

XK5040/1 数控立式升降台铣床（图 3-76）是在引进技术的基础上，根据数控铣床的特殊要求开发设计的新产品，在国产数控铣床产品中具有代表性。

在 CNC 系统的控制下，机床可以控制 X、Y、Z 三个坐标轴，并可以实现三坐标联动，还可控制主轴进行无级变速。

本机床除了可以完成按数控程序规定的各种往复循环和框式循环的平面铣削或按坐标位置加工孔外，还可以用于加工各种复杂形状的凸轮、样板、靠模、模具以及弧形槽等平面曲线和空间曲线。它最适合加工表面形状复杂而

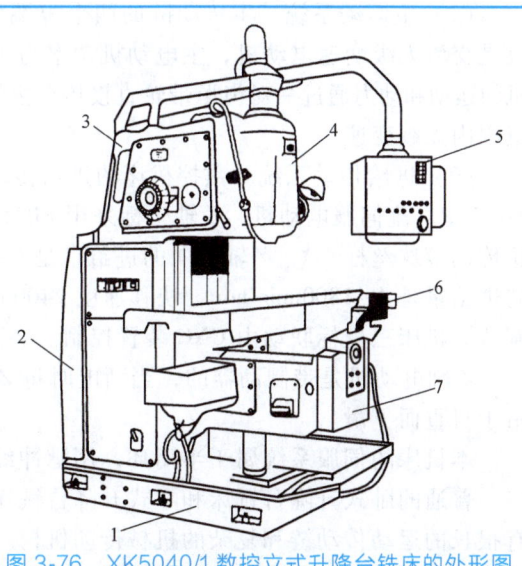

图 3-76 XK5040/1 数控立式升降台铣床的外形图
1—底座 2—床身 3—变速箱 4—立铣头
5—吊挂控制箱 6—工作台 7—升降台

又经常变换工件的生产部门，如机械制造行业的各类部门和军工部门。

2. 机床的传动系统

图 3-77 所示为 XK5040/1 数控立式升降台铣床的传动系统。

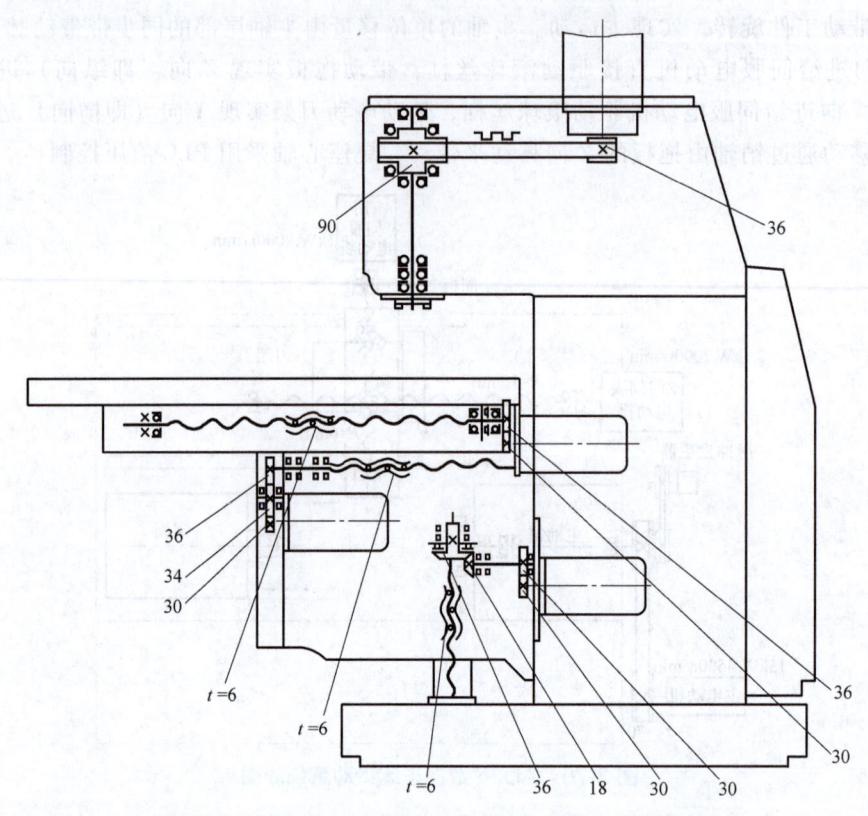

图 3-77　XK5040/1 数控立式升降台铣床的传动系统

（1）主运动系统　主传动链的两个末端件是主电动机和立式主轴。主传动使用的电动机是交流无级变速电动机，主电动机功率为 15kW。数控铣床的主传动链非常简单，主电动机的运动和动力通过一对齿形带轮直接传至主轴。通过数控系统控制，主轴可在 48～2400r/min 范围内无级变速。

（2）进给传动系统　数控机床的进给传动链也都非常简单。本机床 X、Y 两个坐标采用 FB15 型直流伺服电动机，Z 轴坐标采用 FB15B 型直流伺服电动机，通过一对或两对减速齿轮传动滚珠丝杠。X、Y 轴方向的进给量是 6～3000mm/min，快移速度 4000mm/min。Z 轴方向进给量是 4～1800mm/min，快移速度 2400mm/min。X、Y、Z 三个方向的进给量均为无级调节。机床三坐标联动由 CNC 装置控制。

Z 轴电动机是带制动器的，当断电时将 Z 轴抱紧，以防止因为滚珠丝杠不自锁，升降台由于自重而下滑。

本机床的伺服系统属于半闭环，用脉冲编码器进行位置检测，均受控于数控系统。

普通的卧式升降台铣床和立式升降台铣床，其主运动系统和进给系统都是机械传动的，有很长的运动传动链和复杂的机械传动机构。铣床数控化以后，各个传动链的电动机非常靠近各自的末端执行件，传动链中间的大量传动轴和传动齿轮被取消，传动链很短，简化了机构，提高了传动精度和传动刚度；由于坐标轴联动的实现，扩大了机床的加工范围。

3.5.4 加工中心

1. 概述

机械零件加工中，箱体类零件占相当大的比重，例如变速箱、气缸体、气缸盖等。这类零件往往重量较大，形状复杂，加工的工序多。如果能在一台机床上，一次装夹自动完成大部分工序，对于提高生产率、加工质量和自动化程度将会有很大的意义。箱体类零件的加工工序，主要是铣端面和钻孔、攻螺纹、镗孔等孔加工。因此，加工中心集合了钻床、铣床和镗床的功能，有下列特点：

1) 工序集中。集中了铣削和不同直径的孔加工工序。

2) 自动换刀。按预定加工程序，自动地把各种刀具换到主轴上去，把用过的刀具换下来。为此，要有刀库和换刀机械手等。

3) 精度高。各孔的中心距全靠各坐标的定位精度保证，不用钻、镗模。有的机床，还有自动转位工作台，用来保证各面各孔间的角度。

镗孔时，还可先镗这个壁上的孔，然后工作台转180°，再镗对面壁上的孔（称为"掉头镗"），两孔要保证达到一定的同轴度。这种机床称为镗铣加工中心。

镗铣加工中心有立式（竖直主轴）的和卧式的（水平主轴）。此外，还有钻削加工中心和复合加工中心。钻削加工中心主要进行钻孔，也可进行小面积的端铣。机床多为小型、立式。工件不太复杂，所用的刀具不多，故常用转塔来代替刀库。转塔常为圆形，径向有多根主轴，内装各种刀具，使用时依次转位。复合加工中心的主轴头可绕45°轴自动回转。主轴可转成水平，也可转成竖直。当主轴转为水平，配合转位工作台可进行四个侧面和侧面上孔的加工；当主轴转为竖直，可加工顶面及顶面上的孔，故也称为"五面加工复合加工中心"。

继镗铣加工中心之后，又研制出了车削加工中心，用来加工轴类零件。除车削工序外，还集中了铣（如铣扁、铣六角等）、钻（钻横向孔等）等工序。此外，还出现其他类型的加工中心。镗铣加工中心最先出现，当时就称之为"加工中心"（Machining Center）。

1958年我国开始研制数控机床，1975年研制出第一台加工中心，到1990年我国生产的加工中心达70余种。本节主要介绍JCS-018立式加工中心。

2. JCS-018立式加工中心

JCS-018立式加工中心（Vertical Machining Center）的另一个型号是TH5632。它集中了平面加工（通常为端铣）和孔加工（钻、扩、铰、攻螺纹和镗等）的功能。不仅能完成半精和精加工，还可进行粗加工。工件以底面为安装基准，加工顶面和与底面垂直的孔。它适合小型箱体类、模具、板件以及盘件等复杂零件的多品种、小批量加工。机床具有自动换刀功能，为此，配有刀库和机械手。

(1) 布局　JCS-018立式加工中心如图3-78所示。床身1上有滑座2，以滑座做横向（前后）运动为Y轴，以工作台3在滑座上做纵向（左右）运动为X轴。床身后部固定有框式立柱4。以主轴箱8在立柱导轨上做升降运动为Z轴。立柱的左侧前部装有刀库6和自动换刀机械手7，刀库能容纳16把刀具。立柱的左后部是数控柜5，内有数控系统。立柱右侧装驱动电柜10，内有电源变压器、强电系统和伺服装置。操作面板9悬伸在机床的右前方，以便于操作，机床的各种工作状态也显示在操作面板上。

(2) 传动系统　JCS-018立式加工中心的传动系统如图3-79所示。主电动机是交流变频调速电动机，连续额定输出功率为5.5kW，最大功率为7.5kW，但工作时间不得超过

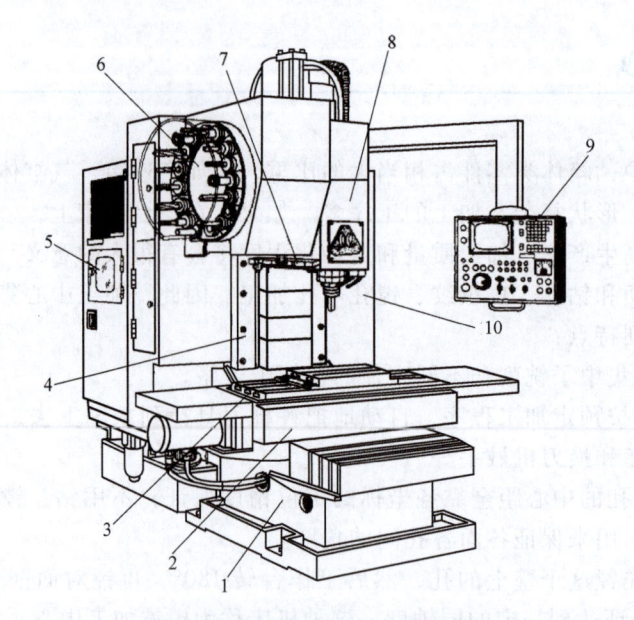

图 3-78 JCS-018 立式加工中心
1—床身 2—滑座 3—工作台 4—框式立柱 5—数控柜
6—刀库 7—自动换刀机械手 8—主轴箱 9—操作面板 10—驱动电柜

30min。这种电动机靠改变电源频率无级调速。额定转速为 1500r/min，最高转速为 4500r/min。在此范围内，为恒功率调速。从最高转速开始，随着转速的下降，最大输出转矩递增，保持最大输出功率为额定功率不变。最低转速为 45r/min。从额定转速至最低转速，为恒转矩调速。电动机的最大输出转矩，维持为额定转速时的转矩不变，不随转速的下降而上升。到最低转速时，最大输出功率仅为 0.225kW。

电动机经两级多楔带轮驱动主轴。当带轮副直径为 φ183.6mm/φ183.6mm 时，主轴转速为 45~1500~4500r/min；当带轮副直径为 φ119mm/φ239mm 时，主轴转速为 22.5~750~2250r/min。无级调速，三个数字分别为最低、额定和最高转速。

三个轴各有一套基本相同的伺服进给系统。宽调速直流伺服电动机直接带动滚珠丝杠。功率都为 1.4kW，无级调速。三个轴的进给速度均为 1~4000mm/min。快移速度，X、Y 两轴皆为 15m/min，Z 轴为 10m/min。三个伺服电动机分别由数控指令通过计算机控制。任意两个轴都可联动。

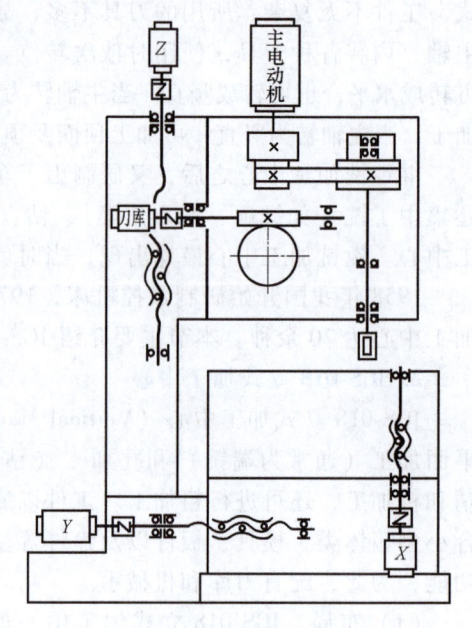

图 3-79 JCS-018 立式加工中心的传动系统

刀库也用直流伺服电动机经蜗杆蜗轮驱动。刀库是一圆盘，刀具装在标准刀杆上，置于圆盘的周边。

（3）主轴组件 JCS-018 立式加工中心主轴组件如图 3-80 所示。主轴支承在一系列的角

第3章 金属切削机床与夹具

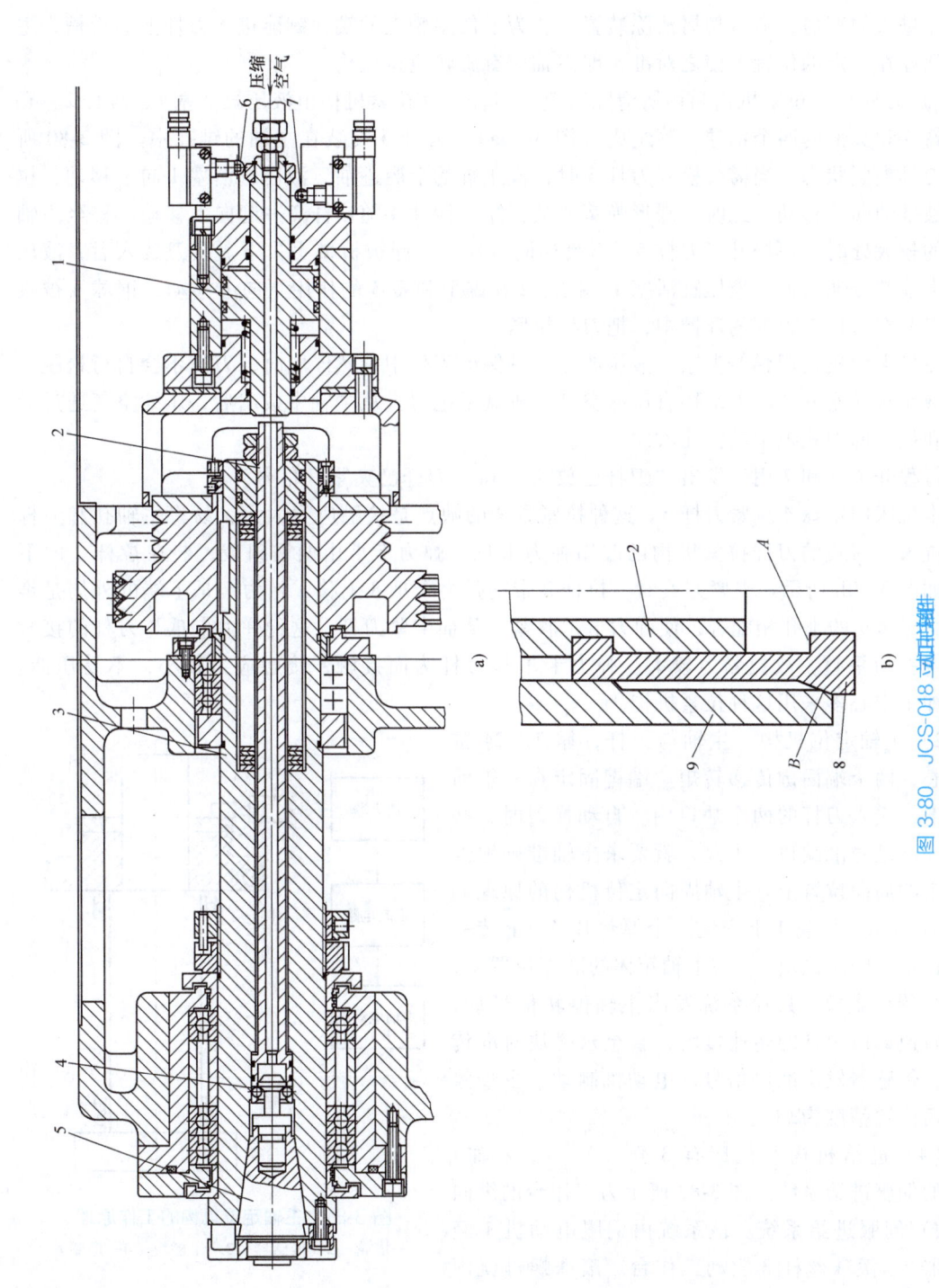

图 3-80 JCS-018 活动顶尖结构
1—液压缸活塞 2—拉杆 3—碟形弹簧 4—钢球 5—刀杆 6、7—行程开关 8—弹力卡爪 9—套

125

接触球轴承内，前支承有三个轴承，后支承有两个轴承。加工中心能自动换刀，因而有一些与一般机床不同的特点：①加工中心主轴内必须有自动拉紧刀杆的机构。②为了清除主轴孔内可能进入的切屑，应有切屑清除装置。③为了使主轴上的端面键能进入刀杆上的键槽，主轴必须停在一定的位置上使之对准，即主轴应有旋转定位机构。

1) 刀杆自动拉紧机构和切屑清除装置。刀杆自动拉紧机构由液压缸活塞1、拉杆2、碟形弹簧3和头部的四个钢球4等组成（图3-80a）。刀杆5安装在主轴的锥孔中。图3-80所示为刀具夹紧状态。当需要松开刀杆5时，液压缸的上腔进油，液压缸活塞1向下移动，拉杆2被推动向下移动。此时，碟形弹簧3被压缩。钢球4随拉杆2一起向下移动。移至主轴孔径的较大处时，便松开了刀杆5，刀具连同刀杆5一起被机械手拔下。新刀装入后，液压缸的上油腔接通回油，液压缸活塞1、拉杆2在碟形弹簧3的作用下向上移动，钢球4被收拢，卡紧在刀杆5顶部的环槽中，把刀杆拉紧。

刀杆夹紧机构用弹簧夹紧，液压放松，可保证工作中突然停电时，刀杆不会自行松脱。

液压缸活塞杆孔的上端接有压缩空气。机械手把刀具从主轴中拔出后，压缩空气通过活塞杆和拉杆的中孔把主轴锥孔吹净。

行程开关6和7用于发出"刀杆已放松"和"刀杆已夹紧"信号。

本机床用钢球4拉紧刀杆5。这种拉紧方法的缺点是接触应力太大，易将主轴孔和刀杆压出坑来。新式的刀杆拉紧机构已改用弹力卡爪。弹力卡爪由两瓣组成，装在拉杆2的下端，如图3-80b所示。夹紧刀具时，拉杆2带动弹力卡爪8上移，弹力卡爪下端的外周是锥面B，与套9的锥孔相配合，使弹力卡爪收紧，从而卡紧刀杆。这种弹力卡爪与刀杆的接合面A与拉力垂直，故拉紧力较大。弹力卡爪与刀杆为面接触，接触应力较小，不易压溃。新型加工中心多采用这种拉紧机构。

2) 主轴定位机构 主轴与刀杆，靠7∶24锥面定心，两个端面键传递转矩。端键固定在主轴前端面上，嵌入刀杆的两个缺口内。自动换刀时，必须保证端键对准缺口。为此，就要求主轴准确地停在一定的周向位置上。主轴周向定位机构的原理如图3-81所示。塔轮1上安装一个厚垫片4，上装一个体积很小的永磁块3。在主轴箱体的准停位置上，装一个传感器2。数控系统发出主轴停转信号后，主轴减速，以很低的转速慢转，直至永磁块对准传感器，传感器发出准停信号，电动机制动。主轴停止的角位置精度为±1°。

(4) 进给机构 机床有3套（X、Y、Z轴）相同的伺服进给系统。图3-82所示为工作台的纵向（X轴）伺服进给系统。该系统由伺服电动机1经联轴器2、滚珠丝杠3驱动工作台。滚珠螺母就固定在工作台上。反馈装置装在伺服电动机内，与伺服电动机轴连接。联轴器2与电动机轴，靠锥形锁紧环摩擦连接。锥形锁紧环如图3-82下方的小图。每套锥形锁紧环有两环，内环为内柱面外锥面，外环为外柱面内锥面，这里共用了两套，把内、外环轴向压紧，外环因锥

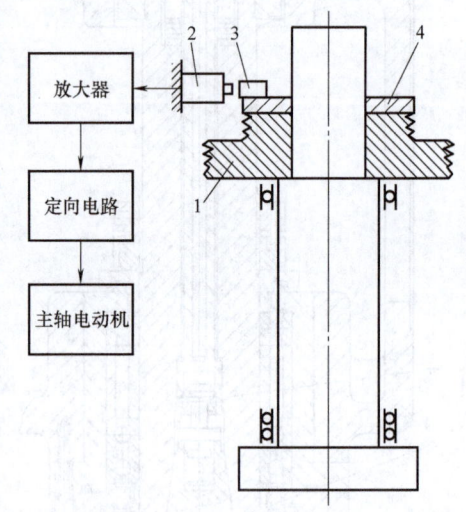

图3-81 主轴定位机构的工作原理

1—塔轮 2—传感器 3—永磁块 4—厚垫片

面而胀大,内环因锥面而收缩。靠摩擦把轴与外套(联轴器)连在一起。用这个办法不用开键槽,没有间隙,伺服电动机轴与丝杠可相对旋转任意角度。

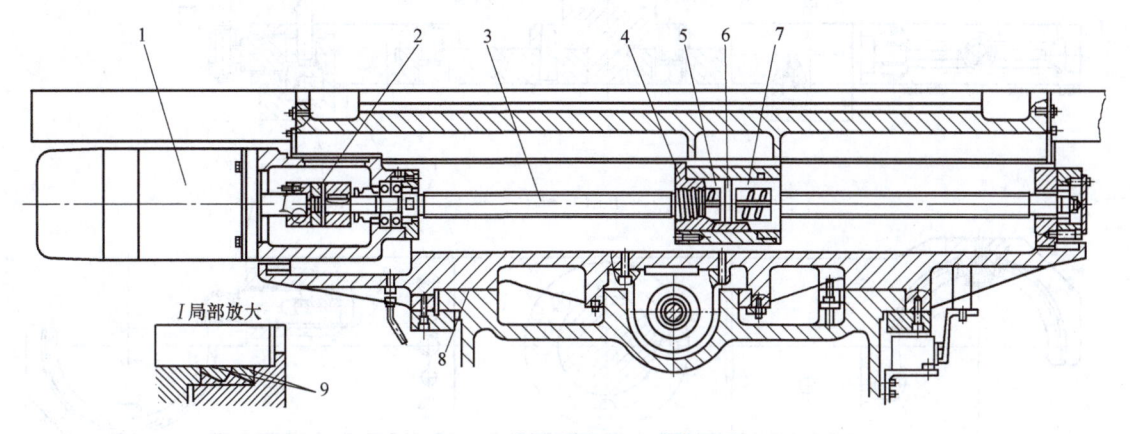

图 3-82 工作台纵向伺服进给系统
1—伺服电动机 2—联轴器 3—滚珠丝杠 4—左滚珠螺母 5—连接键
6—半圆垫圈 7—右滚珠螺母 8—聚四氟乙烯基导轨 9—锥形锁紧环

(5) 刀库和换刀机械手 刀库和机械手分别用于存储刀具和自动换刀。一道工序结束,主轴箱退回立柱顶部换刀,主轴减速、定位和制动。在此之前,刀库转位,把下一工序的刀具转至机械手附近。机械手把下一工序的刀具装入主轴,把上一工序的刀具从主轴中拔出送进刀库。圆盘式刀库共有 16 个刀座,图 3-83 是其中之一。直流伺服电动机经联轴器和蜗轮副传动(图 3-79),可以使刀库上任意一个刀座转到最下方的换刀位置。刀座在刀库上处于水平位置,但主轴是立式的。因此,应使处于换刀位置的刀座旋转 90°,使刀头向下。这个动作是气动的,气缸的活塞杆带动拨叉上升,拨叉向上拉动滚轮 1,使刀座连同刀具绕转轴 2 逆时针转到竖直向下位置。这时,此刀座中的刀具正好和主轴中的刀具处于等高位置。机械手的两个手爪可同时取下这两把刀具,转动 180°之后,将刀座上的刀具装入主轴,换下来的刀具装入刀座。

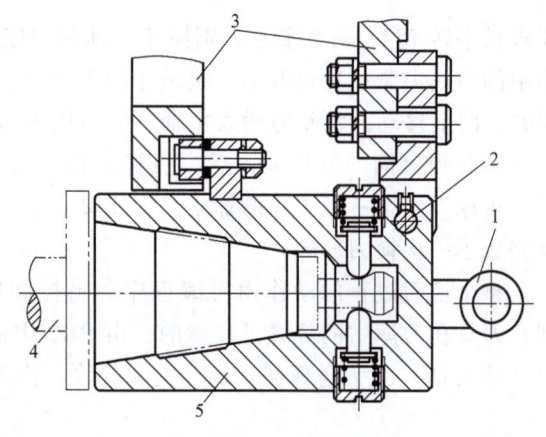

图 3-83 刀座的结构
1—滚轮 2—轴 3—刀库的圆盘形底架 4—刀具 5—刀座

机械手的手臂结构如图 3-84 所示。手臂两端各有一个手爪。刀具被活动销 4 借助弹簧 1 顶靠在固定爪 5 中。锁紧销 2 被弹簧 3 弹起,使活动销 4 被锁住而不能后退。这就保证了在机械手运动过程中,手爪中的刀具不会被甩出。当手臂处于 75°位置时,锁紧销 2 被挡块压下,活动销 4 就可以活动,使得机械手可以抓住(或放开)主轴或刀座中的刀具。

自动换刀动作如下:①在上一道工序加工时,数控系统发出刀具指令,刀库转动,将准备换上去的刀具转到换刀位置。②上一道工序完成,需要换刀时,数控系统发出换刀指令,将刀库最下方的刀座逆时针转 90°至刀头向下的竖直位置。同时,令主轴箱上升至换刀点。

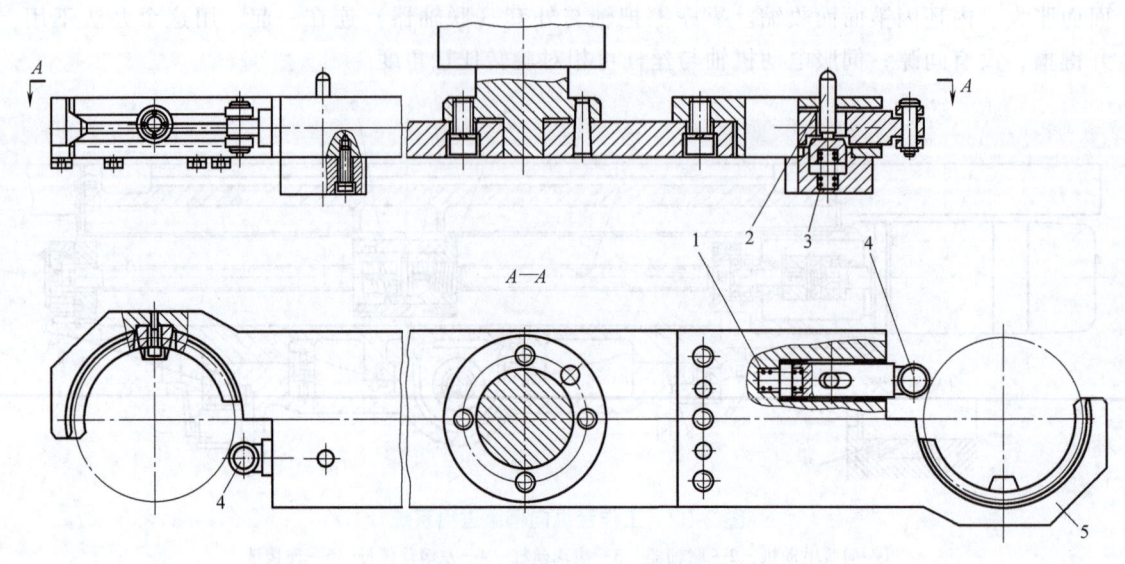

图 3-84 机械手的手臂结构
1、3—弹簧 2—锁紧销 4—活动销 5—固定爪

③机械手转 75°，两个手爪分别抓住主轴和刀座中的刀具。④待主轴组件内的拉杆下移，主轴中的刀具夹紧机构松开后，机械手向下移动，将主轴和刀座中的刀具拔出。⑤机械手回转180°，向上移动，将新刀插入主轴，旧刀插入刀座。与此同时，主轴拉杆内吹出压缩空气，清洁锥孔和刀柄。刀具装入后，拉杆上移，夹紧刀具。⑥机械手反向转 75°，回到原始位置。机床开始下一道工序的加工。刀库又一次回转，把下一把待换刀具送到换刀位置。这样就完成了一次换刀循环。

整个换刀过程的动作由可编程序逻辑控制器（Programmable Logic Controller，PLC）控制。刀具在刀库中的位置是任意的，由 PLC 中的随机存储器（RAM）寄存刀具编号，故刀套（或刀柄）上无需任何识别开关和挡块，换刀机构简单。

3.6 综合训练——CA6140 机床的主轴箱拆装与测绘

机床拆装实习是机械专业实践教学环节中的一个重要组成部分。金属切削机床是典型的机械产品，学生通过对具体的机床及其部件的拆装、测绘与检修，可以巩固和加强专业理论知识，掌握典型机械总成、各零部件及其相互间的连接装配关系、拆装方法和步骤及注意事项，并能正确地使用常用的拆装工具与测量工具。同时，拆装实习对于提高学生分析与解决实际工程问题的能力，培养学生实践能力与创新思维有着不可替代的作用。

1. 实习内容

1）分析车床主轴箱的结构及传动原理，绘制传动系统图。

2）制定主轴箱拆装方案和编写拆装工艺过程，掌握拆装和测绘工具的正确使用方法。按顺序拆装主轴箱体内各零部件，分析主轴箱结构和各种零部件的功能。

3）测量和计算各传动轴及其他零件的主要参数，绘制各零件图。

4）分析各零部件的结构，固定及调整方法，徒手绘制其组件装配草图以及正式装配图。

5）选择 1~2 个关键零部件，绘制其结构草图及零件工作图，并通过实测，标注各尺寸，推测配合处的配合制、名义尺寸和配合标准公差等级与公差，从功能要求考虑，选择合理的几何公差和表面粗糙度。

2. 拆装前的准备工作

准备工具和量具。本次实习所采用的工具和量具主要有：各种扳手、螺丝刀、卡簧钳、销子冲、拔销器、拉拔器、铜棒、垫铁、锤子、撬杠、三角刮刀、油石、毛刷、棉纱、煤油、百分表、磁力表架、7∶24 锥度检验棒、螺纹规、sϕ6mm 钢珠、V 形块、钢板尺、游标卡尺、公法线卡尺、铅笔、圆规、三角板等。

要求首先熟悉装配图及有关资料，了解机床结构及各部件关系。利用机床说明书、装配图及传动系统图来分析机床结构、各部件作用及传动原理。然后确定机床拆卸的方法、工艺过程和使用的工量具，清洗、修复零部件，更换损伤件等。

拆装前，指导教师应讲解机床拆卸的原则与方法。严格要求学生先制定拆装工艺过程，再进行拆装操作。

3. 观察与分析

CA6140 机床的主轴箱是由主轴组件、其他传动轴组件和制动机构、操纵机构及润滑装置等组成。主轴箱内各传动件的传动关系，传动件的结构、形状、装配方式及其支承结构，常采用展开图的形式表示，如图 3-19 所示。

先揭开主轴箱盖，扳动轴Ⅰ上的带轮，观察各轴的运动；分别变动三个操纵手柄位置，观察箱内滑移齿轮位置的变化和主轴转速、转向变化。根据主轴箱装配图，搞清各轴部件结构及其装配关系（图 3-19 和图 3-20），要弄清楚以下问题：

1）看懂标牌的意义，明确主轴箱各操纵手柄的作用。
2）明确主传动的传动路线，分析主轴正转、反转、高速是如何调整实现的。
3）观察双向离合器（图 3-18 中 M_1）的结构及其调整操纵情况。
4）操纵轴Ⅱ—Ⅲ上两个滑移齿轮移动，操纵轴Ⅳ上的两个滑移齿轮及轴Ⅵ上的一个滑移齿轮（图 3-18 中 M_2），注意它们的啮合位置。
5）观察和分析主轴组件的结构、主轴前后轴承的作用及间隙调整方法。
6）观察主轴箱的润滑系统及各传动件的润滑油流经路径。

4. 主轴箱拆装

拆卸主轴箱时按照先外后内、先上后下的顺序，先拆成组件，再分解成零件。装配顺序与拆卸顺序相反。下面主要以轴组件中（图 3-19）较复杂的轴Ⅰ、主轴为例来说明拆装方法。

（1）轴Ⅰ的拆装方法 轴Ⅰ的拆卸首先从主轴箱的左端开始。轴Ⅰ的左端有带轮，第一步用销冲把锁紧螺母拆下，然后用内六角扳手把带轮上的端盖螺钉卸下，用锤子配合铜棒把端盖卸下，拆下带轮上的另一个锁紧螺母，使用撬杠把带轮卸下，然后用锤子配合铜棒把轴承套从主轴箱的右端向左端敲击，直到卸下为止，到这时轴Ⅰ整体组件可以一同卸到箱体外面。

轴Ⅰ上的零件首先从两端开始拆卸，两端各有一向心球轴承。拆卸轴承时，应用手锤配合铜棒敲击齿轮，连带轴承一起卸下，敲击齿轮时注意用力均匀，卸下轴承后，把轴Ⅰ上的空套齿轮卸下，然后把摩擦片取出。

装在轴Ⅰ上的零件较多，为便于拆装，通常是在箱体外装好后再将轴Ⅰ装到箱体中。

轴Ⅰ的装配在箱体外进行，在装配过程中应注意轴承的位置和轴Ⅰ上的滑套是否能在元宝销上比较通顺地滑动，否则视为装配不合理，应重新进行装配。

（2）主轴的拆装方法　主轴的拆装应从两端的端盖开始，然后从箱体左侧向右侧拆卸。

左侧箱体外有端盖和锁紧调整螺母，卸下后，把主轴上的卡簧松开取下，此时用锤子配合垫铁把主轴从左端向右端敲击，敲击的过程中，应注意随时调整卡簧的位置。具体过程如下：切断电源，卸掉带，去掉主轴的前端盖，打开主轴后边的罩子，打开主轴箱的盖子。使用内六角扳手松开螺钉，拆卸主轴后轴承盖。使用螺丝刀、内六角扳手、榔头、铜棒等工具，取下自定心卡盘及前轴承盖。使用卡簧钳松开卡簧，用螺丝刀将外卡簧取出轴槽，用钩头扳手松开圆螺母。

在主轴箱右端装上拉拔器，拉出主轴。将主轴取出后，使用拉拔器拉下轴承内圈。卸下主轴后，将拆卸的零件清洗干净，顺序放置。

配合主轴装配图向学生讲解主轴的零件名称、传动原理，主轴的装配应从箱体的左侧向右侧进行。在装配的过程中，第一，注意主轴的前轴承应该均匀地装在轴承圈中，否则会损坏轴承；第二，注意齿轮的装配应咬合均匀，无顶齿现象；第三，装配后，主轴应能正常旋转。

（3）拆装注意事项　在拆装机床的过程中，为避免零件的破损和发生安全事故，需正确使用拆卸工具。拆装过程中，指导教师要现场讲授、示范操作，先把操作要领和方法传授给学生，指导学生弄清楚该机床原理结构后再动手拆卸，严格避免学生胡乱拆装。例如拆装零件时，当拆不下或装不上时，严禁盲目敲打，要根据图纸分析原因，弄清楚后再进行拆装。

具体拆装注意事项：看懂原理结构后再动手拆，先拆紧固件、限位件，如紧定螺钉、销钉、卡簧、衬套等。重要油路等要做标记；拆卸零部件要按顺序排列，细小件要放入原位，做到键归槽、钉插孔；轴类配合件要按原顺序装回轴上，细长轴要悬挂放置；成组螺栓装配顺序：分次、对称、逐步旋紧。

指导学生拆卸后不要着急装，要仔细观察轴、轴上零件以及与其他相邻零件的传动和装配关系，同时测量主轴、齿轮等关键零部件，并按比例绘制出零件图及装配草图。

装配质量的好坏，直接影响机床产品的整体质量。装配时对重要的复杂部分要反复进行检查，以免错装、多装或漏装，造成不必要的返工。机床装配完毕后，应进行检验和调整。仔细观察各运动部件的运动情况，并进行必要调整。

5. 测绘

每班分成若干组，同组人员对拆卸、观察、测量、记录、绘图等进行分工。每个小组测绘不同的轴，零件编号并分配给小组成员分工测绘零件工作图，最后合在一起绘制各轴组件装配图及主轴箱装配图。下面以轴系结构的测绘过程和步骤为例说明。

（1）分析轴系结构并绘制轴系结构装配草图

1）打开轴系所在机器箱盖，仔细观察轴系的整体结构，观察轴上有哪些零件，每一个轴上零件采用的是哪种定位方式。

2）观察分析轴上每一个轴肩的作用，确定出哪些为定位轴肩，哪些为非定位轴肩，并分析非定位轴肩的作用。

3）观察轴系结构所选用的滚动轴承类型以及每个轴承的轴向定位与固定方式，观察轴系采用的轴承间隙调整方式、密封装置、润滑方式并判断是否合理。观察轴系的轴承组合采用的是哪种轴向固定方式，并分析判断所采用的方式是否适合其工作场合。

4）观察分析每一个轴上零件的结构及作用。

5）观察轴、轴上零件以及与其他相邻零件的装配关系，徒手按比例绘出轴系结构的装配草图。

（2）测量有关的尺寸

1）把轴系结构拆开并记住拆卸顺序，用钢板尺与游标卡尺测量出阶梯轴上每个轴段的直径和长度。判断各轴段的直径是否符合国家标准，判断每个定位轴肩、非定位轴肩的高度是否合适。

2）观察轴上的键槽，判断键槽的位置是否便于加工，测出键槽的尺寸并检测是否符合国家标准规定。

3）观察轴上是否有砂轮越程槽、退刀槽等，判断越程槽的位置是否合适。测量出具体尺寸，并检测是否符合国家标准规定。

4）测量出每个轴上零件的轴向长度，并与阶梯轴上对应的轴段长度相比较，判定每个轴段长度是否合理，是否能够保证每个零件定位与固定可靠。

5）确定轴系结构所用的轴承型号，并测量出（或从手册中查出）有关的尺寸。测量出轴承盖与箱体有关的尺寸。

6）测绘完成后，用棉纱将各个零件、部件擦净，然后按顺序安装、调试，使轴系结构复原后放回原处。

（3）绘制轴系结构装配图　根据前面绘出的装配草图和测量出的有关尺寸，画出轴系结构的装配图，并把有关尺寸与配合标注到装配图中。

思考与练习题

3-1　金属切削机床常见的分类方法有哪些？

3-2　指出下列型号各为何种机床？

（1）CM1107A；（2）CA6140；（3）Y3150E；（4）MM7132A；（5）T4140；（6）L6120；（7）X5032；（8）B2021A；（9）DK7725；（10）Z5125A。

3-3　写出下列机床型号中每个符号的意义。

（1）CA6140；（2）C2150/6；（3）MM7132A；（4）X6030；（5）Z3040；（6）Y3150E。

3-4　机床必须具备哪三个基本部分？各自的功用如何？

3-5　什么是机床夹具？通用夹具和专用夹具有何区别？

3-6　什么是工件表面的发生线？它的作用是什么？形成发生线的方法有哪些？

3-7　何谓简单成形运动？什么叫复合成形运动？其本质区别是什么？

3-8　何谓外联系传动链？何谓内联系传动链？对这两种传动链的要求有何不同？

3-9　试用简图分析用下列方法加工所需表面时的成形方法，并标明所需的机床运动。

（1）用螺纹车刀车削螺纹；（2）用成形车刀车削外圆锥面；（3）用钻头钻孔；（4）用

插齿刀插削直齿圆柱齿轮。

3-10 机床常用的传动副有哪些？各有何特点？

3-11 机床的液压传动系统由哪几部分组成？各有何作用？

3-12 某机床的传动系统如图3-85所示，试计算如下内容。

（1）车刀的运动速度（m/min）；

（2）主轴每转1转时，车刀移动的距离（mm/r）。

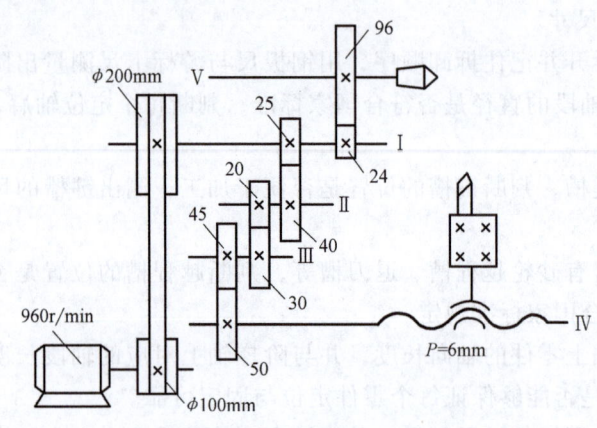

图3-85 某机床传动系统

3-13 简述卧式车床的工艺范围。

3-14 CA6140机床的运动有哪些？

3-15 CA6140机床主轴正反转是如何实现的？说明其工作原理。正转的摩擦片数为什么比反转的片数多？

3-16 简述CA6140机床主运动的传动路线，计算主轴的最高与最低转速，并分析车床进给运动的传动路线。

3-17 试说明下列CA6140机床中典型机构的作用。

（1）卸荷带轮；（2）双向多片离合器；（3）制动器；（4）挂轮机构；（5）开合螺母；（6）互锁机构；（7）超越及安全离合器。

3-18 简述车床的类型及各自适用的加工场合。

3-19 工件在车床上的安装方法有哪些？各用于什么场合？

3-20 铣床主要有哪些类型？各用于什么场合？

3-21 工件在铣床上的安装方法有哪些？各用于什么场合？

3-22 试分析下列机床在结构上的区别。

（1）牛头刨床与插床；（2）牛头刨床与龙门刨床；（3）龙门刨床与龙门铣床。

3-23 拉削加工的运动有何特殊之处？

3-24 工件在刨床上的安装方法有哪些？各应用于什么场合？

3-25 简述钻床的类型及各自适应的加工场合。

3-26 卧式铣镗床有哪些运动？它能完成哪些加工工作？

3-27 简述坐标镗床的特点和用途。

3-28 试说明滚齿机和插齿机加工轮齿的原理。

3-29　Y3150E 滚齿机有哪些运动传动链？各有什么作用？叙述滚齿机滚切直齿圆柱齿轮的原理，并画出其传动原理图。

3-30　滚切直齿和斜齿圆柱齿轮时，如何确定滚刀架的安装角大小及其方向？

3-31　插齿机需要哪些运动？这些运动中有哪几条为内联系传动链？

3-32　在万能外圆磨床上磨削圆锥面有哪几种方法？各适于何种情况？该机床应如何调整？

3-33　简述磨削外圆、平面时，工件和砂轮需要做哪些运动。

3-34　平面磨床按砂轮工作面和工作台形状的不同可分为几类？

3-35　简述无心外圆磨床的磨削特点。

3-36　简述数控机床的工作原理及特点，其适用于哪种组织形式的生产？

3-37　数控车床的组成与结构有何特点？适用于何种加工对象？

3-38　镗铣加工中心与普通铣床相比功能上有何特点？

第 4 章
常用切削加工方法与刀具

零件表面的形成方法很多，其中车削、铣削、刨削、钻削、镗削、拉削、磨削等加工方法因其生产率高、加工质量好而应用广泛。本章通过介绍常用切削加工的方法与切削刀具的应用与特点，为能合理的选择切削加工方法与切削刀具、编制机械加工工艺规程奠定基础。

4.1 车削加工

通常，将车床主轴带动工件回转作为主运动、刀具在平面内做直线或曲线运动为进给运动的机械加工方法称为车削加工。

4.1.1 车削加工的应用

车削可以加工各种回转体和非回转体的内外回转表面，比如内外圆柱面、圆锥面、回转体端面、切槽和切断，可以加工回转体零件的端平面，也可以加工内外螺纹等成形回转表面。采用特殊的装置和技术措施，在车床上还可以车削零件的非圆表面，如凸轮、端面螺纹等。车削加工可以包括立式加工、卧式加工等。在一般机械制造企业中，车床占机床总数的20%~35%以上，车削是机械加工方法中应用最为广泛的方法之一，也是加工轴类、盘套类零件的主要方法。同时车削加工的材料范围较广，可车削黑色金属、有色金属和某些非金属材料，特别是适合于有色金属零件的精加工。车削加工既适合单件小批量生产，也适合中、大批量生产。车削加工的主要工艺类型可参考图3-16。

4.1.2 车刀

车刀是完成车削加工所必需的工具，它直接参与从工件上切除余量的车削加工过程。车刀的性能取决于刀具的材料、结构和几何参数，对车削加工的质量、生产率有决定性的影响。尤其是随着车床性能的提高和高速主轴的应用，刀具的性能直接影响机床性能的发挥。本节主要介绍车刀的种类、特点和应用。

车刀可根据不同的方法分为很多种类（图4-1、图4-2）：按用途不同可分为外圆车刀、端面车刀、镗孔车刀、切断车刀、螺纹车刀和成形车刀等；按其形状不同可分为直头车刀、弯头车刀、圆弧车刀、左偏刀和右偏刀等；按其结构形式的不同可分为整体式高速钢车刀、

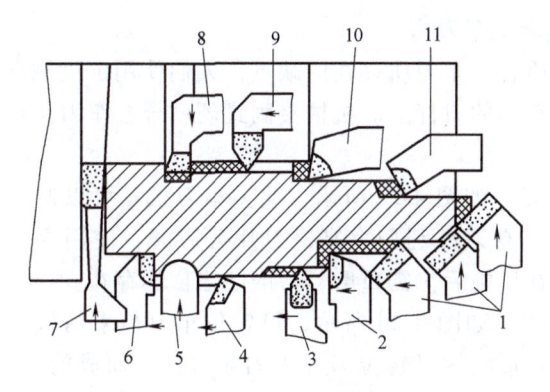

图 4-1 常用车刀的种类及用途

1—45°端面车刀　2—90°外圆车刀　3—外螺纹车刀　4—70°外圆车刀　5—成形车刀　6—90°左切外圆车刀
7—切断车刀　8—内孔车槽车刀　9—内螺纹车刀　10—75°内孔车刀　11—90°内孔车刀

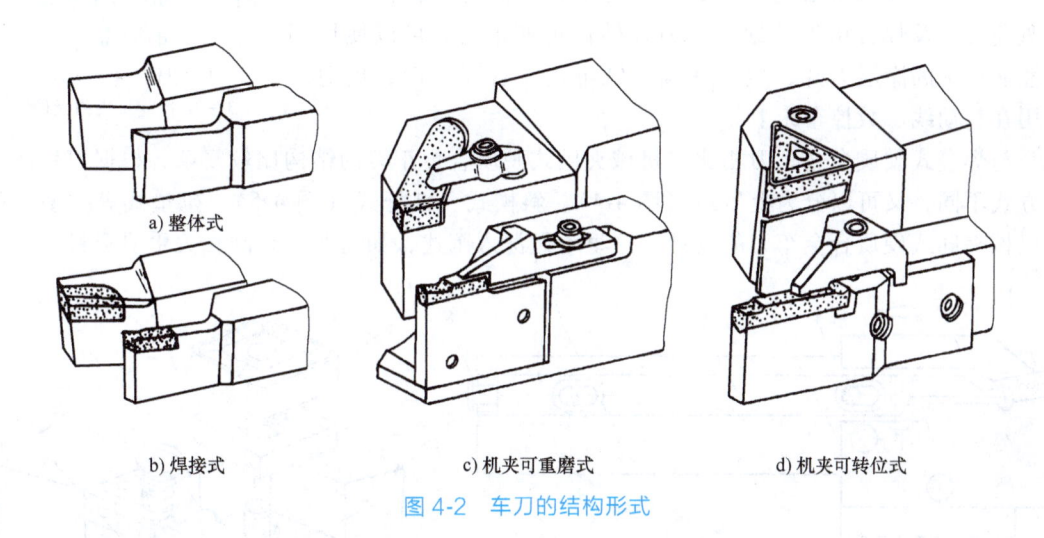

a) 整体式　　b) 焊接式　　c) 机夹可重磨式　　d) 机夹可转位式

图 4-2　车刀的结构形式

焊接式硬质合金车刀、机械夹固式硬质合金车刀等。

下面介绍几种常用的车刀类型。

1. 整体式高速钢车刀

选用一定形状的整体高速钢刀条，在其一端刃磨出所需要的切削刃部分形状就形成了整体式高速钢车刀，如图 4-2a 所示。这种车刀刃磨方便，可以根据需要刃磨成不同用途的车刀，尤其是适合刃磨各种刃形的成形车刀，如切槽刀、螺纹车刀等。刀具磨损后可以多次重磨。但由于刀杆也是高速钢材料，造成刀具材料的浪费，而且刀杆强度低，当切削力较大时，会造成破坏。因此，该车刀一般用于较复杂成形表面的低速精车。

2. 焊接式硬质合金车刀

这种车刀是把一定形状的硬质合金刀片钎焊在刀杆的刀槽内制成的，如图 4-2b 所示。其结构简单、制造刃磨方便、刀具材料利用充分，在一般的中小批量生产和修配生产中应用较多。但由于其切削性能受工人的刃磨技术水平和焊接质量的影响，易产生刃磨裂纹和焊接裂纹，影响刀具寿命，且刀杆不能重复使用，浪费材料等缺点，不适应现代制造技术发展的要求。

3. 机械夹固式硬质合金车刀

为了克服焊接式硬质合金车刀所存在的缺点，人们使用了机械夹固式结构，将刀片通过机械夹固的方式安装在车刀的刀杆上。机械夹固式硬质合金车刀又可分为机夹可重磨车刀和机夹可转位车刀。

（1）机夹可重磨车刀　如图4-2c所示，此类车刀虽然可以避免由焊接所带来的缺陷，有刀杆利用率高，刀片可刃磨，使用灵活方便等优点，但车刀在用钝后仍需重磨，刃磨缺陷依然存在。

（2）机夹可转位车刀　如图4-2d所示，可转位车刀是采用机械夹固的方式把具有一定形状的可转位刀片夹固在刀杆上而成的。它包括刀杆、刀片、刀垫、夹固元件等部分，如图4-3所示。这种车刀用钝后，只需将刀片转过一个位置，即可使新的刀刃投入切削，当几个刀刃都用钝后，更换新的刀片。机夹可转位车刀可以避免刃磨及焊接引发的缺陷，刀片转位更换迅速，可以使用切削性能更优的涂层刀片，生产率高，既可用于普通车床，更适合应用在自动线、数控车床上。

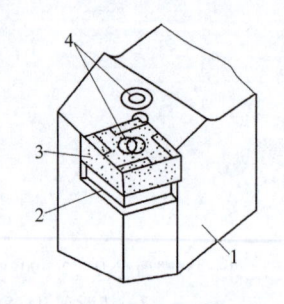

图4-3　机夹可转位车刀的构成
1—刀杆　2—刀垫
3—刀片　4—夹固元件

与焊接式硬质合金车刀相比，机械夹固式硬质合金车刀的结构比较复杂，根据刀片被夹紧方式不同，又可以分为上压式（图4-4）、斜楔式、杠杆式（图4-5）、拉垫式等类型。关于机械夹固式硬质合金车刀的设计，这里不做深入阐述，如需要可查阅相关手册资料。

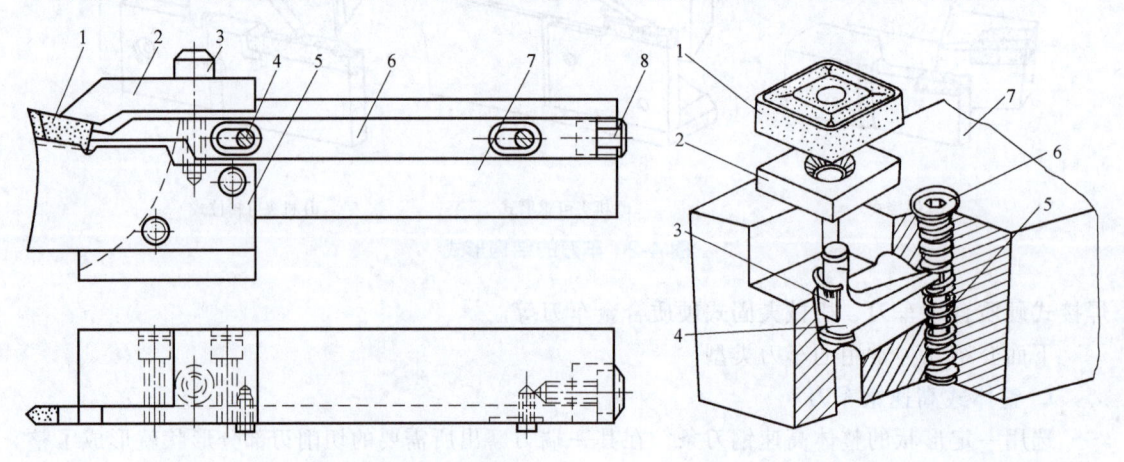

图4-4　上压式机夹可重磨切断刀
1—刀片　2—压板　3—压紧螺钉　4—锁紧螺钉
5—刀垫　6—推杆　7—刀杆　8—调整螺钉

图4-5　杠杆式机夹可转位外圆车刀
1—刀片　2—刀垫　3—垫片　4—杠杆
5—弹簧　6—螺钉　7—刀杆

4. 成形车刀

成形车刀是加工回转体成形表面的专用刀具，它的切削刃形状是根据工件的廓形设计的。成形车刀主要用于大批量生产，在半自动或自动车床上加工内外回转体的成形表面。当生产批量较小时，也可在普通车床上使用。采用成形车刀加工时，加工工件的标准公差等级可达IT8~IT10，表面粗糙度Ra可达2.5~10μm，可保证稳定的加工质量。多刃同时切削时，经过一次切削行程即可切出所需成形表面，故生产率高。刀具的可重磨次数多，使用期限长，但成形车刀的设计计算、制造比较麻烦，故生产成本较高。

（1）成形车刀的种类和用途

1）按刀具本身的结构和形状不同，成形车刀可分为平体、棱体和圆体三种成形车刀。

平体成形车刀：如图 4-6a 所示，其外形为平条状，与普通车刀类似，只能加工外成形表面。例如，螺纹车刀、铲制成形铣刀用的铲刀等。

棱体成形车刀：如图 4-6b 所示，其外形为棱柱体，也只能加工外成形表面。可重磨次数远高于平体成形车刀，刀具寿命长，刚度好。

圆体成形车刀：如图 4-6c 所示，其外形为为回转体，与前两种成形车刀相比，可重磨次数更高。它可以用来加工内、外圆成形表面，制造比较方便，故应用广泛。

a) 平体成形车刀　　b) 棱体成形车刀　　c) 圆体成形车刀

图 4-6　成形车刀的结构分类

2）按进给方向不同，可分为径向进给、切向进给和斜向进给三种成形车刀。

径向进给成形车刀：刀具进给运动方向沿着工件半径方向进给，此类刀具最为常用，图 4-6 中三种成形车刀都是径向进给的。

切向进给成形车刀：如图 4-7a 所示，刀具进给运动方向沿着工件加工表面的切线方向进给，其特点是切削力小，切削终了位置不影响加工精度，主要用于自动车床上加工精度较高的小尺寸工件。

斜向进给成形车刀：如图 4-7b 所示，刀具进给运动方向不垂直于工件轴线，主要用于切削直角台阶表面，能形成合理的后角及偏角。

a) 切向进给成形车刀　　b) 斜向进给成形车刀

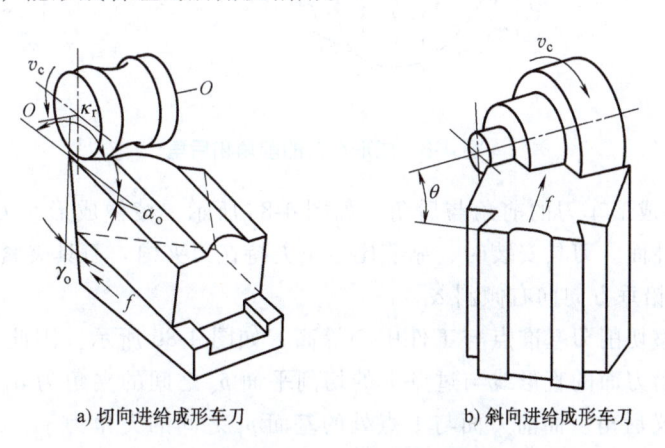

图 4-7　切向与斜向进给成形车刀

（2）径向成形车刀的前角和后角　成形车刀的切削刃数量多且形状复杂，一般情况下切削刃上各点所对应的角度参考系不相同。为了便于测量、制造和重磨，其前角、后角规定在假定工作平面 p_f 中表示。在假定工作平面 p_f 中测量的刀具切削刃基准点（距离工件中心最近的那一点，如图 4-8 中的 1′ 位置）处的前角和后角称为成形车刀的名义前角 γ_f 和名义后角 α_f。

成形车刀的前角和后角的作用和选择原则基本上与普通车刀相同，但成形车刀在安装前，需预先按名义前角和后角之和在刀具上磨出一个 ε 角（$\varepsilon = \gamma_f + \alpha_f$）后，再把刀具安装在刀夹中。在切削刃的基准点与工件中心等高时，才能得到规定的名义前角 γ_f 和名义后角 α_f 的数值，如图 4-8 所示。

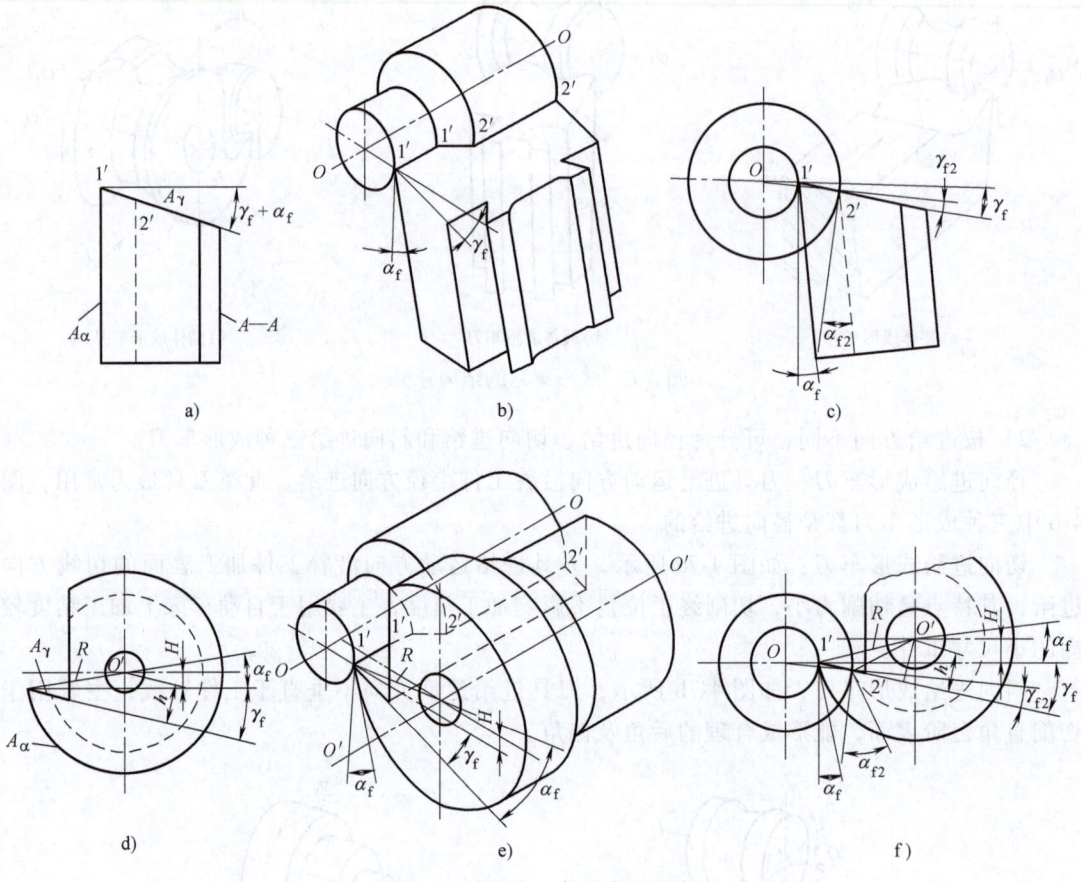

图 4-8　成形车刀的前角和后角

1）径向棱体成形车刀的前角与后角。如图 4-8a 所示，棱体成形车刀的前刀面是平面，后刀面是成形棱柱面。刀具安装时，靠燕尾定位夹持在刀夹内。刀具夹紧后，夹持定位基准面（A—A）相对铅垂方向向右倾斜 α_f。

切削时，调整切削刃基准点与工件中心等高，如图 4-8b 所示。因此，在假定工作平面 p_f 内，成形车刀后刀面的直母线与过点 1′ 的切削平面 p_s 之间的夹角为 α_f，就是棱体成形车刀在 1′ 点处的名义后角。而前刀面与 1′ 点处的基面 p_r 之间的夹角为 γ_f，就是 1′ 点处的名义前角。前刀面与后刀面直母线间的夹角（即楔角）$\beta_f = 90° - \alpha_f - \gamma_f$。制造或重磨成形车刀的前刀面时，就需按 β_f 角的数值来磨制。

切削刃 1′点在工件中心水平位置上，切削刃上其余各点 2′（或其他点等）均低于工件中心水平位置，因此，切削刃上其余各点的基面和切削平面的位置在变动，在各点前、后刀面方位不变的情况下，各点前角 γ_f 与后角 α_f 均不相同。切削刃各点离工件中心越远，前角 γ_f 越小，后角 α_f 越大，如图 4-8c 所示。

2）径向圆体成形车刀的前角与后角。如图 4-8d 所示，制造圆体成形车刀时磨出前刀面 A_r，并使其低于刀具中心 h 距离，即

$$h = R\sin(\gamma_f + \alpha_f) \tag{4-1}$$

式中 R——圆体成形车刀廓形的最大半径。

如图 4-8e 所示，在圆体成形车刀安装时，将离工件中心最近处切削刃 1′点安装在工件中心水平位置上，并将刀具中心安装高于工件中心 H，则

$$H = R\sin\alpha_f \tag{4-2}$$

圆体成形车刀是通过上述制造和安装后形成名义前角 γ_f、名义后角 α_f 的。如图 4-8f 所示，切削刃上各点前角与后角数值不等，其变化规律符合棱体成形车刀的前角与后角的变化规律。

成形车刀的前角 γ_f 和后角 α_f 值不仅影响刀具的切削性能，而且影响加工零件的廓形精度，因此，要求在制造、重磨、装刀和使用时，均不可变动。其数值可参考有关设计资料选取。

3）成形车刀的正交平面后角 α_o。刀具正交平面后角 α_o 可更直接地反映刀具后刀面与工件加工表面间的摩擦状态和刀具真实的切削性能。因此，在确定了成形车刀后角 α_f 后，还需校验正交平面后角 α_o 的数值，应当避免后角 α_o 过小或为零的情况。

为了简化问题，现以 $\gamma_f = 0°$、$\lambda_s = 0°$ 的成形车刀为例来进行介绍。

如图 4-9 所示，α_{fx} 是成形车刀切削刃上任一点 x 处假定工作平面 p_f 内的后角；α_{ox} 是 x 点处正交平面 p_o 内的后角；κ_{rx} 是 x 点处的切削刃在基面上的投影与进给方向之间的夹角。由图 4-9（或者根据任意平面与正交平面后角的换算公式）可得

$$\tan\alpha_{ox} = \tan\alpha_{fx}\sin\kappa_{rx} \tag{4-3}$$

图中，2-3 段切削刃与进给方向平行，即 $\kappa_r = 0°$。由式（4-3）可知，此时不论 α_f 是多大，α_o 都为 0°。这一段切削刃的后刀面与工件摩擦严重，切削情况特别差，刀具就会磨损加剧。遇此种情况，就要设法加以改善，改善措施如图 4-10 所示。

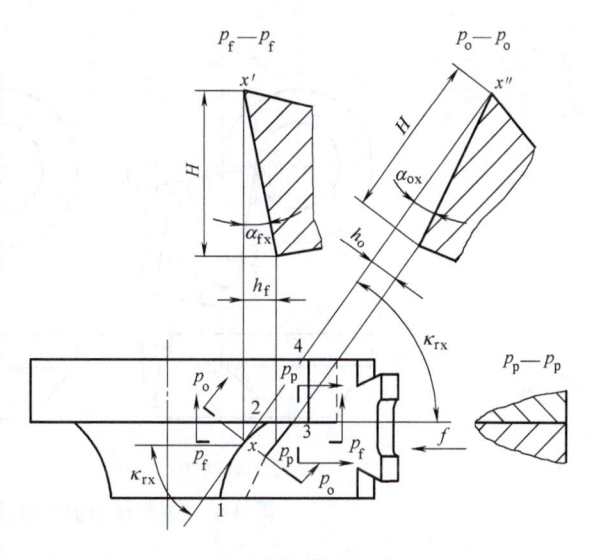

图 4-9 正交平面后角的换算

图 4-10a 所示为在不影响零件使用性能条件下，改变零件廓形；图 4-10b 所示为在成形车刀端面切削刃上磨出凹槽，以减小摩擦面积；图 4-10c 所示为在端面切削刃上做出侧隙；

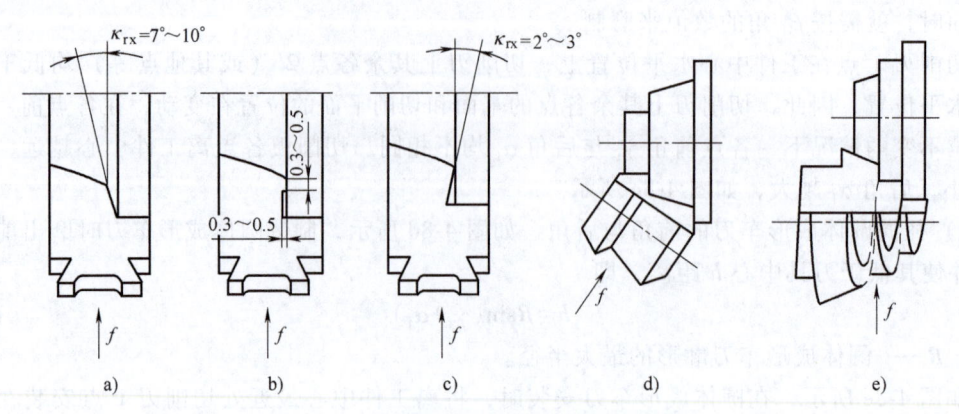

图 4-10 正交平面后角过小时的改善措施

图 4-10d 所示为选用斜装成形车刀，可形成大于零度的 κ_{rx}；图 4-10e 所示为制成螺旋后刀面的圆体成形车刀。

（3）成形车刀廓形设计

1）成形车刀廓形设计的必要性。假定成形车刀刃倾角 $\lambda_s=0°$，当前角 γ_f 和后角 α_f 都大于 $0°$，或 $\gamma_f=0°$ 而 $\alpha_f>0°$ 时，后刀面在其法向剖面 $N—N$ 内的截形与工件的轴向剖面（即通过工件轴线的剖面）内的截形不相同，这是因为成形车刀的轴向尺寸与工件的轴向尺寸虽然一样，但深度尺寸（廓形深度）却不同。由图 4-11 可看出，刀具后刀面法向剖面内的截形深度 P 小于工件轴向剖面内的截形深度 T。而且 γ_f 和 α_f 越大，这两个深度尺寸相差就越大。设计成形车刀时，根据工件轴向剖面内的廓形来求成形车刀后刀面所需要的法向截形，这就是成形车刀廓形设计。

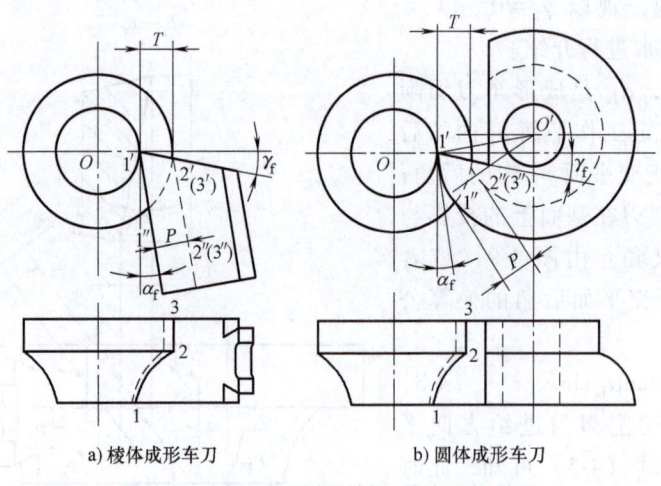

a) 棱体成形车刀　　　b) 圆体成形车刀

图 4-11 成形车刀廓形与工件廓形间关系

2）成形车刀廓形设计原理和方法。在设计成形车刀时，应先分析工件上的成形表面。任何回转体的成形表面，不论它的形状多么复杂，都不外乎是由一些与工件轴线夹成一定角度 θ 的直线或曲线绕工件轴线回转而成的表面。如图 4-12 所示，回转体的表面是由直线 1-2、2-3、3-4 和曲线 4-5 绕工件轴线回转而成的。1-2 段的回转面是圆锥面；2-3 段的回转面是圆环平面（端平面）；3-4 段的回转面是圆柱面；4-5 段的回转面则可看作是由 4-a、

a-b、b-c、c-5 等许多小段曲面组成的。当这些小段曲面极短时，它们都近似于圆锥面。因此，不论什么形状的回转体表面，都可看作是由许多很短的、锥度不同的圆锥面组成的。

进行修正计算时，须做好以下准备工作：检查工件成形表面各组成点的纵、横坐标尺寸是否齐全，缺少的尺寸应补全。各个组成点的坐标尺寸均应考虑其公差；对工件成形表面上的各组成点编号，并标注其纵、横坐标尺寸，一般将工件廓形中半径最小处的一点标为点"1"（切削刃上的基准点），其它各点的纵、横坐标尺寸都相对于这点来标注；根据工件材料的性质和成形车刀的类型，选定所需要的前角 γ_f 和后角 α_f 数值（可参考刀具设计手册）；圆体成形车刀须先确定它的外圆直径 D（可参考刀具设计手册）。

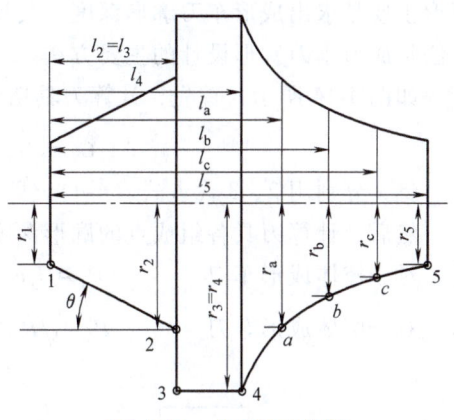

图 4-12 成形表面分析

① 作图法。作图法设计的主要内容是：已知工件的廓形、刀具的前角 γ_f 和后角 α_f，圆形车刀廓形的最大半径 R，通过作图找出切削刃在垂直于后刀面方向上（即后刀面法向）的截形。

如图 4-13 所示，取工件廓形平均尺寸画出零件的主、俯视图。在主视图中工件的水平中心位置处 $1'$ 上做出刀具的前刀面和后刀面投影线；做出切削刃各点 $2'$、$3'$、$4'$（$5'$）的后刀面投影线；在垂直后刀面的截面中，连接各点切削刃投影点和相等于工件廓形宽度引出线的交点 $1''$、$2''$、$3''$、$4''$、$5''$，连接各交点所形成的曲线即为成形车刀廓形。

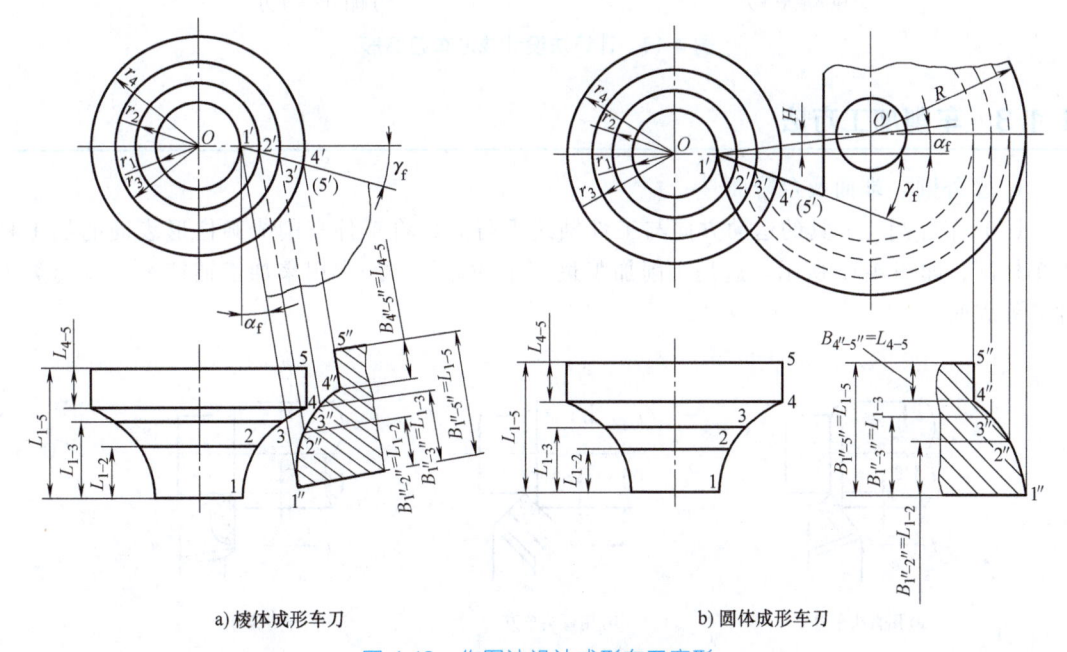

a) 棱体成形车刀   b) 圆体成形车刀

图 4-13 作图法设计成形车刀廓形

② 计算法。由于成形车刀的廓形宽度等于对应的零件廓形宽度，计算法设计成形车刀

廓形主要是求出成形车刀廓形深度。其计算公式较为简单，且能达到很高精确度，因此，计算法是成形车刀廓形设计的主要方法。

如图 4-14 所示，首先，计算刀具切削刃上各组成点的尺寸，即

$$C_x = \sqrt{r_x^2 - (r_1 \sin\gamma_f)^2} - r_1 \cos\gamma_f \tag{4-4}$$

将 x 分别用 2、3 代入式（4-4），即可求出切削刃上各组成点的相关尺寸 C_2、C_3。
然后，计算刀具各组成点的廓形深度

对于棱体成形车刀

$$P_x = C_x \cos(\gamma_f + \alpha_f) \tag{4-5}$$

对于圆体成形车刀

$$P_x = \sqrt{R^2 + C_x^2 - 2RC_x \cos(\gamma_f + \alpha_f)} \tag{4-6}$$

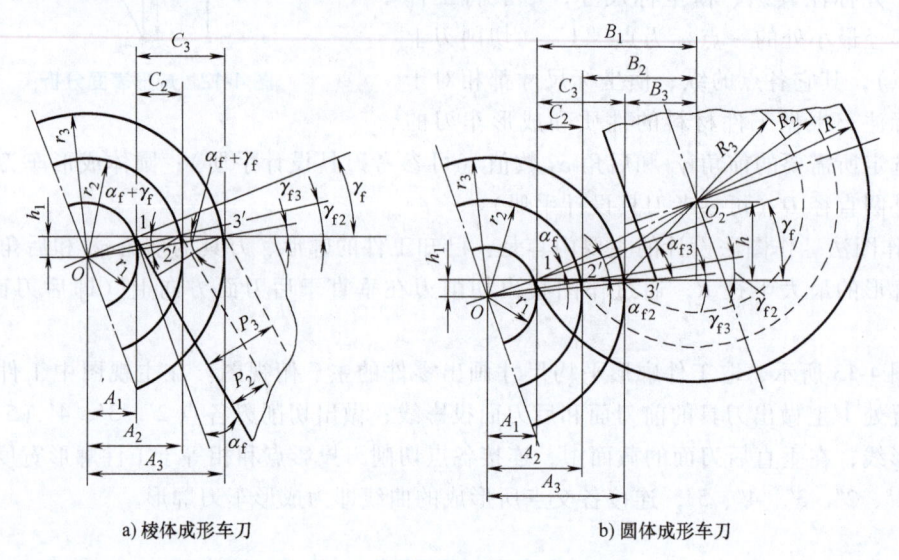

a) 棱体成形车刀

b) 圆体成形车刀

图 4-14 计算法设计成形车刀廓形

4.1.3 车削加工方法

1. 车外圆、端面及台阶面

（1）车外圆 刀具的运动方向与工件轴线平行时，将工件车削成圆柱形表面的加工称为车外圆，如图 4-15 所示。这是车削加工最基本的操作，经常用来加工轴销类和盘套类工件的外表面。

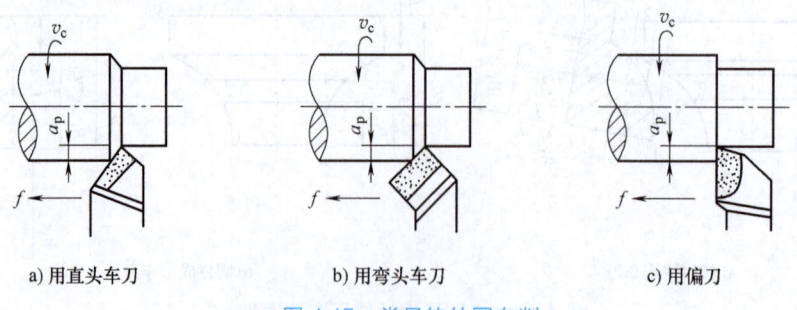

a) 用直头车刀

b) 用弯头车刀

c) 用偏刀

图 4-15 常见的外圆车削

外圆面的车削分为粗车、半精车、精车和精细车。

1) 粗车的目的是从毛坯上切去大部分余量，为精车做准备。粗车时采用较大的背吃刀量、较大的进给量以及中等或较低的切削速度，以达到高的生产率。粗车也可作为低精度表面的最终工序。粗车后的尺寸公差等级一般为 IT13～IT11，表面粗糙度 Ra 为 50～12.5μm。

2) 半精车的目的是提高精度和减小表面粗糙度，可作为中等精度外圆的终加工，亦可作为精加工外圆的预加工。半精车的背吃刀量和进给量较粗车时小。半精车的尺寸公差等级可达 IT10～IT9，表面粗糙度 Ra 为 6.3～3.2μm。

3) 精车的目的是保证工件所要求的精度和表面粗糙度，作为较高精度外圆面的终加工，也可作为光整加工的预加工。精车一般采用小的背吃刀量（a_p<0.15mm）和进给量（f<0.1mm/r），可以采用高的或低的切削速度，以避免积屑瘤的形成。精车的尺寸公差等级一般为 IT8～IT7，表面粗糙度 Ra 为 1.6～0.8μm。

4) 精细车一般用于技术要求高的、韧性大的有色金属零件的加工。精细车所用机床应有很高的精度和刚度，多使用仔细刃磨过的金刚石刀具。车削时采用小的背吃刀量（a_p≤0.03mm）、小的进给量（f=0.02～0.2mm/r）和高的切削速度（v_c>2.6m/s）。精细车的尺寸公差等级可达 IT6～IT5，表面粗糙度 Ra 为 0.4～0.1μm。

(2) 车端面　轴类、盘套类工件的端面经常用来作为轴向定位和测量的基准。车削加工时，一般都先将端面车出。对工件端面进行车削时刀具进给运动方向与工件轴线垂直，如图 4-16 所示，常采用弯头车刀或偏刀来车削。车刀安装时应严格对准工件中心，否则端面中心会留下凸台，无法车平。

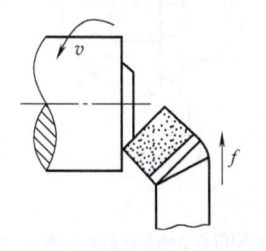

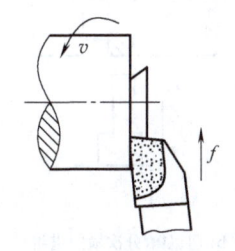

a) 用弯头车刀　　　b) 用偏刀（由外圆向中心进给）　　　c) 用偏刀（由中心向外圆进给）

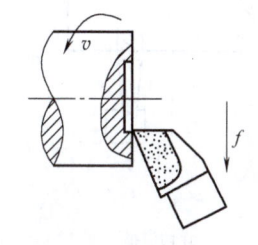

图 4-16　端面车削

车端面时，最好将大拖板固紧在床身上，而用小拖板调整切深，这样可以避免整个刀架产生纵向松动使端面出现凹面或凸面。车端面时切削深度较大，使用弯头车刀比较有利，车刀的横向进刀一般是从工件的圆周表面切向中心，而最后一刀精车时则由中心向外进给，以获得较低的表面粗糙度。

(3) 车台阶　阶梯轴上不同直径的相邻两轴段组成台阶，车削台阶处外圆和端面的加工方法称为车台阶。车台阶可用主偏角大于 90°外圆车刀直接车出台阶处的外圆和环形端面，也可以用 45°端面车刀先车出台阶外圆，再用主偏角大于 90°的外圆车刀横向进给车出环形端面，但要注意环形端面与台阶外圆处的接刀平整，不能产生内凹或外凸。多阶梯台阶车削时，应先车最小直径台阶，从两端向中间逐个进行车削。高度小于 5mm 的台阶，可一次走刀车出；高度大于 5mm 的台阶，可分多次走刀，再横向切出，如图 4-17 所示。

2. 切槽与切断

（1）切槽　回转体工件表面经常需要加工一些沟槽，如轴肩空刀槽、螺纹退刀槽、砂轮越程槽、油槽、密封圈槽等，这些沟槽分布在工件的外圆表面、内孔或端面上。切槽所用的刀具为切槽刀，如图 4-18 所示，它有一条主切削刃、两条副切削刃、两个刀尖，加工时沿径向由外向中心进刀。

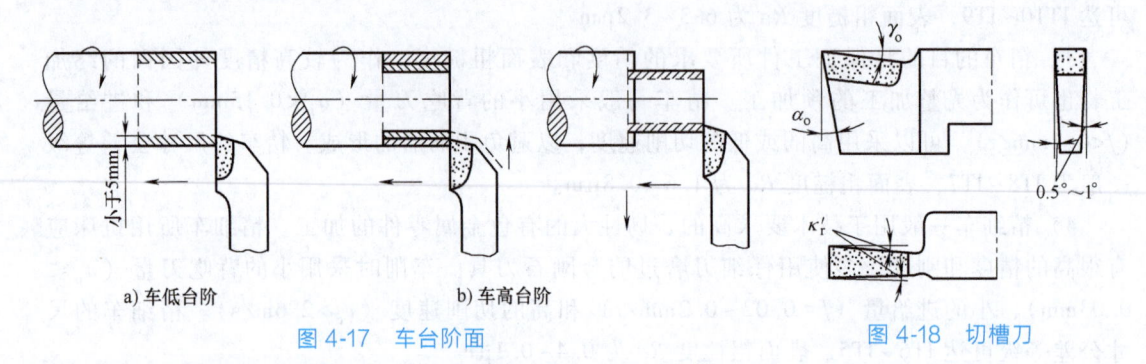

a) 车低台阶　　　b) 车高台阶

图 4-17　车台阶面　　　　　　　图 4-18　切槽刀

车削宽度小于 5mm 的窄槽，用主切削刃尺寸与槽宽相等的切槽刀一次车出；车削宽度大于 5mm 的宽槽，先沿纵向分段粗车，再精车出槽深及槽宽，如图 4-19 所示。

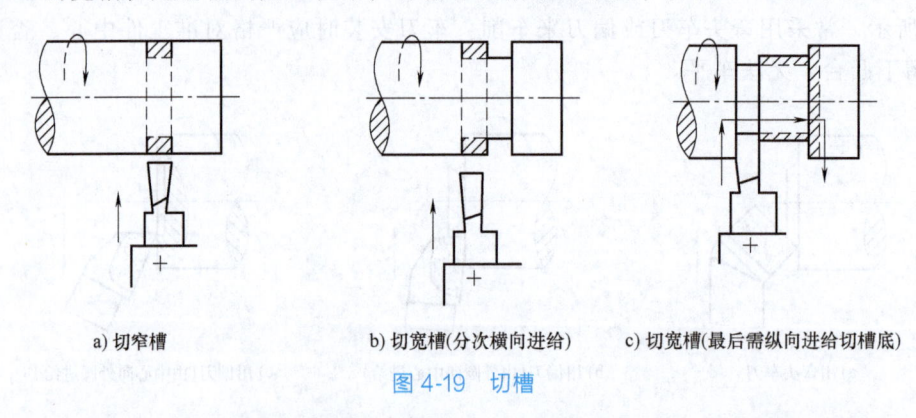

a) 切窄槽　　b) 切宽槽(分次横向进给)　　c) 切宽槽(最后需纵向进给切槽底)

图 4-19　切槽

当工件上有几个同一类型的槽时，若槽宽一致，则可以用同一把刀具切削。

（2）切断　切断是将坯料或工件从夹持端上分离下来的过程。切断所用的刀具为切断刀，其形状与切槽刀基本相同，只是刀头窄而长。由于切断时刀头伸进工件内部，散热条件差，排屑困难，所以切削时应放慢进给速度，以免刀头折断，如图 4-20 所示。

切断时应注意下列事项：

1）切断刀的刀尖应严格与主轴中心等高，否则切断时将剩余一个凸起部分，并且容易使刀头折断。

2）为了增加系统刚性，工件安装时应距卡盘近些，以免切削时工件振动。另外刀具伸出刀架长度不宜过长，以增加车刀的刚性。

图 4-20　切断

3）切削时，采用手动进给并降低切削速度，加切削液，以改善切削条件。

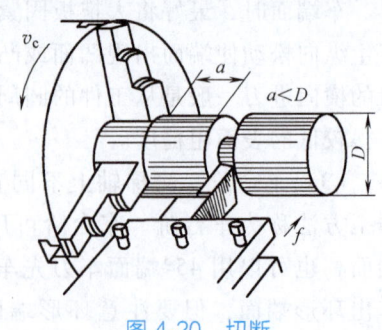

3. 孔加工

在车床上可以用钻头、镗刀、铰刀进行钻孔、镗孔和铰孔。加工孔时，应在工件一次装夹中与外圆、端面同时完成，以保证它们的垂直度和同轴度。

（1）钻孔　在车床上钻孔时所用的刀具为麻花钻。工件的回转运动为主运动，尾座上的套筒推动钻头所做的纵向移动为进给运动，如图 4-21 所示。钻孔前应将工件端面车平，最好在中心压出小坑，以免钻头引偏。由于孔内散热条件差，排屑困难，麻花钻的刚性差，容易扭断，因此钻孔时，工件的转速宜低，钻头送进速度应缓慢，并应经常退出钻头进行排屑及冲洗冷却。

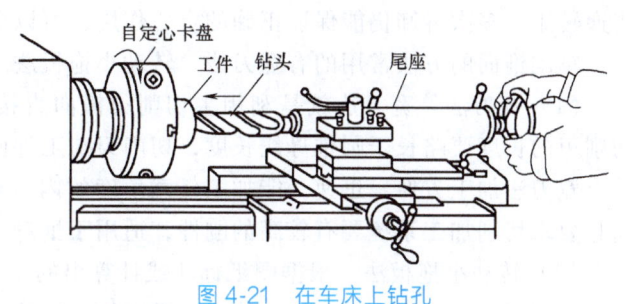

图 4-21　在车床上钻孔

钻孔的精度较低，表面粗糙度高，如孔的要求较高时，钻孔后应再进行铰孔和镗孔。

（2）镗孔　在车床上镗孔时，工件旋转为主运动，镗刀在刀架带动下进给为进给运动。利用镗孔刀（或称内孔车刀）对钻、锻、铸出的孔做进一步加工，以扩大孔径，提高孔的精度和表面质量。在车床上可以镗通孔、盲孔、台阶孔和孔内环形槽等。

镗通孔时，使用主偏角小于 90°的镗刀；镗盲孔或镗台阶时，使用主偏角大于 90°的镗刀；镗孔内环形槽时，使用主偏角等于 90°的镗刀，如图 4-22 所示。镗刀杆应尽可能粗些，安装时伸出刀架长度应尽可能小点，以增加刀具刚度。刀尖装得要略高于主轴中心，以减少颤动，避免扎刀。

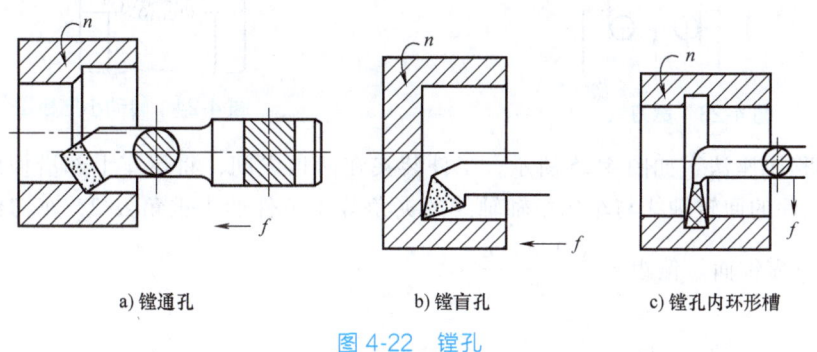

a) 镗通孔　　b) 镗盲孔　　c) 镗孔内环形槽

图 4-22　镗孔

镗内孔要比车外圆困难。这是因为内孔车刀的尺寸受到工件内孔尺寸的限制，刚性差，孔内切削情况不能直接观察；同时散热、排屑条件较差。所以镗内孔的精度和生产率都比车外圆低。车孔多用于单件小批生产中。

4. 车圆锥

常用的圆锥有四种：

1）一般圆锥：锥角较大，直接用角度表示，如 30°、45°、60°等。

2）标准圆锥：不同锥度有不同的使用场合。常用的标准圆锥有 1∶4、1∶5、1∶20、1∶30、7∶24 等。如铣刀锥柄与铣床主轴孔就是 7∶24 锥度。

3）米制圆锥：米制圆锥有 40、60、80、100、120、140、160 和 200 号 8 种，每种号数

都表示圆锥大端直径（mm）。米制圆锥的锥度都为 1：20。

4）莫氏圆锥：莫氏圆锥有 0~6 共 7 个号码，6 号最大，0 号最小。每个号数锥度都不同。莫氏圆锥应用广泛，如车床主轴孔、车床尾座套筒孔、各种刀具、工具锥柄等。

标准圆锥、米制圆锥、莫氏圆锥常被用做工具圆锥。圆锥面配合不但拆卸方便，还可以传递转矩，多次拆卸仍能保证正确的定心作用，所以应用很广。

车削锥面的方法常用的有宽刀法、转动小拖板法、偏移尾座法和靠模法。

（1）宽刀法　宽刀法就是利用主切削刃横向直接车出圆锥面，如图 4-23 所示。此时，切削刃的长度要略长于圆锥母线长度，切削刃与工件回转中心线成半锥角。

宽刀法加工方便、迅速，能加工任意角度的内、外圆锥。此种方法加工的圆锥面很短，而且要求切削加工系统要有较高的刚性，适用于批量生产。

（2）转动小拖板法　根据图纸标注或计算出的工件圆锥锥角 α，将小拖板转过 $\alpha/2$ 后固定。车削时，摇动小拖板手柄，使车刀沿圆锥母线移动，即可车出所需的锥体或锥孔，如图 4-24 所示。这种方法简单，不受锥度大小的限制。但由于受小拖板行程的限制，不能加工较长的圆锥，且只能手动进给，不能机动进给，劳动强度较大。表面粗糙度的高低靠操作技术控制，不易掌握。

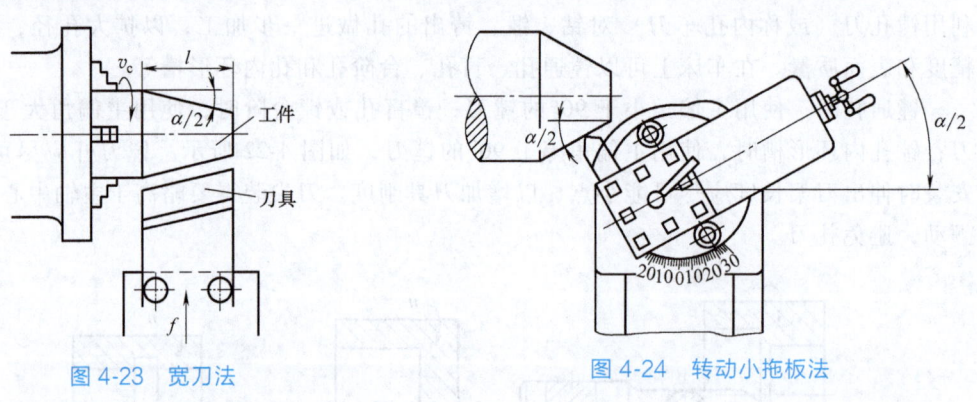

图 4-23　宽刀法

图 4-24　转动小拖板法

（3）偏移尾座法　如图 4-25 所示，工件装夹在两顶尖间，将尾座上部沿横向偏移一定距离 s，使工件的回转轴线与车床主轴轴线的夹角等于工件的半锥角 $\alpha/2$，车刀纵向自动进给即可车出所需锥面。偏距 $s = \dfrac{(D-d)L}{2l}$。

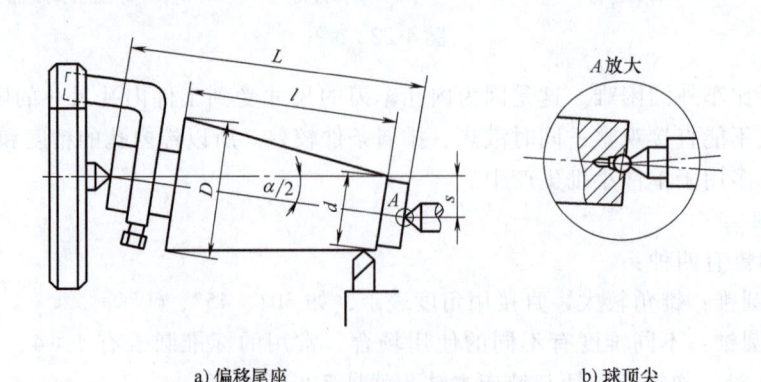

a）偏移尾座　　　　b）球顶尖

图 4-25　偏移尾座法

为使加工、检验方便，常将尾座上部向操作者一方偏移，以使锥体小端在床尾方向。为了改善顶尖在顶尖孔内的歪斜及不稳定状态，可采用球顶尖，如图4-25b所示。

偏移尾座法可自动进给车削较长工件上的锥面，但不能车削锥度较大的工件（$\alpha/2<8°$），不能车削锥孔，且调整偏移量费时间，适于单件或小批生产。

（4）靠模法　如图4-26所示，靠模装置的底座固定在车床床身上，装在底座上的靠模板可绕中心轴旋转到与工件轴线交成所需的半锥角 $\alpha/2$，靠模板内的滑块可自由地沿靠模板滑动，滑块与中滑板用螺钉压板固定在一起，为使中滑板能横向自由滑动，需将中滑板横向进给丝杠与螺母脱开，同时将小滑板转过 $90°$。当床鞍（大溜板）纵向进给时，滑块既纵向移动，又带动中滑板横向移动，从而使车刀运动方向平行于靠模板，加工出的锥面半锥角等于靠模板的转角 $\alpha/2$。

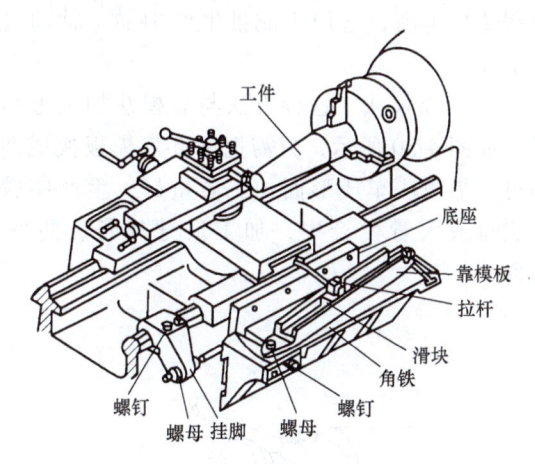

图4-26　靠模法

5. 车螺纹

带螺纹的零件应用非常广，它可作为连接件、紧固件、传动件以及测量工具上的零件。

车削螺纹是螺纹加工的基本方法。其优点是设备和刀具的通用性大，并能获得精度高的螺纹，所以任何类型的螺纹都可以在车床上加工。其缺点是生产率低，要求工人技术水平高，只有在单件、小批量生产中用车削方法加工螺纹才是经济的。

车螺纹时，应用螺纹车刀，其形状必须与螺纹截面相吻合（可用样板校验），三角螺纹车刀的刀尖角 $\varepsilon_r=60°$，前角 $\gamma_f=0°$，方可车出准确的螺纹牙型。

螺纹截面的精度还取决于螺纹车刀的刃磨精度及其在车床上的正确安装。螺纹车刀安装时，刀尖必须同螺纹回转轴线等高，刀尖角的平分线垂直于螺纹轴线，平分线两侧的切削刃应对称。如图4-27所示为车三角螺纹时螺纹车刀的安装。

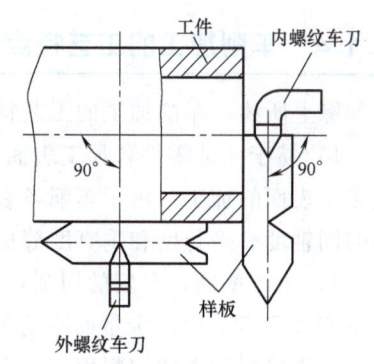

图4-27　螺纹车刀的安装

加工标准普通螺纹，只要根据工件螺距按机床进给箱上操纵手柄位置标牌选择有关手柄位即可。对于非标准螺纹，则要通过计算交换齿轮的齿数，变更交换齿轮来改变丝杠的转速，从而车出所要求螺距的螺纹。

6. 车成形面

在回转体上有时会出现母线为曲线的回转表面，如手柄、手轮、圆球等。这些表面称为成形面。成形面的车削方法有手动法、成形刀具法、靠模法、数控法等。

（1）手动法　用双手操作，同时做纵横向进给，车刀做合成运动，车削出所要求的成形面，如图4-28所示。这种方法生产率低，且需较大的劳动强度及较高的技巧，只适用于单件生产。

（2）成形刀具法　成形车刀车削时，车刀只需横向进给，如图4-29所示。此法操作简单，生产率高。但车刀制造成本高，适用于成批生产中加工轴向尺寸较小的成形面。

（3）靠模法　这种方法与靠模法加工锥面的方法一样，如图4-30所示，只需把锥度靠模板换成曲线靠模板即可。靠模法车成形面加工质量好，生产率较高，适用于成批或大量生产中，加工尺寸较长、曲率不大的成形面。

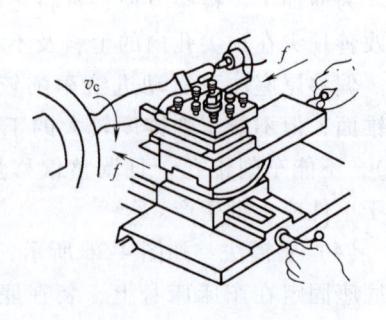

图4-28　手动法车成形面

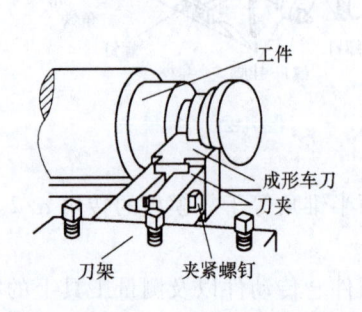

图4-29　成形刀具法车成形面

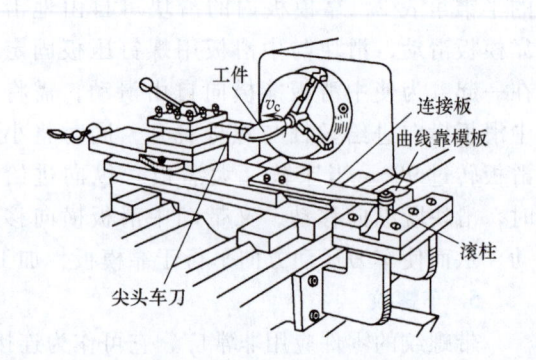

图4-30　靠模法车成形面

4.1.4　车削加工的工艺特点

综上所述，车削加工的工艺特点总结如下：

1）易于保证零件各加工表面的相互位置精度。车削加工时，在一次安装中，可依次实现多个表面的加工。由于车削各表面时均绕同一回转轴线旋转，故可较好地保证各加工表面间的同轴度、平行度和垂直度等位置精度要求。

2）生产率高。车削的切削过程是连续的（车削断续外圆表面例外），而且切削面积保持不变（不考虑毛坯余量的不均匀），所以切削力变化小。与铣削和刨削相比，车削过程平稳，允许采用较大的切削用量，常采用强力切削和高速切削，生产率高。

3）生产成本低。车刀是最简单的一种刀具，制造、刃磨和安装方便，刀具费用低。车床附件多，装夹及调整时间较短，生产准备时间短，加之切削生产率高，生产成本低。

4）适合于有色金属的精加工。当有色金属零件的精度较高、表面粗糙度值较小时，若采用磨削，易堵塞砂轮，加工较为困难，故可由精车完成。若采用金刚石车刀，选择合理的切削用量，其加工工件的标准公差等级可达IT6~IT5，表面粗糙度Ra可达0.8~0.1μm。

5）应用范围广。车削除了经常用于车外圆、端面、孔、切槽和切断等加工外，还用来车螺纹、锥面和成形表面。同时车削加工的材料范围较广，可车削黑色金属、有色金属和某些非金属材料，特别是适合于有色金属零件的精加工。车削既适用于单件小批量生产，也适用于中、大批量生产。

4.2 铣削加工

铣削加工时，铣刀的旋转为主运动，铣刀或工件沿坐标方向的直线运动或回转运动为进给运动。不同坐标方向运动的配合联动和不同形状刀具相配合，可以实现不同类型表面的加工。

4.2.1 铣削加工的应用

铣削加工是应用相切法成形原理，用多刃回转体刀具在铣床上对平面、台阶面、沟槽、成形表面、型腔表面、螺旋表面进行加工的加工工艺方法，是目前应用最广泛的加工方法之一。图 4-31 所示为常见铣削加工的应用示例。

a) 圆柱铣刀铣平面　　b) 面铣刀铣平面　　c) 立铣刀铣台阶面　　d) 立铣刀铣平面

e) 立铣刀铣沟槽　　f) 三面刃铣刀铣沟槽　　g) 锯片铣刀切断　　h) 立铣刀铣曲面

i) 键槽铣刀铣键槽　　j) 圆盘铣刀铣键槽　　k) 圆盘铣刀铣T形槽　　l) 单角铣刀铣燕尾槽

m) 双角铣刀铣V形槽　　n) 成形铣刀铣成形面　　o) 模具铣刀铣型腔　　p) 成形铣刀铣螺旋面

图 4-31　常见铣削加工的应用示例

4.2.2 铣刀

1. 铣刀的类型

铣刀是铣削加工所用的刀具,是金属切削刀具中种类最多的刀具之一。

(1) 按用途,铣刀可分为圆柱铣刀、面铣刀、立铣刀、盘形铣刀、锯片铣刀、键槽铣刀、角度铣刀、成形铣刀和模具铣刀等。

1) 圆柱铣刀。如图 4-31a 所示,圆柱铣刀仅在圆柱表面上有直线或螺旋线切削刃(螺旋角 $\beta=30°\sim45°$),没有副切削刃。圆柱铣刀一般用高速钢整体制造,用于卧式铣床上加工面积不大的平面。GB/T 1115—2020 规定,其外径有 50mm、63mm、80mm、100mm 四种规格。

2) 面铣刀。如图 4-31b 所示,面铣刀多制成套式镶齿结构,切削刃分布在刀体的端面上,刀具材料为硬质合金。可用于立式或卧式铣床上加工台阶面和平面,生产效率较高。

3) 立铣刀。如图 4-31c、d、e、h 所示,立铣刀一般由 3~4 个刀齿组成,圆柱面上的切削刃是主切削刃,端面上分布着副切削刃,工作时只能沿刀具的径向进给,而不能沿铣刀轴线方向做进给运动。它主要用于加工凹槽、台阶面和小的平面,还可利用靠模加工成形面。

4) 盘形铣刀。盘形铣刀包括三面刃铣刀、槽铣刀等。三面刃铣刀如图 3-41f 所示,除圆周具有主切削刃外,两侧面也有副切削刃,从而改善了两端面的切削条件,提高了切削效率,但重磨后宽度尺寸变化较大。三面刃铣刀可分为直齿三面刃和错齿三面刃,主要用于加工凹槽和台阶面。直齿三面刃铣刀两副切削刃的前角为零,切削条件较差。错齿三面刃铣刀,圆周上刀齿交替倾斜,形成左、右螺旋角 β,两侧刀刃形成正前角,它比直齿三面刃铣刀切削平稳,切削力小,排屑容易。

5) 锯片铣刀。如图 4-31g 所示,仅在圆柱表面上有刀齿,侧面无切削刃。为减少摩擦,两侧面磨出 1°的副偏角(侧面内凹),并留有 0.5~1.2mm 棱边,重磨后宽度变化较小。可用于加工公差等级为 IT9 左右的凹槽和切断。

6) 键槽铣刀。如图 4-31i 所示,键槽铣刀只有两个刀瓣,圆柱面和端面都有切削刃。加工时,先轴向进给达到槽深,然后沿键槽方向铣出键槽全长。它主要用于加工圆头封闭键槽。半圆键槽可用圆盘铣刀加工,如图 4-31j 所示。

7) 角度铣刀。角度铣刀有单角铣刀和双角铣刀两种,如图 4-31l、m 所示,它主要用于铣削沟槽和斜面。

8) 成形铣刀。如图 4-31n、p 所示,成形铣刀用于加工成形表面,其刀齿廓形根据被加工工件的廓形来确定。

9) 模具铣刀。如图 4-31o 所示,模具铣刀主要用于加工模具型腔或凸模成形表面。其头部形状根据加工需要可以是圆柱形球头和圆锥形球头等形式。

(2) 按齿背形式,铣刀可分为尖齿铣刀和铲齿铣刀。

1) 尖齿铣刀。尖齿铣刀的特点是齿背经铣制而成,并在切削刃后磨出一条窄的后刀面,铣刀用钝后只需刃磨后刀面,刃磨比较方便,应用广泛。

2) 铲齿铣刀。铲齿铣刀的特点是齿背经铲制而成,铣刀用钝后仅刃磨前刀面,易于保持切削刃原有的形状,因此适用于切削廓形复杂的铣刀,如成形铣刀等。

此外，铣刀还可按齿数疏密程度分为粗齿铣刀和细齿铣刀。粗齿铣刀刀齿少、刀齿强度高、容屑空间大，常用于粗铣。细齿铣刀齿数多、容屑空间小，常用于精铣。

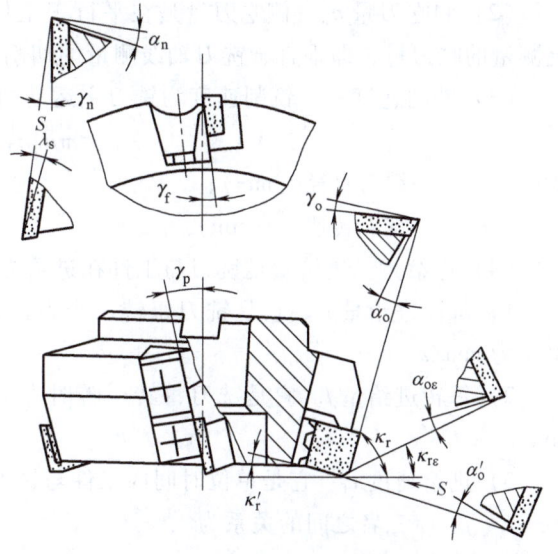

2. 铣刀的几何角度

（1）圆柱铣刀的几何角度　由于设计和制造的需要，圆柱铣刀的几何角度在正交平面参考系（由 p_r、p_s 和 p_o 组成）中定义，参考系的建立及刀具几何角度的定义与外圆车刀相同。图 4-32 所示为螺旋齿圆柱铣刀的几何角度标注。

1）螺旋角。螺旋角 ω 是螺旋形切削刃的切线方向与铣刀轴线间的夹角，与刃倾角 λ_s 相等。它能使刀齿逐渐切入和切出工件，能增加实际工作前角，使切削轻快平稳；同时形成螺旋切屑，排屑容易，防止切屑堵塞现象。一般细齿圆柱形铣刀 $\omega = 25° \sim 30°$，粗齿圆柱形铣刀 $\omega = 45° \sim 60°$。

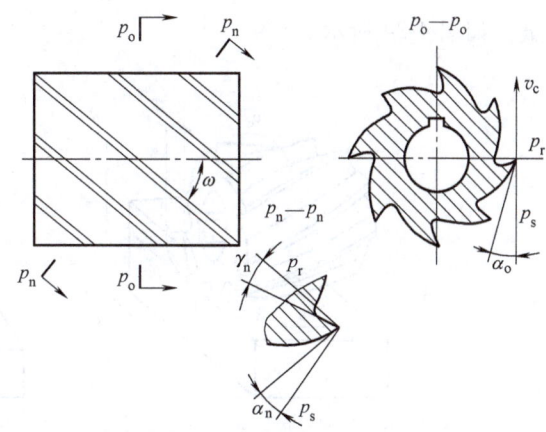

图 4-32　螺旋齿圆柱铣刀的几何角度

2）前角。通常在图样上应标注 γ_n，以便于制造。但在检验时，通常测量正交平面内前角 γ_o。两者的换算关系式为

$$\tan\gamma_n = \tan\gamma_o \cos\omega \tag{4-7}$$

前角 γ_n 按被加工材料来选择。铣削钢时，取 $\gamma_n = 10° \sim 20°$；铣削铸铁时，取 $\gamma_n = 5° \sim 15°$。

3）后角。圆柱铣刀后角 α_o 规定在 p_o 平面内测量。铣削时，切削厚度 h_D 比车削时小，磨损主要发生在后刀面上，适当地增大后角 α_o，可减少铣刀磨损。通常 $\alpha_o = 12° \sim 16°$，粗铣时取小值，精铣时取大值。

（2）面铣刀的几何角度　面铣刀的几何角度除规定在正交平面参考系内测量外，还规定在背平面、假定工作平面参考系内表示，以便于面铣刀的刀体设计与制造，其角度标注如图 4-33 所示。

机夹面铣刀的每个刀齿安装在刀体上之前，相当于一把车刀。为了获得所需的切削角度，使刀齿在刀体中径向倾斜 γ_f 角、轴向倾斜 γ_p 角。

硬质合金面铣刀铣削时，由于断续切削，刀齿会经受很大的机械冲击，在选择几何角度时，应保证刀齿具有足够的强度。一般加工钢时，取 $\gamma_o = 5° \sim -10°$，加工铸铁时，取 $\gamma_o = 5° \sim -5°$；通常取 $\lambda_s = -15° \sim -7°$、$\kappa_r = 30° \sim 90°$、$\kappa_r' = 5° \sim 15°$、$\alpha_o = 6° \sim 12°$、$\alpha_o' = 8° \sim 10°$。

图 4-33　面铣刀的几何角度

4.2.3 铣削用量与铣削方式

1. 铣削用量

与车削用量不同，铣削用量有四个要素：被吃刀量 a_p、侧吃刀量 a_e、铣削速度 v_c 和进给量，如图 4-34 所示。

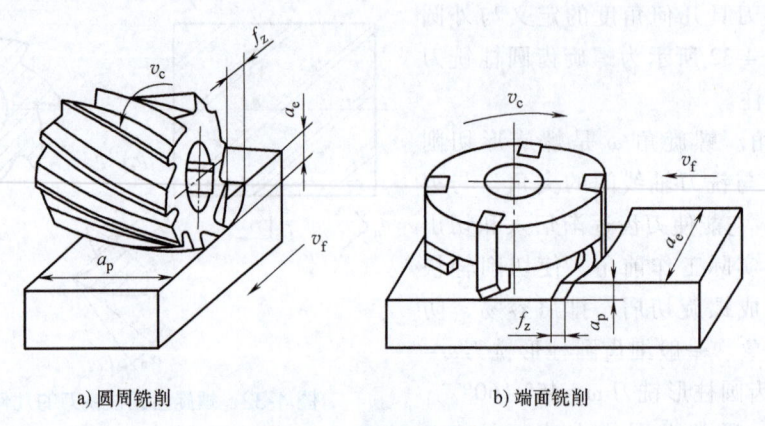

a) 圆周铣削　　　　　　b) 端面铣削

图 4-34　铣削用量要素

根据切削刃在铣刀上分布位置不同，铣削可分为圆周铣削和端面铣削。切削刃分布在刀具圆周表面的切削方式，称为圆周铣削；切削刃分布在刀具端面上的铣削方式，称为端面铣削。

（1）背吃刀量 a_p　背吃刀量是在通过切削刃基点并垂直于工作平面方向上测量的吃刀量，即平行于铣刀轴线测量的切削层尺寸，单位为 mm。

（2）侧吃刀量 a_e　侧吃刀量是在平行于工作平面并与切削刃基点的进给运动垂直方向上测量的吃刀量，即垂直于铣刀轴线测量的切削层尺寸，单位为 mm。

（3）铣削速度 v_c　铣削速度为铣刀主运动的线速度，单位为 m/min。其计算公式为

$$v_c = \pi d_0 n_0 / 1000 \tag{4-8}$$

式中　d_0——铣刀直径（mm）；
　　　n_0——铣刀转速（r/min）。

（4）进给量　进给量是铣刀与工件在进给方向上的相对位移量。它有三种表示方法：

1）每齿进给量 f_z。它是铣刀每转一个刀齿时，工件与铣刀沿进给方向的相对位移量，单位为 mm/z。

2）每转进给量 f。它是铣刀每转一转时，工件与铣刀沿进给方向的相对位移，单位为 mm/r。

3）进给速度 v_f。它是单位时间内工件与铣刀沿进给方向的相对位移，单位为 mm/min。

f_z、f、v_f 三者之间的关系为

$$v_f = fn = f_z z n \tag{4-9}$$

式中　z——铣刀刀齿数；
　　　n——铣刀转速（r/min）。

铣床铭牌上给出的是进给速度。调整机床时，首先应根据加工条件选择 f_z 或 f，然后计

算出 v_f，并按照 v_f 调整机床。

2. 铣削方式

铣削加工的主要对象是平面，用圆柱铣刀加工平面的方法称为周铣，用面铣刀加工平面的方法称为端铣。加工时，这两种铣削方法又形成了不同的铣削方式。在选择铣削方法时要充分注意它们各自的特点，选取合理的铣削方式，以保证加工质量和生产率。

（1）周铣的铣削方式　周铣有逆铣和顺铣两种铣削方式。铣刀主运动方向与工件进给运动方向相反时称为逆铣，如图 4-35a 所示；铣刀主运动方向与工件进给运动方向相同时称为顺铣，如图 3-35b 所示。

逆铣时，刀齿的切削厚度从零增加到最大值，切削力也由零逐渐增加到最大值，避免了刀齿因冲击而破损的可能。但刀齿开始切削时，由于切削厚度很小，刀齿要在加工表面上滑行一小段距离，直到切削厚度足够大时，刀齿才能切入工件，此时，刀齿后面已在工件表面的冷硬层上挤压、滑行了一段距离，产生了严重磨损，因而刀具使用寿命大大降低，且使工件表面质量变差；此外，铣削过程中还存在对工件上抬的垂直铣削分力 F_{cn}，它影响工件夹持的稳定性，使工件产生周期性振动，影响加工表面粗糙度。

顺铣时，刀齿切削厚度从最大开始，因而避免了挤压、滑行现象；同时，垂直铣削分力 F_{cn} 始终压向工件，不会使工件向上抬起，因而顺铣能提高铣刀的使用寿命和加工表面质量。但由于顺铣时渐变的水平分力 F_{ct} 与工件进给运动的方向相同，如果铣床纵向进给机构没有消除间隙的装置，则当水平分力 F_{ct} 较小时，工作台进给由丝杠驱动；当水平分力 F_{ct} 变得足够大时，则会使工作台突然向前窜动，因而使工件进给量不均匀，甚至可能打刀。如果铣床纵向工作台的丝杠螺母有消除间隙装置（如双螺母或滚珠丝杠），则窜动不会发生，因而采用顺铣是适宜的。如果铣床上没有消隙装置，最好还是采用逆铣，因为逆铣时 F_{ct} 与工件进给运动的方向相反，不会产生上述问题，如图 4-36 所示。

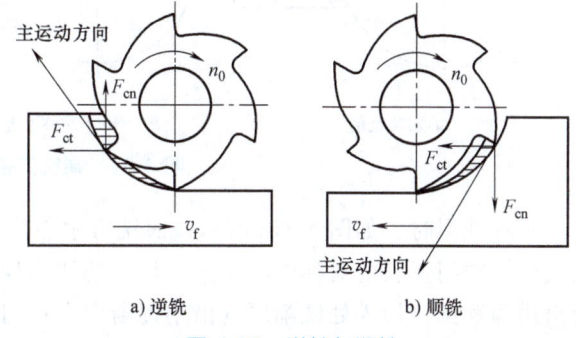

图 4-35　逆铣与顺铣

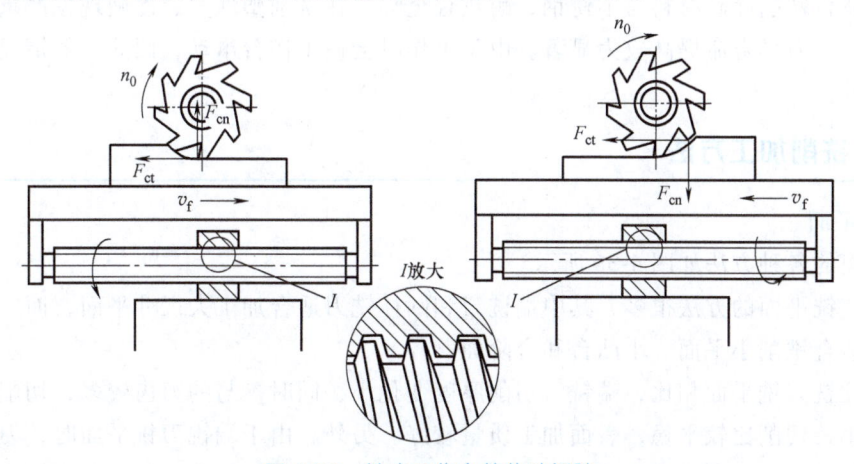

a) 逆铣　　b) 顺铣

图 4-36　铣床工作台的传动间隙

（2）端铣的铣削方式　用面铣刀加工平面时，根据铣刀和工件相对位置不同。可分为三种不同的铣削方式：对称铣削、不对称逆铣和不对称顺铣，如图 4-37 所示。

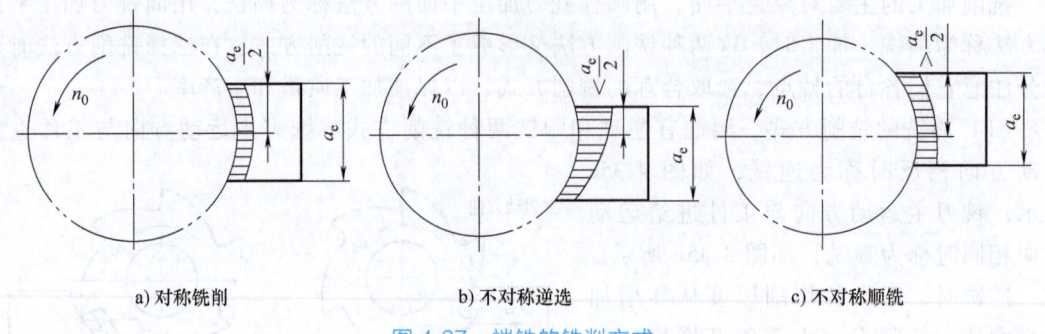

a) 对称铣削　　　　　　b) 不对称逆铣　　　　　　c) 不对称顺铣

图 4-37　端铣的铣削方式

对称铣削时，如图 4-37a 所示，面铣刀中心位于工件宽度方向的对称中心线上，即铣刀轴线位于铣削弧长的对称中心位置，切入的切削层与切出的切削层对称。其切入边为逆铣、切出边为顺铣。切入处铣削厚度由小逐渐变大；切出处铣削厚度由大逐渐变小，铣刀刀齿所受冲击小，适于铣削具有冷硬层的淬硬钢。因此，对称铣削常用于铣削淬硬钢或精铣机床导轨，工件表面粗糙度均匀，刀具寿命较高。

不对称逆铣时，如图 4-37b 所示，面铣刀轴线偏置于铣削弧长对称中心的一侧，且逆铣部分大于顺铣部分。这种铣削方式在切入时公称切削厚度最小，切出时公称切削厚度较大。由于切入时的公称切削厚度小，可减小冲击力而使切削平稳，可获得最小的表面粗糙度值。如精铣 45 钢，表面粗糙度 Ra 值比不对称顺铣小一半，也有利于提高铣刀的寿命。当铣刀直径大于工件宽度时不会产生滑移现象，不会出现用圆柱铣刀逆铣时产生的各种不良现象，所以端铣时，大都建议采用不对称逆铣。此法主要用于加工碳素结构钢、合金结构钢和铸铁，刀具寿命可提高 1~3 倍；铣削高强度低合金钢（如 16Mn）时，刀具寿命可提高一倍以上。

不对称顺铣时，如图 4-37c 所示，面铣刀轴线偏置于铣削弧长对称中心的一侧，且顺铣部分大于逆铣部分。面铣刀从较大的公称切削厚度处切入，从较小的公称切削厚度处切出，切削层对刀齿压力逐渐减小，金属粘刀量小。切入过程有一定冲击，但可以避免切削刃切入冷硬层，适合铣削冷硬材料与不锈钢、耐热合金等。在铣削塑性大、冷硬现象严重的不锈钢和耐热钢时，刀具寿命提高较为显著。由于工作时会使工作台窜动，因此一般情况下不采用不对称顺铣。

4.2.4　铣削加工方法

1. 铣平面

铣平面的各种方法如图 4-38 所示。

可见，铣平面的方法很多，其中端铣刀和圆柱铣刀适合加工大尺寸平面，而立铣刀和三面刃铣刀适合铣削小平面、小凸台和台阶面。

与圆柱铣刀铣平面相比，端铣刀切削厚度变化小，同时参与的刀齿较多，切削面积和切削力变化小，切削比较平稳，表面加工质量较好。另外，由于端铣刀铣平面时，刀柄比圆柱铣刀杆短，刚性好，不容易发生变形和振动，且刀具材料为硬质合金，可采取提高切削速度

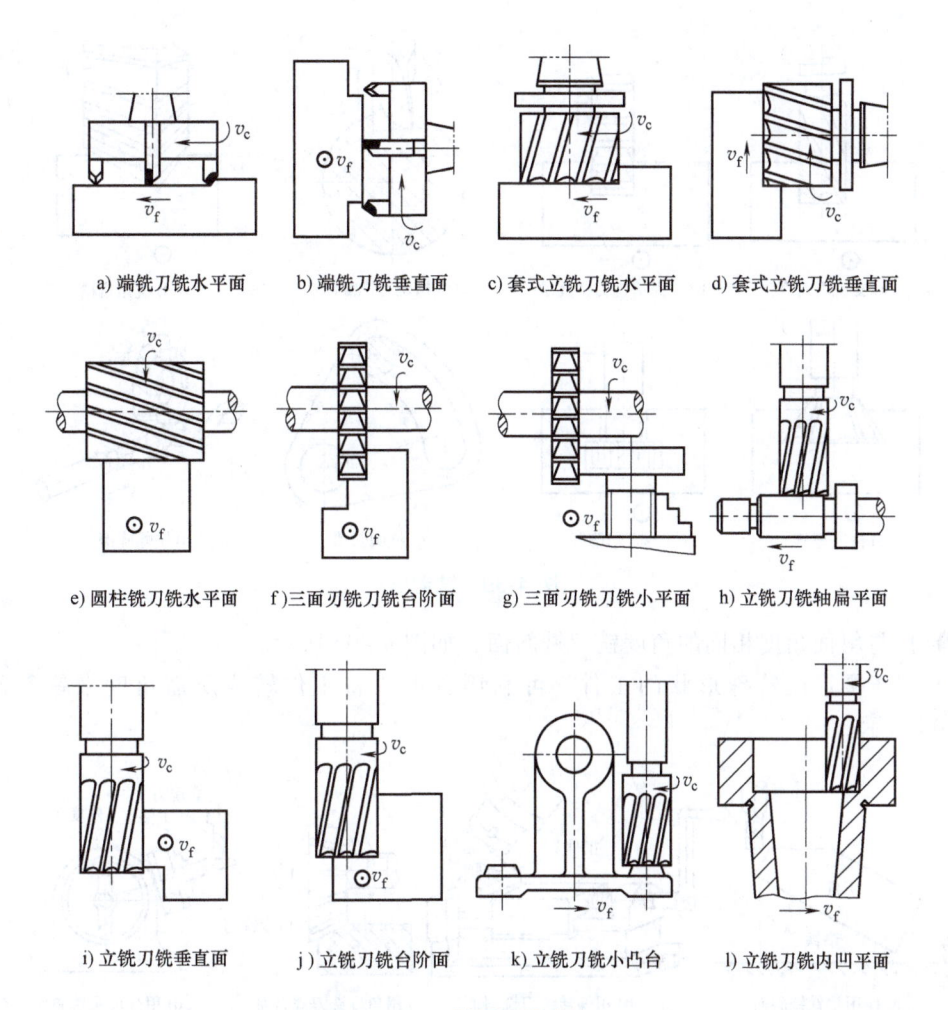

a) 端铣刀铣水平面	b) 端铣刀铣垂直面	c) 套式立铣刀铣水平面	d) 套式立铣刀铣垂直面
e) 圆柱铣刀铣水平面	f) 三面刃铣刀铣台阶面	g) 三面刃铣刀铣小平面	h) 立铣刀铣轴扁平面
i) 立铣刀铣垂直面	j) 立铣刀铣台阶面	k) 立铣刀铣小凸台	l) 立铣刀铣内凹平面

图 4-38　铣平面的方法

和增加吃刀深度的方法来提高切削效率。所以，端铣由于加工质量好和生产率较高，常用于成批加工大平面；而周铣的工艺范围更广，能加工多种表面，故常用于单件小批生产。

2. 铣沟槽

在铣床上可以铣削各种沟槽，按沟槽的形状可分为直槽、键槽、角度槽、燕尾槽、T 形槽、圆弧槽、螺旋槽等，其加工形式如图 4-39 所示。

铣键槽时，虽然键槽铣刀端面有刀刃可直接进行切削，但其端面中心处刀刃强度较弱，要选择较小的进给量，所以一般采用手动进给。

铣 T 形槽及燕尾槽时，一般是先用三面刃铣刀在卧式铣床或立式铣床上铣出直槽，而后在立式铣床上采用专用的 T 形槽铣刀和燕尾槽铣刀加工。由于 T 形槽及燕尾槽的排屑不畅，散热条件较差，故切削用量要小，常采用手动进给。

3. 铣斜面

1) 用倾斜的垫铁将工件垫成所需的角度铣斜面，如图 4-40a 所示。
2) 在主轴能绕水平轴旋转的立式铣床，以及带有万能铣头的卧式铣床上，可用改变主轴和铣刀安装角度的方法来铣斜面，如图 4-40b 所示。

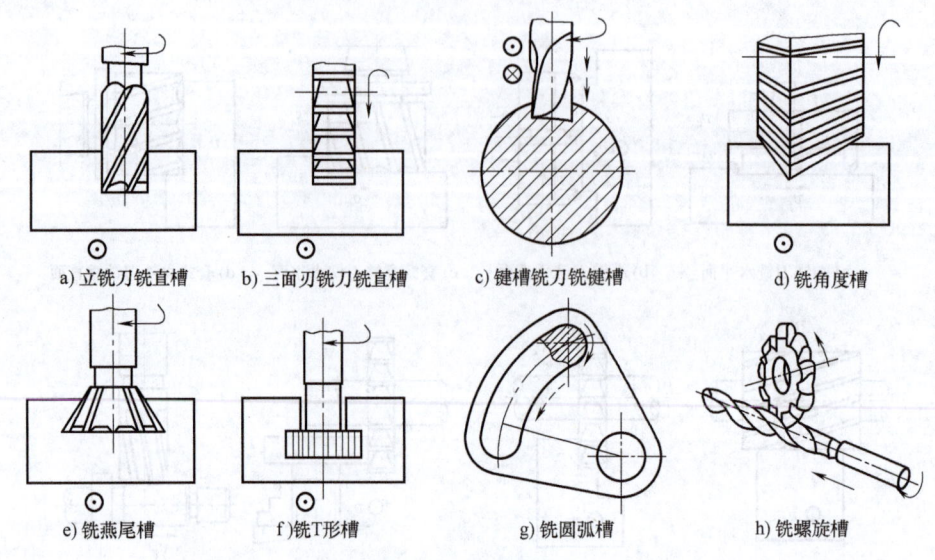

a) 立铣刀铣直槽　　b) 三面刃铣刀铣直槽　　c) 键槽铣刀铣键槽　　d) 铣角度槽

e) 铣燕尾槽　　f) 铣T形槽　　g) 铣圆弧槽　　h) 铣螺旋槽

图 4-39　铣沟槽

3）用与斜面角度相同的角度铣刀铣斜面，如图 4-40c 所示。

4）对于圆形或特殊形状的工件，可利用分度头将工件转成所需角度来铣斜面，如图 4-40d 所示。

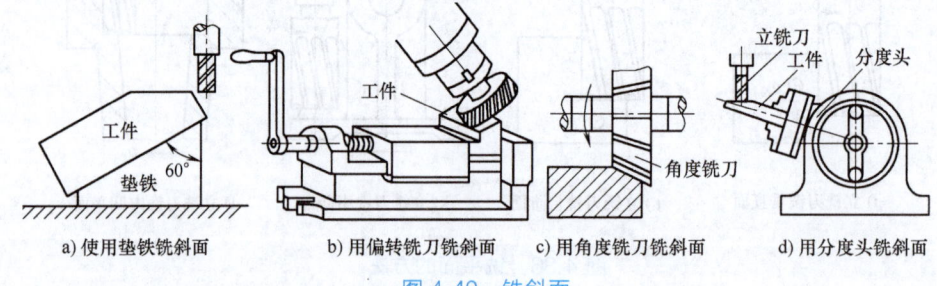

a) 使用垫铁铣斜面　　b) 用偏转铣刀铣斜面　　c) 用角度铣刀铣斜面　　d) 用分度头铣斜面

图 4-40　铣斜面

4. 铣成形面

一般要求不高的成形面可按划线在立式铣床上加工。在加工成批或大量的曲面时，还可利用靠模加工。

铣成形面时也可利用成形铣刀来铣削。成形铣刀切削刃的形状应与成形面的形状相吻合，成形面可在卧式铣床上用成形铣刀加工，如图 4-41 所示。

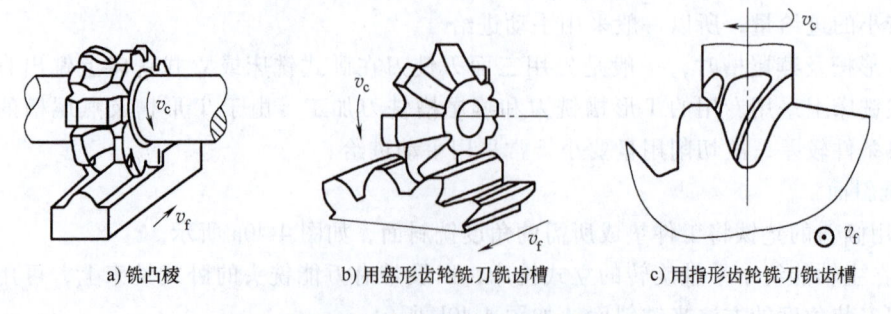

a) 铣凸棱　　b) 用盘形齿轮铣刀铣齿槽　　c) 用指形齿轮铣刀铣齿槽

图 4-41　用成形铣刀铣成形面

4.2.5 铣削加工的工艺特点

铣削加工可以对工件进行粗加工和半精加工，其加工工件的标准公差等级可达 IT7~IT9，精铣表面粗糙度 Ra 可达 3.2~1.6μm。

铣刀的每一个刀齿相当于一把切刀，同时多齿参加切削，就其中一个刀齿而言，其切削加工特点与车削加工基本相同。但就整体刀具的切削过程又有其特殊之处，主要表现在以下几个方面：

1）生产率高。由于多个刀齿同时参与切削，切削刃的作用总长度长，每个刀齿的切削载荷相同时，总的金属切除率就会明显高于单刃刀具切削的效率。

2）断续切削。铣削时，每个刀齿依次切入和切出工件，形成断续切削，切入和切出时会产生冲击和振动。此外，高速铣削时刀齿还经受周期性的温度变化，即热冲击的作用。这种热和力的冲击会降低刀具的寿命，振动还会影响已加工表面的粗糙度。

3）容屑和排屑。由于铣刀是多刃刀具，相邻两刀齿之间的空间有限，必须保证每个刀齿切下的切屑有足够的空间容纳并能够顺利排出，否则会破坏刀具。

4）加工方式灵活。采用不同的铣削方式、不同的刀具，可以适应不同工件材料和切削条件的要求，以提高切削效率和刀具寿命。

4.3 刨削、插削及拉削加工

4.3.1 刨削加工

在刨床上用刨刀加工工件的工艺过程称为刨削加工。

1. 刨削加工的应用

如图 4-42 所示，刨削主要用来加工平面（包括水平面、垂直面和斜面），也广泛地用于加工直槽，如直角槽、燕尾槽和 T 形槽等。如果进行适当调整和增加某些附件，还可用来加工齿条、齿轮、花键和母线为直线的成形面等。

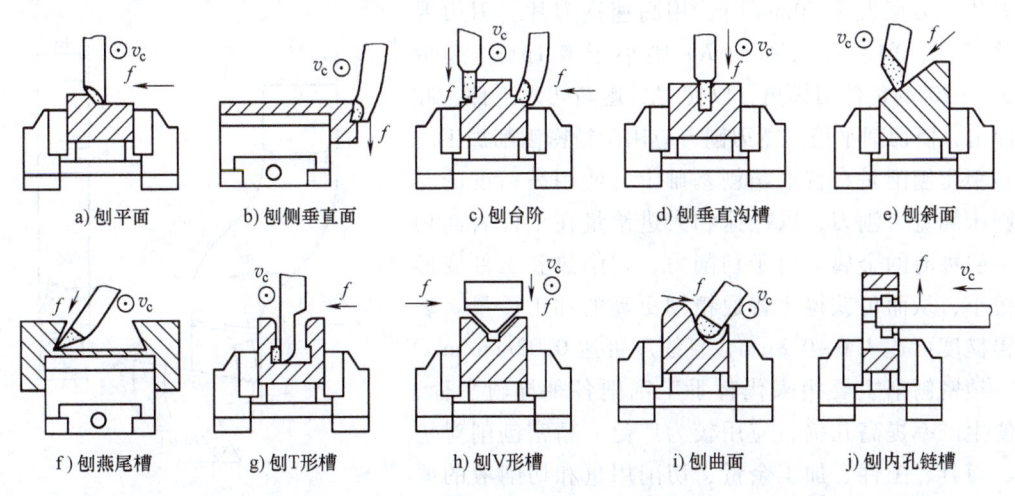

a) 刨平面　　b) 刨侧垂直面　　c) 刨台阶　　d) 刨垂直沟槽　　e) 刨斜面

f) 刨燕尾槽　　g) 刨T形槽　　h) 刨V形槽　　i) 刨曲面　　j) 刨内孔链槽

图 4-42　刨削加工的应用

2. 刨刀

（1）普通刨刀　刨刀的结构与车刀相似，其几何角度的选取原则也与车刀基本相同。但是由于刨削过程有冲击，所以刨刀的前角比车刀要小（一般小于 5°），而且刨刀的刃倾角也应取较大的负值，以使刀切入工件时所产生的冲击力不是作用在刀尖上，而是作用在离刀尖稍远的切削刃上。同时刨刀刀杆截面较粗大，以增加刀杆的刚性，防止折断。

用直杆刨刀刨削时，如果加工余量不均匀会造成切削深度突然增大，或切削刃遇到硬质点时切削力突然增大，此时将使刨刀弯曲变形，使之绕 O 点画一圆弧，如图 4-43 所示，造成切削刃切入已加工表面，降低已加工表面的质量和尺寸精度，同时也容易损坏切削刃。为避免上述情况的发生，可采用弯杆刨刀，当切削力突然增大时，刀杆产生的弯曲变形会使刀尖离开工件，避免了刀尖扎入工件。

刨刀的种类很多，如平面刨刀用来刨平面，偏刀用来刨垂直面或斜面，角度偏刀用来刨燕尾槽，弯切刀用来刨 T 形槽及侧面槽，切刀用来刨沟槽。此外，还有成形刀，用来刨特殊形状的表面。常用的刨刀如图 4-44 所示。

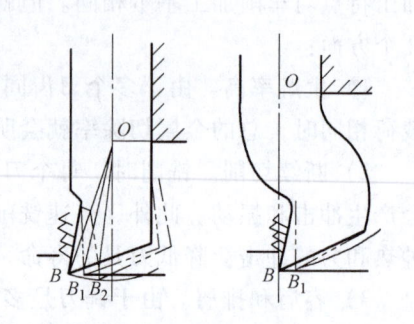

图 4-43　刨刀

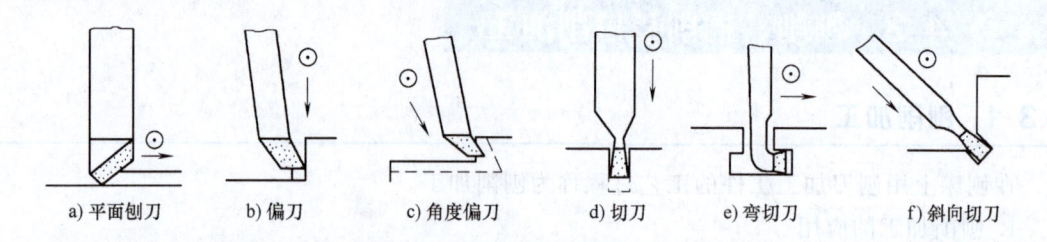

a）平面刨刀　b）偏刀　c）角度偏刀　d）切刀　e）弯切刀　f）斜向切刀

图 4-44　常用刨刀

（2）宽刃刨刀　如图 4-45 所示，其刀刃较普通刨刀宽，刃宽小于 50mm 时，用硬质合金刀片，刃宽大于 50mm 时，用高速钢刀片。刀刃要平整光洁，前、后刀面的 Ra 要小于 0.1μm。选取 $-10° \sim -20°$ 的负值刃倾角，以使刀具逐渐切入工件，减少冲击，使切削平稳。宽刃刨刀应用于精密刨削加工。

精密刨削是在普通精刨基础上，使用高精度的龙门刨床和宽刃刨刀，以低速和大进给量在工件表面切去一层极薄的金属。由于切削力、切削热和工件变形都很小，从而可获得比普通精刨更高的加工质量。表面粗糙度可达 1.6~0.8μm，直线度可达 0.02mm/m。

精密刨削主要用来代替手工刮削各种导轨平面，可使生产率提高几倍，应用较为广泛。精密刨削对机床、刀具、工件、加工余量、切削用量和切削液的要求很严格：

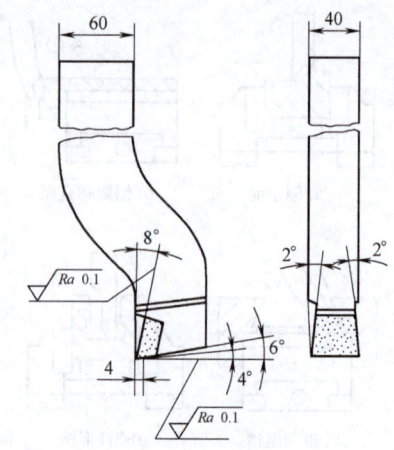

图 4-45　宽刃刨刀

1）刨床的精度要高，运动平稳性要好。为了维护机床精度，细刨机床不能用于粗加工。

2）工件材料组织和硬度要均匀，粗刨和普通精刨后都要进行时效处理。工件定位基面要平整光洁，表面粗糙度 Ra 要小于 $3.2\mu m$，工件的装夹方式和夹紧力的大小要适当，以防止变形。

3）总的加工余量为 $0.3\sim0.4mm$，每次进给的背吃刀量为 $0.04\sim0.05mm$，进给量根据刃宽或圆弧半径确定，一般切削速度选取 $v_c=2\sim10m/min$。

4）精密刨削时要加切削液。加工铸铁常用煤油，加工钢件常用机油和煤油（2∶1）的混合剂。

3. 刨削加工的工艺特点及应用范围

刨削主要用于加工平面和沟槽，可分为粗刨和精刨，精刨后的表面粗糙度 Ra 可达 $3.2\sim1.6\mu m$，两平面之间的标准公差等级可达 IT9~IT7，直线度可达 $0.04\sim0.12mm/m$。

刨削和铣削都是以加工平面和沟槽为主的切削加工方法，与铣削相比，刨削有如下特点：

1）加工质量方面。刨削加工的精度和表面粗糙度与铣削大致相当，但刨削主运动为往复直线运动，只能中低速切削。当用中等切削速度刨削钢件时，易出现积屑瘤，影响表面粗糙度；而硬质合金镶齿面铣刀可采用高速铣削，表面粗糙度较小。加工大平面时，刨削进给运动可不停地进行，刀痕均匀；而铣削时，若铣刀直径（端铣）或铣刀宽度（周铣）小于工件宽度，则需要多次走刀，会有明显的接刀痕。

2）加工范围方面。刨削不如铣削加工范围广泛，铣削的许多加工内容是刨削无法代替的，如加工内凹平面、型腔、封闭型沟槽以及有分度要求的平面沟槽等。但对于V形槽、T形槽和燕尾槽的加工，铣削由于受定尺寸铣刀尺寸的限制，一般适宜加工小型的工件，而刨削可以加工大型的工件。

3）生产率方面。刨削生产率一般低于铣削，因为铣削是多刃刀具切削，无空程损失，硬质合金面铣刀还可以高速切削。但若是加工窄长平面，刨削的生产率则高于铣削，这是由于铣削不会因为工件较窄而改变铣削进给的长度，而刨削却可以因工件较窄而减少走刀次数。因此，如机床导轨面等窄平面的加工多采用刨削。

4）加工成本方面。由于牛头刨床结构比铣床简单，刨刀的制造和刃磨比铣刀容易，因此，一般刨削的成本比铣削低。

4.3.2 插削加工

插削加工可以认为是立式刨削加工，是在插床上利用插刀进行的加工。

键槽插刀如图 4-46 所示，图 4-46a 所示为高速钢整体插刀，一般用于插削较大孔径内的键槽；图 4-46b 所示为机夹插刀，刀杆为圆柱型，在径向方孔内安装刀头，刚性较好，可以用于加工各种孔径的内键槽，插刀材料可为高速钢和硬质合金。为避免回程时插刀后刀面与工件已加工表面发生剧烈摩擦，插削时需采用活动刀杆，如图 4-47 所示。当刀杆回程时，夹刀板 3 在摩擦力作用下绕转轴 2 沿逆时针方向稍许转动，后刀面只在工件已加工表面轻轻擦过，可避免刀具损坏。回程终了时，弹簧 1 的弹力使夹刀板恢复原位。

a) 高速钢整体插刀 b) 机夹插刀

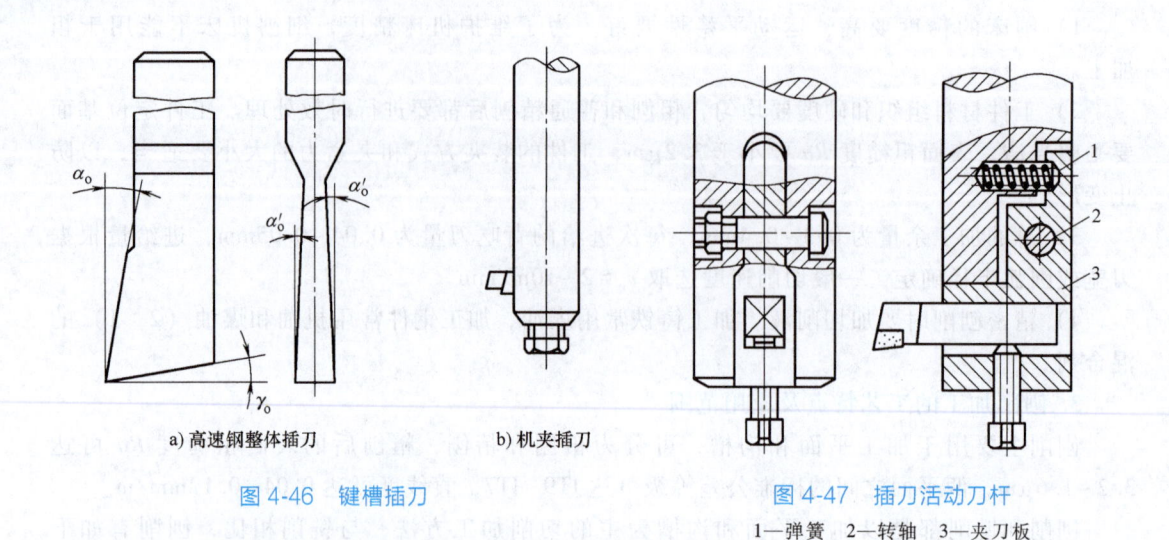

图 4-46 键槽插刀

图 4-47 插刀活动刀杆
1—弹簧 2—转轴 3—夹刀板

插床上多用自定心卡盘、单动卡盘和插床分度头等安装工件，也可用平口钳和压板螺栓安装工件。

插削生产率低，一般用于工具车间、机修车间和单件小批量生产中。

插削的表面粗糙度 Ra 值为 6.3~1.6μm。由于插削与刨削加工一样，生产率低，主要用于单件小批量生产和修配加工。

4.3.3 拉削加工

拉削加工是在拉床上利用拉刀对工件进行加工，如图 4-48 所示。拉削的主切削运动是拉刀的轴向移动，进给运动是由拉刀前后刀齿的高度差来实现的。

1. 拉削加工的应用

拉削用于加工各种截面形状的通孔及一定形状的外表面，如图 4-49 所示。拉削的孔径一般为 8~125mm，孔的长径比一般不超过 5。拉削不能加工台阶孔和盲孔。由于拉床工作的特点，复杂形状零件的孔（如箱体上的孔）也不宜进行拉削。

图 4-48 圆孔拉削加工

2. 拉刀

拉刀是一种多齿的专用工具，结构复杂。一把拉刀只能加工一种形状和尺寸规格的表面，利用刀齿尺寸或廓形变化切除加工余量，以达到要求的尺寸和表面粗糙度。

（1）拉刀的种类

1）拉刀按加工表面的不同，可分为内拉刀和外拉刀。常见的拉刀有圆孔拉刀、花键拉刀、四方拉刀、键槽拉刀和平面拉刀等，如图 4-50 所示。

2）拉刀按结构不同，可分为整体拉刀、焊接拉刀、装配拉刀和镶齿拉刀。加工中、小尺寸表面的拉刀，常制成高速钢整体形式。加工大尺寸、复杂形状表面的拉刀，则可由几个零部件组装而成。对于硬质合金拉刀，可利用焊接或机械镶嵌的方法将刀齿固定在结构钢刀体上。

此外，推刀也是拉刀的一种，它是在推力作用下工作的，主要用于校正与修光硬度低于 45HRC 且变形量小于 0.1mm 的孔。推刀的结构与拉刀相似，它齿数少、长度短，如图 4-51 所示。

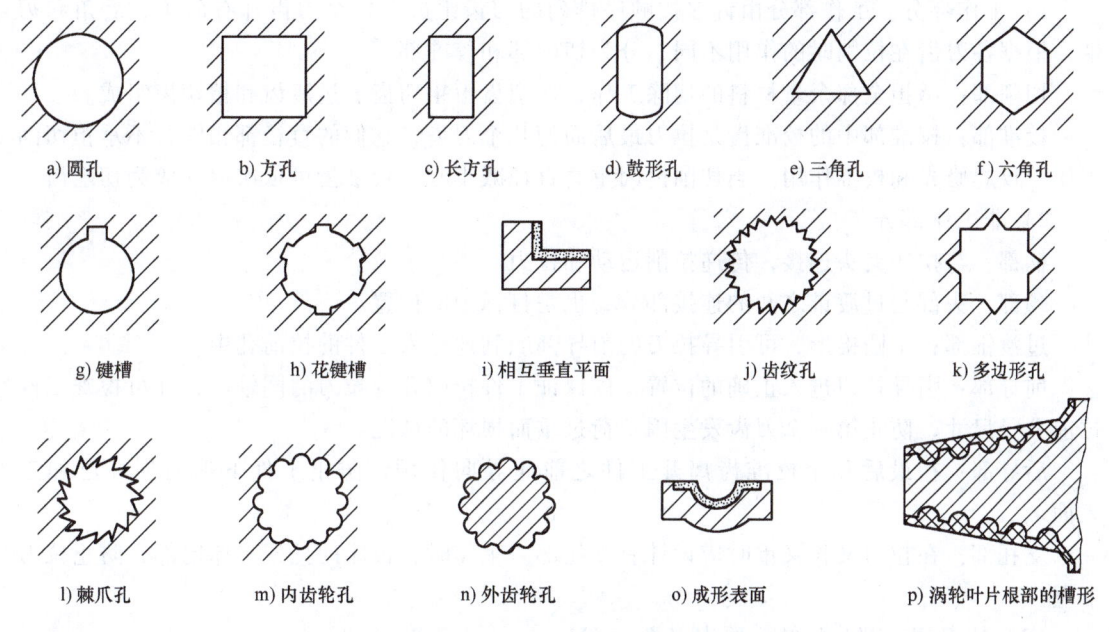

图 4-49　拉削加工的典型工件截面形状

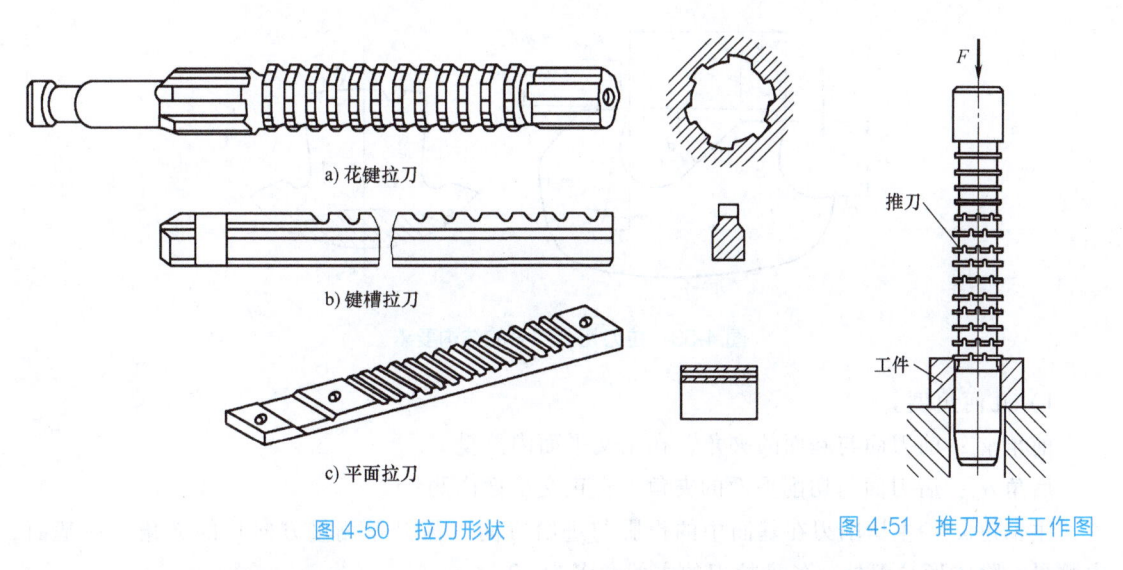

a) 圆孔　b) 方孔　c) 长方孔　d) 鼓形孔　e) 三角孔　f) 六角孔　g) 键槽　h) 花键槽　i) 相互垂直平面　j) 齿纹孔　k) 多边形孔　l) 棘爪孔　m) 内齿轮孔　n) 外齿轮孔　o) 成形表面　p) 涡轮叶片根部的槽形

图 4-50　拉刀形状

a) 花键拉刀　b) 键槽拉刀　c) 平面拉刀

图 4-51　推刀及其工作图

（2）拉刀的结构　拉刀的种类虽然很多，但它们的结构组成是相似的。下面介绍圆孔拉刀的结构，如图 4-52 所示。圆孔拉刀由工作部分和非工作部分构成。

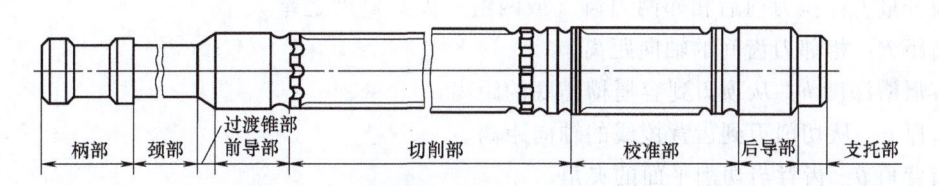

图 4-52　圆孔拉刀的结构

柄部　颈部　过渡锥部 前导部　切削部　校准部　后导部　支托部

1）工作部分。工作部分由许多按顺序排列的刀齿组成，每个刀齿都有前角、后角和刃带，根据各刀齿在拉削时的作用不同，分为切削部和校准部。

切削部：承担全部余量材料的切除工作，切削齿由粗切齿、过渡齿和精切齿组成。

校准部：校准部中的校准齿是拉刀最后面的几个刀齿，它们的直径都相同，不承担切削工作，仅起修光和校准作用。当切削齿因重磨直径减小时，校准齿可依次递补成为切削齿。

2）非工作部分。

柄部：与拉床夹头连接，传递拉削运动和拉力。

颈部：头部与过渡锥之间的连接部分，也是打标记的位置。

过渡锥部：呈圆锥形，可引导拉刀的前导部顺利地进入工件的拉前孔中。

前导部：引导拉刀进入正确的位置，以保证工件拉前孔与拉刀的同轴度，并可检查工件拉前孔径尺寸，防止第一个刀齿发生因负荷过重而损坏的情况。

后导部：在最后几个校准齿离开工件之前起导向作用，防止工件下垂而损坏已加工表面。

支托部：在拉刀又长又重时应设计有支托部。工作时，拉床的托架支撑尾部，防止拉刀下垂。

（3）拉刀切削部分的结构要素（图4-53）

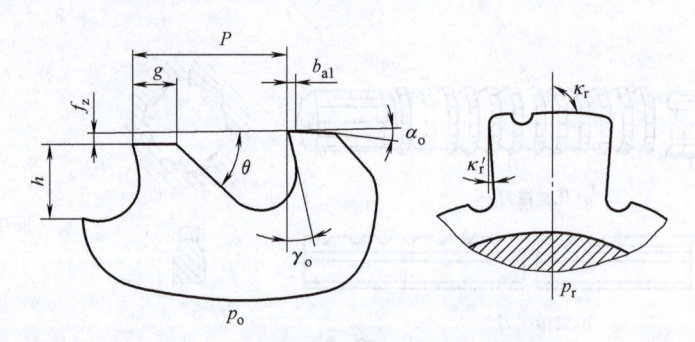

图 4-53 拉刀切削部分的结构要素

1）几何角度。

前角 γ_o：前刀面与基面的夹角，在正交平面内测量。

后角 α_o：后刀面与切削平面的夹角，在正交平面内测量。

主偏角 κ_r：主切削刃在基面中的投影与进给方向（齿升量测量方向）的夹角，在基面内测量。除成形拉刀外，各种拉刀的主偏角多为90°。

副偏角 κ_r'：副切削刃在基面中的投影与已加工表面的夹角，在基面内测量。

2）结构参数。

齿升量 f_z：拉刀前后相邻两刀齿（或两组刀齿）高度之差。

齿距 P：相邻刀齿间的轴向距离。

容屑槽深度 h：从顶刃到容屑槽槽底的距离。

齿厚 g：从切削刃到齿背棱线的轴向距离。

齿背角 θ：齿背与切削平面的夹角。

刃带宽度 b_{a1}：沿拉刀轴向测量的刀齿刃带尺寸。

(4) 拉削方式（拉削图形） 拉刀从工件上把拉削余量材料切下来的顺序，称为拉削方式，用于表述拉削方式的图即为拉削图形。拉削方式选择得合理与否，直接影响加工表面质量、生产率和拉刀制造成本，以及拉刀各刀齿负荷的分配、拉刀的长短、拉削力的大小和拉刀的使用寿命等。

拉削方式可分为分层式拉削、分块式（轮切式）拉削及综合式拉削三类。

1) 分层式拉削。分层式拉削又分为成形式及渐成式两种。

成形式拉削：按成形式设计的拉刀，每个刀齿的切削刃形状与被加工表面最终要求的形状相同，切削齿的高度向后递增，工件上的拉削余量 A 被一层一层地切去，最终由最后一切削齿切出所要求的尺寸，经校准齿、修光达到预定的尺寸精度及表面粗糙度，如图 4-54a 所示。采用成形式拉削，可获得较低的加工表面粗糙度值。但由于切削刃工作长度（切削宽度）大，则允许的齿升量（切削厚度）很小，在拉削余量一定时，需要较多的刀齿数，因此拉刀比较长。由于成形式拉刀的每个刀齿形状都与被加工工件最终表面形状相同，因此除圆孔拉刀外，制造都比较困难。

渐成式拉削：按渐成式设计的拉刀，切削齿形状与加工最终表面的形状不同（只有最后一个切削齿才与最终表面的形状相同），被加工工件表面的形状和尺寸由各刀齿的副切削刃所形成，如图 4-54b 所示。这种拉刀刀齿可制成简单的直线形或圆弧形，所以加工复杂成形表面时，渐成式拉刀的制造要比成形式拉刀简单。其缺点是加工表面上会出现副切削刃的交替痕迹，因此加工表面质量较差。

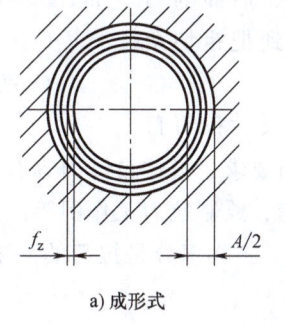

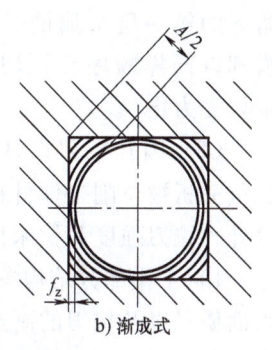

图 4-54 分层式拉削

2) 分块式拉削。分块式拉削与分层式拉削的区别在于，工件上的每层金属是由一组尺寸基本相同的刀齿切除，每个刀齿仅切去一层金属的一部分。图 4-55 反映了三个刀齿为一组的圆孔分块式拉刀刀齿形状和相互位置，第一齿与第二齿的直径相同，但切削刃位置互相错开，各切除工件上同一层金属中的几段材料，剩下的残留材料由同一组的第三个刀齿切除，这个齿不开分屑槽，考虑加工表面弹性恢复，其直径略小于前两个齿。

分块式拉削方式与分层式拉削方式相比，每个刀齿参加工作的切削刃的长度较小，在保持相同拉削力的情况下，允许较大的齿升量（切削厚度）。因此，在拉削余量一定时，分块式拉刀所需的刀齿总数要少很多，大大缩短了拉刀长度，提高了生产率，但加工表面质量不如成形式拉刀的好。

3) 综合式拉削。综合式拉削方式结合了

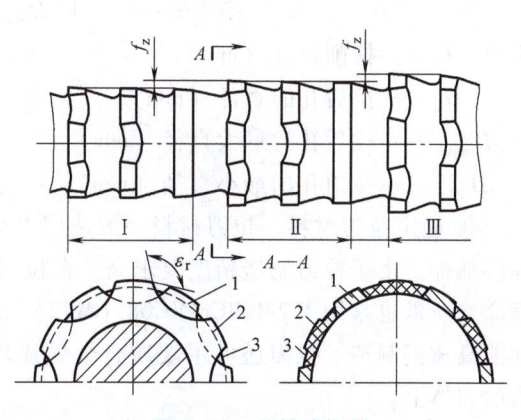

图 4-55 分块式拉削
1~3—第一个刀齿~第三个刀齿所切除材料的截形

成形式拉削与分块式拉削的优点，即粗切齿按分块式结构设计，精切齿则采用成形式结构设计，如图 4-56 所示。这样，既缩短了拉刀长度，保持较高的生产率，又获得了较好的加工表面质量。粗切齿采取不分组的分块式拉刀结构，即第一个刀齿切去一层金属的一半左右，第二个刀齿比第一个刀齿高出一个齿升量，除了切去第二层金属的一半左右外，还切去第一个刀齿留下的第一层金属的一半左右，后面的刀齿都以同样顺序交错切削，直到把粗切余量切完为止。

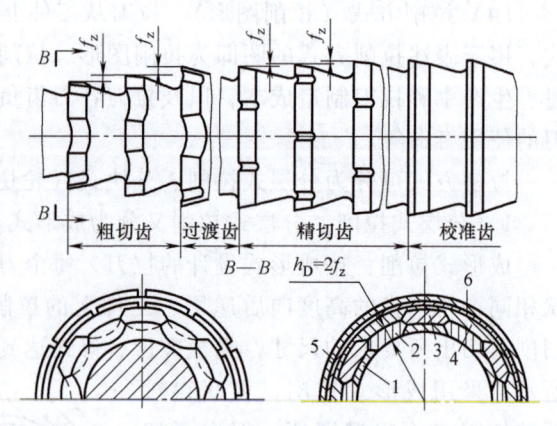

图 4-56 综合式拉削

1~6—第一个刀齿~第六个刀齿所切除材料的截形

（5）圆孔拉刀设计　通常设计拉刀首先应分析被拉削工件材料及拉削要求，具体设计内容有：工作部分和非工作部分的结构参数设计，拉刀强度和拉床拉力校验，绘制拉刀工作图等。

1）工作部分结构参数设计。工作部分是拉刀的主要组成部分，它直接决定拉削效率和表面质量以及拉刀的制造成本。

① 确定拉削方式（拉削图形）。我国生产的圆孔拉刀一般采用综合式拉削方式。

② 确定拉削余量。拉削余量 A 指拉刀应切除的材料层厚度总和。它的确定原则是：在保证去除前一道工序造成的加工误差和表面破坏层的前提下，尽量选小的拉削余量，以缩短拉刀长度。确定方法有经验公式法和查表法（可查阅相关手册资料）。经验公式法如下：

当拉前预制孔为钻孔或扩孔时

$$A = 0.005 D_m + (0.1 \sim 0.2)\sqrt{L_0} \tag{4-10}$$

当拉前预制孔为镗孔或粗铰孔时

$$A = 0.005 D_m + (0.05 \sim 0.1)\sqrt{L_0} \tag{4-11}$$

当拉前孔径 D_w 和拉后孔径 D_m 已知时，则

$$A = D_{mmax} - D_{wmin} \tag{4-12}$$

式中　L_0——拉削长度（mm）；

　　　D_m——拉后孔的直径（mm）；

　　　D_{mmax}——拉后孔的最大直径（mm）；

　　　D_{wmin}——拉前孔的最小直径（mm）。

③ 确定拉刀材料。拉刀材料一般选用 W6Mo5Cr4V2 高速钢，按整体结构制造，一般不焊接柄部。由于拉刀制造精度要求高，在拉刀成本中加工费用占的比重较大，为了延长拉刀寿命，所以也常用 W2Mo9Cr4VC08（M42）和 W6Mo5Cr4V2Al 等硬度和耐磨性均较高的高性能高速钢制造。拉刀还可用硬质合金做成环形齿，经过精磨后套装于 9SiCr 或 40Cr 钢制成的刀体上。

④ 选择几何参数。

前角 γ_o：按被加工材料不同，γ_o 在 10°~15° 之间选取。

后角 α_o：拉削普通钢和铸铁，切削齿 $\alpha_o = 2.5° \sim 4°$，校准齿 $\alpha_o = 0.5° \sim 1°$。

刃带后角 α_{b1} 和宽度 b_{a1}：刀齿上刃带是起支承拉刀平稳工作，保持重磨后直径不变和便于检测直径尺寸作用的。一般 $\alpha_{b1} = 0$，粗切齿 $b_{a1} = 0 \sim 0.05$mm，精切齿 $b_{a1} = 0.1 \sim 0.15$mm，校准齿 $b_{a1} = 0.3 \sim 0.5$mm。

⑤ 确定齿升量 f_z。综合式拉刀的前面齿是由分块式拉削方式的粗切齿和过渡齿组成，后面齿是由成形式拉削方式的精切齿和直径相等的校准齿组成。齿升量确定原则如下：

粗切齿齿升量 $f_{z粗}$：为了缩短拉刀长度，应尽量加大，使各刀齿切除总余量的 60% ~ 80%。如拉削碳钢，直径小于 50mm 的孔，$f_{z粗} = 0.03 \sim 0.06$mm。

精切齿齿升量 $f_{z精}$：按拉削表面质量要求选取，一般 $f_{z精} = 0.01 \sim 0.02$mm。

过渡齿齿升量 $f_{z过}$：在各齿上是变化的，变化规律在 $f_{z粗}$ 与 $f_{z精}$ 之间逐齿递减，以使拉削力平稳过渡。

校准齿齿升量 $f_{z校}$：取 $f_{z校} = 0$，能起最后修光、校准拉削表面的作用。

⑥ 确定齿距 P。拉刀齿距的大小，直接影响拉刀的容屑空间、拉刀长度以及拉削同时工作的齿数。齿距 P 大，同时工作的齿数 z_e 小，拉削平稳性降低，且增加了拉刀长度，降低了生产率。反之，齿距 P 小，同时工作的齿数 z_e 增加，拉削平稳性增加，但拉削力增大，可能导致拉刀强度不足。为了保证拉削平稳和拉刀强度，确定齿距时应保证拉刀同时工作的齿数 $z_e = 3 \sim 8$。齿距通常按下列经验公式确定：

$$P = K\sqrt{L_0} \quad (4-13)$$

式中　K——系数，分层式拉削取 1.25 ~ 1.5，分块式拉削取 1.45 ~ 1.8；

L_0——拉削长度（mm）。

过渡齿的齿距与粗切齿的齿距相同，精切齿的齿距小于粗切齿的齿距，校准齿的齿距与精切齿的齿距相同，一般为粗切齿齿距的 7/10。

⑦ 确定容屑槽形状和尺寸。拉削属于封闭式切削。在拉削过程中，切下的切屑须全部容纳在容屑槽中，因此，容屑槽的形状和尺寸应能保证较宽敞地容纳切屑，并尽量使切屑紧密卷曲。为保证容屑空间和拉刀强度，在一定齿距下，可以选用直线圆弧、双圆弧和加长齿距三种形式，以适应不同的要求，如图 4-57 所示。

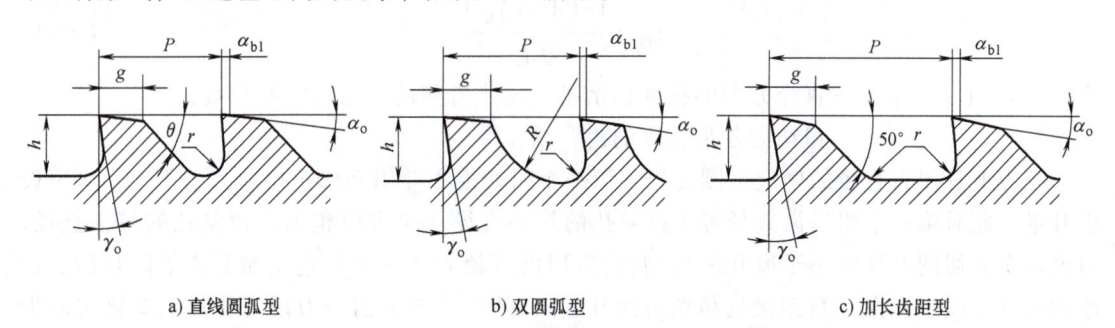

a) 直线圆弧型　　b) 双圆弧型　　c) 加长齿距型

图 4-57　容屑槽形式

直线圆弧型：制造简单，适用于拉削脆性材料和分层式拉削拉刀。

双圆弧型：容屑空间较大，适用于拉削塑性材料和综合拉削拉刀。

加长齿距型：容屑空间大，易制造，适用于分块式拉削拉刀。

容屑槽尺寸应能满足容屑条件，拉刀容屑槽尺寸可参阅相关手册。由于切屑在容屑槽内卷曲和填充不可能很紧密，为保证容屑，容屑槽的有效容积必须大于切屑所占的体积，即

$$V_p > V_e$$

或

$$K = V_p/V_e > 1$$

式中　V_p——容屑槽的有效容积（mm³）；

　　　V_e——切屑体积（mm³）；

　　　K——容屑系数，可查阅相关手册选取。

⑧ 设计分屑槽。一般拉削宽度超过 5mm 时，需在拉刀切削刃宽度上磨制分屑槽，以利于切屑变形和卷曲，便于容屑。分屑槽有以下三种形式，如图 4-58 所示。

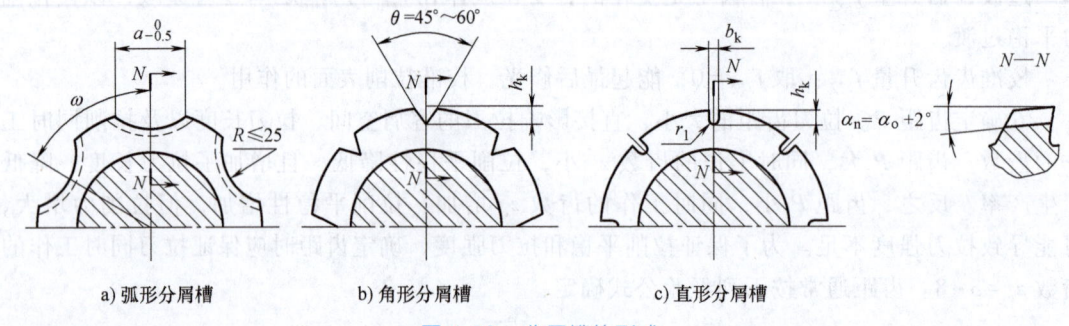

a) 弧形分屑槽　　　　　b) 角形分屑槽　　　　　c) 直形分屑槽

图 4-58　分屑槽的形式

弧形分屑槽：拉削宽度小，槽转角处强度高，散热快，适用于分块拉削刀齿。

角形和直形分屑槽：槽数多，制造容易，适用于分层拉削刀齿。

注意：相邻刀齿上分屑槽交错分布且槽深大于 $f_{z粗}$；分屑槽底后角 α_n 比拉刀刀齿后角 α_o 大 2°；最后一个精切齿及校准齿不开分屑槽；拉削脆性材料时，切削齿不开分屑槽。

⑨ 确定拉刀齿数与直径。

拉刀上各刀齿齿数的确定：过渡齿齿数 $z_过 = 4 \sim 8$，精切齿齿数 $z_精 = 3 \sim 7$，校准齿齿数 $z_校 = 5 \sim 10$，而粗切齿齿数 $z_粗$ 的计算公式为

$$z_粗 = \frac{A - (A_过 + A_精)}{2f_{z粗}} \tag{4-14}$$

式中　A、$A_过$、$A_精$——直径方向的拉削总余量、过渡齿和精切齿切除的余量；

　　　$f_{z粗}$——粗切齿各齿相等的齿升量。

拉刀上各刀齿直径的确定：圆孔拉刀第一个粗切齿主要用来修正拉前孔的飞边，可不设齿升量。此时第一个粗切齿直径等于拉前孔的最小直径（也可以稍大于预制孔的最小直径，但该齿实际切削厚度要小于齿升量），其余粗切齿直径为前一刀齿直径加上 2 倍齿升量。过渡齿齿升量逐步减少（直到接近精切齿齿升量），其直径等于前一刀齿直径加上 2 倍实际齿升量。最后一个精切齿直径与校准齿直径相同。

校准齿无齿升量，各齿直径均相同。为了使拉刀有较长的寿命，取校准齿直径等于工件拉削后孔允许的最大直径 D_{mmax}。但考虑到拉削后孔径可能产生扩张或收缩，校准齿直径 $d_校$ 应取为

$$d_校 = D_{mmax} \pm \delta \tag{4-15}$$

式中 δ——拉削后孔径扩张量或收缩量（mm），收缩时取"+"，扩张时取"-"，取值可查阅相关资料。

孔径收缩通常发生在拉削薄壁工件或韧性大的金属材料时，孔径扩张受拉刀制造精度、拉刀长度、拉削条件等因素的影响。

2）非工作部分结构参数设计。拉刀非工作部分组成及作用如图 4-59 所示。

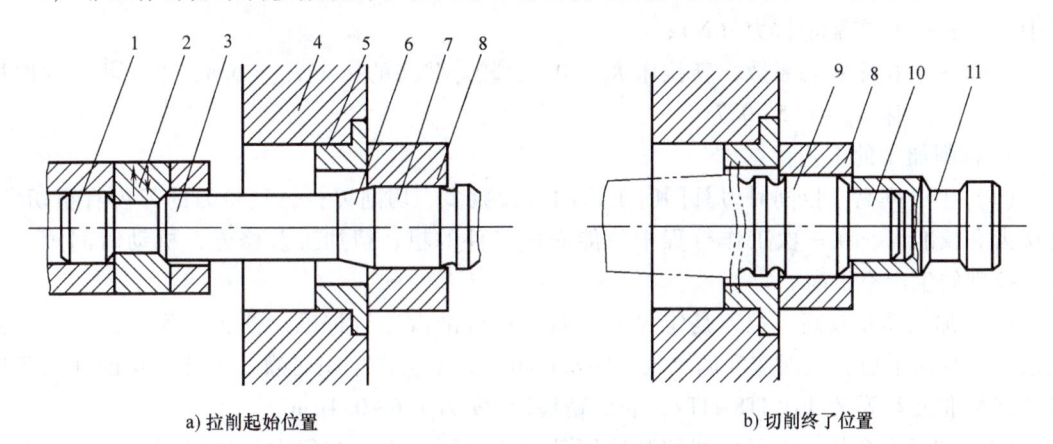

a）拉削起始位置 b）切削终了位置

图 4-59　拉刀非工作部分组成及作用

1—柄部　2—拉床夹头　3—颈部　4—床壁　5—衬套　6—过渡锥部
7—前导部　8—工件　9—后导部　10—支托部　11—承托柄

拉削在起始位置时，如图 4-59a 所示，拉床夹头 2 夹持拉刀柄部 1，此时被拉工件 8 套置在拉刀前导部 7 上，因此拉刀颈部 3 需穿越拉床床壁 4。过渡锥部 6 引导工件拉前孔进入拉刀前导部上。拉削终了时，如图 4-59b 所示，未取出的拉削后工件 8 仍套置在拉刀后导部 9 上，若拉削长而重的工件，在拉削过程中拉床的托架可支撑住拉刀支托部 10 上的承托柄 11 处。

前导部起拉前孔的定心和导向作用；后导部可防止拉削终了时工件的倾斜下垂而损坏孔壁。因此前导部与后导部直径的基本尺寸分别为拉削前、后被拉工件孔径的最小极限尺寸，其长度应大于 2/3 的拉削孔长度。

3）拉刀强度和拉床拉力校验。校验拉刀强度及拉床拉力前，应先计算拉削力。

① 拉削力计算。拉削时，虽然拉刀每个刀齿的切削厚度很薄，但由于同时工作的切削刃总长度很大，因此拉削力很大。

综合式圆孔拉刀的最大拉削力 F_{max} 的计算公式为

$$F_{max} = F'_c \pi \frac{d_0}{2} z_e \tag{4-16}$$

式中　F'_c——刀齿切削刃单位长度拉削力（N/mm），可参阅相关资料查得；
　　　z_e——同时工作齿数。

② 拉刀强度检验。拉刀工作时，主要承受拉应力 σ，其校验公式为

$$\sigma = \frac{F_{max}}{A_{min}} \leq [\sigma] \tag{4-17}$$

式中　A_{min}——拉刀的危险截面面积（mm²）；

$[\sigma]$——拉刀材料的许用应力（MPa）。

拉刀危险截面可能是柄部或第一个切削齿的容屑槽底部截面处。高速钢的许用应力$[\sigma]=343\sim392$MPa，40Cr钢的许用应力$[\sigma]=245$MPa。

③ 拉床拉力校验。拉刀工作时的最大拉削力一定要小于拉床的实际拉力，即

$$F_{\max} \leqslant K_{\mathrm{m}} F_{\mathrm{m}} \tag{4-18}$$

式中　F_{m}——拉床额定拉力（N）；

K_{m}——拉床状态系数，新拉床$K_{\mathrm{m}}=0.9$，较好状态的拉床$K_{\mathrm{m}}=0.8$，不良状态的旧拉床$K_{\mathrm{m}}=0.5\sim0.7$。

3. 拉削加工的工艺特点

（1）生产率高　拉削时刀具同时工作的刀齿数多、切削刃长，且拉刀的刀齿有粗切齿、精切齿和校准齿，在一次工作行程中就能完成工件的粗、精加工及修光，机动时间短，因此，拉削的生产率很高。

（2）加工质量较高　拉刀是定尺寸刀具，用校准齿进行校准、修光工作；拉床采用液压系统，驱动平稳；拉削速度低（$v_{\mathrm{c}}=2\sim8$m/min），不会产生积屑瘤。因此，拉削加工质量好，其标准公差等级可达IT8～IT7，表面粗糙度Ra为$1.6\sim0.4\mu$m。

（3）拉刀寿命长　由于拉削切削速度低，切削厚度小，在每次拉削过程中，每个刀齿只切削一次，工作时间短，拉刀磨损小；拉刀刀齿磨钝后，可多次重磨；校准齿作为备磨齿，其齿数越多，拉刀寿命越长。

（4）容屑、排屑和散热困难　拉削属于封闭式切削，如果被切屑堵塞，加工表面质量就会恶化，损坏刀齿，甚至会造成拉刀断裂。因此，要对切屑妥善处理。通常在刀刃上开出分屑槽，并留有足够的齿间容屑空间及合理的容屑槽形状，以便切屑自由卷曲。

（5）拉刀制造复杂，成本高　每种拉刀只适用于加工一种规格尺寸的孔或槽，因此，拉削主要适用于大批、大量生产中。

4.4　钻、扩、铰削及镗削加工

4.4.1　孔加工概述

内孔是零件上最常见的表面之一，零件上内孔表面在产品中的功用、结构不同，其精度和表面质量要求的差别也相当大。孔按照与其他零件的相对连接关系的不同，可分为配合孔和与非配合孔；按其几何特征的不同，可分为通孔、盲孔、阶梯孔、锥孔等；按其几何形状不同，可分为圆孔、非圆孔等。

根据孔的结构和技术要求不同，在机械加工中应采用不同的加工方法，这些方法归纳起来可以分为两类：一类是在实体工件上加工孔，即从无孔加工出孔；另一类是对已有的孔进行再加工。非配合孔一般采用钻头在实体工件上直接把孔钻出来；对于配合孔则需要在钻孔的基础上，根据被加工孔的精度和表面质量要求，采用铰削、镗削、磨削等方法对孔进行进一步精加工。铰削、镗削是对已有孔进行精加工的典型工艺方法。对于孔的精密加工，主要方法就是磨削。当孔的表面要求质量较高时，还需要采用精细镗、研磨、珩磨、滚压等表面光整加工技术；对非圆孔的加工则需采用插削、拉削以及特种加工方法。

由于孔是零件的内表面，对加工过程的观察、控制比较困难，加工难度要比外圆表面等开放型表面的加工大得多。孔加工过程的主要特点如下：

1）孔加工刀具多为定尺寸刀具，如钻头、铰刀等，在加工过程中，磨损造成的刀具形状和尺寸变化直接影响被加工孔的精度。

2）由于受被加工孔尺寸的限制，切削速度很难提高，影响了加工生产率和加工表面质量，尤其是对较小的孔进行精密加工时，为达到所需的速度，需要使用专门的装置，对机床的性能也提出了很高的要求。

3）刀具的结构受孔的直径和长度限制，刚性较差。加工时由于轴向力的影响，容易产生弯曲变形和振动，孔的长径比越大，刀具刚性对加工精度的影响就越大。

4）孔加工时，刀具一般是在半封闭的空间下工作，排屑困难；冷却液难以进入切削区域，散热条件差，切削区热量集中，温度较高，会影响刀具的寿命和钻孔加工质量。

所以在孔加工中，必须解决好冷却问题、排屑问题、刚性导向问题和速度问题等。这也是讨论各种孔加工方法的要点。

在对实体零件进行钻孔加工时，对应被加工孔的大小和深度不同，有各种结构的钻头，其中最常用的是标准麻花钻。孔系的位置精度主要由钻床夹具和钻模板保证。

对已有孔进行精加工时，铰削和镗削是代表性的精加工方法。铰削加工适用于对较小孔的精加工，但铰削加工的效率一般不高，而且不能提高位置精度。镗削加工能获得较高的精度和较小的表面粗糙度值，若用金刚镗床和坐标镗床加工则质量可以更好。镗孔加工可以用一种刀具加工不同直径的孔。对于大直径孔和有较严格位置精度要求的孔系，镗削是主要的精加工方法。镗孔可以在车床、钻床、铣床、镗床和加工中心等不同类型的机床上进行。在镗削加工中，镗床和镗床夹具是保证加工精度的主要因素。

应该指出的是，虽然在车床上可以加工孔，但由于零件的形状、孔径的大小各有不同，车床上的孔加工受到很大的局限，所以绝大部分的孔是在钻床和镗床上加工的，本节内容主要在此基础上来加以阐述。

4.4.2 钻、扩、铰削加工

1. 钻孔

钻孔是用钻头在实体材料上加工孔，是孔加工最常用的一种方法，标准公差等级一般为IT13~IT11，表面粗糙度$Ra = 50 \sim 12.5 \mu m$。钻孔主要用于质量要求不高的孔的粗加工，如螺柱孔、油道孔等，也可作为质量要求较高的孔的预加工，既可用于单件、小批量生产，也适用于大批量生产。

钻头有麻花钻、深孔钻、扁钻、中心钻等，其中最常用的是麻花钻。

（1）麻花钻　它是一种粗加工刀具，由工具厂大量生产，供应市场。其常备规格为$\phi 0.1 \sim \phi 80mm$。麻花钻按柄部形状分为直柄麻花钻和锥柄麻花钻；按制造材料分为高速钢麻花钻和硬质合金麻花钻。硬质合金麻花钻一般制成镶片焊接式，直径5mm以下的硬质合金麻花钻制成整体式。

麻花钻的组成与结构如图4-60所示，其中锥柄麻花钻由工作部分、柄部和颈部所组成。

1）工作部分。麻花钻工作部分为切削部分和导向部分。如图4-60b所示，切削部分担负主要的切削工作，包括以下结构要素：

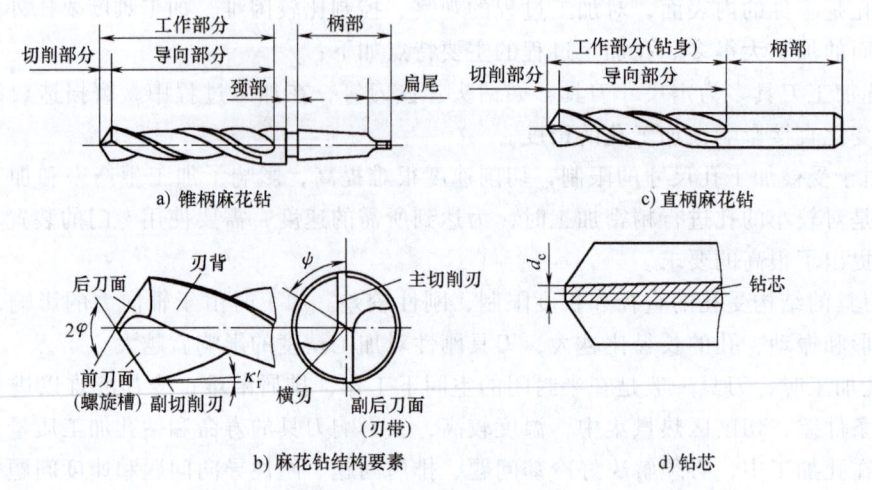

图 4-60 麻花钻组成与结构

a) 锥柄麻花钻
b) 麻花钻结构要素
c) 直柄麻花钻
d) 钻芯

前刀面：毗邻切削刃，是起排屑和容屑作用的螺旋槽表面。

后刀面：位于工作部分的前端，与工件加工表面（即孔底的锥面）相对，其形状由刃磨方法决定，在麻花钻上一般为螺旋圆锥面。

主切削刃：前刀面与后刀面的交线。由于麻花钻前刀面和后刀面各有两个，所以主切削刃也有两条。

横刃：两个后刀面相交所形成的刀刃。它位于切削部分的最前端，切削被加工孔的中心部分。

副切削刃：麻花钻前端外圆棱边与螺旋槽的交线。显然，麻花钻上有两条副切削刃。

刀尖：两条主切削刃与副切削刃相交的交点。

导向部分在钻削过程中起导向作用，并作为切削部分的后备部分。它包含刃沟、刃瓣、刃带。刃带是其外圆柱面上两条螺旋形的棱边，由它们控制孔的廓形和直径，保持钻头进给方向，为减少刃带与已加工孔孔壁之间的摩擦，一般将麻花钻从钻尖向锥柄方向做出直径逐渐减小的锥度（每 100mm 长度内直径向柄部方向减小 0.03～0.12mm），形成倒锥，相当于副切削刃的副偏角。钻头的实心部分叫钻芯，它用来连接两个刃瓣，钻芯直径沿轴线方向从钻尖向锥柄方向逐渐增大（每 100mm 长度内直径向柄部方向减小 1.4～2.0mm），以增强钻头强度和刚度，如图 4-60d 所示。

2) 柄部。麻花钻的柄部用于装夹钻头和传递动力。钻头直径小于 12mm 时，通常制成直柄（圆柱柄如图 4-60c 所示）；直径在 12mm 以上时，做成莫式锥度的圆锥柄，如图 4-60a 所示。

3) 颈部。麻花钻的颈部是柄部与工作部分的连接部分，并作为磨外颈时砂轮退刀和打印标记处。小直径的钻头不做出颈部。

(2) 钻孔的工艺特点及应用　钻孔与车削外圆相比，工作条件要困难的多。钻削加工属于半封闭的切削方式，钻头工作部分处在已加工表面的包围中，因而会引起一些特殊问题，如钻头的刚度和强度、容屑和排屑、导向和冷却润滑等。其特点如下：

1) 容易产生引偏。引偏是指加工时因钻头弯曲而引起的孔径扩大、孔不圆或孔的轴线歪斜等缺陷，如图 4-61 所示。其主要原因是：

① 麻花钻直径和长度受所加工孔的限制，一般呈细长状，刚性较差。为形成切削刃和容纳切屑，必须做出两条较深的螺旋槽，致使钻心变细，进一步削弱了钻头的刚性。

② 为减少导向部分与已加工孔壁的摩擦，钻头仅有两条很窄的棱边与孔壁接触，接触刚度和导向作用也很差。

③ 钻头横刃处的前角具有很大的负值，切削条件极差，其实际上不是在切削，而是挤刮金属，加上由钻头横刃产生的轴向力很大，稍有偏斜，将产生较大的附加力矩，使钻头弯曲。

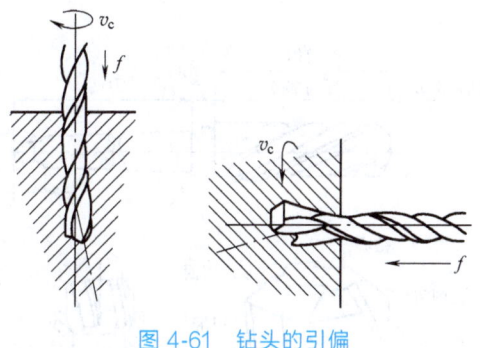

图 4-61 钻头的引偏

④ 钻头的两个主切削刃很难磨得完全对称，加上工件材料的不均匀性，钻孔时的径向力不可能完全抵消。

为防止或减小钻孔的引偏，对于较小的孔，先在孔的中心处打样冲孔，以利于钻头的定心；直径较大的孔，可用小顶角（$2\varphi = 90° \sim 100°$）的短而粗的麻花钻预钻一个定心坑，然后再用所需钻头钻孔，如图 4-62 所示；大批量生产中，用钻模为钻头导向，如图 4-63 所示，这种方法对在斜面或曲面上钻孔，更为必要；尽量把钻头两条主切削刃磨得对称，使径向切削力互相抵消。

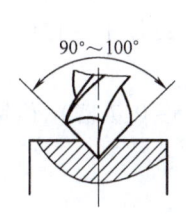

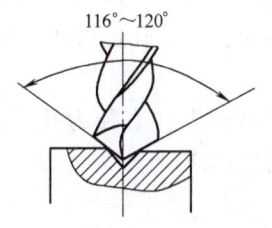

图 4-62 预钻定心坑

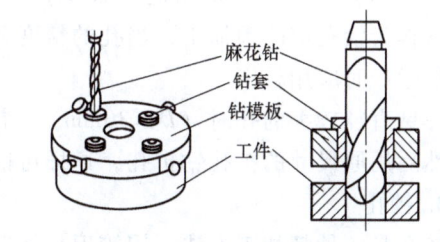

图 4-63 用钻模为钻头导向

2) 排屑困难。钻孔时，由于主切削刃全部参加切削，切屑较宽，容屑槽尺寸受限制，因而切屑与孔壁发生较大摩擦和挤压，易刮伤孔壁，降低孔的表面质量。有时切屑还可能阻塞在容屑槽里，卡死钻头，甚至将钻头扭断。

3) 钻头易磨损。钻削时产生的热量很大，又不易传散，加之刀具、工件与切屑间摩擦很大，使切削温度升高，加剧了刀具磨损，从而使切削用量和生产率提高受到限制。

2. 扩孔

扩孔是用扩孔钻在工件上已经钻出、铸出或锻出孔的基础上所做的进一步加工。

（1）扩孔钻　如图 4-64 所示，扩孔钻外形与麻花钻相似，只是加工余量小，其切削刃较短，因而容屑槽浅，刀具圆周齿数较麻花钻多（一般为 3~4 个），刀体强度高、刚性好。直径 10~32mm 的扩孔钻做成整体式，如图 4-64a 所示；直径 25~80mm 的扩孔钻做成套装式，如图 4-64b 所示。切削部分的材料可用高速钢制造，也可镶焊硬质合金刀片。

（2）扩孔的工艺特点及应用　与钻孔相比较，其工艺特点如下：

1) 扩孔时背吃刀量小，切屑窄、易排出，不易擦伤已加工表面。此外，容屑槽可做得

a) 整体式扩张钻　　　　　　　　　b) 套装式扩孔钻

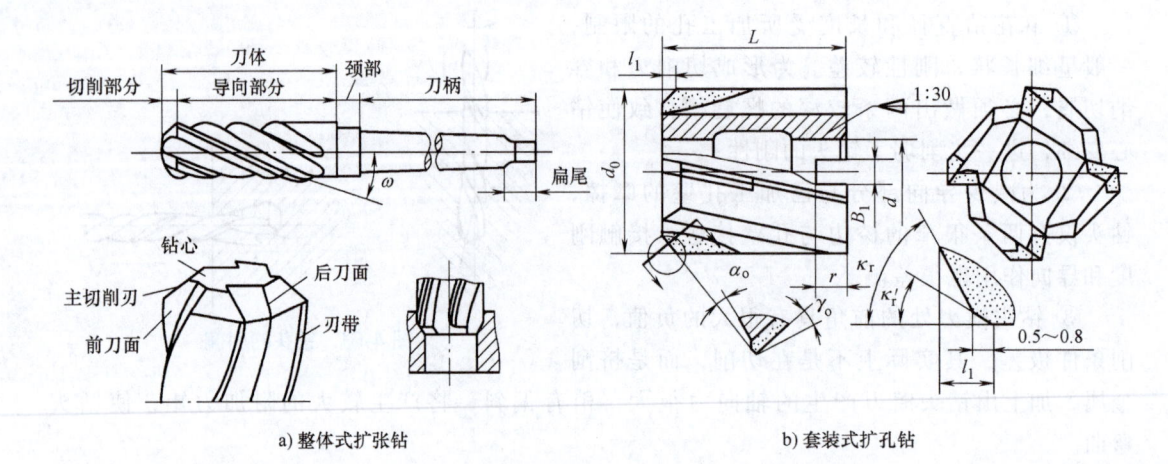

图 4-64　扩孔钻

较小较浅，从而可加粗钻芯，提高扩孔钻的刚度，有利于增大切削用量和改善加工质量。

2) 切削刃不是从外圆延伸到中心，避免了横刃和由横刃所引起的不良影响。

3) 因容屑槽较窄，扩孔钻上有 3~4 个刀齿，增加了扩孔时的导向作用，切削比较平稳，同时提高了生产率。

由于上述原因，扩孔的加工质量比钻孔好，属于孔的一种半精加工。一般加工标准公差等级可达 IT9~IT10，表面粗糙度 Ra 为 6.3~3.2μm。扩孔可以在一定程度上校正轴线的偏斜，常作为铰孔前的预加工，当孔的精度要求不高时，扩孔也可作为孔的最终加工。在成批和大量生产时应用较广。

在钻直径较大的孔时（$D \geqslant 30mm$），常先用小钻头（直径为孔径的 0.5~0.7 倍）预钻孔，然后用原尺寸的扩孔钻扩孔，这样可以提高生产质量。

3. 铰孔

铰孔是一种精加工方法，用铰刀从孔壁上切除微量金属，以提高孔的尺寸精度和减小表面粗糙度值。但正确地选择加工余量对铰孔质量的影响很大：余量太大，铰孔不光，尺寸公差不易保证；余量太小，不能去掉上一道工序留下的刀痕，达不到要求的表面粗糙度值。一般粗铰余量为 0.25~0.035mm，精铰余量为 0.15~0.05mm。

(1) 铰刀　铰刀种类很多，根据使用方式不同，有手用铰刀和机用铰刀；根据用途不同，有圆柱孔铰刀和圆锥孔铰刀；按刀具结构进行分类，有整体式、套装式和镶片铰刀等。

如图 4-65 所示，铰刀由柄部、颈部和工作部组成。工作部包括导锥、切削部分和校准部分。切削部分承担主要的切削工作，校准部分起导向、校准和修光作用。为减小校准部分刀齿与已加工孔壁的摩擦，并防止孔径扩大，校准部分的后端为倒锥形状。

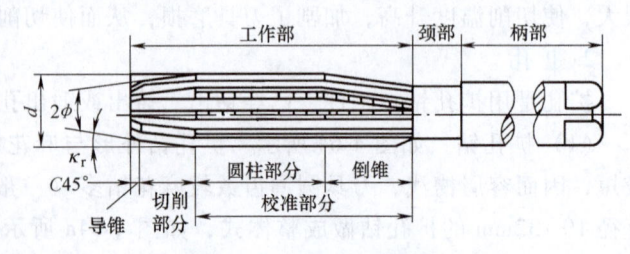

图 4-65　铰刀的结构组成

(2) 铰刀的工艺特点及应用　铰孔的切削条件和铰刀的结构比扩孔更为优越，有如下工艺特点：

1) 刚性和导向性好。铰刀的切削刃多（6~12个），排屑槽很浅，刀心截面很大，并且铰刀有导向部分，故其刚性和导向性比扩孔钻更好。

2) 铰刀具有修光部分，其作用是校准孔径、修光孔壁，从而进一步提高孔的加工质量。

3) 铰孔的加工余量小，切削力较小，所产生的热较少，工件的受力变形较小；并且铰孔切削速度低，可避免积屑瘤的不利影响，因此，使得铰孔质量较高。

铰孔适用于加工精度要求较高，直径不大而又未淬火的孔。机铰的加工标准公差等级一般可达 IT8~IT7，表面粗糙度 Ra 为 1.6~$0.8\mu m$；手铰的加工质量更高，加工标准公差等级可达 IT6，表面粗糙度 Ra 为 0.4~$0.2\mu m$。

对于中等尺寸以下较精密的孔，在单件、小批量乃至大批、大量生产中，钻-扩-铰组合是常采用的典型工艺。但钻、扩、铰只能保证孔本身的精度，而不能保证孔与孔之间的尺寸精度和位置精度，要解决这一问题，可以采用夹具（钻模）进行加工，或者采用镗削加工。

4.4.3 镗削加工

镗削加工可以在镗床、车床、钻床及铣床上进行。卧式镗床用于箱体、机架类零件上的孔或孔系的加工，钻床或铣床用于单件小批生产，车床用于回转体零件上轴线与回转体轴线重合的孔的加工。这里主要叙述在镗床上用镗刀进行的孔加工。

1. 镗刀

镗刀按切削刃数量，可分为单刃镗刀、双刃镗刀和多刃镗刀；按工件的加工表面，可分为通孔镗刀、盲孔镗刀、阶梯镗刀和端面镗刀；按刀具结构，可分为整体式、装配式和可调式。

（1）单刃镗刀 普通单刃镗刀只有一条主切削刃在单方向参加切削，其结构简单、制造方便、通用性强，但刚性差，镗孔尺寸调节不方便，生产率低，对工人操作技术要求高。图 4-66 所示为不同结构的单刃镗刀。加工小直径孔的镗刀通常做成整体式，加工大直径孔

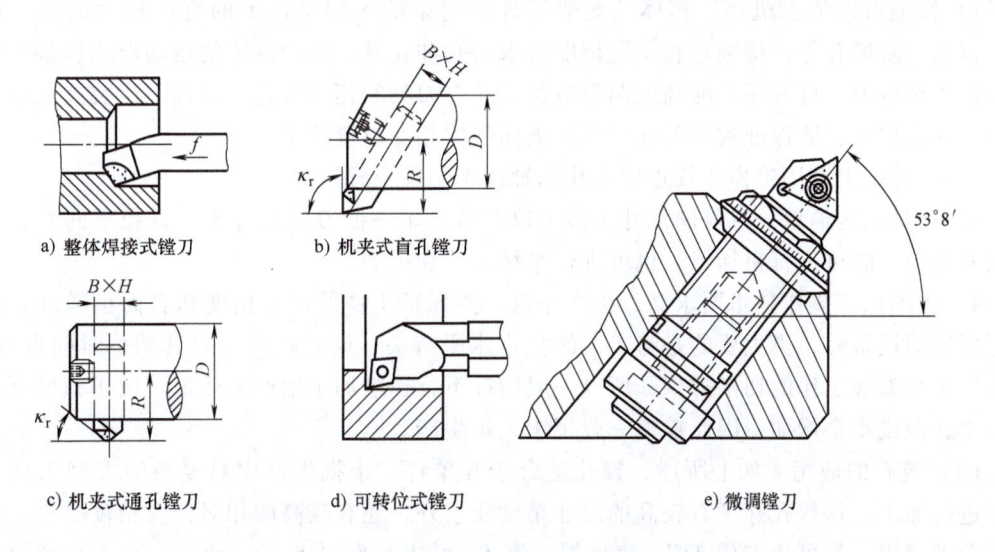

a) 整体焊接式镗刀　　b) 机夹式盲孔镗刀

c) 机夹式通孔镗刀　　d) 可转位式镗刀　　e) 微调镗刀

图 4-66　单刃镗刀

的镗刀可做成机夹可重磨式或机夹可转位式。镗杆不宜太细太长，以免切削时产生振动。为了使刀头在镗杆内有较大的安装长度，并具有足够的位置安装压紧螺钉和调节螺钉，在镗盲孔或阶梯孔时，镗刀头在镗杆上的安装倾斜角一般取10°~45°，镗通孔时取0°，以便于镗杆的制造。通常压紧螺钉从镗杆端面或顶面来压紧镗刀头。新型的微调镗刀调节方便，调节精度高，适用于坐标镗床、自动线和数控机床。

（2）双刃镗刀 双刃镗刀是定尺寸的镗孔刀具，但通过改变两刀刃之间的距离，也可实现对不同直径孔的加工。常用的双刃镗刀有固定式镗刀、可调式镗刀和浮动镗刀3种。

1）固定式镗刀。如图4-67所示，工作时，镗刀块可以通过斜楔或者在两个方面倾斜的螺钉等夹紧在镗杆上。镗刀块相对轴线的位置误差会造成孔径的误差。所以，镗刀块与镗杆上方孔的配合要求较高，镗刀块安装方孔对轴线的垂直度与对称度误差不大于0.01mm。固定式镗刀块用于粗镗或半精镗直径大于40mm的孔。

2）可调式镗刀。采用一定的机械结构可以调整两刀片之间的距离，从而使一把刀具可以加工不同直径的孔，并可以补偿刀具磨损的影响。

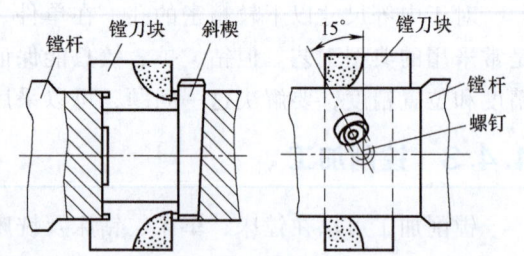

图4-67 固定式镗刀

3）浮动镗刀。其特点是镗刀块自由地装入镗杆的方孔中，不需夹紧，通过作用在两个切削刃上的切削力来自动平衡其切削位置，因此它能自动补偿刀具安装误差和由机床主轴偏差而造成的加工误差，能获得较高的孔的直径尺寸精度（IT7~IT6）。但它无法纠正孔的直线度误差和位置误差，因而要求预加工孔的直线性好，表面粗糙度 Ra 不大于 $3.2\mu m$。

2. 镗孔的工艺特点及应用

（1）镗孔的工艺特点

1）镗削可以加工机座、箱体、支架等外形复杂的大型零件上的直径较大的孔，如通孔、盲孔、阶梯孔等，特别是有位置精度要求的孔和孔系。因为镗床的运动形式较多，工件安装在工作台上，可方便、准确地调整被加工孔与刀具的相对位置，通过一次装夹就能实现多个表面的加工，能保证被加工孔与其他表面间的相互位置精度。

2）在镗床上利用镗模能校正原有孔的轴线歪斜与位置误差。

3）刀具结构简单，且径向尺寸大多可以调节，用一把刀具就可加工直径不同的孔，在一次安装中，既可进行粗加工，也可进行半精加工和精加工。

4）镗削加工操作技术要求高，生产率低。要保证工件的尺寸精度和表面粗糙度，除取决于所用的设备外，更主要的是与工人的技术水平有关，同时机床、刀具调整时间也较长。镗削加工时参加工作的切削刃少，所以一般情况下，镗削加工生产率较低。使用镗模可提高生产率，但成本会增加，因此镗模一般用于大量生产。

（2）镗孔的应用 如上所述，镗孔适合于在单件、小批生产中对复杂的大型工件上的孔系进行加工。这些孔除了有较高的尺寸精度要求外，还有较高的相对位置精度要求。镗孔尺寸公差等级一般可达IT9~IT7，表面粗糙度 Ra 可达 $1.6~0.8\mu m$。此外，对于直径较大的孔（直径大于80mm）、内成形表面、孔内环槽等，镗孔是唯一适合的加工方法。

4.5 渐开线齿形加工

4.5.1 齿形加工方法概述

齿轮是机械传动中的重要零件，主要由轮体和齿圈两部分组成。齿轮轮体形状有内/外圆柱、圆锥等类型。齿圈部分的齿形又有渐开线齿形、圆弧齿形、摆线齿形等。轮体部分加工与同形状工件加工方法一致。本章以应用最为广泛的渐开线圆柱齿轮为例，介绍齿形的加工。

1. 齿形获得方法

齿形获得方法按是否去除材料，可以分为无屑加工和切削加工两类。

（1）无屑加工　齿形的无屑加工有铸造、粉末冶金、精锻、热轧、冷挤、注塑等方法。无屑加工具有生产率高、材料消耗小和成本低等优点。其中铸造齿轮的精度较低，常用于农机和矿山机械。近年来，随着铸造技术的发展，铸造精度也有了很大提高，某些铸造齿轮已经可以直接用于具有一定传动精度要求的机械中。冷挤法只适用于小模数齿轮的加工，但精度较高。近十年来，齿轮精锻技术有了较快的发展。对于工程塑料可满足力学性能的齿轮，注塑加工是成型的较好方法。齿形的无屑加工是齿面成形加工的重要发展方向。

（2）切削加工　对于传动精度要求较高的齿轮加工，目前主要是采用去除材料的方法。齿轮精度要求较高时，通常要经过切削和磨削加工来获得，这就是本节主要介绍的齿轮加工方法。根据所用的加工装备和原理不同，齿轮的切削加工有铣齿、滚齿、插齿、刨齿、磨齿、剃齿、珩齿等多种方法。

2. 齿形加工原理

按齿轮齿廓的成形原理不同，切削加工方法可分为成形法和展成法两种，其加工精度和适用范围见表4-1。

表4-1　齿轮齿形的切削加工方法及其加工精度和适用范围

切削加工方法		刀具	机床	加工精度和适用范围
成形法	成形铣	盘形齿轮铣刀	铣床	加工精度和生产率都较低
		指形齿轮铣刀	滚齿机或铣床	加工精度和生产率都较低，是大型无槽人字齿轮的主要加工方法
	拉齿	齿轮拉刀	拉床	加工精度和生产率较高，适用于大批生产，尤其适宜内齿轮的加工
展成法	滚齿	齿轮滚刀	滚齿机	加工标准公差等级为IT6~IT10，表面粗糙度Ra为6.3~3.2μm，常用于加工直齿轮、斜齿轮及蜗轮
	插齿和刨齿	插齿刀 刨齿刀	插齿机 刨齿机	加工标准公差等级为IT7~IT9，表面粗糙度Ra为6.3~3.2μm，适用于加工内/外啮合的圆柱齿轮、双联齿轮、三联齿轮、齿条和锥齿轮等
	剃齿	剃齿刀	剃齿机	加工标准公差等级为IT6~IT7，常用于滚齿、插齿后，淬火前的精加工
	珩齿	珩磨轮	珩齿机 剃齿机	加工标准公差等级为IT6~IT7，常用于剃齿后或高频淬火后的齿形精加工
	磨齿	砂轮	磨齿机	加工标准公差等级为IT3~IT6，表面粗糙度Ra为1.6~0.8μm，常用于齿轮淬火后的精加工

(1) 成形法

1) 加工原理。成形法是利用与被加工齿轮齿槽法面截形相一致的刀具，在齿坯上加工出齿形。成形法加工齿轮的方法有铣削、拉削、插削及磨削等，其中最常用的方法是在普通铣床上用成形铣刀铣削齿形。如图 4-68 所示，铣削时工件安装在分度头上，铣刀对工件进行切削加工，工作台带动工件做直线进给运动，加工完一个齿槽后将工件分度转过一个齿，再加工另一个齿槽，依次加工出所有齿形。铣削斜齿圆柱齿轮在万能铣床上进行，铣削时工作台偏转一个齿轮的螺旋角 β，工件在随工作台进给的同时，由分度头带动做附加转动，形成螺旋线运动。

a) 盘形齿轮铣刀铣削　　b) 指形齿轮铣刀铣削　　c) 斜齿圆柱齿轮铣削

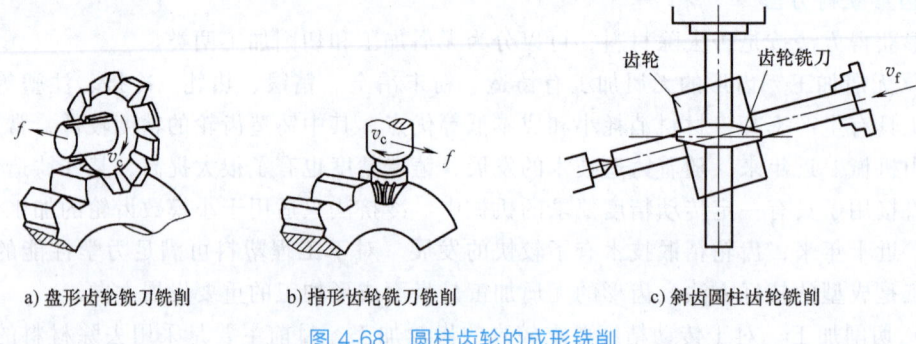

图 4-68　圆柱齿轮的成形铣削

成形法铣齿的优点是可以在普通铣床上加工，但由于刀具存在近似误差和机床在分齿过程中的转角误差影响，加工标准公差等级一般较低，为 IT9~IT12 级，表面粗糙度 Ra 为 6.3~3.2μm，生产率不高，一般用于单件、小批量加工直齿、斜齿和人字齿圆柱齿轮，或用于重型机器制造业加工大型齿轮。

2) 齿轮铣刀。成形法铣削齿轮所用的刀具有盘形齿轮铣刀和指形齿轮铣刀，前者适用于中小模数（$m<8$mm）的直齿、斜齿圆柱齿轮，后者适于加工大模数（$m=8$~40mm）的直齿、斜齿齿轮，特别是人字齿轮。采用成形法加工齿轮时，齿轮的齿廓形状精度由齿轮铣刀切削刃的形状来保证，因而刀具的刃形必须符合齿轮的齿形。标准渐开线齿轮的齿廓形状是由该齿轮的模数和齿数决定的。要加工出准确的齿形，就必须要求同一模数的每一种齿数都要有一把相应齿形的刀具，这将导致刀具数量非常庞大。为减少刀具的数量，同一模数的齿轮铣刀按其所加工的齿数通常分为 8 组（精确的是 15 组），只要模数相同，同一组内不同齿数的齿轮都用同一铣刀加工，铣刀分组见表 4-2。例如被加工的齿轮模数是 3，齿数是 45，则应选用 $m=3$mm 的系列中的 6 号铣刀。

表 4-2　铣刀分组

刀号	1	2	3	4	5	6	7	8
加工轮齿范围（齿数）	12~13	14~16	17~20	21~25	26~34	35~54	55~134	>135

每种刀号齿轮铣刀的刀齿形状均按加工齿数范围中最少齿数的齿形设计。所以，在加工该范围内其他齿数的齿轮时，会产生一定的齿形误差。

当加工斜齿圆柱齿轮且精度要求不高时，可以借用加工直齿圆柱齿轮的铣刀，但此时铣刀的号数应按照法向截面内的当量齿数 z_d 来选择。斜齿圆柱齿轮的当量齿数 z_d 的计算公式为

$$z_d = \frac{z}{\cos^3 \beta} \tag{4-19}$$

式中　z——斜齿圆柱齿轮的齿数；

　　　β——斜齿圆柱齿轮的螺旋角。

（2）展成法　展成法是利用一对齿轮啮合的原理进行加工的。刀具相当于与被加工齿轮具有相同模数的特殊齿形齿轮，加工时刀具与工件按照一对齿轮（或齿轮与齿条）的啮合传动关系（展成运动）做相对运动。在运动过程中，刀具齿形的运动轨迹逐步包络出工件的齿形（图 4-69），用一把刀具就可以切出同一模数而齿数不同的各种齿轮。刀具的齿形可以和工件齿形不同，可以使用直线齿廓的齿条式工具来制造渐开线齿轮刀具，如用修整得非常精确的直线齿廓的砂轮来刃磨渐开线齿廓的插齿刀。这为提高齿轮刀具的制造精度和高精度齿轮的加工提供了有利条件。展成法加工时能连续分度，具有较高的加工精度和生产率，是目前齿轮加工的主要方法，如滚齿、插齿、剃齿、磨齿等。

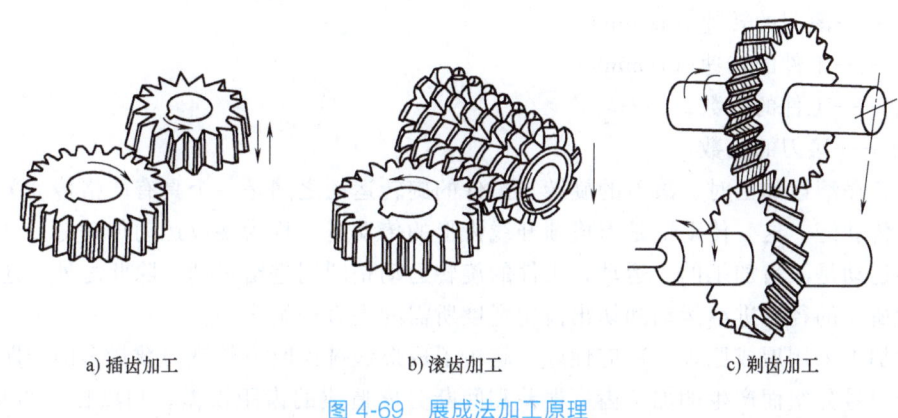

a) 插齿加工　　　b) 滚齿加工　　　c) 剃齿加工

图 4-69　展成法加工原理

4.5.2　滚齿加工

1. 滚齿加工原理

滚齿加工过程实质上是一对交错轴螺旋齿轮的啮合传动过程，如图 4-70a 所示。如图 4-70b 所示，当其中一个斜齿圆柱齿轮直径较小，齿数较少（通常只有一个），螺旋角很大（近似 90°），牙齿很长时，就变成为一个蜗杆（称为滚刀的基本蜗杆）状齿轮。该齿轮

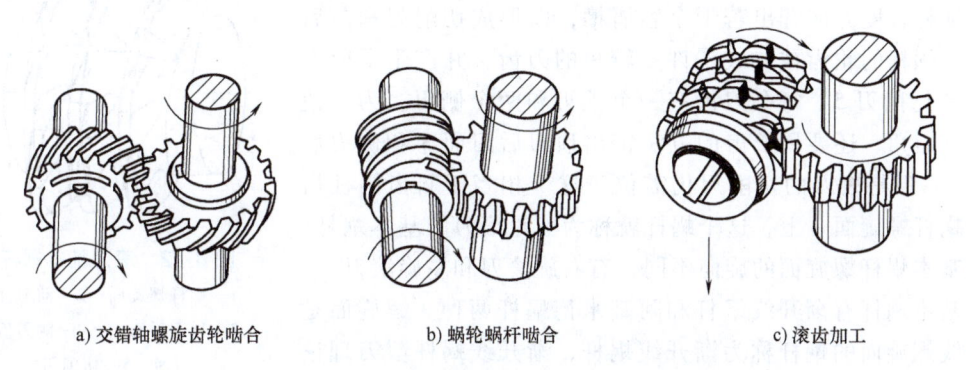

a) 交错轴螺旋齿轮啮合　　　b) 蜗轮蜗杆啮合　　　c) 滚齿加工

图 4-70　滚齿加工原理

经过开容屑槽、磨前后刀面、做出切削刃后，形成了滚齿用的刀具，称为齿轮滚刀。用该刀具与被加工齿轮按啮合传动关系做相对运动，就实现了齿轮滚齿加工，如图 4-70c 所示。

滚齿加工过程如图 4-71 所示。当滚刀旋转时，在其螺旋线的法向剖面内的刀齿，相当于一个齿条做连续移动。根据啮合原理，其移动速度与被切齿轮在啮合点的线速度相等，即被切齿轮的分度圆与该齿条的节线做纯滚动。由此可知，滚齿时，滚刀的转速与齿坯的转速必须严格符合如下关系：

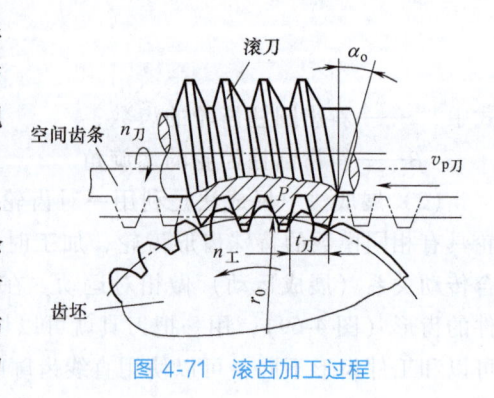

$$n_刀/n_工 = \frac{z_工}{k} \tag{4-20}$$

图 4-71 滚齿加工过程

式中 $n_刀$——滚刀的转速（r/min）
$n_工$——工件的转速（r/min）；
$z_工$——工件的齿数；
k——滚刀的头数。

显然，在滚齿加工时，滚刀的旋转与工件的旋转运动之间是一个具有严格传动关系要求的内联系传动链。这一传动链是形成渐开线齿形的传动链，称为展成运动传动链。其中，滚刀的旋转运动是滚齿加工的主运动，工件的旋转运动是圆周进给运动。除此之外，还有切出齿轮宽度所需的径向进给运动和切出齿轮宽度所需的垂直进给运动。

滚齿加工采用展成原理，适应性好，解决了成形法铣齿时齿轮铣刀数量多的问题，并解决了由于刀号分组而产生的加工齿形误差和间断分度造成的齿距误差，精度比铣齿加工高；滚齿加工是连续分度，连续切削，无空行程损失，加工生产率高；但由于滚刀结构的限制，容屑槽数量有限，滚刀每转切削的刀齿数有限，加工齿面的表面粗糙度大于插齿加工。滚齿加工主要用于直齿、斜齿圆柱齿轮以及蜗轮，不用于内齿轮和多联齿轮的加工。

2. 齿轮滚刀

（1）滚刀基本蜗杆　齿轮滚刀是滚齿加工的刀具，它相当于一个螺旋角很大的斜齿圆柱齿轮。由于它的轮齿很长，可以绕轴几圈，因而为蜗杆形状，如图 4-72 所示。为了使这个"蜗杆"能起到切削作用，需沿蜗杆长度方向开出若干个容屑槽，以形成切削刃和前后刀面。蜗杆的轮齿被分成了许多较短的刀齿，并产生了前刀面 2 和切削刃 5，每个刀齿有一个顶刃和两个侧刃。为了使刀刃有后角，还要用铲齿的方法铲出顶刃后刀面 3 和侧刃后刀面 4。但是滚刀的切削刃仍需位于这个相当于斜齿圆柱齿轮的蜗杆螺旋面 1 上，这个蜗杆就称为齿轮滚刀的基本蜗杆。根据基本蜗杆螺旋面的旋向不同，有右旋滚刀和左旋滚刀。

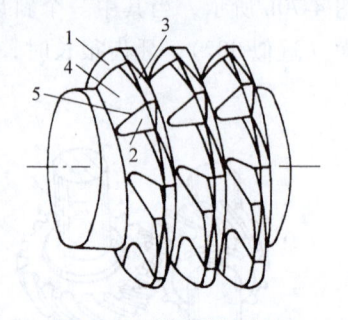

图 4-72 滚刀基本蜗杆
1—蜗杆螺旋面　2—前刀面
3—顶刃后刀面　4—侧刃后刀面　5—切削刃

基本蜗杆有渐开线蜗杆和阿基米德蜗杆两种。螺旋面是渐开线螺旋面的蜗杆称为渐开线蜗杆，渐开线蜗杆滚刀理论上可以加工出完全正确的渐开线齿轮，但渐开线蜗杆滚刀制造困难，在生产中很少使用。阿基米德蜗杆与渐开线蜗杆非常近似，只是它的轴向截面是直线，这种蜗杆滚刀便于制造、刃磨、测量，已得到广泛的应用。

（2）滚刀基本结构　按结构滚刀分为整体式、镶齿式等类型，如图 4-73 所示。

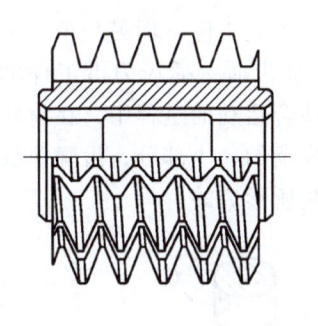

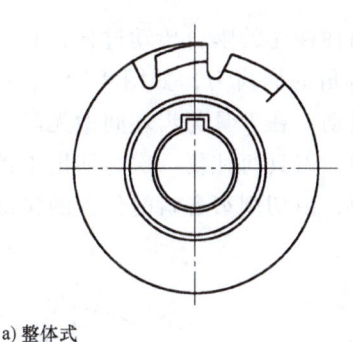

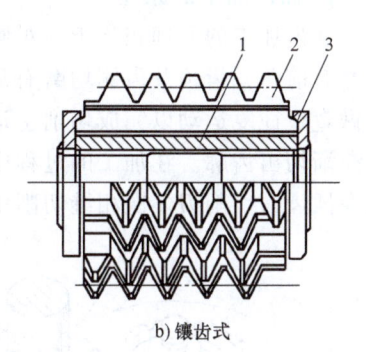

a) 整体式　　　　　　　　　　　b) 镶齿式

图 4-73　滚刀结构
1—刀体　2—刀片　3—端盖

目前中小模数滚刀都做成整体结构，大模数滚刀，为了节省材料和便于热处理，一般做成镶齿式结构。

切削齿轮时，滚刀装在滚齿机的心轴上，以内孔定位，并以螺母压紧滚刀的两端面。在制造滚刀时，应保证滚刀的两端面与滚刀轴线垂直。滚刀孔径有平行于轴线的键槽，工作时用键传递转矩。

滚刀在滚齿机心轴上安装是否正确，是利用滚刀两端轴台的径向跳动来检验的，所以滚刀制造时应保证两轴台与基本蜗杆同轴。

滚刀的切削部分由为数不多的刀齿组成，用以切除齿坯上多余的材料，从而得到要求的齿形。刀齿两侧的后刀面是用铲齿加工得到的螺旋面。它的导程不等于基本蜗杆的导程，这使得两个侧刃后刀面都包容在基本蜗杆的表面之内，只有切削刃正好在基本蜗杆的表面上。这样既能使刀齿具有正确的刃形，又能使刀齿获得必须的侧后角。同样，滚刀刀齿的顶刃后刀面也要经过铲背加工，以得到顶刃后角。

滚刀沿轴向开有容屑槽，容屑槽的一个侧面就是滚刀的前刀面，此面在滚刀端剖面中的截线是直线。如果此直线通过滚刀轴线，那么刀齿的顶刃前角为 0°，这种滚刀称为零前角滚刀；当顶刃前角大于 0°时，称为正前角滚刀。

（3）滚刀的精度　我国制定的刀具基本尺寸标准，将滚刀分为两大系列：一为大外径系列（Ⅰ型），二为小外径系列（Ⅱ型）。前者用于高精度滚刀，后者用于普通精度滚刀。

增大滚刀外径可以增多圆周齿数，减少齿面包络误差，减小刀齿负荷，提高加工精度。但增大外径会降低加工生产率，加大刀具材料的浪费。

滚刀按精密程度分为 AAA 级、AA 级、A 级、B 级、C 级。表 4-3 所列为滚刀精度等级与被加工齿轮精度等级的关系。

表 4-3　滚刀精度等级与被加工齿轮精度等级的关系

滚刀精度等级	AAA 级	AA 级	A 级	B 级	C 级
可加工齿轮精度等级	6	7~8	8~9	9	10

4.5.3 插齿加工

1. 插齿加工的原理

插齿加工的原理相当于一对圆柱齿轮的啮合传动过程,其中一个是工件,而另一个是端面磨有前角、齿顶及齿侧均磨有后角的插齿刀,如图4-74所示。插齿时,插齿刀沿工件轴向做直线往复运动以完成切削主运动,在刀具与齿坯间做无间隙啮合运动的过程中,在齿坯上渐渐切出齿廓。在加工的过程中,刀具每往复一次,切出工件齿槽的一小部分,齿廓曲线是在插齿刀切削刃多次相继切削中,由切削刃各瞬时位置的包络线所形成的。

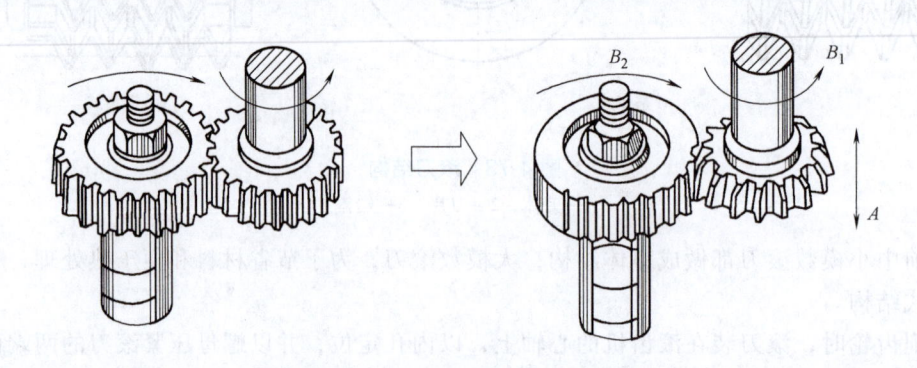

图4-74 插齿加工原理及其成形运动

2. 插齿加工的特点

1)插齿加工的齿形精度较高。由于插齿刀在设计时没有滚刀的近似齿形误差,在制造时可通过高精度磨齿机获得精确的渐开线齿形,所以插齿加工的齿形精度比滚齿高。

2)齿面的表面粗糙度值小。由于插齿过程中参与包络的切削刃数远比滚齿时多,因此插齿的表面粗糙度值小。

3)运动精度低。由于插齿时,插齿刀上各个刀齿顺次切削工件的各个齿槽,所以刀具制造时产生的齿距累积误差将直接传递给被加工齿轮,从而影响被切齿轮的运动精度。

4)齿向偏差大。因为插齿的齿向偏差取决于插齿机主轴回转轴线与工作台回转轴线的平行度误差。由于插齿刀往复运动频繁,主轴与套筒容易磨损,所以齿向偏差常比滚齿加工时要大。

5)插齿的生产率低。因为插齿刀的切削速度受往复运动惯性限制难以提高,目前插齿刀每分钟往复行程次数一般只有几百次。此外,插齿有空行程损失。

6)插齿可以加工内齿轮、双联或多联齿轮、齿条、扇形齿轮等滚齿无法完成的加工。

3. 插齿刀

插齿刀是插齿加工的刀具。插齿刀的形状很像齿轮,其模数和名义齿形角就等于被加工齿轮的模数和齿形角,只是插齿刀有切削刃、前角和后角。加工直齿齿轮使用直齿插齿刀,加工斜齿轮和人字齿轮要使用斜齿插齿刀。常用的插齿刀结构类型有三种:

1)Ⅰ型——盘状插齿刀(图4-75a)。这是最常用的一种形式,用于加工直齿外齿轮和大直径内齿轮。插齿刀的内孔直径由国家标准规定,因此不同的插齿机应选用不同的插齿刀。

2) Ⅱ型——碗形插齿刀（图4-75b）。它和Ⅰ型插齿刀的区别在于其刀体凹孔较深，以便容纳紧固螺母，避免在加工双联齿轮时，螺母碰到工件。

3) Ⅲ型——锥柄插齿刀（图4-75c）。这种插齿刀的直径较小，只能做成整体式，它主要用于加工较小的内齿轮。

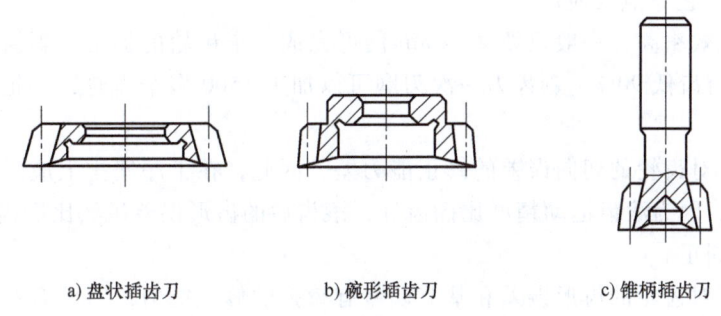

a) 盘状插齿刀　　b) 碗形插齿刀　　c) 锥柄插齿刀

图4-75　常见插齿刀的三种型式

除此之外，还可以根据实际生产的需要设计专用的插齿刀。例如：为了提高生产率所采用的复合插齿刀，即在一把插齿刀上做出粗切齿及精切齿，这两种刀齿的齿数都等于被切齿轮的齿数，插齿刀转一转，就可以完成齿形的粗加工和精加工。

4.5.4　齿形的精加工方法

1. 剃齿

剃齿是齿轮精加工方法之一，生产率高，广泛用于大批量生产精度较高的未淬火齿轮。

（1）剃齿原理　剃齿加工原理相当于一对螺旋齿轮双面无侧隙啮合的过程。如图4-76所示，剃齿刀1是一个沿齿面齿高方向上开有很多容屑槽形成切削刃的斜齿圆柱齿轮。剃齿时，经过预加工的工件装在心轴上，顶在机床工作台上的两顶尖间，可以自由转动；剃齿刀装在机床上的主轴上，在机床的带动下与工件做无侧隙的螺旋齿轮啮合传动，带动工件旋转。根据啮合原理二者在齿长法向的速度分量相等。在齿长方向上，剃齿刀的速度分量是

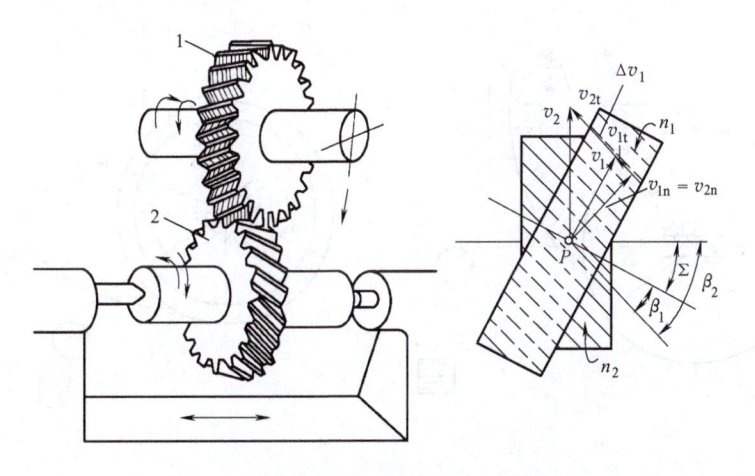

图4-76　剃齿刀及剃齿加工原理

1—剃齿刀　2—被加工齿轮

v_{1t}，被加工齿轮的速度分量是 v_{2t}。二者的速度差为 Δv_t。这一速度差使剃齿刀与被加工齿轮沿齿长方向产生相对滑动。在径向力的作用下，依靠刀齿和工件齿面之间的相对滑动，从工件齿面上切出极薄的切屑（厚度可小至 $0.005\sim0.01$mm）。进行剃齿切削的必要条件是剃齿刀与齿轮的齿面之间有相对滑移，相对滑移的速度就是剃齿的切削速度。

（2）剃齿的工艺特点及应用

1）剃齿加工效率高，一般只要 $2\sim4$min 便可完成一个齿轮的加工。剃齿加工的成本也很低，平均要比磨齿低 90%，剃齿刀一次刃磨可以加工 1500 多个齿轮，一把剃齿刀约可加工 10000 个齿轮。

2）剃齿加工对齿轮的切向误差的修正能力差。因此，在工序安排上应采用滚齿作为剃齿的前一道工序，因为滚齿运动精度比插齿好，滚齿后的齿形误差虽然比插齿大，但这在剃齿工序中却不难纠正。

3）剃齿加工对齿轮的齿形误差和基节误差有较强的修正能力，因而有利于提高齿轮的齿形精度。剃齿加工精度主要取决于刀具，只要剃齿刀本身精度高，刃磨质量好，就能够剃出表面粗糙度 Ra 为 $0.32\sim1.25\mu$m、标准公差等级为 IT6~IT7 的齿轮。

4）剃齿刀通常用高速钢制造，可剃制齿面硬度低于 35HRC 的齿轮。剃齿加工在汽车、拖拉机及金属切削机床等行业中应用广泛。

2. 磨齿

磨齿是现有齿轮加工精度最高的一种加工方法，适用于淬硬齿轮的精加工，其加工工件的标准公差等级可达到 IT4~IT6，表面粗糙度 Ra 为 $0.2\sim0.8\mu$m。但磨齿加工的效率较低，机床结构复杂，调整困难，加工成本高。

磨齿加工常用的方法是展成法。常见的磨齿机有大平面砂轮磨齿机、碟形砂轮磨齿机、锥面砂轮磨齿机和蜗杆砂轮磨齿机。其中，大平面砂轮磨齿机加工精度最高，但效率较低；蜗杆砂轮磨齿机效率较高，加工标准公差等级可达 IT6。

图 4-77 所示为大平面砂轮磨齿原理。齿轮的齿面渐开线由靠模来保证。图 4-77a 中，靠模绕轴线转动，在挡块的作用下，轴线沿导轨移动，因而相当于靠模的基圆在 CPC 线上滚

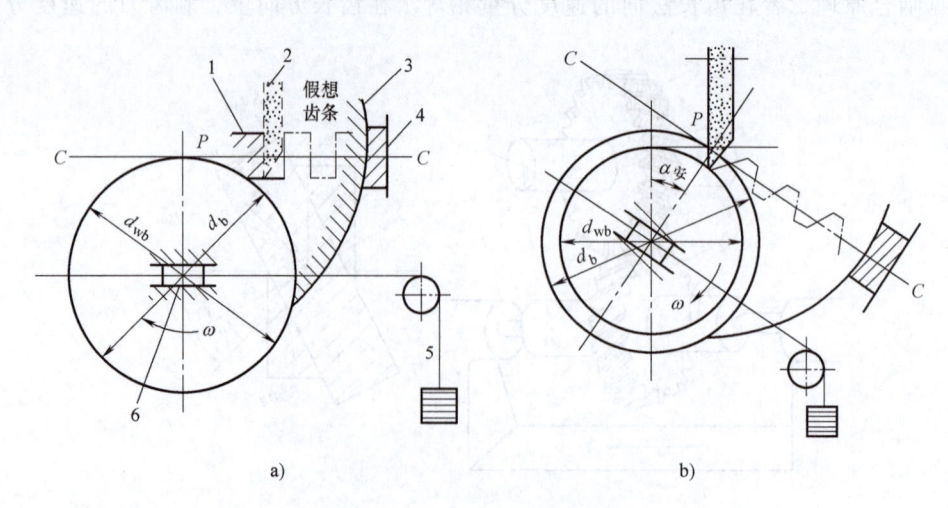

图 4-77 大平面砂轮磨齿原理

1—工件 2—砂轮 3—靠模 4—挡块 5—配重 6—导轨

动。齿坯与靠模轴线同轴安装即可磨出渐开线齿形。图 4-77b 中，通过转动一定角度可以用同一个靠模磨削不同基圆直径的齿轮。大平面砂轮磨齿精度较高，一般用于刀具或标准齿轮的磨削。

图 4-78 所示为碟形砂轮磨齿的工作原理。两个碟形砂轮分别模拟与被加工齿轮相啮合齿条的两个齿面。砂轮只做高速旋转运动，被加工齿轮的往复移动和转动实现渐开线展成运动。

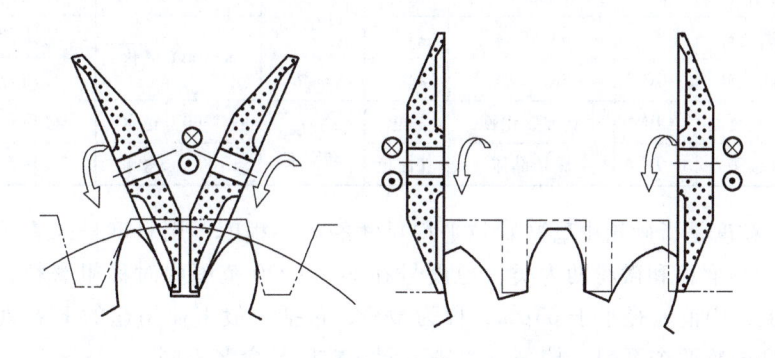

图 4-78　碟形砂轮磨齿的工作原理

4.6　磨削加工

磨削是对零件精加工和超精加工的典型加工方法。在磨床上采用各种类型的磨具，可以完成内/外圆柱面、平面、螺旋面、花键、齿轮、导轨和成形面等各种表面的精加工。不仅能磨削普通材料，更适于一般刀具难以切削的高硬度材料的加工，如淬硬钢、硬质合金和各种宝石等。磨削加工工件的标准公差等级可达 IT6～IT4，表面粗糙度 Ra 可达 1.25～0.02μm。

目前磨削主要用于零件的精加工，但也可以用于零件的粗加工甚至毛坯的去皮加工，可获得很高的生产率。除了用各种类型的砂轮进行磨削加工外，还可采用条状、块状（刚性的）、带状（柔性的）磨具或用松散的磨料进行磨削，比如珩磨、砂带磨、研磨和抛光等。

4.6.1　磨具

凡在加工中起磨削、研磨、抛光作用的工具统称磨具。根据所用的磨料不同，磨具可分为普通磨具和超硬磨具两大类。

1. 普通磨具

（1）普通磨具的类型　普通磨具是指用普通磨料制成的磨具，如刚玉类磨料、碳化硅类磨料和碳化硼磨料制成的磨具。普通磨具按照磨料的结合形式分为固结磨具、涂附磨具和研磨膏。根据不同的使用方式，固结磨具可制成砂轮、油石、砂瓦、磨头、抛磨块等；涂附磨具可制成纱布、砂纸、砂带等；研磨膏可分为硬膏和软膏。

（2）砂轮的特性与选用　砂轮是把磨料用各种类型的黏结剂粘合起来的磨削工具。砂轮具有很多气孔，由磨粒进行切削，它的特性主要由磨料、粒度、黏结剂、硬度和组织五个因素所决定。

1) 磨料。普通砂轮所用的磨料主要有刚玉类和碳化硅类，按照其纯度和添加的元素不同，每一类又可分为不同的品种。表 4-4 所列为常用磨料的性能及适用范围。

表 4-4 常用磨料的性能及适用范围

磨料名称		代号	主要成分	颜色	力学性能	热稳定性	适用磨削范围
刚玉类	棕刚玉	A	$Al_2O_3 \approx 95\%$ $TiO_2:2\% \sim 3\%$	褐色	韧性好、硬度大	2100℃熔融	碳钢、合金钢、铸钢
	白刚玉	WA	$Al_2O_3 > 99\%$	白色			淬火钢、高速钢
碳化硅类	黑碳化硅	C	$SiC > 95\%$	黑色		>1500℃氧化	铸铁、黄铜、非金属材料
	绿碳化硅	GC	$SiC > 99\%$	绿色			硬质合金等
高硬磨材料	立方氮化硼	CBN	立方碳化硼	黑色	高硬度、高强度	<1300℃稳定	硬质合金、高速钢
	人造金刚石	D	碳结晶体	乳白色		>700℃石墨化	硬质合金、宝石

2) 粒度。粒度是指砂轮中磨料颗粒平均尺寸的大小程度，用料度号来表示。按磨料颗粒的大小可分为粗磨粒和微粉两大类，粒度号在 F4～F220 范围内时称粗磨粒，其中值粒径大于 63μm 以上；中值粒径小于 63μm，称为微粉，包括一般工业用途的 F 系列微粉和精密研磨用的 J 系列微粉两个系列，按测量方法不同，粒度号命名不同。

磨粒粒度选择的原则是：

① 精磨时，应选用磨粒粒度号较大或颗粒直径较小的砂轮，以减小已加工表面的表面粗糙度。

② 粗磨时，应选用磨粒粒度号较小或颗粒较粗的砂轮，以提高生产率。

③ 砂轮速度较高时，或砂轮与工件接触面积较大时，选用颗粒较粗的砂轮，减少同时参加切削的磨粒数，以免发热过多而引起工件表面烧伤。

④ 磨削软而韧的金属时，用颗粒较粗的砂轮，以免砂轮过早堵塞；磨削硬而脆的金属时，选用颗粒较细的砂轮，以提高同时参加磨削的磨粒数，提高生产率。

常用磨粒的粒度、尺寸及应用范围见表 4-5。

表 4-5 常用磨粒的粒度、尺寸及应用范围

类别	粒度	颗粒尺寸/μm	应用范围	类别	粒度	颗粒尺寸/μm	应用范围
磨粒	F12～F36	2000～400	荒磨、打毛刺	微粉（沉降管法）	J240～J500	80～20	珩磨、研磨
	F46～F80	400～160	粗磨、半精磨		J600～J1000	40～10	研磨、超精磨削
	F100～220	160～63	精磨、珩磨		J1200～J3000	20～3	镜面磨削

3) 黏结剂。砂轮的黏结剂将磨粒黏合起来，使砂轮具有一定的强度、气孔、硬度和抗腐蚀、抗潮湿等性能。常用黏结剂的性能和适用范围见表 4-6。

表 4-6 常用黏结剂的性能及适用范围

黏结剂	代号	性能	适用范围
陶瓷	V	耐热、耐蚀，气孔率大，易保持廓形，弹性差	最常用，适用于各类磨削加工
树脂	B	强度比 V 高，弹性好，耐热性差	适用于高速磨削、切断、开槽等
橡胶	R	强度比 B 高，更富有弹性，气孔率小，耐热性差	适用于切断、开槽等
青铜	J	强度较高，导电性好，磨耗少，自锐性差	适用于金刚石砂轮

4) 硬度。砂轮的硬度是指磨粒在外力作用下从其表面脱落的难易程度，也反映磨粒与黏结剂黏接的牢固程度。砂轮硬表示磨粒难以脱落，砂轮软则与之相反。可见，砂轮的硬度主要由黏结剂的粘接强度决定，而与磨粒的硬度无关。一般说来，砂轮组织疏松时，砂轮硬度低些，树脂黏结剂的砂轮硬度比陶瓷黏结剂的砂轮低些。砂轮的硬度等级代号见表 4-7。

表 4-7 砂轮的硬度等级代号

大级名称	超软			软			中软		中		中硬			硬		超硬
小级名称	超软			软1	软2	软3	中软1	中软2	中1	中2	中硬1	中硬2	中硬3	硬1	硬2	超硬
代号	D	E	F	G	H	J	K	L	M	N	P	Q	R	S	T	Y

砂轮硬度的选用原则是：

① 工件材料越硬，应选用越软的砂轮。这是因为硬材料易使磨粒磨损，需用较软的砂轮以使磨钝的磨粒及时脱落。

② 工件材料越软，砂轮的硬度应越硬，以使磨粒脱落慢些，发挥其磨削作用。但在磨削有色金属、橡胶、树脂等软材料时，要用较软的砂轮，以便使堵塞处的磨粒较易脱落，露出锋锐的新磨粒。

③ 磨削接触面积较大时，磨粒较易磨损，应选用较软的砂轮。薄壁零件及导热性差的零件，应选较软的砂轮。

④ 与粗磨相比，半精磨需用较软的砂轮；但在精磨和成形磨削时，为了能长时间保持砂轮轮廓，需用较硬的砂轮。

在机械加工时，常用的砂轮硬度等级一般为 H~N（软2~中2）。

5) 组织。砂轮的组织是指磨粒、黏结剂和气孔三者体积的比例关系，表示结构紧密和疏松程度。砂轮的组织用组织号的大小来表示，把磨粒在磨具中占有的体积百分数（即磨粒率）称为组织号。砂轮的组织号及适用范围见表 4-8。

表 4-8 砂轮的组织号及适用范围

组织号	0	1	2	3	4	5	6	7	8	9	10	11	12	13	14
磨粒率(%)	62	60	58	56	54	52	50	48	46	44	42	40	38	36	34
疏密程度	紧密				中等				疏松					大气孔	
适用范围	重负荷、成形、精密磨削、加工脆硬材料				外圆、内圆、无心及工具磨削、淬硬工件及刀具刃磨等				粗磨及磨削韧性大、硬度低的工件，薄壁、细长工件，或砂轮与工件接触面大以及平面磨削等					有色金属，塑料、橡胶等非金属以及热敏合金	

(3) 砂轮的形状、尺寸与标志 为了适应在不同类型的磨床上磨削各种形状工件的需要，砂轮有许多种形状和尺寸规格。常见的砂轮形状、代号及用途可见表 4-9。

表 4-9 常用砂轮的形状、代号及用途

砂轮名称	代号	断面形状	主要用途
平形砂轮	1		外圆磨削、内圆磨削、平面磨削、无心磨削、工具磨削
平行切割砂轮	41		切断及切槽

（续）

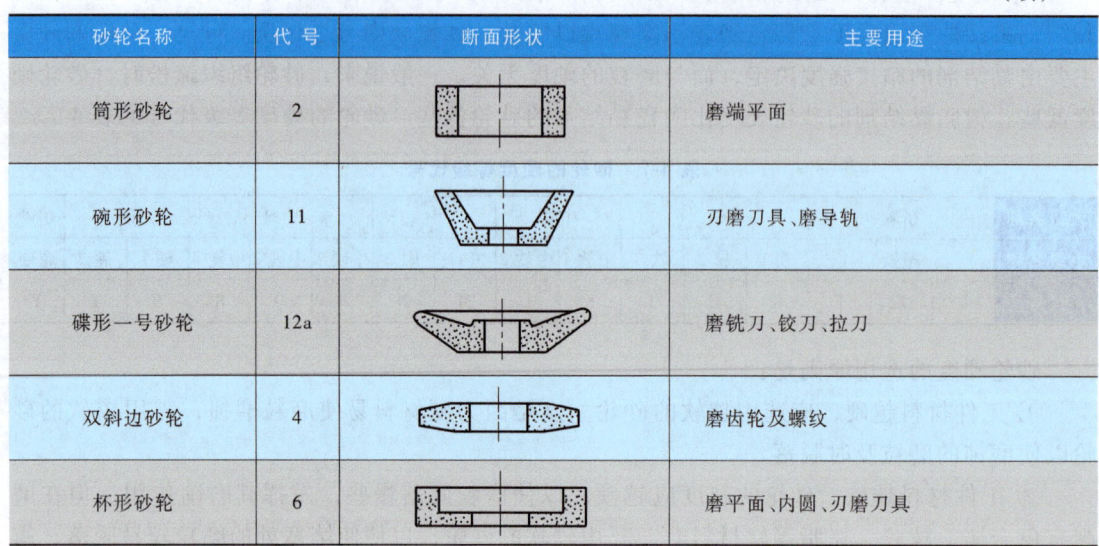

砂轮名称	代号	断面形状	主要用途
筒形砂轮	2		磨端平面
碗形砂轮	11		刃磨刀具、磨导轨
碟形一号砂轮	12a		磨铣刀、铰刀、拉刀
双斜边砂轮	4		磨齿轮及螺纹
杯形砂轮	6		磨平面、内圆、刃磨刀具

砂轮的标记印在砂轮的端面上，其顺序是：磨具名称、产品标准号、基本形状代号、圆周型面代号（若有）、尺寸（包括型面尺寸）、磨料牌号（可选性的）、磨料种类、磨料粒度、硬度等级、组织号（可选性的）、黏结剂种类、最高工作速度。例如：

外径 300mm、厚度 500mm、内孔径 75mm、棕刚玉、粒度 80、硬度中软、5 号组织、陶瓷黏结剂、最高工作线速度 50m/s 的平形砂轮，其标记为

平形砂轮　GB/T 2485 1N-300×50×75-A/F80 L 5 V-50m/s。

2. 超硬磨具

超硬磨具是指用金刚石、立方氮化硼等以显著高硬度为特征的磨料制成的磨具，可分为金刚石磨具、立方氮化硼磨具和电镀超硬磨具。超硬磨具一般由基体、过渡层和超硬磨料层三部分组成，磨料层厚度为 1.5~5mm，主要由黏结剂和超硬磨粒组成，起磨削作用。过渡层由黏结剂组成，其作用是使磨料层与基体牢固地结合在一起，以保证磨料层的使用。基体起支承磨料层的作用，并通过它将砂轮紧固在磨床主轴上，基体一般用铝、钢、铜或胶木等制造。

超硬磨具的粒度、黏结剂等特性与普通磨具相似，浓度是超硬磨具所具有的特殊特性。浓度是指超硬磨具磨料层内每立方厘米体积内所含的超硬磨料的重量，它对磨具的磨削效率和加工成本有着重大的影响。浓度过高，很多磨粒容易过早脱落，导致磨料的浪费；浓度过低，磨削效率不高，不能满足加工要求。

金刚石砂轮主要用于磨削超高硬度的脆性材料，如硬质合金、宝石、光学玻璃和陶瓷等，不宜用于加工铁族金属材料。

由于立方氮化硼砂轮的化学稳定性好，加工一些难磨的金属材料，尤其是磨削工具钢、模具钢、不锈钢、耐热合金钢等，具有独特的优点。

电镀超硬磨具的黏结剂强度高，磨料层薄，砂轮表面切削锋利，磨削效率高，不需修整，经济性好。它主要用于形状复杂的成形磨具、小磨头、套料刀、切割锯片、电镀铰刀，以及高速磨削中。

4.6.2 磨削加工方法

根据工件被加工表面的形状和砂轮与工件的相对运动，磨削加工方法有：外圆磨削、内圆磨削、平面磨削、无心磨削等几种主要加工类型。此外，还可对凸轮、螺纹、齿轮等零件进行磨削。

1. 外圆磨削

外圆磨削是用砂轮来磨削工件的外回转表面的磨削方法。如图 4-79 所示，它不仅能加工圆柱面，还能加工圆锥面、端面、球面和特殊形状的外表面等。磨削中，砂轮的高速旋转运动为主运动 n_c，磨削速度是指砂轮外圆的线速度 v_c，单位为 m/s。

进给运动有工件的圆周进给运动 n_w、轴向进给运动 f_a 和砂轮相对工件的径向进给运动 f_r。

工件的圆周进给速度是指工件外圆的线速度 v_w，单位为 m/s。

轴向进给量 f_a 是指工件转一周沿轴线方向相对于砂轮移动的距离，单位为 mm/r。通常 $f_a = (0.02 \sim 0.08)B$，B 为砂轮宽度，单位为 mm。

径向进给量 f_r 是指砂轮相对工件在工作台每双（单）行程内径向移动的距离，单位为 mm/dstr 或 mm/str。

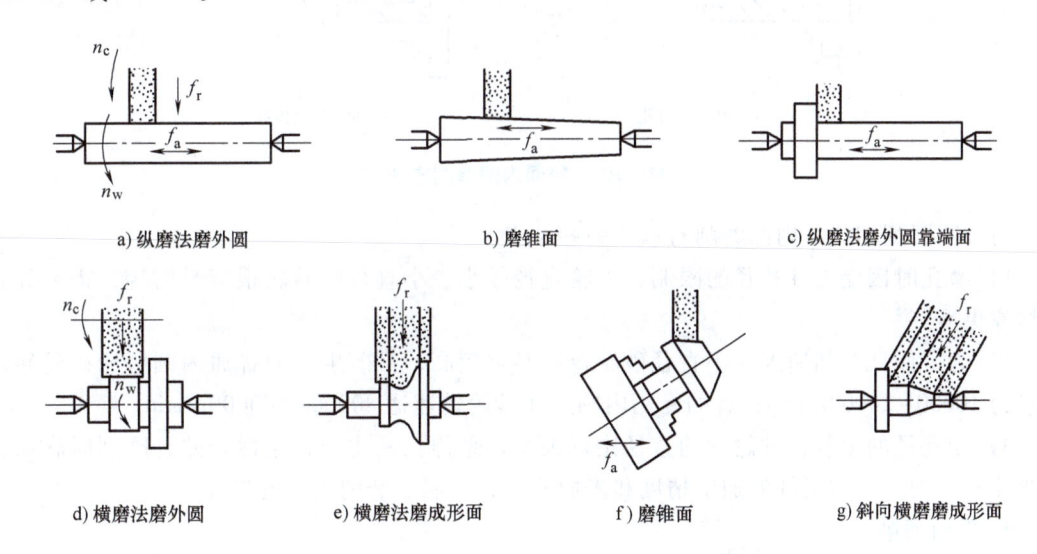

a) 纵磨法磨外圆　　b) 磨锥面　　c) 纵磨法磨外圆靠端面

d) 横磨法磨外圆　　e) 横磨法磨成形面　　f) 磨锥面　　g) 斜向横磨磨成形面

图 4-79　外圆磨削加工类型

外圆磨削按照不同的进给方向，可分为纵磨法和横磨法两种形式。

1) 纵磨法。磨削外圆时，砂轮的高速旋转为主运动，工件做圆周进给运动，同时随工作台沿工件轴向做纵向进给运动。每单行程或每往复行程终了时，砂轮做周期性横向进给运动，从而逐渐磨去工件的全部余量。采用纵磨法每次的横向进给量少，磨削力小，散热条件好，并且能以光磨次数来提高工件的磨削精度和表面质量，是目前生产中使用最广泛的一种方法。

2) 横磨法。采用这种磨削形式，在磨削外圆时工件不需做纵向进给运动，砂轮以缓慢的速度连续或断续地沿工件径向做进给运动，直至达到精度要求。因此，要求砂轮的宽度比工件的磨削宽度大，一次行程就可完成磨削加工的全过程，所以加工效率高，同时它也适用于成形磨削。然而，在磨削过程中，砂轮与工件接触面积大，磨削力大，必须使用功率大、刚性好的机床。此外，磨削热集中，磨削温度高，势必影响工件的表面质量，必须给予充分的切削液来降低磨削温度。

2. 内圆磨削

内圆磨削可以在内圆磨床上进行，也可以在万能外圆磨床上进行，可以加工圆柱孔、圆锥孔和成型内表面等。内圆磨削也可以分为纵磨法和横磨法。多数情况下采用纵磨法，横磨法仅适用于磨削短孔和内成形表面。

普通内圆磨削方法如图 4-80 所示，砂轮高速旋转做主运动 n_c，工件旋转做圆周进给运动 n_w，同时砂轮或工件沿其轴线往复做横向进给运动 f_a，工件沿其径向做纵向进给运动 f_r。

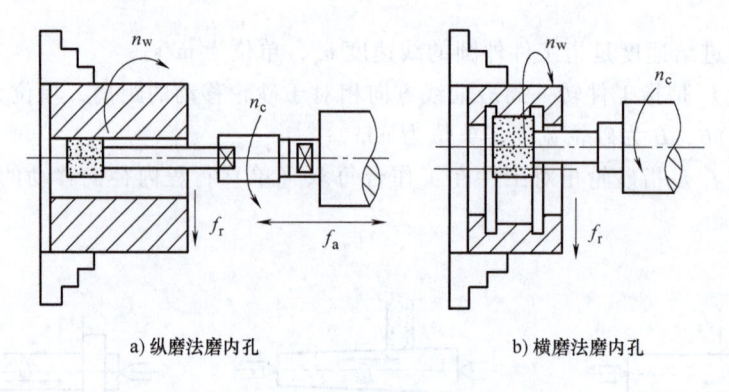

a) 纵磨法磨内孔　　　　b) 横磨法磨内孔

图 4-80　普通内圆磨削方法

与外圆磨削相比，内圆磨削有以下一些特点：

1）磨孔时因受工件孔径的限制，砂轮直径较小。小直径的砂轮很容易磨钝，需要经常修整或更换。

2）为了保证磨削速度，小直径砂轮转速要求较高，目前生产的普通内圆磨床砂轮转速一般为 10000~24000r/min，有的专用内圆磨床砂轮转速达 80000~100000r/min。

3）受孔径的限制，砂轮轴的直径比较细小，悬伸长径比大，刚性较差，磨削时容易发生弯曲和振动，影响工件的加工精度和表面质量，限制了磨削用量的提高。

3. 平面磨削

常见的平面磨削方式如图 4-81 所示。

（1）周边磨削　如图 4-81a 所示，砂轮的周边为磨削工作面，砂轮与工件的接触面积小，摩擦发热小，排屑及冷却条件好，工件受热变形小，且砂轮磨损均匀，所以加工精度较高。但是，砂轮主轴处于水平位置，呈悬臂状态，刚性较差，不能采用较大的磨削用量，生产率较低。

（2）端面磨削　如图 4-81b 所示，用砂轮的一个端面作为磨削工作面。端面磨削时，砂轮轴伸出较短，磨头架主要承受轴向力，所以刚性较好，可以采用较大的磨削用量；另外，砂轮与工件的接触面积较大，同时参加磨削的磨粒数较多，生产率较高。但磨削过程中发热量大，冷却条件差，脱落的磨粒及磨屑从磨削区排出比较困难，所以工件热变形大，表面易烧伤，且砂轮端面沿径向各点的线速度不等，使砂轮磨损不均匀，因此磨削质量比周边磨削低。

a) 周边磨削   b) 端面磨削

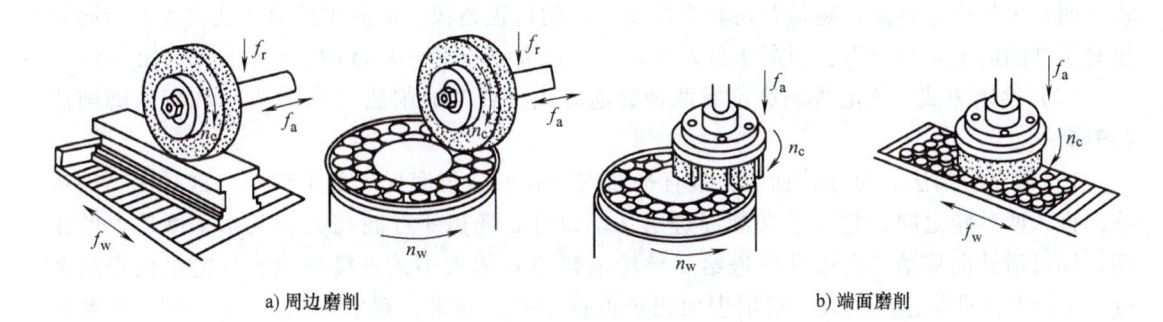

图 4-81 平面磨削方式

4. 无心磨削

无心磨削是工件不定中心的磨削，主要有无心外圆磨削和无心内圆磨削两种方式。无心磨削不仅可以磨削外圆柱面、内圆柱面和内外锥面，还可磨削螺纹和其他形状表面。下面以无心外圆磨削为例进行介绍。

（1）工作原理 无心外圆磨削与普通外圆磨削方法不同，工件不是支承在顶尖上或夹持在卡盘上，而是放在磨削轮与导轮之间，以被磨削外圆表面作为基准，支承在托板上，如图 4-82a 所示，砂轮与导轮的旋转方向相同，由于磨削砂轮的旋转速度很大，但导轮（用摩擦系数较大的树脂或橡胶作为黏结剂制成的刚玉砂轮）则依靠摩擦力限制工件的旋转，使工件的圆周速度基本等于导轮的线速度，从而在砂轮和工件间形成很大的速度差，产生磨削作用。

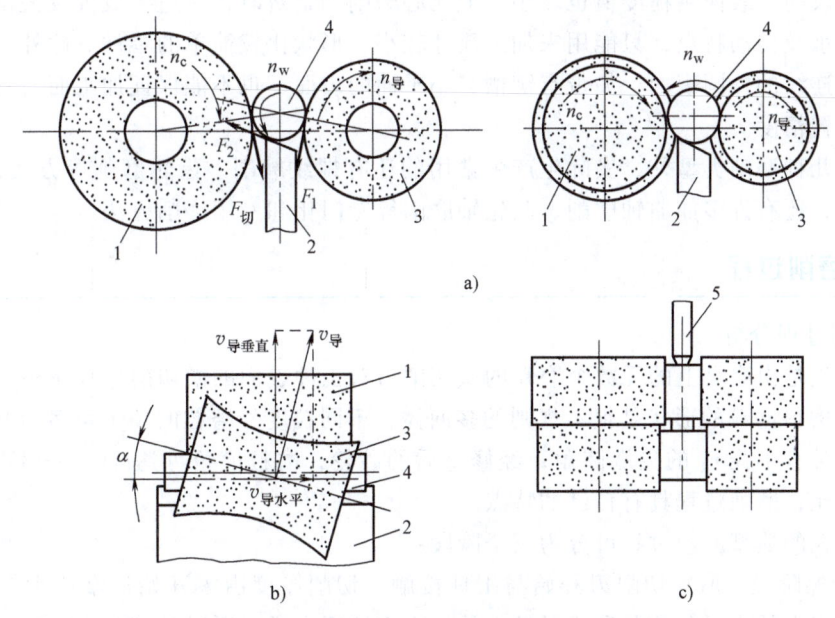

图 4-82 无心外圆磨削
1—砂轮 2—托板 3—导轮 4—工件 5—挡板

为了加快成圆过程和提高工件圆度，工件的中心必须高于磨削轮和导轮中心连线，这样工件与磨削砂轮和导轮的接触点不可能对称，从而使工件上凸点在多次转动中逐渐磨圆。实践证明：工件中心越高，越易获得较高圆度，磨削过程越快。但高出距离不能太大，否则导轮对工件的向上垂直分力会引起工件跳动。一般取 $h=(0.15\sim0.25)d$，d 为工件直径。

(2) 磨削方式　无心外圆磨削有两种磨削方式：贯穿磨削法（纵磨法）和切入磨削法（横磨法）。

1) 贯穿磨削法。使导轮轴线在垂直平面内倾斜一个角度 α（图 4-82b），这样把工件从前面推入两砂轮之间，它除了做圆周进给运动以外，还由于导轮与工件间水平摩擦力的作用，同时沿轴向移动，完成纵向进给。导轮偏转角 α 的大小，直接影响工件的纵向进给速度。α 越大，进给速度越大，磨削表面粗糙度值越高。通常，粗磨时取 $\alpha=2°\sim6°$，精磨时取 $\alpha=1°\sim2°$。

贯穿磨削法适用于磨削不带凸台的圆柱形工件，磨削表面长度可大于或小于磨削轮宽度。磨削加工时一个接一个连续进行，生产率高。

2) 切入磨削法。先将工件放在托板和导轮之间，然后使磨削砂轮横向切入进给，来磨削工件表面。这时，导轮中心线仅需偏转一个很小的角度（约 30′），使工件在微小轴向推力的作用下紧靠挡块，得到可靠的轴向定位（图 4-82c）。

(3) 特点与应用范围　在无心外圆磨床上磨削外圆，工件不需要钻中心孔，装卸简单省时；用贯穿磨削时，加工过程可连续不断运行；工件支承刚性好，可用较大的切削用量进行切削，而磨削余量可较小（没有因中心孔偏心而造成的余量不均现象），故生产率较高。

由于工件定位面为外圆表面，消除了工件中心孔误差、外圆磨床工作台运动方向与前后顶尖的连线不平行，以及顶尖的径向跳动等误差的影响，所以磨削出来的工件尺寸精度和几何精度都比较高，表面粗糙度值也较小。但无心磨削调整费时，只适于成批及大量生产；又因工件的支承及传动特点，只能用来加工尺寸较小，形状比较简单的零件。此外，无心磨削不能磨削不连续的外圆表面，如带有键槽、小平面的表面，也不能保证加工面与其他被加工面的相互位置精度。

除上述几种磨削类型外，实际生产中常用的还有螺纹磨削、齿轮磨削等方法，在大批、大量生产中，还有许多如曲轴磨削、凸轮轴磨削等专门化和专用磨削方法。

4.6.3　磨削过程

1. 磨削过程分析

磨削过程是由磨具上的无数个磨粒的微切削刃对工件表面的微切削过程所构成的。如图 4-83 所示，磨料磨粒的形状是很不规则的多面体，不同粒度号磨粒的顶尖角多为 $90°\sim120°$，并且尖端均带有半径 r_β 的尖端圆角，经修整后的砂轮，磨粒前角可达 $-80°\sim-85°$。与其他切削方法相比，磨削过程具有自己的特点。

单个磨粒的典型磨削过程可分为三个阶段：

(1) 滑擦阶段　磨粒切削刃开始与工件接触，切削厚度由零开始逐渐增大，由于磨粒具有绝对值很大的实际负前角和相对较大的切削刃钝圆半径，所以磨粒并未切削工件，而只是在其表面滑擦而过，工件仅产生弹性变形，这一阶段称为滑擦阶段。滑擦阶段的特点是磨粒与工件之间的相互作用主要是摩擦作用，其结果是磨削区产生大量的热，使工件的温度升高。

(2) 耕犁阶段　当磨粒继续切入工件，磨粒作用在工件上的法向力 F_n 增大到一定值时，工件表面产生塑性变形，使磨粒前方受挤压的金属向两边流动，在工件表面上耕犁出沟槽，而沟槽的两侧微微隆起，如图4-84所示。此时磨粒和工件间的挤压摩擦加剧，热应力增加。这一阶段称为刻划阶段，也称耕犁阶段。耕犁阶段的特点是工件表面层材料在磨粒的作用下，产生塑性变形，表层组织内产生变形强化。

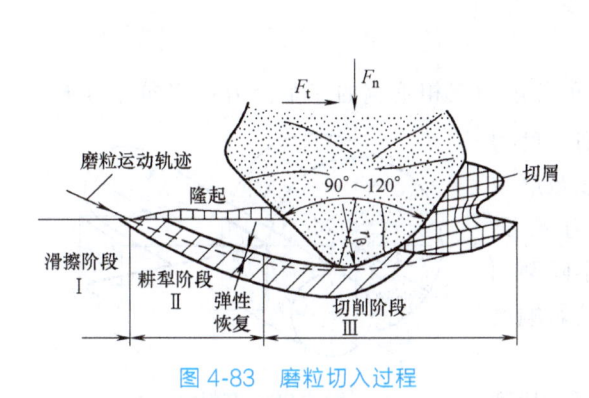

图4-83 磨粒切入过程

图4-84 磨削过程中隆起现象

（3）切削阶段 随着磨粒继续向工件切入，切削厚度不断增大，当其达到临界值时，被磨粒挤压的金属材料产生剪切滑移而形成切屑。这一阶段以切削作用为主，但由于磨粒刃口钝圆的影响，同时也伴随有表面层组织的塑性变形强化。

在一个砂轮上，各个磨粒随机分布，形状和高低各不相同，其切削过程也有差异。其中一些突出和比较锋利的磨粒，切入工件较深，经过滑擦、耕犁和切削三个阶段，形成非常微细的切屑（磨屑），由于磨削温度很高而使磨屑飞出时氧化形成火花；比较钝的、突出高度较小的磨粒，切不下切屑，只是起刻划作用，在工件表面上挤压出微细的沟槽；更钝的、隐藏在其他磨粒下面的磨粒只能滑擦工件表面。可见磨削过程是包含滑擦、耕犁和切削作用的综合复杂过程。切削中产生的隆起残余量增加了磨削表面的粗糙度，但实验证明，隆起残余量与磨削速度有着密切关系，随着磨削速度的提高而成正比下降。因此，高速切削能减小表面粗糙度。

2. 磨削阶段

磨削时由于径向力的作用，工艺系统在工件径向产生弹性变形，使实际磨削深度与每次的径向进给量有所差别。所以，实际磨削过程可分为三个阶段，如图4-85所示。

（1）初磨阶段 在砂轮的最初的几次径向进给中，由于工艺系统的弹性变形，实际磨削深度比磨床刻度所显示的径向进给量要小。工艺系统刚性越差，此阶段越长。

（2）稳定阶段 随着径向进给次数的增加，机床、工件、夹具工艺系统的弹性变形抗力也逐渐增大。直至上述工艺系统的弹性变形抗力等于径向磨削力时，实际磨削深度等于径向进给量，此时进入稳定阶段。

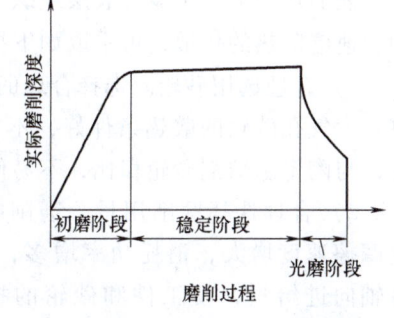

图4-85 磨削过程的三个阶段

（3）光磨阶段 当磨削余量即将磨完时，径向进给运动停止。由于工艺系统的弹性变形逐渐恢复，实际径向进给量并不为零，而是逐渐减小。为此，在无切入情况下，增加进给次数，使磨削深度逐渐趋于零，磨削火花逐渐消失。与此同时，工件的精度和表面质量在逐渐提高。

因此，在开始磨削时，可采用较大的径向进给量，压缩初磨和稳定阶段，以提高生产率；适当增长光磨时间，可更好地提高工件的表面质量。

3. 磨削力与磨削温度

（1）磨削力　如图4-86所示，磨削力 F 可分解为互相垂直的三个分力：切向分力 F_y、径向分力 F_x 和轴向分力 F_z。由于磨削时切削厚度很小，磨粒上的刃口钝圆半径相对较大，绝大多数磨粒均呈负前角，所以三个方向分力中，径向分力 F_x 最大，约为 F_y 的 2~4 倍。各个磨削分力的大小随磨削过程的各个磨削阶段而变化，径向磨削力直接影响磨削工艺系统的变形和磨削加工精度。

（2）磨削热　磨削时，由于磨削速度很高，切削厚度很小，切削刃很钝，所以切除单位体积切削层所消耗的功率为车、铣等切削方法的 10~20 倍。磨削所消耗能量的大部分转变为热能，使磨削区产生高温。

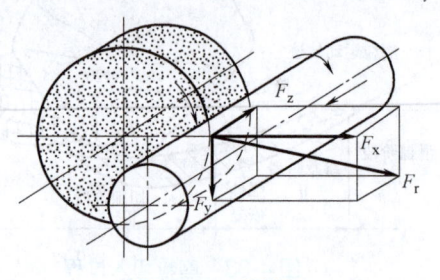

图 4-86　磨削力

磨削温度常用磨粒磨削点温度和磨削区温度来表示。磨削点温度是指磨削时磨粒切削刃与工件、磨屑接触点的温度。磨削点温度非常高（可达 1000~1400℃），它不但影响表面加工质量，而且对磨粒磨损以及切屑熔着现象也有很大的影响。砂轮磨削区温度就是通常所说的磨削温度，是指砂轮与工件接触面上的平均温度，约在 400~1000℃ 之间，它是产生磨削表面烧伤、残余应力和表面裂纹的原因。

磨削过程中产生大量的热，使被磨削表面层金属产生高温相变，从而发生硬度与塑性改变，这种表层变质现象称之为表面烧伤。高温的磨削表面生成一层氧化膜，氧化膜的颜色决定于磨削温度和变质层深度，所以可以根据表面颜色来推断磨削温度和烧伤程度。如淡黄色约为 400~500℃，烧伤深度较浅；紫色约为 800~900℃，烧伤层较深。轻微的烧伤经酸洗会显示出来。

表面烧伤损坏了零件表层组织，影响零件的使用寿命。避免烧伤的办法是要减少磨削热和加速磨削热的传散，可采取如下措施：

1）合理选用砂轮。选择合理的磨粒类型，选择硬度较软、组织疏松的砂轮，并及时修整。大气孔砂轮的散热条件好，不易堵塞，能有效地避免烧伤。树脂黏结剂砂轮的退让性好，与陶瓷黏结剂砂轮相比，不易使工件烧伤。

2）合理选择磨削用量。磨削时，砂轮切入量对磨削温度的影响大；提高砂轮速度，使摩擦速度增大，消耗功率增多，从而使磨削温度升高；提高工件的圆周进给速度和工件轴向进给量，使工件和砂轮的接触时间减少，能降低磨削温度，可减轻或避免表面烧伤。

3）加强冷却措施。选用冷却性能好的切削液和较大的流量，采用冷却效果好的冷却方式，如喷雾冷却等，可以有效地避免烧伤。

4.6.4 先进磨削技术简介

随着人们对产品要求的提高和科技的发展，磨削加工技术正朝着使用超硬磨料磨具、开发精密及超精密磨削、高速和高效磨削工艺，以及研制高精度、高刚度的自动化磨床方向发展。

1. 精密及超精密磨削

精密磨削是指加工精度为 $1\sim0.1\mu m$、表面粗糙度 Ra 达到 $0.2\sim0.01\mu m$ 的磨削方法，而强调表面粗糙度 Ra 在 $0.01\mu m$ 以下，表面光泽如镜的磨削方法，称为镜面磨削。

精密磨削主要靠砂轮的精细修整，使磨粒在微刃状态下进行加工，从而得到小的表面粗糙度值。微刃的数量很多且具有很好的等高性，因此能使被加工表面留下大量极微细的磨削痕迹，残留高度极小，加上无火花磨削的阶段，在微切削、滑挤、抛光、摩擦等作用下可使表面获得高精度。磨粒上的大量等高微刃要通过金刚石修整工具以极低的进给速度（$10\sim15mm/min$）精细修整而得到。

因此，在实际工作中，应选用具有高几何精度、高横向进给精度、低速稳定性好的精密磨床，用粗粒度砂轮（46号~80号），经过精细修整，无火花磨削 5~6 次单行程，再用细粒度砂轮（240号~W7），无火花磨削 5~15 次，以充分发挥磨粒微刃的微切削作用和抛光作用。

超精密磨削是指加工精度达到 $0.1\mu m$ 级、而表面粗糙度 Ra 在 $0.01\mu m$ 以下的磨削方法。加工精度为 $10^{-2}\sim10^{-3}\mu m$ 时为纳米工艺。超精密加工的关键是最后一道工序要从工件表面上除去一层小于或等于工件最后精度等级的表面层。因此，要实现超精密加工，首先要减少磨粒单刃切除量，而使用微细或超微细磨粒是减少单刃切除量的最有效途径。实现超精密磨削是一项系统工程，包括研制高速高精度的磨床主轴、导轨与微进给机构，精密的磨具及其平衡与修整技术，以及磨削环境的净化与冷却方式等。超精密磨削多使用金刚石或 CBN（立方氮化硼）微粉磨具。早期超精密镜面磨削多使用树脂黏结剂磨具，借助其弹性使磨削过程稳定。近年来，随着铸铁黏结剂金刚石砂轮和电解在线修整技术的开发，使超精镜面磨削技术日臻成熟。

精密块规、半导体硅片等零件的最后一道工序常采用超精密研磨，而软粒子研磨和抛光是属于超精密的光整工艺，它通常包括弹性发射加工和机械化学研磨或抛光等两种加工方法。弹性发射加工的最小去除量可达原子级，即小于 $10A$（$0.001\mu m$），直至切去一层原子，而且能使被加工表面的晶格不变形，保证得到极小的表面粗糙度和材质极纯净的表面。机械化学研磨或抛光加工是借助研磨抛光液中的添加剂对被加工表面产生的化学作用，使工件表面产生一薄层易于被磨料擦去的材料，实现精密加工。

2. 高效磨削

（1）高速磨削　高速磨削是通过提高砂轮线速度来达到提高磨削去除率和磨削质量的工艺方法。一般砂轮线速度高于 $45m/s$ 就属高速磨削。过去由于受砂轮回转破裂速度的限制，以及磨削温度高和工件表面烧伤的制约，高速磨削的磨削速度长期停滞在 $80m/s$ 左右。随着 CBN 磨料的广泛应用和高速磨削机理研究的深入，现在工业上实用磨削速度已达到 $150\sim200m/s$，实验室中达到 $400m/s$，并得到了令人惊喜的质量效果。

高速磨削的优点是：在一定的单位时间磨除量下，当砂轮线速度提高时，磨粒的切削厚度变薄，使得单个磨粒的负荷减轻，砂轮的寿命提高；磨削表面粗糙度减小；法向磨削力减小，工件的精度提高。如果砂轮磨粒切削厚度保持一定，则在砂轮线速度提高时，单位时间磨除量可以增加，生产率得以提高。

（2）缓进给大切深磨削　缓进给大切深磨削又称深槽磨削或蠕动磨削。它是以较大的磨削深度（可达 30mm）和很低的工作台进给（3~300mm/min）进行磨削，经一次或数次磨削即可达到所需要的尺寸精度，适于磨削高强度、高韧性的材料，如耐热合金、不锈钢等工件的型面、沟槽等。国外还出现了一种称为 HEDG（High Efficiency Deep Grinding）的超高速深磨技术。它的磨削工艺参数集超高速（达 150~250m/s）、大切深（0.1~30mm）、快进给（0.5~10m/min）于一体，采用立方氮化硼砂轮和计算机数字控制，其功效已远高于普通的车削或铣削。

（3）砂带磨削　用高速运动的砂带作为磨削工具，磨削各种表面的方法称为砂带磨削。砂带的结构由基体、黏结剂和磨粒组成，每颗磨粒在高压静电场的作用下直立在基体上，均匀间隔排列。砂带磨削的优点是：

1）生产率高。砂带上的磨粒颗颗锋利，切削量大；砂带宽，磨削面积大，生产率比用砂轮磨削高 5~20 倍。

2）磨削能耗低。由于砂带重量轻，接触轮与张紧轮尺寸小，高速转动惯量小，功率损失很小。

3）加工质量好。它能保证恒速工作，不需要修整，磨粒锋利，发热少，砂带散热条件好，能保证高精度和小的表面粗糙度值。

4）砂带柔软，能贴住成形表面进行磨削，因此适于磨削各种复杂的型面。

5）砂带磨床结构简单，操作安全。

砂带磨削的缺点是砂带消耗较快，砂带磨削不能加工小直径孔、盲孔，也不能加工阶梯外圆和齿轮。

4.7　数控加工

机械加工过程的自动化不仅能够提高产品的产量，提高生产率，降低生产成本，还能极大地改善工人的劳动条件。微机控制的数控机床与加工中心的高精度、高度柔性化和适合加工复杂零件的性能，正好能满足当今市场的竞争、工艺发展的需要。

4.7.1　数控加工概述

1. 数控加工的基本原理

数控加工是指由控制系统发出指令，用数字信息控制工件和刀具的位移，以数字和字母的形式表示工件的形状和尺寸等技术和加工工艺要求进行的加工。

图 4-87 所示为数控加工基本原理的结构框图。数控加工的过程是：根据零件图样数据和工艺内容，用数控代码编制零件加工的数控程序。数控程序是机床自动加工工件的工作指令，可以人工编程，也可以由计算机或数控装置完成。编制好的数控程序通过输入输出设备存放或记录在相相应的控制介质上。

控制介质是记录零件加工数控程序的媒介。输入输出设备是数控系统与外部设备交互信息的装置,用来交互数控程序。输入输出设备除了将零件加工的数控程序存放或记录在相应的控制介质上之外,还能将数控程序输入到数控系统。早期的数控机床所使用的控制介质是穿纸带或磁带,相应的输入输出设备为纸带穿孔机和纸带阅读机等,现代的数控机床则主要使用磁盘驱动器。

  计算机数控装置是数控加工的核心。它接收输入输出设备送到控制介质上的信息,经数控系统进行编译、运算和逻辑处理后,输出各种信号和指令给伺服驱动系统,以控制机床各部分进行有序的动作。

  伺服驱动系统是数控系统与机床本体之间电气传动的联系环节。它能将数控系统送来的信号和指令放大,以驱动机床的执行部件,使每个执行部件按规定的速度和轨迹运动,或精确定位,以便加工出合格的零件。因此,伺服驱动系统的性能和质量是决定数控加工精度和生产率的主要因素之一。伺服系统中常用的驱动装置有步进电动机、调速直流电动机和交流电动机等。

  机床机械部件是数控机床的主体,是数控系统控制的对象,是实现零件加工的执行部件。其结构与非数控机床相似,也是由主传动部件、进给传动部件、工件安装装置、刀具安装装置、支承件及动力源等部分组成。传动机构和变速系统较为简单,但在精度、刚度和抗振性等方面有较高的要求,且传动和变速系统要便于实现自动化控制。对于加工中心类机床,还要有存放刀具的刀库、自动交换刀具的机械手等部件。对于闭环或半闭环数控机床,还包括位置测量装置及信号反馈系统,如图 4-87 中虚线所示。

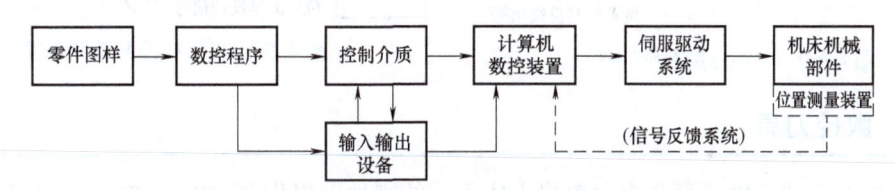

图 4-87 数控加工基本原理的结构框图

2. 机床数控的分类

(1) 按运动轨迹分类

1) 点位控制。数控装置只能控制行程终点的坐标值,在移动过程中不进行切削加工,如图 4-88a 所示。

2) 直线控制。数控装置不仅要求具有准确的定位功能,还要求当机床的移动部件移动时,可沿平行于坐标轴的直线及与坐标轴成 45° 的斜线进行切削加工,如图 4-88b 所示。

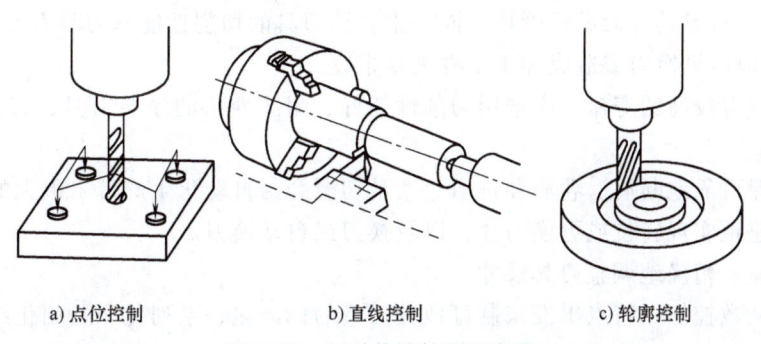

a) 点位控制 b) 直线控制 c) 轮廓控制

图 4-88 运动轨迹控制示意图

3）轮廓控制。数控装置不仅能够准确的定位，而且还能够控制加工过程中每点的速度和位置，可以加工出形状复杂的零件轮廓，如图 4-88c 所示。

（2）按伺服系统的控制方式分类

1）开环控制。如图 4-89 所示，机床没有检测反馈装置，加工精度不高，其精度主要取决于伺服系统的性能。

2）闭环控制。如图 4-90 所示，在闭环控制数控机床中增加了检测反馈装置，在加工中即时检测、反馈机床移动部件的位置，即检测偏差、修正偏差，以达到很高的加工精度。

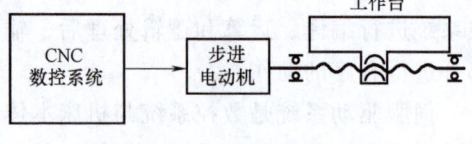

图 4-89 开环控制系统原理

3）半闭环控制。如图 4-91 所示，半闭环控制数控机床中的反馈检测装置，测量的不是机床工作台的实际位置，而是伺服电动机的转角，推算工作台的实际位移量，用推算值与指令值比较，用此差值来实现控制、定位。半闭环控制虽然精度不如闭环控制，但调整方便，目前仍被大多数数控机床所采用。

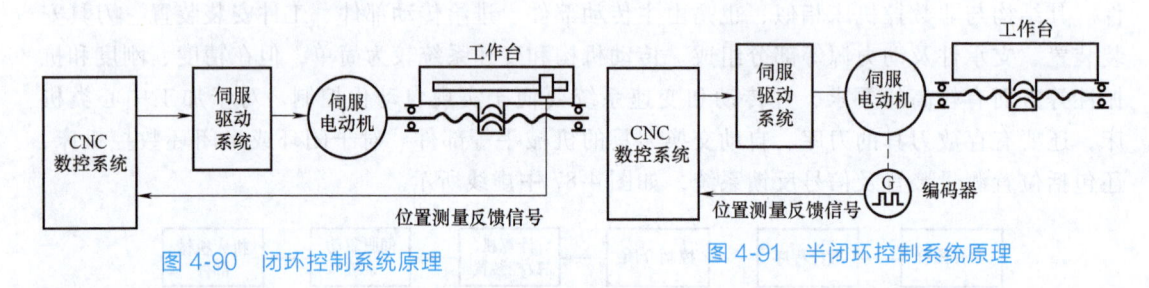

图 4-90 闭环控制系统原理

图 4-91 半闭环控制系统原理

4.7.2 数控刀具

机械加工自动化生产可分为由专用机床组成的刚性专用化自动生产和以数控机床为主的柔性通用化自动生产。在刚性专用化自动生产中，对刀具来说，以提高其复合化程度来获取最佳经济效益；而在柔性通用化自动生产中，为适应多变加工零件的需要，可通过提高刀具及工具系统的标准化、系统化和模块化程度来获取最佳经济效益。

1. 对数控刀具的特殊要求

数控刀具应能适应加工零件品种多、批量小的要求，除应具备普通刀具应有的性能外，还应满足以下基本要求：

1）刀具切削性能和寿命要稳定可靠。用数控机床进行加工时，对刀具实行定时强制换刀或由控制系统对刀具寿命进行管理。同一批数控刀具的切削性能和刀具寿命不得有较大差异，以免频繁地停机换刀或造成加工工件大量报废。

2）刀具应有较高的寿命。应选用切削性能好、耐磨性高的涂层刀具，以及合理地选择切削用量。

3）应确保可靠地断屑、卷屑和排屑。紊乱切屑会给自动化生产带来极大的危害。

4）能快速地实现转位或更换刀片，以及换刀或自动换刀。

5）能迅速、精确地调整刀具尺寸。

6）必须从数控加工特点出发来制订数控刀具的标准化、系列化和通用化结构体系。

7）应建立完整的数据库及其管理系统。数控刀具的种类多，管理较复杂。既要对所有刀具进行自动识别、记忆其规格尺寸、存放位置、已切削时间和剩余寿命等，又要对刀具的更换、运送、尺寸预调等进行管理。

8）应有完善的刀具组装、预调、编码标识与识别系统。

9）应有刀具磨损和破损在线监测系统。

2. 刀具快换、自动更换和尺寸预调

（1）刀具快换或自动更换

1）刀片转位或更换。为了减少换刀时间，数控机床一般都使用可转位刀具。刀具磨损后只需将刀片转位或更换新刀片就可继续切削。它的换刀精度取决于刀片精度和刀槽精度。目前中等精度刀片适用于粗加工，精密级刀片适用于半精加工。在精加工时仍需尺寸调整。

2）更换刀头模块。根据加工需要，可不断更换车、镗、切断、攻螺纹和检测等刀头模块，如图4-92所示。刀头模块通过中心拉杆来实现快速夹紧或松开。拉紧时，不仅刀头端面与刀杆端面贴紧，而且拉紧孔产生微小弹性变形，向外胀开，消除侧面间隙而获得很高的精度和刚度，其径向和轴向精度分别为±2μm 和±5μm。

3）更换刀夹。如图4-93所示，刀具与刀夹一起

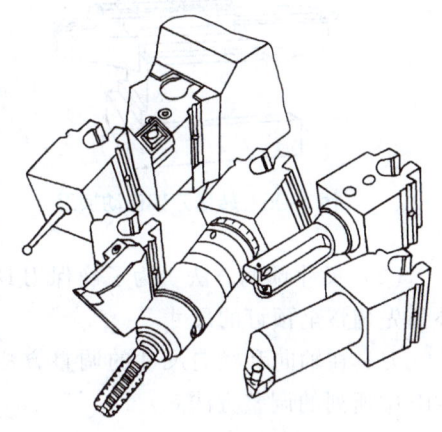

图4-92　更换刀头模块

从数控车床上取下。刀片转位或更换后，在调刀仪上进行调刀。可使用较低精度的刀片和刀柄，但刀夹精度要求较高。

4）手动换刀。在数控铣床上连续对工件进行钻、铰、镗、铣、攻螺纹等加工时，应将各种刀具分别装在刀柄上，并在调刀仪上调整相应尺寸。加工时根据加工顺序连续手动更换刀柄，如图4-94所示。

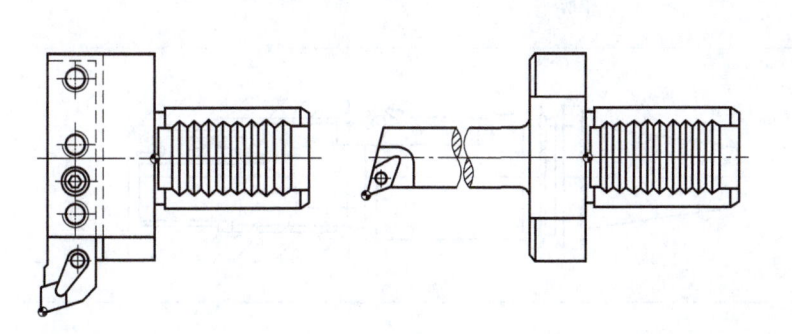

图4-93　更换刀夹　　　　　　　　图4-94　手动更换刀柄

5）自动换刀。加工中心的转塔刀架配置了加工零件所需的刀具。加工时，转塔刀架按加工指令转过一个或几个位置来进行自动换刀，换刀动作少、迅速，如图4-95所示。

在刀库中存储着加工所需的刀具，按指令刀库和机床的运动互相配合来实现自动换刀，如图4-96所示，也可以通过机械手实现自动换刀过程。

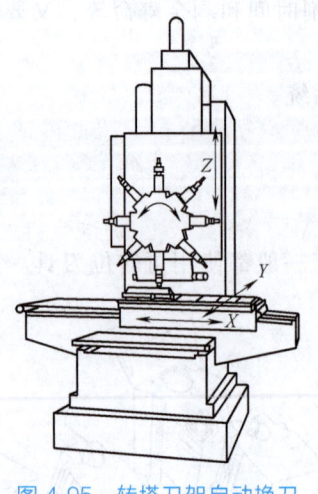

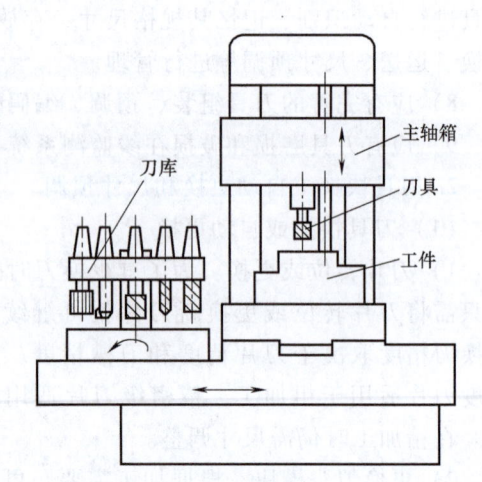

图 4-95 转塔刀架自动换刀　　　　图 4-96 利用刀库和机床运动自动换刀

（2）尺寸预调方法　为了确保刀具快换后不经试切可获得合格尺寸，数控刀具都在机外预先调整至预订的尺寸。

刀具在轴向和径向尺寸的调整方法，可根据刀具结构及其所配置的工具系统，采用表 4-10 中所列的调整方法。

表 4-10　常用刀具尺寸调整方法

刀具尺寸调整方法		示　例
轴向位置	用调节螺母	
轴向位置	用调节螺钉	
径向位置	倾斜微调	

（续）

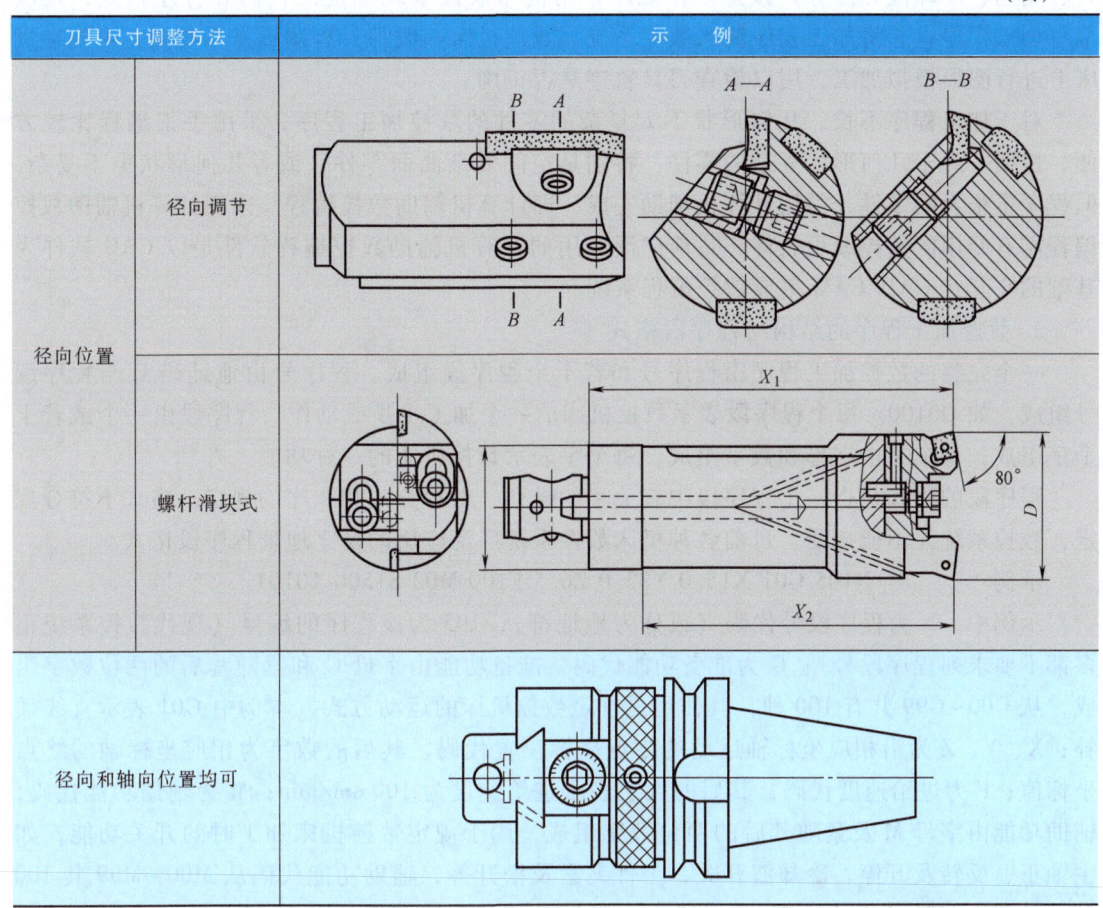

刀具尺寸调整方法		示 例
径向位置	径向调节	
	螺杆滑块式	
径向和轴向位置均可		

4.7.3 数控程序的编制基础

数控机床是按照预先编制好的数控加工程序对工件进行加工的。生成数控机床加工程序的过程称为数控加工程序编制。

1. 数控加工程序编制步骤

（1）分析零件图样和编制数控加工工艺　根据零件图样对工件的尺寸、形状、相互位置精度等技术要求和毛坯进行详细分析，制定加工方案，合理确定走刀路线，正确选用刀具、切削用量及工件的装夹方法等。

（2）计算刀具运动轨迹　根据零件图样上的几何尺寸和已确定的走刀路线，计算刀具运动轨迹各关键点（如被加工曲线的起点、终点、曲率中心等）的坐标值。当用直线段、圆弧段来逼近非圆曲线时，还应计算出逼近线段交点的坐标值，以获得刀具位置数据。

在进行刀具运动轨迹计算时，需要确定工件原点（也称编程原点），编程时是以该点为基准计算刀具轨迹各点坐标值的。工件原点是根据工件的特点人为设定的，设定的依据主要是便于编程，一般都选在工件的设计基准或工艺基准上。

（3）编写加工程序并进行程序校验　在完成上述步骤后，须将零件加工的工艺顺序、运动轨迹与方向、位移量、切削参数（主轴转速、进给量、背吃刀量）以及辅助动作（换刀、变速、冷却液开停等）按照动作顺序，用机床数控系统规定的代码和程序格式，逐段编写加工程序，并将加工程序输入数控系统。数控机床一般都具有图形显示功能，可先在机床上进行图形模拟加工，用以检查刀具轨迹是否正确。

对于加工程序不长、几何形状不太复杂的零件的数控加工程序，采用手工编程比较方便、快捷。对于几何形状复杂的零件，特别是空间复杂曲面零件，或者几何形状虽不复杂，但程序量很大的零件，需用计算机辅助完成，即计算机辅助数控编程。采用计算机辅助数控编程需有专用的数控编程软件，目前广泛应用的计算机辅助数控编程软件是以CAD软件为基础的交互式CAD/CAM集成数控编程系统。

2. 数控加工程序的结构与程序段格式

一个完整的数控加工程序由程序号和若干个程序段组成。程序号由地址码O与程序编号组成，如O0100。每个程序段表示数控机床的一个加工工步或动作。程序段由一个或若干个字组成，每个字由字母和数字组成，每个字表示数控机床的一种功能。

程序段的格式是指一个程序段中有关字的排列、书写方式和顺序的规定。格式不符合规定，数控系统便不能接受。目前各种机床数控系统广泛应用的是字地址程序段格式。

示例：　　　N105 G01 X15.0 Y32.0 Z6.5 F100 M03 S1500 T0101；

示例中，N为程序段号代码（或称为地址符），105为该程序的编号（现代数控系统很多都不要求列程序段号）；G为准备功能代码，准备功能由字母G和紧随其后的两位数字组成，从G00~G99共有100种，其作用是规定数控机床的运动方式，本例中G01表示直线插补；X、Y、Z为沿相应坐标轴运动的终点坐标位置代码，其后的数字为相应坐标轴的终点坐标值；F为进给速度代码，其后的数字表示进给速度为100mm/min；M为辅助功能代码，辅助功能由字母M及紧随其后的两位数字组成，用于规定数控机床加工时的开关功能，如主轴正、反转及开停，冷却液开关，工件夹紧及松开等，辅助功能代码从M00~M99共100种，本例中M03表示主轴正转；S为主轴转速功能代码，其后的数字1500表示主轴转速为1500r/min；T为刀具功能代码，其后的数字0101表示使用一号刀具和该刀具的一号补偿值；";"为程序段结束符。

现代数控系统广泛使用可变程序段格式，其程序段的长短、字的顺序、字数和字长等都是可变的。在一个程序段内，不需要的字以及与前面程序段中相同的继续有效的字可以省略。

4.8 综合训练

4.8.1 车削加工训练

1. 训练目的和要求

1）掌握车削加工的一般过程和基本方法。

2）熟悉普通卧式车床的名称、型号、主要组成部分及作用。了解主要附件的大致结构与使用名称、型号、主要组成部分及作用。

3）了解零件加工精度与表面粗糙度值的要求和作用，对简单零件初步具有进行工艺分析和选择合理加工方法的能力。

4) 对一般轴、盘、套类零件，能掌握车外圆、端面、台阶、外锥面、钻孔等操作方法。能按零件图样的技术要求正确、合理地选择刀具、工具、量具、夹具，制定简单的车削工艺加工顺序、加工方法及步骤，独立完成零件的加工。

典型轴类零件的车削加工。如图4-97所示，零件材料为45钢，切削加工性良好，刀具材料可选择YT类硬质合金；零件加工表面有两端面、外圆及其台阶面、倒角；全部表面粗糙度要求为$Ra3.2\mu m$，所有尺寸公差均为±0.1mm，加工精度不高。

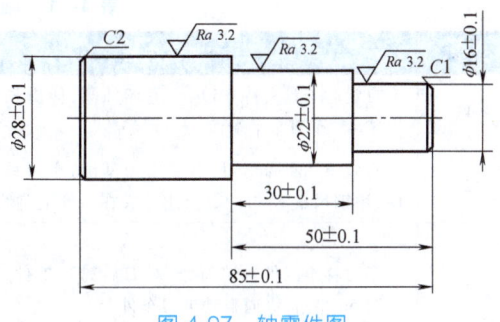

图 4-97　轴零件图

2. 加工材料、设备及工具

1) 加工材料：$\phi 30mm \times 90mm$ 圆钢，材质45钢。
2) 使用设备：CA6132车床。
3) 使用工具：90°外圆车刀、45°车刀、切断刀、游标卡尺、钢直尺、粗锉刀、细锉刀、卡盘扳手、刀架扳手、加力套筒、活动扳手、薄垫铁片。

3. 零件各表面加工方法

1) 主要表面技术要求：标准公差等级为IT10，表面粗糙度Ra为$1.6\mu m$。
2) 选择确定加工方法：按零件材料、批量大小、现场条件等因素，并对照各加工方法特点及适应范围确定采用半精车。

4. 安装工件

用自定心卡盘安装工件，安装工件的步骤：工件在卡爪间放正，轻轻夹紧；开动机床，使主轴低速旋转，检查工件有无偏摆，若有偏摆应停车，用小锤轻敲找正，然后紧固工件。

注意：在起动机床前，必须取下卡盘扳手，否则会发生严重的安全事故。

5. 安装车刀

安装车刀的要求如下：

1) 车刀刀尖必须对准工件的旋转中心。若刀尖高于或低于工件旋转中心，车刀的实际工作角度会发生变化，影响车削。可通过调整刀柄下的垫片厚度保证车刀刀尖的高度对准工件旋转中心。
2) 车刀的伸出长度应适宜。车刀在方刀架上伸出的长度一般不超过刀体厚度的1.5倍。垫刀片要安放整齐，而且垫片要尽量少，以防止车刀产生振动。
3) 车刀安装时，应使刀杆中心线与走刀方向垂直，否则会使主偏角和副偏角的数值发生变化。
4) 车刀安装在方刀架的左侧，用刀架上的至少两个螺栓压紧（操作时应逐个轮流旋紧螺栓），不得使用加力棒，以免损坏刀架与车刀锁紧螺钉。

注意：车刀装好后，应检查车刀在工件的加工极限位置时是否会产生干涉或碰撞。如移动车刀至车削行程的左端，用手旋转卡盘，检查刀架是否与卡盘或工件碰撞。

6. 工件加工过程

轴零件的加工过程见表4-11。

表 4-11　轴零件的加工过程

工步	加工内容	要　　求
1	自定心卡盘夹持 ϕ30mm 毛坯外圆,伸出长度 60mm,安装 45°车刀车平端面	车出的端面要平整,不允许有凹凸存在,走刀纹要均匀,表面粗糙度达到零件图样要求
2	安装 90°外圆车刀,以端面为基准,车刀移至卡盘方向,用钢尺量 55mm 长度,用刀尖在工件上刻线	钢直尺水平摆放,长度 55mm 测量准确
3	车刀移至工件右端面处,对刀后离开工件,记好刻线进刀 50 小格,纵向自动走刀车外圆	主轴转速 320r/min,走刀量 0.15~0.2mm/r。车刀离刀尖刻线 1mm 时,停止自动走刀,用手动车到位,手动退出。测量尺寸后,继续车第二刀、第三刀至 ϕ22mm 尺寸符合要求
4	按第三步同样的方法加工 ϕ16mm 外圆	尺寸 ϕ16mm 符合要求
5	用 45°车刀在 ϕ16mm 外圆上车 C1 倒角	倒角 C1 符合尺寸要求
6	卸下工件,掉头夹持 ϕ22mm 外圆,卡爪端面距离工件端面 2~3mm,找正工件夹紧,车端面控制总长 85mm	用游标卡尺测量工件总长符合尺寸要求,端面要求平整,夹持工件时力度要适中,避免夹伤已加工表面
7	车 ϕ30mm 毛坯外圆至尺寸 ϕ28mm	尺寸 ϕ28mm 符合要求
8	用 45°车刀在 ϕ28mm 外圆上车 C2 倒角	倒角 C2 符合尺寸要求
9	卸下工件	检查工件所有尺寸符合图纸要求

4.8.2　铣削加工训练

1. 训练目的和要求

1）了解金属铣削加工的基本方法和一般过程。
2）熟悉常用铣床的主要组成部分名称、运动方式及作用。
3）了解铣床主要附件的使用方法,会使用分度头分度。
4）掌握铣削加工的零件装夹、对刀及基本的操作规程。
5）了解铣削能达到的尺寸精度、几何公差精度和表面粗糙度。

双台阶零件的铣削加工。如图 4-98 所示,此双台阶工件可在立式铣床上用立铣刀铣削加工,也可以在卧式铣床上用三面刃铣刀铣削加工。根据台阶侧面的精度要求,选择用卧式铣床上三面刃铣刀加工台阶,其余各面采用卧式铣床圆柱铣刀加工。

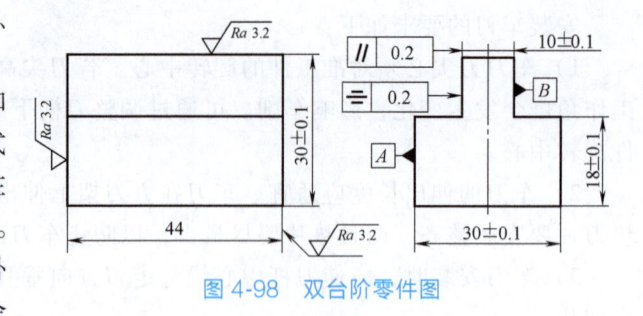

图 4-98　双台阶零件图

2. 加工材料、设备及工具

1）加工材料:毛坯材质为 45 钢,尺寸为 46mm×33mm×33mm,采用锯切下料。
2）使用设备:X6132 型卧式万能铣床。
3）使用工具:圆柱铣刀、三面刃铣刀、平口钳、圆棒、游标卡尺、钢直尺、90°角尺等。

3. 安装刀具

圆柱铣刀、三面刃铣刀多用长刀杆安装。用长刀杆安装带孔铣刀时应注意：铣刀应尽可能靠近主轴，以保证铣刀杆的刚度；套筒的端面和铣刀的端面必须擦干净，以减小铣刀的跳动；拧紧刀杆的压紧螺母时必须先装上吊架，以防刀杆受力弯曲。

4. 安装工件

平口钳作为机床附件，适于安装形状规则的小型工件。使用时，先把平口钳找正并固定在工作台上，然后安装工件。常用划线找正的方法来安装工件。

5. 工件加工过程

双台阶轴零件各表面铣削顺序如图 4-99 所示，其加工过程见表 4-12。

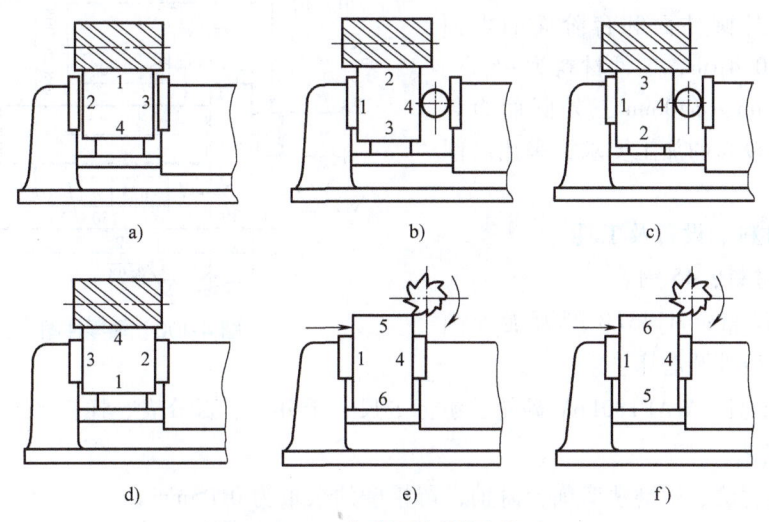

图 4-99 双台阶零件的铣削顺序

表 4-12 双台阶零件的加工过程

工步	加工内容	具体操作
1	铣基准面 A（面 1）	平口钳固定钳口与铣床主轴轴线垂直安装。以面 2 为粗基准靠向固定钳口，两钳口与工件间垫铜皮装夹工件，如图 4-99a 所示
2	铣面 2	以面 1 为精基准靠向固定钳口，在活动钳口与工件间置圆棒装夹工件，如图 4-99b 所示
3	铣面 3	仍以面 1 为基准靠向固定钳口，用相同方法装夹工件，如图 4-99c 所示
4	铣面 4	以面 1 为基准靠向平口钳钳体导轨面上的平行垫铁，面 3 靠向固定钳口，装夹工件，如图 4-99d 所示
5	铣面 5	调整平口钳，使固定钳口与铣床主轴轴线平行安装。以面 1 为基准靠向固定钳口，用 90°角尺找正工件，面 2 与平口钳钳体导轨面垂直，装夹工件，如图 4-99e 所示
6	铣面 6	以面 1 为基准靠向固定钳口，面 5 靠向平口钳钳体导轨面装夹工件，如图 4-99f 所示侧面横向对刀。在工件一侧贴上一张薄纸，使三面刃铣刀的侧刃恰好将纸擦掉，在横向刻度盘上做记号
7	铣一侧台阶侧面	调整横向进给量使一侧面铣削量为 10mm（也可留 0.5mm 左右的精加工余量）水平面对刀。在工件上平面贴薄纸，对刀方法同工步 6，在刻度盘上做记号
8	铣一侧台阶水平面	调整该方向进刀量，分几次切削，使工件共上升 12mm（也可留 0.5mm 左右的精加工余量）
9	铣削另一侧台阶面	工作台横向移动键宽和刀具宽度的和，即横向移动距离 $s=20$mm，铣削另一侧（也可留 0.2mm 左右的精加工余量），台阶加工方法与第一面时相同

4.8.3 磨削加工训练

1. 训练的目的和要求

1）了解磨削加工的一般原理和磨床的种类、构造。
2）了解常用砂轮的种类和用途。
3）了解外圆磨床和平面磨床磨削加工的特点和应用场合。
4）了解磨削能达到的尺寸精度、几何公差精度和表面粗糙度。

图 4-100 所示为轴零件图。加工的尺寸公差等级为 IT6，圆柱度公差为 0.005mm，外圆柱表面对中心孔的径向圆跳动公差为 0.01mm。外圆柱面和台阶面的表面粗糙度 Ra 为 0.4μm，工件材料为 45 钢。ϕ30mm、ϕ30mm、ϕ40mm 三外圆面为装配表面，故有较高的加工要求，采用磨削加工。

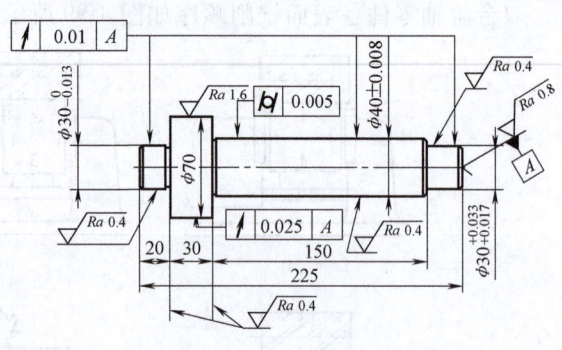

图 4-100 轴零件图

2. 加工材料、设备及工具

1）加工材料：45 钢。
2）使用设备：M1432B 型万能外圆磨床、M1412 型外圆磨床。
3）使用工具：WAF180L6V 砂轮、游标卡尺、千分尺、百分表、样板平尺等。

3. 磨削工艺

分别用纵磨法、横磨法磨削台阶轴，留精磨的余量为 0.05mm。

粗磨的磨削用量为：v_s = 35m/s，n_w = 100~180r/min，a_p = 0.015mm，f =（0.4~0.8）mm/r。

精磨的磨削用量为：v_s = 35m/s，n_w = 100~180r/min，a_p = 0.005mm，f =（0.2~0.4）mm/r。

4. 安装工件

工件的定位基准为中心孔，两中心孔构成了中心孔的中心轴线。采用两顶尖装夹方法，工件的中心孔需经研磨工序，装夹时应检查中心孔的精度。工件的加工面较多，可采用硬质合金顶尖，以减少顶尖磨损对加工精度的影响。

5. 工件磨削步骤

操作的关键是将工件的径向圆跳动控制在公差范围内，其磨削步骤如下：

1）磨 ϕ40mm 外圆。找正工作台，保证圆柱度误差在 0.005mm 以内，留精磨余量 0.05mm。
2）粗磨两个 ϕ30mm 外圆，留精磨余量 0.05mm。
3）用砂轮精细修整。
4）用纵磨法精磨 ϕ40mm 至要求尺寸，磨台阶面，保证端面的圆跳动 0.01mm。
5）用横磨法精磨右端 ϕ30mm 至要求尺寸。
6）调头用横磨法精磨左端 ϕ30mm 至要求尺寸，磨台阶面至技术要求。

6. 注意事项

1）首先用纵磨法磨削长度最长的外圆，使工件的圆柱度达到公差要求。

2）用纵磨法磨削台阶旁外圆时，需细心调整工作台行程，使砂轮不撞到台阶面。

3）纵磨法磨削台阶轴时，为了使砂轮在工件全长上能均匀地磨削，待砂轮在磨削至台阶旁换向时，可使工作台停留片刻。

4）磨削时，注意砂轮横向进给手柄刻度位置，防止砂轮与工件碰撞。

5）砂轮端面棱边要修整平整。磨台阶面时，切削液要充分，适当增加光磨时间。

7. 精度检测

1）台阶轴圆跳动的测量。将工件安装在两顶尖之间，用杠杆千分表分别测量径向圆跳动和端面圆跳动误差。杠杆式千分表测量头角度应适宜。

2）工件端面平面度的测量（用样板平尺测量平面度）。把样板平尺紧贴工件端面用光隙法测量。如果样板平尺与工件端面间不透光，就表示端面平整，否则端面呈内凹或内凸，一般允许内凹。

4.8.4 数控加工训练

1. 训练的目的和要求

1）了解数控机床的组成和基本工作原理。

2）了解数控机床的分类。

3）了解典型数控机床的结构。

4）具备数控机床操作的能力。

5）掌握常用的准备功能指令、辅助功能指令、刀具功能指令。

6）编写简单零件的数控车的程序。

如图4-101所示，轴套类零件一般由内外圆柱面、端面、台阶孔、沟槽等组成。其结构特点如下：①内外表面的同轴度要求比较高，以内孔结构为主。②零件壁较薄，容易引起装夹变形或加工变形。内外圆同轴度公差为0.02mm。

2. 加工材料、设备及工具

1）加工材料：45钢，尺寸为$\phi 45mm \times 60mm$。

2）使用设备：CK616数控车床。

3）使用工具：硬质合金90°偏刀、硬质合金内孔车刀、硬质合金切槽和切断刀、游标卡尺、千分尺等。

3. 位置精度的保证措施

内外表面的同轴度及端面与轴线的垂直度的一般保证方法：

1）在一次装夹中完成内外表面及端面的全部加工，定位精度较高，加工效率较高，但不适于尺寸较大的轴套。

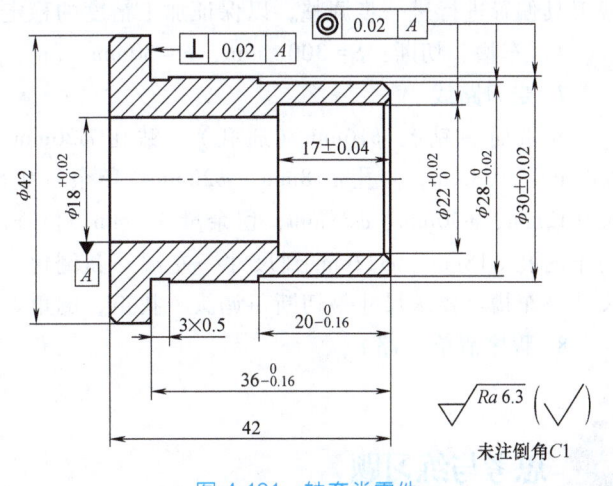

图4-101 轴套类零件

2）先精加工外圆，再以外圆为精基准加工内孔。采用自定心卡盘装夹，工件装夹迅速可靠，但定位精度较低；采用软爪卡盘或弹簧套筒装夹，可获得较高的同轴度，且不易伤害工件表面。

3）先精加工内孔，再用心轴装夹精加工外表面。根据图样的技术要求及毛坯等实际情况，在一次装夹中完成加工，来保证位置精度。

4. 防止变形的措施

轴套类零件在加工过程中容易变形，防止变形的方法一般有：①粗、精车分开；②采用过渡套、弹簧套、软爪卡盘或弹簧套筒装夹或采用专用夹具轴向夹紧；③将热处理安排在粗、精加工之间，并将精加工余量适当增加。

根据该零件实际情况和以上选定的保证位置精度的措施，为防止零件在加工过程中变形，采用粗、精车分开的方法来适当分配切削余量，减少在粗加工时因切削力过大导致工件变形给加工带来的影响。

5. 刀具的选择

1）外圆粗车使用硬质合金 90°偏刀，并作为 1 号刀。

2）外圆半精车、精车使用硬质合金 90°偏刀，并作为 2 号刀。

3）内孔粗车、半精车、精车使用硬质合金内孔车刀，并作为 3 号刀。

4）硬质合金切槽和切断刀，主切削刃宽 3mm，作为 4 号刀，刀位点取左刀尖。

6. 切削用量选择

1）粗车外圆、内孔：$S = 400$r/min，$F = 120$mm/min，$a_p = 3$mm（外圆时）或 $a_p = 2$mm（内孔时）。

2）半精车外圆、内孔：$S = 650$r/min，$F = 50$mm/min，$a_p = 0.3$mm。

3）精车外圆、内孔：$S = 650$/min，$F = 50$mm/min，$a_p = 0.3$mm。

加工要点：保持半精车、精车切削用量一致，可以利用半精车后测量得出数据。对程序或刀具偏置进行进一步调整，以保证加工精度的稳定性。

4）车槽、切断：$S = 300$r/min，$F = 30$mm/min。

7. 走刀路线

车端面→钻孔 ϕ16mm（通孔）→钻孔 ϕ20mm、深度为 16.5mm→粗车外圆 ϕ42mm、ϕ30mm、ϕ28mm，内孔 ϕ18mm、ϕ22mm，留余量 0.6mm→半精车内孔 ϕ18mm、ϕ22mm，外圆 ϕ42mm、ϕ30mm、ϕ28mm，留余量 0.3mm→检查尺寸、最后调整程序→左端内孔倒角→精车内孔 ϕ18mm、ϕ22mm 到尺寸→左端外圆倒角→精车外圆 ϕ42mm、ϕ30mm、ϕ28mm 至尺寸→车槽至要求尺寸→切断→调头、找正、倒角。

8. 程序清单（略）

思考与练习题

4-1 简述车削加工的工艺特点及应用。

4-2 车刀按结构分有哪些类型，各自适用于哪些加工场合？

4-3 简述成形车刀的前、后角的形成与变化规律。

4-4 设计成形车刀时，为什么要进行廓形修正计算？

4-5 简述铣削加工工艺特点及应用。

4-6 若铣床主轴的转速 $n=210\text{r/min}$，铣刀的外径 $D=100\text{mm}$，铣削工件的长度 $L=200\text{mm}$，每转进给量 $f=0.15\text{mm/r}$。试求：切削速度、进给速度、走一刀所用的时间 t 各为多少？

4-7 铣刀为多齿刀具且多数铣刀还是做成螺旋齿形状，为什么？

4-8 在长刀杆上安装圆盘铣刀时，应注意哪些事项？

4-9 成批和大量生产中，铣削平面常采用端铣法还是周铣法？为什么？

4-10 铣削方式有哪几种？各有何特点？应用如何？

4-11 简述刨削、插削加工的工艺特点与应用。

4-12 试比较刨削加工与铣削加工在加工平面和沟槽时各自的特点。

4-13 一般情况下，刨削的生产率为什么比铣削低？

4-14 拉削加工的特点是什么？拉削加工适用于什么场合？

4-15 拉削方式有哪几种，其特点及应用如何？

4-16 综合式圆孔拉刀各部刀齿的齿升量分布原则是什么？

4-17 区别拉刀的容屑槽与分屑槽，其形式都有哪几种？应用如何？

4-18 简述钻、扩、铰削加工的工艺特点及应用。

4-19 麻花钻钻芯的正锥和外廓直径的倒锥有何意义？

4-20 为什么用扩孔钻扩孔比用钻头扩孔的质量好？

4-21 在车床上钻孔或在钻床上钻孔，由于钻头弯曲都会产生"引偏"，它们对所加工的孔有何不同的影响？如何防止？在随后的精加工中，哪一种比较容易纠正？

4-22 简述镗削加工的工艺特点及应用。

4-23 镗床镗孔与车床镗孔有何不同？各自适合于何种场合？

4-24 切削加工齿轮齿形时，按齿形的成形原理，齿形加工分为哪两大类？它们各自有何特点？

4-25 何谓齿轮滚刀的基本蜗杆？齿轮滚刀与基本蜗杆有何相同与不同之处？

4-26 齿轮滚刀的前角和后角是怎样形成的？

4-27 为何说插齿刀相当于一个变位齿轮？

4-28 为何剃齿的加工精度高于滚齿和插齿？

4-29 滚齿、插齿和剃齿加工各有何特点？

4-30 砂轮的特性主要取决于哪些因素？如何在其代号中体现？如何进行选择？

4-31 磨削过程分哪三个阶段？如何按此规律来提高磨削生产率和减小表面粗糙度。

4-32 何谓表面烧伤？如何避免？

4-33 简述磨削外圆、平面时，工件和砂轮需要做哪些运动。

4-34 简述数控加工的工艺特点。

4-35 与普通刀具相比，数控刀具有哪些特殊要求？

4-36 试确定下列零件外圆面的加工方案。

1) 纯铜小轴，$\phi20\text{h}7$，$Ra=0.8\mu\text{m}$。

2) 45 钢轴，$\phi50\text{h}6$，$Ra=0.2\mu\text{m}$。

4-37 试确定下列零件孔的加工方案。
1) 单件小批生产中，铸铁齿轮上的孔，ϕ20H7，$Ra=1.6\mu m$。
2) 大批量生产中，铸铁齿轮上的孔，ϕ50H7，$Ra=0.8\mu m$。
3) 变速箱体（铸铁）上传动轴的轴承孔，ϕ62J7，$Ra=0.8\mu m$。
4) 高速钢三面刃铣刀上的孔，ϕ27H6，$Ra=0.2\mu m$。

4-38 试确定下列零件上平面的加工方案。
1) 单件小批生产中，机座（铸铁）的底面：500mm×300mm，$Ra=3.2\mu m$。
2) 成批生产中，铣床工作台（铸铁）的台面：1250mm×300mm，$Ra=1.6\mu m$。
3) 大批量生产中，发动机连杆（45 调质钢，217~255HBS）的侧面：25mm×10mm，$Ra=3.2\mu m$。

第 5 章
机械加工工艺设计基础

机械加工工艺规程是规定零件机械加工工艺过程和操作方法等的工艺文件。通常，机械加工工艺规程是用表格或卡片等形式描述某种具体生产条件下，比较合理的工艺过程和加工操作方法。简而言之，机械加工工艺规程不仅是指导机械零件生产的技术文件，而且是一切有关生产人员都应严格执行、认真贯彻的具有约束力的文件。工艺规程是在实践经验的基础上，依据科学的理论和必要的工艺实验而设计的，体现了加工中的客观规律。

机械加工工艺规程是规范生产活动的技术文件，它的设计须按照一定的程序步骤，并包含特定内容。机械加工工艺规程设计过程与步骤大体如下：

1）机械加工工艺性分析。阅读机器产品设计图样，了解机器产品的用途、性能和工作条件，熟悉零件在机器中的地位和作用。审查设计图样的完整性、统一性；审查设计图样的结构工艺性；审查图样标注的合理性；审查材料选用的合理性。

2）毛坯选择。毛坯选择需要考虑零件的结构、作用、生产纲领，还必须注意零件毛坯制造的经济性和生产条件。

3）机械加工工艺过程设计。这是设计机械加工工艺规程的核心，其主要内容有：确定各加工表面的加工工序类型；将机械加工工艺过程划分为几个加工阶段；安排加工顺序、热处理、检验和其他工序；确定工序划分采用工序集中原则还是工序分散原则等。

4）工序设计。其主要内容有：为各工序选择机床及工艺装备；确定零件加工过程中工序或工步的切削用量；依据图样要求和机械加工工艺过程，确定各工序的加工余量、计算工序中的尺寸和公差；绘制工序简图。依据图样和技术要求，确定各主要工序的技术要求和检验方法。确定生产过程中各道工序的时间定额。

5）填写工艺文件。依据规定的工艺文件格式，填写工艺规程内容。

5.1 零件的结构工艺性分析及毛坯的选择

5.1.1 零件的结构工艺性分析

零件的结构工艺性是指在满足使用要求的前提下制造的可行性和经济性，即能否以较高的生产率和最低的成本方便地制造出零件的特性。零件结构工艺性是否合理，将直接影响零件制造的工艺过程。若零件的使用性能完全相同而结构不同,则其加工方法及制造成本会有很大差别。

对零件进行结构分析时,应考虑以下几个方面:

1) 一个零件上的两相邻表面间应留有退刀槽和让刀孔,以便在加工中进刀和退刀,否则无法加工,如图 5-1 所示。

2) 应使刀具能顺利地接近加工表面,孔离箱壁不应太近,否则钻头无法接近,如图 5-2 所示。

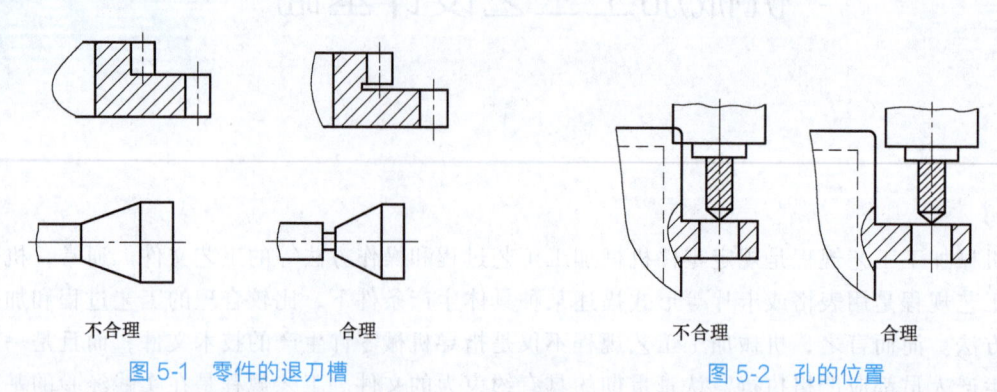

图 5-1 零件的退刀槽

图 5-2 孔的位置

3) 钻孔的出入表面应与孔的轴线垂直,否则会引起两边切削力不等,致使钻头易引偏或折断,设计时应尽量避免钻孔表面是斜面或圆弧面,如图 5-3 所示。

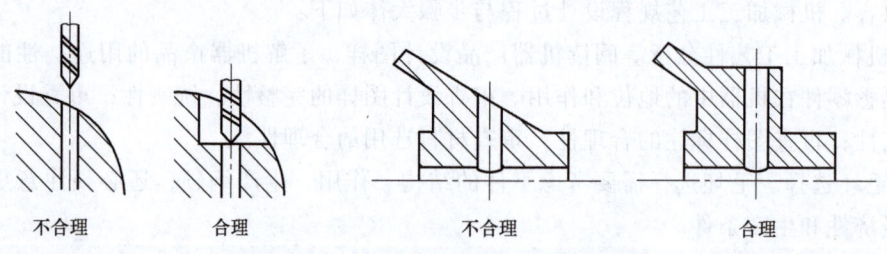

图 5-3 钻孔的出入表面应与孔轴线垂直

4) 应尽量减小加工面积,减少平面度误差,减少刀具及材料的消耗,如图 5-4 所示。

5) 应尽量避免深孔及平底盲孔加工。深孔加工排屑、散热困难。盲孔的孔底应与钻头形状一致,加工中尽量采用标准刀具,使加工容易,如图 5-5 所示。

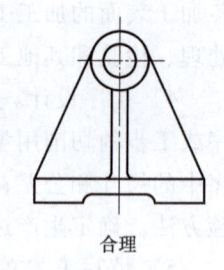

图 5-4 减小加工面积

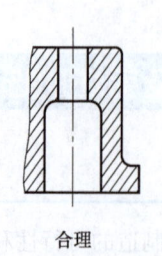

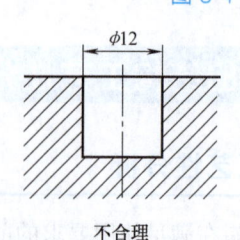

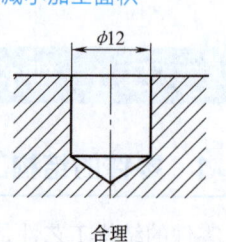

图 5-5 避免深孔及平底盲孔加工

6）退刀槽尺寸应一致，以减少刀具的规格及换刀次数，提高生产率，如图 5-6 所示。

7）零件外表面比内表面的加工方便容易，故应尽量将加工表面放在零件外部。如果不能把内表面加工转化为外表面加工时，应简化内表面形状，如图 5-7 所示。

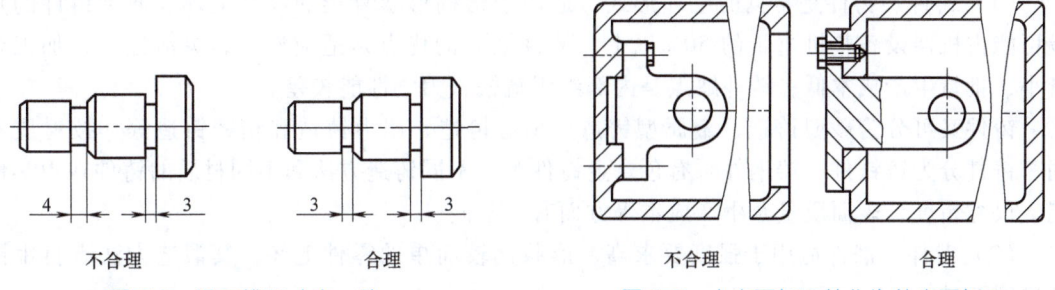

图 5-6　退刀槽尺寸应一致

图 5-7　内表面加工转化为外表面加工

8）减少加工的安装次数。被加工表面的方向应尽量一致，以便在一次装夹中进行加工，减少工件的装夹次数；次要表面应尽可能分布在主要表面的相同方向上，以便加工主要表面时，将次要表面也同时加工出来；孔端的加工表面应为圆形凸台或止口，以便在加工孔时，同时将凸台或止口刮出来，如图 5-8 所示。

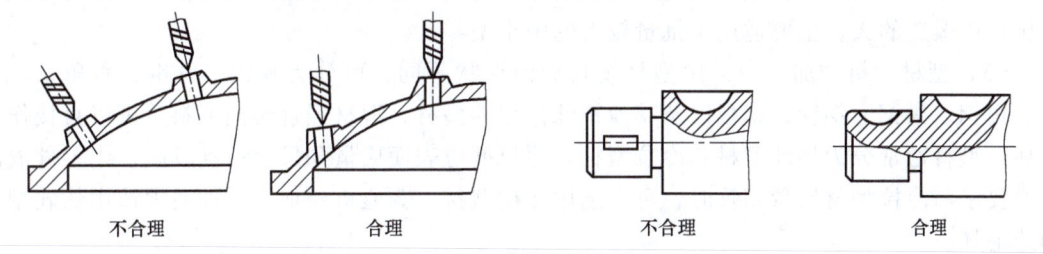

图 5-8　减少安装次数

加工箱体时，同一轴线上的孔应沿孔的轴线递减，以便使镗杆从一端穿入同时加工各孔，减少零件加工的安装次数，从而获得较高的同轴度，如图 5-9 所示。

9）凸台在高度方向的尺寸应尽量一致，以便在一次进给中进行加工，如图 2-10 所示。

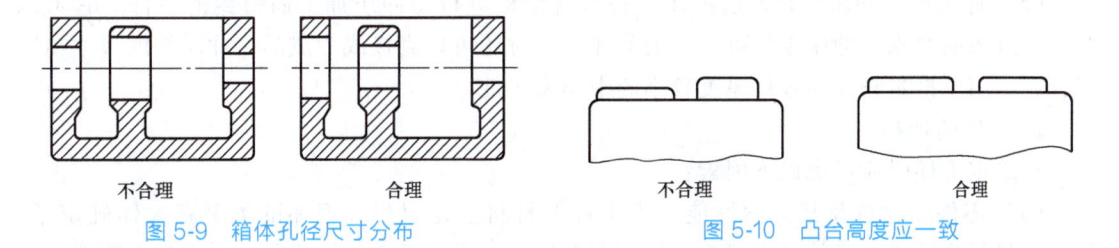

图 5-9　箱体孔径尺寸分布

图 5-10　凸台高度应一致

5.1.2　毛坯的选择

确定毛坯的主要任务是：根据零件的技术要求、结构特点、材料、生产纲领等方面的要求，合理地确定毛坯的种类、毛坯的制造方法、毛坯的形状和尺寸等，最后绘制出毛坯图。毛坯的确定，不仅影响毛坯制造的经济性，而且影响机械加工的经济性。所以在确定毛坯时，既要考虑热加工方面的因素，也要兼顾冷加工方面的要求，以便在确定毛坯这一环节中，降低零件的制造成本。

1. 毛坯的种类

机械零件的毛坯主要分为铸件、锻件、型材、焊接件、冲压件等。

（1）铸件　铸件是常见的毛坯形式，适用于结构形状复杂的零件毛坯。通常铸件的重量可能占机器设备整机重量的50%以上。铸件毛坯的优点是适应性广，灵活性大，加工余量小，批量生产成本低；铸件缺点是内部组织疏松，力学性能较差。

铸件又可分为砂型铸造、金属型铸造、离心铸造、压力铸造和精密铸造等。按材质不同，铸件分为铸铁件、铸钢件、有色合金铸件等。不同铸造方法和不同材质的铸件在力学性能、尺寸精度、表面质量及生产成本等方面有所不同。

（2）锻件　锻件适用于强度要求高、形状比较简单的零件毛坯，其锻造方法有自由锻和模锻两种。

自由锻是在锻锤或压力机上用手工操作而成形的锻件。它的精度低，加工余量大，生产率低，适用于单件小批生产及大型锻件。

模锻是在锻锤或压力机上通过专用锻模锻制成形的锻件。它的精度和表面粗糙度均比自由锻造的好，可以使毛坯形状更接近工件形状，加工余量小。同时，由于模锻件的材料纤维组织分布好，锻制件的机械性能高。模锻的生产率高，但需要专用的模具，且锻锤的吨位也要比自由锻造的大，主要适用于批量较大的中小型零件。

（3）型材　机械加工中常用型材按其截面形状不同，可分为圆钢、方钢、六角钢、扁钢、角钢、槽钢、钢管、钢板以及其他特殊截型的型材，型材经过切割下料后可以直接作为毛坯。型材通常分为热轧型材和冷拉型材。冷拉型材表面质量和尺寸精度较高，当零件成品质量要求与冷拉型材质量相符时，可以选用冷拉型材。普通机械加工零件通常选用热轧型材制造毛坯。

（4）焊接件　焊接件是根据需要将型材或钢板焊接得到的毛坯件，它制造方便、简单，但需要经过热处理才能进行机械加工，适用于单件小批生产中制造大型毛坯。其优点是制造简便、生产周期短、毛坯质量小；缺点是焊接件抗振动性差，机械加工前需经过时效处理以消除内应力。

（5）冲压件　冲压件是通过冲压设备对薄钢板进行冷冲压加工而得到的零件。它可以非常接近成品要求，冲压零件可以作为毛坯，有时还可以直接成为成品。冲压件的尺寸精度高，它适用于批量较大而零件厚度较小的中小型零件。

2. 毛坯的选择

在确定毛坯时应考虑以下因素：

（1）零件的材料及其力学性能　当零件的材料选定以后，毛坯的类型就大体确定了。例如，材料为铸铁的零件，自然应选择铸造毛坯；而对于重要的钢质零件，力学性能要求高时，可选择锻造毛坯。

（2）零件的结构和尺寸　形状复杂的毛坯常采用铸件，但对于形状复杂的薄壁件，一般不能采用砂型铸造；对于一般用途的阶梯轴，如果各段直径相差不大、力学性能要求不高时，可选择棒料作为毛坯，若各段直径相差较大，为了节省材料，应选择锻件。

（3）生产类型　当零件的生产批量较大时，应采用精度和生产率都比较高的毛坯制造方法，这时毛坯制造增加的费用，可由材料减少的费用以及机械加工减少的费用来补偿。

（4）现有生产条件　选择毛坯类型时，要结合本企业的具体生产条件，如现场毛坯制造的实际水平和能力、外协的可能性等。

（5）毛坯制造的经济性　毛坯选择还应考虑毛坯制造的经济性，进行毛坯生产方案的经济技术分析，确定出经济性较好的毛坯制造方案。毛坯的制造经济性与生产率和生产类型密切相关，单件小批生产可以选用生产率较低、单件制造成本低的制造方法，铸件可采用木模型手工造型，锻件可采用自由锻，特别是单件生产可考虑采用型材作为毛坯或制造外形简单的毛坯，进一步采用机械加工方法，制造零件外形。大批大量生产时，可选用生产率高、毛坯质量较高、批量制造成本低的方法，例如，铸件采用金属模造型，精密铸造；锻件应采用模锻方式。

（6）采用新工艺、新技术、新材料的可能性　采用新工艺、新技术、新材料往往可以提高零件的力学性能、改善可加工性、减少加工工作量。

综上所述，尽管同一零件的毛坯可以有多种制造方法，但毛坯制造方法选择却不是随意的，需要在特定的加工条件下，按照生产纲领进行优选，其目标是优质、高产、低消耗地制造机械零件。

5.2　定位基准的选择

选择定位基准是设计工艺过程的一项重要内容。在设计机械加工工艺时，正确选择定位基准对保证零件的加工精度、合理安排加工顺序、分配加工余量，以及选择工艺装备等都有着至关重要的影响。定位基准选择不同，工艺过程也随之而异。

在最初的零件加工工序中，只能选用毛坯的表面进行定位，这种定位基准称为粗基准。在以后各工序的加工中，可以采用已经加工过的表面进行定位，这种定位基准称为精基准。由于粗、精基准用途不同，在选择时所考虑的侧重点也不同。

5.2.1　粗基准的选择原则

在选择粗基准时，考虑的重点是如何保证各加工表面有足够的余量，以及保证不加工表面与加工表面间的尺寸、位置符合零件图样的设计要求。粗基准的选择原则有：

1) 重要表面余量均匀原则。必须首先保证工件重要表面具有较小而均匀的加工余量，应选择该表面作为粗基准。

例如，车床导轨面的加工，由于导轨面是车床床身的重要表面，精度要求高，希望在加工时切去较小而均匀的加工余量，使表面保留均匀的金相组织，具有较高而一致的物理力学性能，增加导轨的耐磨性。所以，应先以导轨面为粗基准，加工床腿的底平面，如图5-11a所示；再以床腿的底平面作为精基准加工导轨面，如图5-11b所示。

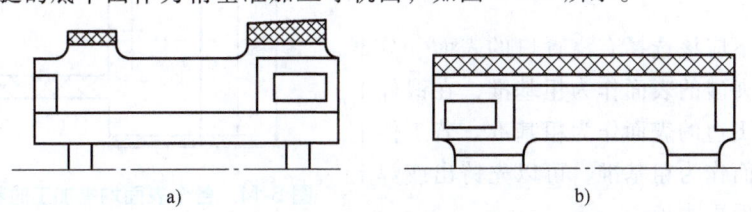

图 5-11　重要表面余量均匀时粗基准的选择

2）工件表面间相互位置要求原则。必须保证工件上加工表面与不加工表面之间的相互位置要求，应以不加工表面作为粗基准。如果在工件上有多个不加工的表面，则应以其中与加工表面相互位置要求较高的不加工表面作为粗基准，以保证壁厚均匀、外形对称等。

如图 5-12 所示的零件，外圆是不加工表面，内孔为加工表面，若选用需要加工的内孔作为粗基准，可保证所切去的余量均匀，但零件壁厚不均匀（图 5-12a），不能保证内孔与外圆的位置精度。因此，选不需加工的外圆表面作为粗基准来加工内孔，如图 5-12b 所示。又如图 5-13 所示，加工 ϕ22H8 的孔时，因其为装配表面，应保证壁厚均匀，即要求与 ϕ45mm 外圆同轴，因此应选择 ϕ45mm 外圆作为粗基准。

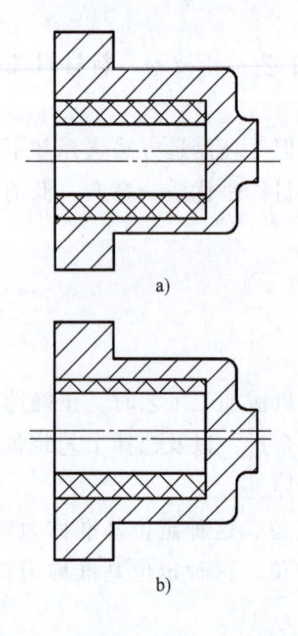

图 5-12　选择不加工表面作为粗基准

图 5-13　不加工表面较多时粗基准的选择

3）余量足够原则。如果零件上各个表面均需加工，则以加工余量最小的表面作为粗基准。

如图 5-14 所示，ϕ100mm 外圆的加工余量比 ϕ50mm 外圆的加工余量小，所以应选择 ϕ100mm 外圆作为粗基准加工出 ϕ50mm 外圆，然后再以已加工的 ϕ50mm 外圆为精基准加工出 ϕ100mm 外圆，这样可保证在加工 ϕ100mm 外圆时有足够的加工余量。如果以毛坯的 ϕ58mm 外圆为粗基准，由于有 3mm 的偏心，则有可能因加工余量不足而使工件报废。

4）定位可靠性原则。作为粗基准的表面，应选用比较可靠、平整光洁的表面，以使定位准确、夹紧可靠。

在铸件上不应该选择有浇冒口的表面、分型面、有飞翅或夹砂的表面作为粗基准；在锻件上不应该选择有飞边的表面作为粗基准。若工件上没有合适的表面作为粗基准，可以先铸出或焊上几个凸台，以后再去掉。

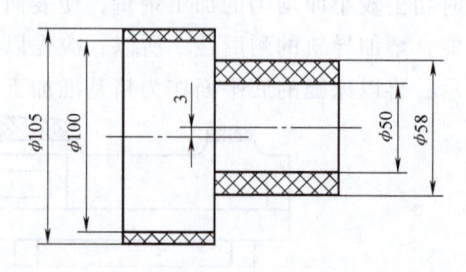

图 5-14　各个表面均需加工时粗基准的选择

5）不重复使用原则。粗基准的定位精度低，在同一尺寸方向上只允许使用一次，不能重复使用，否则定位误差大。

5.2.2 精基准的选择原则

在选择精基准时，考虑的重点是如何减少误差，保证加工精度和安装方便。精基准的选择原则有：

1）基准重合原则。应尽可能选用零件设计基准作为定位基准，以避免产生基准不重合误差。

如图 5-15a 所示，零件的 A 面、B 面均已加工完毕，钻孔时若选择 B 面作为精基准时，则定位基准与设计基准重合，尺寸 30±0.15 可直接保证，加工误差易于控制，如图 5-15b 所示；若选 A 面作为精基准，则尺寸 30±0.15 是间接保证的，会产生基准不重合误差，影响尺寸精度的因素除与本工序钻孔有关的加工误差外，还有与前工序加工 B 面有关的加工误差，如图 5-15c 所示。

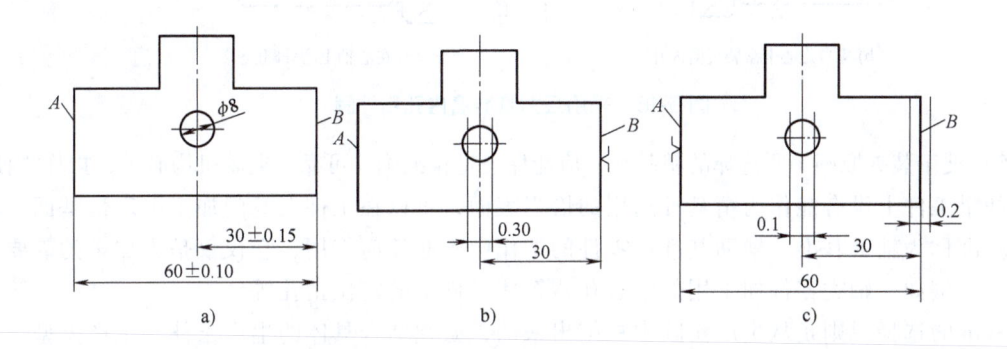

图 5-15 基准重合原则

2）统一基准原则。应尽可能选用统一的精基准定位加工各表面，以保证各表面之间的相互位置精度。

例如，当车主轴采用中心孔为精基准时，不但能在一次装夹中加工大多数表面，而且易于保证各外圆表面的同轴度要求以及端面与轴心线的垂直度要求。

采用统一基准的好处在于：可以在一次安装中加工几个表面，减少安装次数和安装误差，有利于保证各加工表面之间的相互位置精度；有关工序所采用的夹具结构比较统一，简化夹具设计和制造，缩短生产准备时间；当产量较大时，便于采用高效率的专用设备，大幅度地提高生产率。

3）自为基准原则。有些精加工或光整加工工序要求加工余量小而均匀，应选择加工表面本身作为精基准。

例如，在活塞销孔的精加工工序中，精镗销孔和滚压销孔，都是以销孔本身作为精基准的。此外，无心磨、珩磨、铰孔及浮动镗等都是自为基准的例子。

4）互为基准原则。有些相互位置精度要求比较高的表面，可以采用互为基准的方法来保证。

如图 5-16 所示，内、外圆表面同轴度要求比较高的套类零件，先以外圆定位加工内孔，再以内孔定位加工外圆，如此反复。这样，作为定位基准的表面的精度越来越高，而且加工表面的相互位置精度也越来越高，最终可达到较高的同轴度。

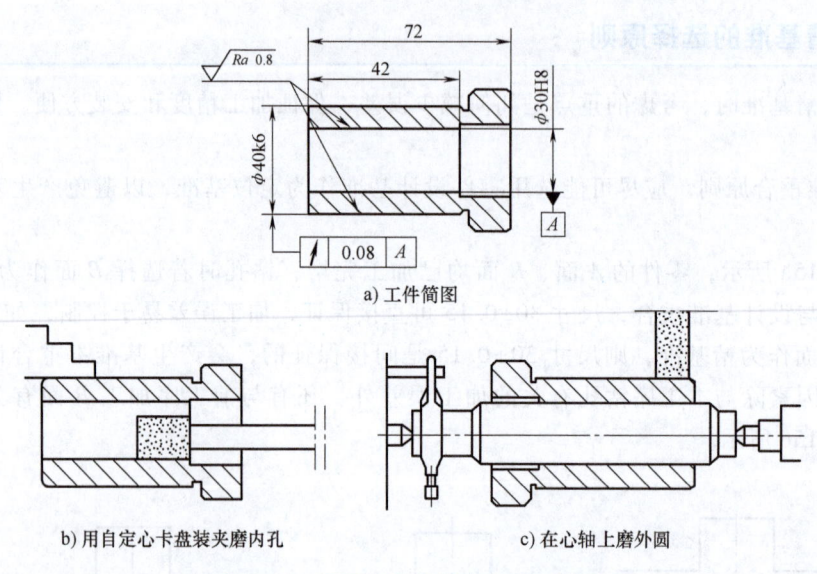

a) 工件简图

b) 用自定心卡盘装夹磨内孔　　　c) 在心轴上磨外圆

图 5-16　采用互为基准磨内孔和外圆

5）便于装夹原则。所选择的精基准，应能保证定位准确、可靠，夹紧机构简单，操作方便。

如果工件上没有能作为精基准选用的恰当表面，可以在工件上专门加工出定位基面，这种精基准称为辅助基准。辅助基准在零件的工作中不起任何作用，它仅仅是为加工的需要而设置的。例如，轴类零件加工用的中心孔，箱体零件上的定位销孔等。

基准的选择原则是从生产实践中总结出来的，必须结合具体的生产条件、生产类型、加工要求等来分析和运用这些原则，甚至有时为了保证加工精度，在实现某些定位原则的同时可能放弃另外一些原则。

5.3　零件主要表面的加工方案确定

零件表面由主要表面和次要表面构成。零件的机械加工工艺过程由主要加工表面的主要加工过程和次要加工表面的非主要加工过程构成。显然，设计零件的机械加工工艺过程要优先确定零件各个主要表面的加工方案。

加工方案选择的基本原则是在满足零件加工质量要求的前提下，使零件的加工工艺过程具有较高的经济性和生产率。

为简便起见，零件加工质量用加工表面的加工精度和表面粗糙度代表。每种加工方法能达到的加工质量范围还是非常宽的。同一种加工方法，当加工质量较高时往往生产率可能会降低。控制零件制造成本需要选择恰当的零件机械加工方案，减少不必要的加工。

经济精度和表面粗糙度是在正常加工条件下（采用符合质量标准的设备、工艺装备和标准技术等级的工人，不延长加工时间）所能保证的加工精度和表面粗糙度。具体条件不同，工艺水平不同，同一种加工方法所能达到的加工经济精度和表面粗糙度也不一样。随着生产技术的发展、工艺水平的提高，同一种加工方法能达到的经济加工精度和表面粗糙度也会不断提高。

组成零件的各种表面，如外圆、孔、平面、成形面和齿轮齿面等，都要求达到一定的技术要求，如尺寸精度、几何精度和表面质量等。零件表面的类型和要求不同，采用的加工方案也不一样。

5.3.1 外圆表面的加工

外圆是各种轴、套筒、盘类等回转体零件的主要表面。

1. 外圆表面的技术要求

外圆表面的技术要求有：外圆表面本身的尺寸精度、外圆表面的形状精度（如圆度、圆柱度等）、外圆表面与其他表面的位置精度（如与内圆表面之间的同轴度、与端面之间的垂直度等），以及表面质量（如表面粗糙度、表面残余应力、表面加工硬化等）。

2. 外圆表面的加工方法选择

选择外圆的加工方法，除应满足图样技术要求之外，还与零件的材料、热处理要求、零件结构、生产纲领、现场设备和操作者技术水平等因素密切相关。总的说来，一个合理的加工方案应能经济地达到技术要求，提高生产率，因而其工艺路线的制订是十分灵活的。

外圆的加工方法主要有：车削和磨削。对于精度要求高、粗糙度值小的工件外圆，还需经过研磨、超精加工等才能达到要求；对某些精度要求不高但需光亮的表面，可通过滚压或抛光获得。外圆表面的各种加工方案所能达到的经济精度和表面粗糙度见表5-1。

表5-1 外圆的各种加工方案所能达到的经济精度和表面粗糙度

序号	加工方案	经济精度（标准公差等级）	表面粗糙度 $Ra/\mu m$	适用范围
1	粗车	IT11~IT13	12.5~50	淬火钢以外的各种金属
2	粗车—半精车	IT8~IT10	3.2~6.3	
3	粗车—半精车—精车	IT7~IT8	0.8~1.6	
4	粗车—半精车—精车—滚压（或抛光）	IT7~IT8	0.025~0.2	
5	粗车—半精车—磨削	IT7~IT8	0.4~0.8	淬火钢及未淬火钢，但不宜加工有色金属
6	粗车—半精车—粗磨—精磨	IT6~IT7	0.1~0.4	
7	粗车—半精车—粗磨—精磨—超精加工	IT5	0.012~0.1	
8	粗车—半精车—精车—金刚车	IT6~IT7	0.025~0.4	要求较高的有色金属
9	粗车—半精车—粗磨—精磨—镜面磨	IT5以上	0.006~0.025	极高精度的外圆
10	粗车—半精车—粗磨—精磨—研磨	IT5以上	0.006~0.1	

5.3.2 孔的加工

孔是盘类、套类、支架类、箱体等零件的重要表面之一。

1. 孔的技术要求

孔的技术要求主要有：孔的尺寸精度、孔的形状精度（如圆度、圆柱度）及位置精度（如孔与孔、孔与外圆的同轴度，孔的轴线与平面或端面之间的平行度或垂直度）、孔的表面质量（如孔的表面粗糙度、表面残余应力、表面加工硬化等）。

2. 孔的加工方法选择

孔的主要加工方法有：钻、扩、铰、镗、拉、磨、电解加工、电火花加工、超声波加工、激光加工等。孔的各种加工方案所能达到的经济精度和表面粗糙度见表 5-2。

表 5-2 孔的各种加工方案所能达到的经济精度和表面粗糙度

序号	加工方案	经济精度（标准公差等级）	表面粗糙度 $Ra/\mu m$	适用范围
1	钻	IT11～IT13	12.5	未淬火钢及铸铁的实心毛坯，也可加工有色金属。孔径小于 20mm 的孔
2	钻—铰	IT8～IT10	1.6～6.3	
3	钻—粗铰—精铰	IT7～IT8	0.8～1.6	
4	钻—扩	IT10～IT11	6.3～12.5	未淬火钢及铸铁的实心毛坯，也可加工有色金属。孔径大于 20mm 的孔
5	钻—扩—铰	IT8～IT9	1.6～3.2	
6	钻—扩—粗铰—精铰	IT7	0.8～1.6	
7	钻—扩—机铰—手铰	IT6～IT7	0.2～0.4	
8	钻—扩—拉	IT7～IT9	0.1～0.6	大批量生产
9	粗镗（或扩孔）	IT11～IT13	6.3～12.5	除淬火钢外的各种材料，毛坯上已有孔
10	粗镗（粗扩）—半精镗（精扩）	IT9～IT10	1.6～3.2	
11	粗镗（粗扩）—半精镗（精扩）—精镗（铰）	IT7～IT8	0.8～1.6	
12	粗镗（粗扩）—半精镗（精扩）—精镗—浮动镗	IT6～IT7	0.4～0.8	
13	粗镗（扩）—半精镗—磨孔	IT7～IT8	0.2～0.8	淬火钢及未淬火钢，但不宜用于有色金属
14	粗镗（扩）—半精镗—粗磨—精磨	IT6～IT7	0.1～0.2	
15	粗镗—半精镗—精镗—金刚镗	IT6～IT7	0.05～0.4	精度和表面粗糙度要求高的有色金属
16	钻—（扩）—粗铰—精铰—珩磨 钻—（扩）—拉—珩磨 粗镗—半精镗—精镗—珩磨	IT6～IT7	0.025～0.2	精度和表面粗糙度要求很高的孔
17	以研磨代替上述方法中的珩磨	IT5～IT6	0.006～0.1	

3. 机床的选用

对于给定尺寸大小和精度的孔，有时可在几种机床上加工。为了便于工件装夹和孔加工，保证质量，提高生产率，机床选用主要取决于零件的结构类型、孔在零件上所处的位置，以及孔与其他表面的位置精度等。

（1）盘、套类零件上各种孔加工的机床选用　盘、套类零件中间部位的孔一般在车床上加工，这样既便于工件装夹，又便于在一次装夹中精加工孔、端面和外圆，以保证位置精度。若采用镗磨类加工方案，在半精镗后再转磨床加工；若采用拉削方案，可先在卧式车床或多刀半自动车床上粗车外圆、端面和钻孔（或粗镗孔）后再转拉床加工。盘、套类零件分布在端面上的螺钉孔、螺纹底孔及径向油孔等均应在立式钻床或台式钻床上钻削。

（2）支架、箱体类零件上各种孔加工的机床选用　为了保证支承孔与主要平面之间的位置精度并使工件便于安装，大型支架和箱体应在卧式镗床上加工；小型支架和箱体可在卧式铣床或车床（用花盘、弯板）上加工。支架、箱体上的螺钉孔、螺纹底孔和油孔，可根据零件大小在摇臂钻床、立式钻床或台式钻床上钻削。

（3）轴类零件上各种孔加工的机床选用　轴类零件除中心孔外，带孔的情况较少，但有些轴件有轴向圆孔、锥孔或径向小孔。轴向孔的精度差异很大，一般均在车床上加工，高精度的孔则需再转磨床加工。径向小孔在钻床上钻削。

5.3.3　平面的加工

平面是盘形和板形零件的主要表面，也是箱体、导轨及支架类零件的主要表面之一。

1. 平面的技术要求

平面的技术要求主要有：平面本身的尺寸精度、平面的形状精度（如平面度）和位置精度度（如平面与平面、外圆轴线、内孔轴线的平行度或垂直度）、平面的表面质量（如表面粗糙度、表面残余应力、表面加工硬化等）。

2. 平面的加工方法选择

平面的加工方法有：铣削、刨削、磨削、车削、拉削等，其中以铣削和刨削为主。平面的各种加工方案所能达到的经济精度和表面粗糙度见表5-3。

表5-3　平面的各种加工方案所能达到的经济精度和表面粗糙度

序号	加工方案	经济精度 （标准公差等级）	表面粗糙度 $Ra/\mu m$	适用范围
1	粗车	IT11~IT13	12.5~50	端面
2	粗车—半精车	IT8~IT10	3.2~6.3	
3	粗车—半精车—精车	IT7~IT8	0.8~1.6	
4	粗车—半精车—磨削	IT6~IT8	0.2~0.8	
5	粗刨（或粗铣）	IT11~IT13	6.3~25	不淬硬平面
6	粗刨（或粗铣）—精刨（或精铣）	IT8~IT10	1.6~6.3	
7	粗刨（或粗铣）—精刨（或精铣）—刮研	IT6~IT7	0.1~0.8	精度要求较高的不淬硬平面，批量较大时宜采用宽刃精刨方案
8	粗刨（或粗铣）—精刨（或精铣）—宽刃精刨	IT7	0.2~0.8	
9	粗刨（或粗铣）—精刨（或精铣）—磨削	IT7	0.2~0.8	精度要求高的淬硬或不淬硬平面
10	粗刨（或粗铣）—精刨（或精铣）—粗磨—精磨	IT6~IT7	0.025~0.4	
11	粗铣—拉	IT7~IT9	0.2~0.8	大量生产、不淬硬的小平面
12	粗铣—精铣—磨削—研磨	IT5以上	0.006~0.1	高精度平面

1）非配合平面。此类平面一般经粗铣、粗刨、粗车即可。但对于要求表面光滑、美观的平面，粗加工后还需精加工，甚至光整加工。

2）支架、箱体与机座的固定连接平面。此类平面一般经粗铣、精铣或粗刨、精刨即可；精度要求较高的，如车床主轴箱与床身的连接面，则还需进行磨削或刮研。

3）盘、套类零件和轴类零件的端面。此类平面应与零件的外圆和孔加工结合进行，如法兰盘的端面，一般采用粗车—精车的方案。精度要求高的端面，则精车后还应磨削。

4）导向平面。此类平面常采用粗刨—精刨—宽刃精刨（或刮研）的方案。

5）较高精度的板块状零件的平面。如定位用的平行垫铁等平面，常用粗铣（刨）—精铣（刨）—磨削的方案。块规等高精度的零件，则还需研磨。

6）韧性较大的非铁金属件上的平面。此类平面一般采用粗铣—精铣或粗刨—精刨的方案，高精度的零件可再刮削或研磨。

7）大批大量生产中，加工精度要求较高的、面积不大的平面（包括内平面）。此类平面常采用粗拉—精拉的方案，以保证高的生产率。

5.4 机械加工工艺过程设计

5.4.1 加工方法的选择

机械零件一般都是由一些简单的几何表面（如外圆、内孔、平面或成形表面等）组合而成的，而每一表面达到同样质量要求的加工方法可以有多种，因此在选择各表面的加工方法时，要综合考虑各方面因素的影响。

1. 加工表面本身的加工要求

根据每个加工表面的技术要求和各种加工方法及其组合后所能达到的加工经济精度和表面粗糙度，确定加工方法及加工方案。例如，标准公差等级为 IT7 和表面粗糙度 Ra 为 $0.4\mu m$ 外圆表面，通过精心车削是可以达到精度要求的，但这不如采用磨削经济。

2. 被加工材料的性能

被加工材料的性能不同，加工方法也不一样。例如，有色金属磨削困难，一般采用金刚镗或高速精密车削的方法进行精加工；淬火钢应采用磨削的方法进行加工。

3. 工件的结构形状和尺寸大小

例如，回转工件可以用车削或磨削等方法加工孔，而箱体上标准公差等级为 IT7 的孔，一般就不宜采用车削或磨削，而通常采用镗削或铰削加工，孔径小的宜用铰孔，孔径大或长度较短的孔则宜用镗孔。

4. 生产类型

在大批大量生产中，可采用高效专用机床和工艺装备，例如，平面和内孔可用拉削加工，轴类零件可采用半自动液压仿形车床加工等。在单件小批生产中，可采用通用设备、通用工艺装备及一般的加工方法。

5. 本厂（或本车间）的现有设备情况及技术条件

应该充分利用现有设备，挖掘企业潜力，发挥工人的积极性和创造性。同时也应考虑不断改进现有加工方法和设备，推广新技术，提高工艺水平，平衡设备负荷。

此外，选择加工方法还应考虑一些其他因素，例如，工件的质量以及加工表面的物理力学性能的特殊要求等。

5.4.2 加工阶段的划分

零件加工时往往不是依次加工完各个表面，而是将各表面的粗、精加工分开进行。

1. 加工阶段

按加工性质和作用的不同，工艺过程可划分如下几个阶段：

（1）粗加工阶段　此阶段的主要任务是切去大部分加工余量，为后续加工提供定位基准。因此此阶段的主要任务是提高生产率。

（2）半精加工阶段　此阶段的主要任务是为零件主要表面的精加工做好准备（达到一定的精度和表面粗糙度，保证一定的精加工余量），并完成一些次要表面的加工（如钻孔、攻螺纹、铣键槽等）。

（3）精加工阶段　此阶段的主要任务是保证各主要表面达到图样规定的要求。此阶段的主要任务是如何保证加工质量。

（4）光整加工阶段　此阶段的主要任务是提高表面本身的尺寸精度和降低表面粗糙度值，不纠正形状和相互位置误差。常用加工方法有金刚镗、研磨、珩磨、镜面磨、抛光等。

当毛坯余量特别大时，在粗加工阶段前可增加荒加工阶段，一般在毛坯车间进行。

2. 划分加工阶段的原因

（1）保证加工质量　粗加工时切削余量大，切削力、切削热、夹紧力也大，毛坯本身具有内应力，加工后内应力将重新分布，工件会产生较大变形。划分加工阶段后，粗加工产生的误差和变形，可通过半精加工和精加工予以纠正，并逐步提高零件的精度和表面质量。

（2）合理使用设备　粗加工可采用精度一般、功率大、效率高的设备；精加工则采用精度高的精密机床。这样可充分发挥各类机床的效能，延长机床的使用寿命。

（3）可以使冷热加工结合得更好　划分加工阶段后，可在各阶段之间安排热处理工序。对于精密零件，粗加工后安排去应力时效处理，可减少内应力对精加工的影响；半精加工后安排淬火不仅容易达到零件的性能要求，而且淬火变形可通过精加工工序予以消除。

（4）及时发现毛坯的缺陷　粗加工时去除了加工表面的大部分余量，当发现有缺陷时可及时报废或修补，避免精加工工时的损失。

（5）保护已加工表面　精加工安排在最后，可防止或减少已加工表面的损伤。

零件加工阶段的划分不是绝对的，加工阶段的划分取决于零件的实际加工情况。对于那些刚性好、余量小、加工要求不高或内应力影响不大的工件和一些重型零件的加工，可以不划分加工阶段。但对于精度要求高的重型零件，仍需划分加工阶段，并插入时效、去内应力等处理。

应当指出，工艺过程划分加工阶段是对零件加工的整个过程而言，不能以某一表面的加工和某一工序的加工来判断。例如，有些定位基准面，在半精加工阶段甚至在粗加工阶段就需加工得很准确，而某些钻小孔的粗加工工序，又常常安排在精加工阶段。

5.4.3　加工顺序的安排

一个复杂零件的加工过程不外乎有下列几类工序：机械加工工序、热处理工序、检验工序等。

1. 机械加工工序的安排

（1）先基面后其他表面　加工一开始总是先安排精基面的加工，然后以精基面定位加工其他表面。如果精基面不止一个，则应该按照基面转换的顺序和逐步提高加工精度的原则来安排基面和主要表面的加工。例如，对于箱体零件，一般是以主要孔为粗基准加工平面，再以平面为精基准加工孔系；对于轴类零件，一般是以外圆为粗基准加工中心孔，再以中心孔为精基准加工外圆、端面等。

（2）先粗后精　先集中安排各表面的粗加工，中间安排半精加工，最后安排精加工和光整加工。

（3）先主后次　先安排主要表面的加工，后安排次要表面的加工。主要表面指装配基面、工作表面等；次要表面指非工作表面（如紧固用的光孔和螺孔等）。因次要表面的加工余量较小，且往往与主要表面有位置度的要求，因此一般应安排在主要表面达到一定精度（如半精加工）之后，最后精加工或光整加工之前进行。

（4）先面后孔　先加工平面，后加工内孔。平面一般较大，轮廓平整，先加工面便于加工孔时定位安装，有利于保证孔与平面间的位置精度。

2. 热处理工序的安排

热处理是用来改善材料的性能及消除内应力的。热处理工序在工艺路线中的安排，主要取决于零件的材料和热处理的目的要求。

（1）预备热处理　预备热处理安排在机械加工之前，以改善切削性能、消除毛坯制造时的内应力为主要目的。例如，对于碳的质量分数超过 0.5% 的碳钢一般采用退火，以降低硬度；对于碳的质量分数小于 0.5% 的碳钢一般采用正火，以提高材料的硬度，使切削时切屑不粘刀，表面较光滑。通过调质可使零件获得细密均匀的回火索氏体组织，也用作预备热处理。

（2）最终热处理　最终热处理安排在半精加工以后，磨削加工之前（但有氮化处理时，应安排在精磨之后），主要用于提高材料的强度和硬度，如淬火、渗碳淬火。由于淬火后材料的塑性和韧性很差，有很大的内应力，易于开裂，组织不稳定，材料的性能和尺寸发生变化等原因，所以淬火后必须进行回火。调质处理能使钢材既获得一定的强度、硬度，又有良好的冲击韧性等综合力学性能，常作为最终热处理。

（3）去应力处理　最好安排在粗加工之后，精加工之前，如人工时效、退火。但是为了避免过多的运输工作量，对于精度要求不太高的零件，一般把去除内应力的人工时效和退火放在毛坯进入机械加工车间之前进行。但是，对于精度要求特别高的零件（如精密丝杠），在粗加工和半精加工过程中，要经过多次去除内应力退火，在粗、精磨过程中，还要经过多次人工时效。

此外，为了提高零件的耐蚀性、耐磨性、抗高温能力和导电率等，一般都需要进行表面处理（如镀铬、锌、镍、铜以及钢的发蓝等）。表面处理工序大多数应安排在工艺过程的最后。

3. 检验工序的安排

检验工序是监控产品质量的主要措施，除了各工序操作工人自行检验外，还必须在下列情况下安排单独的检验工序：

1）粗加工阶段结束之后。
2）重要工序之后。
3）送往外车间加工的前后，特别是热处理前后。
4）特种性能（磁力探伤、密封性等）检验之前。
5）全部加工工序结束之后。

5.4.4 工序的集中与分散

工序集中与工序分散是拟定工艺路线的两个不同原则。工序集中是将零件的加工只集中在少数几道工序里完成，而每道工序所包含的加工内容却很多。工序分散是将零件各个表面的加工分得很细，工序多，工艺路线长，而每道工序所包含的加工内容却很少。

1. 工序集中的特点

1）便于采用高效率的专用设备和工艺装备，生产率高。
2）减少了装夹次数，易于保证各表面间的相互位置精度，还能缩短检验工序的时间。
3）工序数目少，机床数量、操作工人数量和生产面积都可减少，节省人力、物力，还可简化生产计划和组织工作。
4）工序集中通常需要采用专用设备和工艺装备，投资大，设备和工艺装备的调整、维修较为困难，生产准备工作量大，转换新产品较麻烦。

2. 工艺分散的特点

1）采用的设备和工艺装备简单、调整方便，便于工人掌握，容易适应产品的变换。
2）可以采用最合理的切削用量，减少基本时间。
3）对操作工人的技术水平要求较低。
4）设备和工艺装备数量多，操作工人多，占地面积大。

工序集中与分散各有特点，在拟定工艺路线时，应根据产品的生产类型、零件的结构特点和技术要求、现有的生产条件合理选用。例如：单件小批生产时，不宜采用较多的设备，采用工序集中原则较为合理，以便简化生产组织工作；大批、大量生产既可采用多刀、多轴等高效专用机床将工序集中，也可将工序分散后组织流水作业生产；成批生产应尽可能采用高效率机床，如数控车床、转塔车床、多刀半自动车床等，使工序适当集中。工序集中与分散，除取决于生产类型外，还应综合考虑生产条件、工件结构特点和技术要求等因素，例如：对于重型零件，为了减少装卸运输工作量，工序应适当集中；而对于刚性较差且精度高的精密工件，则工序应适当分散。

目前，随着国内外生产过程自动化的迅速发展，工序集中成为现代生产发展的主要方向之一。

5.5 机床和工艺装备的选择

5.5.1 机床的选择原则

在设计工艺过程时，当工件上加工表面的加工方法确定以后，机床的种类就基本上确定了。但是，每一类机床都有不同的形式，它们的工艺范围、规格尺寸、加工精度、生产率等都各不相同。为了正确选用机床，除应对机床的技术性能进行充分了解外，通常还要考虑以下几点：

1）机床的加工尺寸范围应尽量与零件外形尺寸相匹配。
2）机床的精度应与工序要求的加工精度相匹配。机床精度过低，则不能满足零件加工精度的要求；机床精度过高，则不仅浪费也不利于保护机床精度。当加工高精度零件而又缺乏精密机床时，可通过旧机床改装以及一定的工艺措施来实现。

3）机床的生产率应与零件的生产类型相匹配。一般单件、小批生产选择通用机床，大批、大量生产选择高生产率专用机床。

4）机床的选择应与现有设备条件相匹配。工序设计应考虑工厂现有设备的类型、规格及精度状况，设备负荷的平衡状况及设备的分布排列情况等。

5.5.2 工艺装备的选择原则

工艺装备主要指夹具、刀具、量具等。

(1) 夹具的选择　在单件、小批生产中应尽量选用通用夹具，如卡盘、虎钳和回转台等；有时为了保证加工质量和提高生产率，可选用组合夹具；在大批、大量生产中应选用高生产率的专用夹具。夹具的选择要注意其精度应与工件的加工精度要求相适应。

(2) 刀具的选择　刀具的选择主要取决于工序所采用的加工方法、加工表面的尺寸、工件材料、加工精度、生产率和经济性。一般情况下选用标准刀具，常用的标准刀具有各种车刀、钻头、丝锥和铰刀、铣刀、镗刀、滚刀等；必要时可选用高生产率的复合刀具和其他一些专用刀具。刀具的选择要注意其类型、规格及精度应与工件的加工要求相适应。

(3) 量具的选择　量具的选择主要取决于生产类型和所要检验的精度。在单件小批生产中应尽量选用通用量具，如游标卡尺、千分尺等；在大批、大量生产中应选用各种规格和高生产率的专用量具。量具的选择要注意其精度应与工件的加工精度要求相适应。

5.6 综合训练

5.6.1 传动轴的加工工艺过程设计

图 5-17 所示为减速器的传动轴，该轴在工作时要承受扭矩。该轴材料为 45 钢，调质处理，硬度为 28~32HRC。现按中批生产拟定工艺路线。

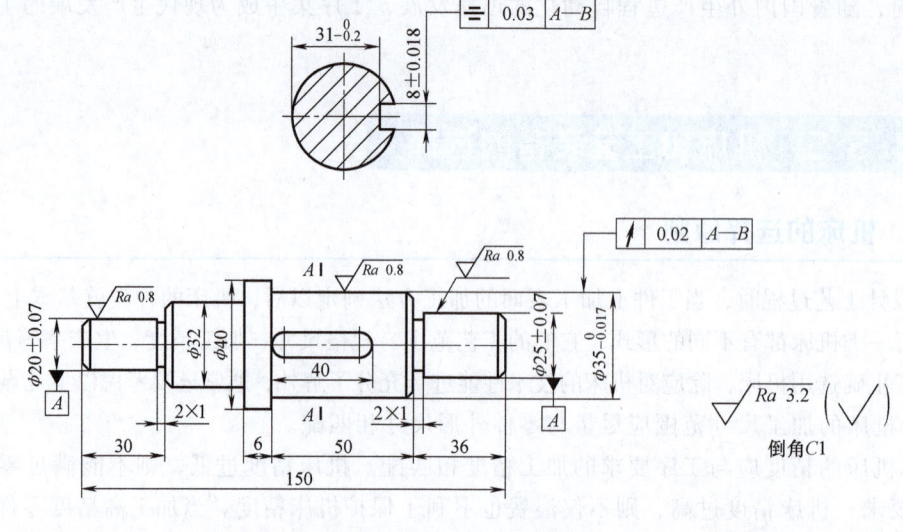

图 5-17　减速器的传动轴

1. 传动轴加工工艺过程分析

1）零件工艺分析。零件的结构工艺性分析：该零件是减速器的一个主要零件，其结构为阶梯轴。零件的技术要求分析：从图 5-17 可知，两支承轴颈 $\phi 20 \pm 0.07$mm 和 $\phi 25 \pm 0.07$mm、配合轴颈 $\phi 35_{-0.017}^{0}$mm 是零件的三个重要表面。

2）毛坯的选择。由于该零件为一般传动轴，强度要求不高，工作时受力相对稳定，台阶尺寸相差较小，故选择 $\phi 45$mm 冷轧圆钢作为毛坯。

3）定位基准的选择。

4）工艺路线的拟定。选择两中心孔作为统一的精基准，选毛坯的外圆作为粗基准。

① 加工方法的选择和加工阶段划分。由于两支承轴颈和配合轴颈的精度要求较高，最终加工方法为磨削。磨外圆前要进行粗车、半精车，并完成其他次要表面的加工。

键槽的加工，虽然精度要求不高，但表面粗糙度的要求较高，要经过粗、精铣来达到要求。

② 工艺路线的拟定。根据以上分析，该零件的加工工艺路线为：

下料—车一端端面、钻中心孔，调头车另一端端面、钻中心孔—粗车外圆、车槽和倒角—调质—修研中心孔—半精车各外圆—铣键槽—粗、精磨三个主要外圆表面。

2. 传动轴加工工艺过程

综合以上各项可得传动轴加工工艺过程，见表 5-4。

表 5-4 传动轴加工工艺过程

工序号	工序名称	工序内容	定位基准	设备
1	备料	$\phi 45$mm×160mm 冷轧圆钢		锯床
2	车	自定心卡盘夹持，车一端端面、钻中心孔 B2，调头自定心卡盘夹持，车另一端端面、钻中心孔 B2	$\phi 45$ 外圆毛坯	车床
3	车	双顶尖装夹，车一端外圆、车槽和倒角，粗车 $\phi 25 \pm 0.07$mm、$\phi 35_{-0.017}^{0}$mm 外圆，留余量 3mm	两端中心孔	车床
4	车	双顶尖装夹，调头车另一端外圆、车槽和倒角，车 $\phi 32$mm、$\phi 40$mm 外圆到尺寸，粗车 $\phi 20 \pm 0.07$mm，留余量 3mm	两端中心孔	车床
5	热处理	调质硬度为 25~28HRC	—	热处理炉
6	车	修研中心孔	外圆	车床
7	车	半精车 $\phi 25 \pm 0.07$mm、$\phi 35_{-0.017}^{0}$mm、$\phi 20 \pm 0.07$mm 外圆，留磨削余量 0.4mm	两端中心孔	车床
8	铣	粗、精铣键槽，保证尺寸 8 ± 0.018mm 和表面粗糙度 $Ra \leq 1.6\mu m$，以及 $31_{-0.2}^{0}$mm 键槽尺寸	$\phi 20 \pm 0.07$ 外圆和另一端中心孔	铣床
9	磨	双顶尖装夹，粗磨外圆 $\phi 20 \pm 0.07$mm、$\phi 25 \pm 0.07$mm 和 $\phi 35_{-0.017}^{0}$mm，留精磨余量 0.1mm，精磨到尺寸，靠磨三个外圆台肩	两端中心孔	外圆磨床

5.6.2 圆柱齿轮的加工工艺过程设计

1. 圆柱齿轮加工工艺过程分析

1）工艺路线的拟定。一般圆柱齿轮的加工工艺路线可归纳为：毛坯制造—齿坯热处理—齿坯加工—齿面加工—齿面热处理—齿轮主要表面精加工—齿面的精加工。

2）齿坯的加工。对于常见的盘形圆柱齿轮齿坯的加工，在大批、大量生产时，采用钻—拉—多刀车的工艺方案；在成批生产时，常采用车—拉—车的工艺方案；在单件小批生产时，内孔、端面、外圆的粗、精加工都可在通用车床上进行。

3）定位基准的选择。齿轮加工时的定位基准应尽可能与装配基准、测量基准相一致，符合"基准重合"原则，以避免基准不重合误差。同时为了实现基准统一，在齿轮加工的整个过程中（如滚、剃、珩）尽可能采用相同的定位基准：对于小直径轴齿轮，可采用两端中心孔或锥体作为定位基准；对于大直径的轴齿轮，通常采用轴颈定位，并以一个较大的端面作支承。带孔齿轮在加工齿面时常采用以下两种定位方式：

① 以内孔和端面定位。即以工件内孔和端面联合定位，确定齿轮中心和轴向位置。这种方式可使定位基准、设计基准、装配基准和测量基准重合，定位精度高，适于批量生产，但对夹具的制造精度要求较高。

② 以外圆和端面定位。工件和夹具心轴的配合间隙较大，用千分表找正外圆以决定中心的位置，并以端面定位。这种方式因每个工件都要找正，故生产率低；它对齿坯的内、外圆同轴度公差要求高，而对夹具精度要求不高，故适于单件、小批量生产。

对于淬火齿轮，淬火后的基准孔存在一定的变形，需要进行修正。修正一般采用在内圆磨床上磨孔工序，也可采用推孔工序或精镗孔工序。

2. 圆柱齿轮加工工艺过程

在编制齿轮加工工艺过程中，常因齿轮结构、精度等级、生产批量以及生产条件的不同，而采用各种不同的加工方案。

图 5-18 所示为一直齿圆柱齿轮，该齿轮加工工艺过程见表 5-5，从表中可以看出，编制齿轮加工工艺过程大致可划分如下几个阶段：

1）制造齿轮毛坯：锻件。
2）齿面的粗加工：切除较多的余量。
3）齿面的半精加工：滚切或插削齿面。

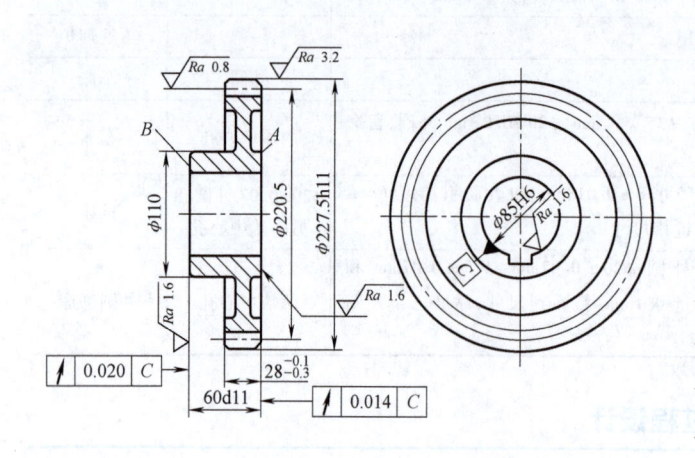

名称	参数
模数 m	3.5
齿数 z(齿)	63
压力角 $\alpha/(°)$	20
精度等级	8
基节极限偏差 F_r/mm	±0.006
公法线长度变动公差 F_ω/mm	0.016
跨齿数 k/(齿)	8
公法线平均长度/mm	$80.58_{-0.22}^{-0.14}$
齿向公差 F_β/mm	0.007
齿形公差 F_f/mm	0.007

图 5-18 直齿圆柱齿轮

4）热处理：调质或正火、齿面高频淬火等。

5）精加工齿面：剃削或者磨削齿面。

表 5-5　直齿圆柱齿轮加工工艺过程

工序号	工序名称	工序内容	定位基准
1	锻造	毛坯锻造	—
2	热处理	正火	—
3	粗车	粗车外形，各处留加工余量2mm	外圆和端面
4	精车	精车各处，内孔至ϕ84.8mm，留磨削余量0.2mm，其余车至图样尺寸	外圆和端面
5	滚齿	滚切齿面，留磨齿余量0.25~0.3mm	内孔和端面 A
6	倒角	倒角至尺寸（倒角机）	内孔和端面 A
7	钳工	去毛刺	—
8	热处理	齿面：52HRC（局部高频淬火）	—
9	插键槽	至尺寸	内孔和端面 A
10	磨平面	靠磨大端面 A	内孔
11	磨平面	磨削平面 B	端面 A
12	磨内孔	磨内孔至 ϕ85H6	内孔和端面 A
13	磨齿	齿面磨削	内孔和端面 A
14	检验	—	—

5.6.3　箱体的加工工艺过程设计

箱体是机器的基础零件，其作用是将机器和部件中的轴、套、齿轮等有关零件连成一个整体，并使之保持正确的相对位置，彼此能协调工作，以传递动力，改变速度，完成机器或部件的预定功能。因此，箱体零件的加工质量直接影响机器的性能、精度和寿命。

1. 箱体零件的结构特点和技术要求

（1）结构特点　箱体零件的结构特点是：①形状复杂，有内腔；②体积较大；③壁薄而且不均匀；④有若干精度较高的孔（孔系）和平面；⑤有较多的紧固螺纹孔等。

（2）技术要求　一般箱体零件的主要技术要求可归纳为以下几项。

1）孔径精度。孔径的尺寸精度和几何精度会影响轴的回转精度和轴承的寿命，因此箱体零件对孔径精度的要求较高。

2）孔与孔的位置精度。同一轴线上各孔的同轴度误差和孔的端面对轴线的垂直度误差，会影响主轴的径向圆跳动和轴向窜动，同时也使温升增加，并加剧轴承磨损。一般同轴线上各孔的同轴度约为最小孔径尺寸公差的一半。孔系之间的平行度误差会影响齿轮的啮合质量。

3）主要平面的精度。箱体零件上的装配基面通常即是设计基准又是工艺基准，其平面度误差直接影响主轴与床身连接时的接触刚度，加工时还会影响轴孔的加工精度，因此这些平面必须本身平直，彼此相互垂直或平行。

4）孔与平面的位置精度。箱体零件一般都要规定主要轴承孔和安装基面的平行度要求，它们决定了主要传动轴和机器上装配基准面之间的相互位置及精度。

5）表面粗糙度。重要孔和主要表面的表面粗糙度会影响连接面的配合性质和接触刚度，所以都有较严格的要求。

2. 箱体零件的材料、毛坯和热处理

一般箱体零件材料常选用灰铸铁，其价格便宜，并具有较好的耐磨性、可铸性、可加工性和吸振性。有时为了缩短生产周期和降低成本，单件生产或某些简易机器的箱体，也可以采用钢材焊接结构。在某些特定条件下，也可以采用非铸铁等其他材料，如飞机发动机箱体常采用铝镁合金，摩托车曲轴箱选用铝合金，可在保证强度和刚度的基础上减轻重量，同时用铸铁镶套嵌入曲轴轴承孔中增加耐磨性。

铸件毛坯的加工余量视生产批量而定。在单件、小批生产时，一般采用木模手工造型，毛坯精度低，加工余量较大；在大批量生产时，采用金属模机器造型，毛坯精度高，加工余量可适当减小。单件、小批生产中直径大于 50mm 的孔和成批生产中直径大于 30mm 的孔，一般都在毛坯上铸出预制孔，以减少加工余量。

毛坯铸造时，应防止砂眼和气孔的产生。为了减少毛坯铸造时产生的残余应力，铸造后应安排退火或时效处理，以减少零件的变形，改善材料的切削性能。对于精度高或壁薄而且结构复杂的箱体，在粗加工后应进行一次人工时效处理。

3. 拟订箱体零件加工工艺的原则

（1）先面后孔　先加工平面，可以为孔的加工提供稳定可靠的基准面，同时切除了铸件表面的凹凸不平和夹砂等缺陷，对孔的加工、保护切削刃和对刀都有利。

（2）粗精分开　箱体零件结构复杂，壁薄厚不均，主要平面和孔系的加工精度要求又高，因此应将主要表面的粗、精加工工序分阶段进行，消除由粗加工造成的内应力、切削力、夹紧力等因素对加工精度造成的不利影响。同时，可根据不同要求，合理选择设备，充分发挥设备的潜能和优势。在实际生产中，对于单件生产或精度要求不高的箱体或受设备条件限制时，也可将粗、精加工在同一台机床上完成，但是必须采取相应的措施，尽量减少加工中的变形。如粗加工后，应将工件松开并冷却，使工件在夹紧力的作用下产生的弹性变形得以恢复，并且达到释放应力的作用，然后以较小的力重新夹紧，并以较小的切削用量和多次进给进行精加工。

（3）定位基准的选择　精基准的选择。精基准选择时应尽量符合"基准重合"和"基准统一"原则，保证主要加工表面（主要轴颈的支承孔）的加工余量均匀，同时定位基面应形状简单、加工方便，以保证定位质量和夹紧可靠。此外，精基准的选择还与生产批量的大小有关。箱体零件典型的定位方案有两种：

1）采用装配基面定位。箱体零件的装配基准通常也是整个零件上各项主要技术要求的设计基准，因此选择装配基准作为定位基准，不存在基准不重合误差，并且在加工时箱体开口一般朝上，便于安装调整刀具、更换导向套、测量孔径尺寸、观察加工情况和加注切削液等。

2）采用"一面两孔"定位。在实际生产中，"一面两孔"的定位方式在各种箱体加工中的应用十分广泛，如图 5-19 所示。可以看出，这种定位方式，夹具结构简单，装卸工件方便，定位稳定可靠，并且在一次安装中，可以加工除定位面以外的 5 个平面和孔系，也可以作为从粗加工到精加工大部分工序的定位基准，实现"基准统一"。因此，在大批量生产，尤其是在组合机床和自动线上加工箱体时，常采用这种定位方式。

粗基准的选择。箱体零件加工面较多，粗基准选择时主要考虑各加工面能否合理地分配加工余量，以及加工面与非加工面之间是否具有正确的相互位置关系。

箱体零件上一般有一个（或几个）主要的大孔，为了保证孔加工的余量均匀，应以该毛坯孔作为粗基准。箱体零件上的不加工面以内腔为主，它和加工面之间有一定的相互位置关系。箱体中往往装有齿轮等传动件，它们与不加工的内壁之间只有不大的间隙，如果加工出的轴承孔与内腔壁之间的误差太大，就有可能使齿轮安装时与箱体壁相碰。从这一要求出发，应选内壁为粗基准，但这将使夹具结构十分复杂。考虑到铸造时内壁与主要孔都是由同一个砂芯浇铸的，因此实际生产中常以孔为主要粗基准，限制4个自由度，以内腔或其他毛坯孔为次要基准面，来实现完全定位。

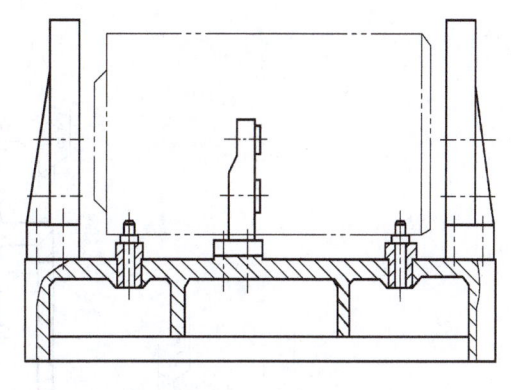

图5-19 "一面两孔"定位

（4）工序集中 在大批、大量生产中，箱体类零件的加工广泛采用组合机床、专用机床或数控机床等高效机床来使工序集中。这样可以有效地提高生产率，减少机床数目和占地面积，同时有利于保证各表面之间的相互位置精度。

（5）合理安排热处理 一般箱体零件在铸造后必须消除内应力，防止加工和装配后产生变形，所以应合理安排时效处理。时效的方法多采用自然时效或人工时效。为了避免和减少零件在机械加工和热处理车间之间的运输工作量，时效处理可在毛坯铸造后、粗加工前进行。对于精度要求较高的箱体零件，通常粗加工后还要安排一次时效处理。

（6）加工方法和加工设备的选择 箱体上的轴承孔通常在卧式镗床上进行加工，轴承孔的端面可以在镗孔时的一次安装中加工出来。导轨面、底面、顶面或接合面等主要表面的粗、精加工，通常在龙门铣床或龙门刨床上加工，小型的箱体也可在普通铣床上加工。连接孔、螺纹孔、销孔、通油孔等可以在摇臂钻床、立式钻床或组合专用机床上加工。

4. 车床主轴箱加工工艺

车床主轴箱结构较复杂，精度要求较高，是非常典型的箱体零件。现以图5-20所示某车床主轴箱为例，简单介绍其加工工艺路线，表5-6列出了某车床主轴箱加工工艺过程。

可以看出，该主轴箱的机械加工工艺过程遵循了箱体零件加工的基本原则。

为了消除内应力，同时减少运输工作量，毛坯进入机械加工车间前进行了时效处理。

在工序4中，以主要孔作为定位基准，遵循了"重要表面余量均匀"的原则，先加工主要定位面A面，紧接着加工工艺孔，后面的主要工序基本都以A面和两个$\phi 8$的工艺孔定位，遵循了"基准统一"的原则；在工序6、7中，先加工各表面，然后在后边的工序9、10、11中加工各表面上的孔，遵循了"先面后孔"的基本思想。次要表面的加工，如工序12、14安排在主要表面加工（如工序6、7、8、9、10、11、13）之后；而且以工序8提高定位面A的精度为特征，将加工划分为粗加工和精加工两个阶段；能在一个工序中完成的加工则尽量安排在一个工序中完成，如工序6、9、10、12、13、14，这样一次安装下各表面的相互位置精度只与机床的精度有关，而与安装误差无关，从而更容易保证加工要求。

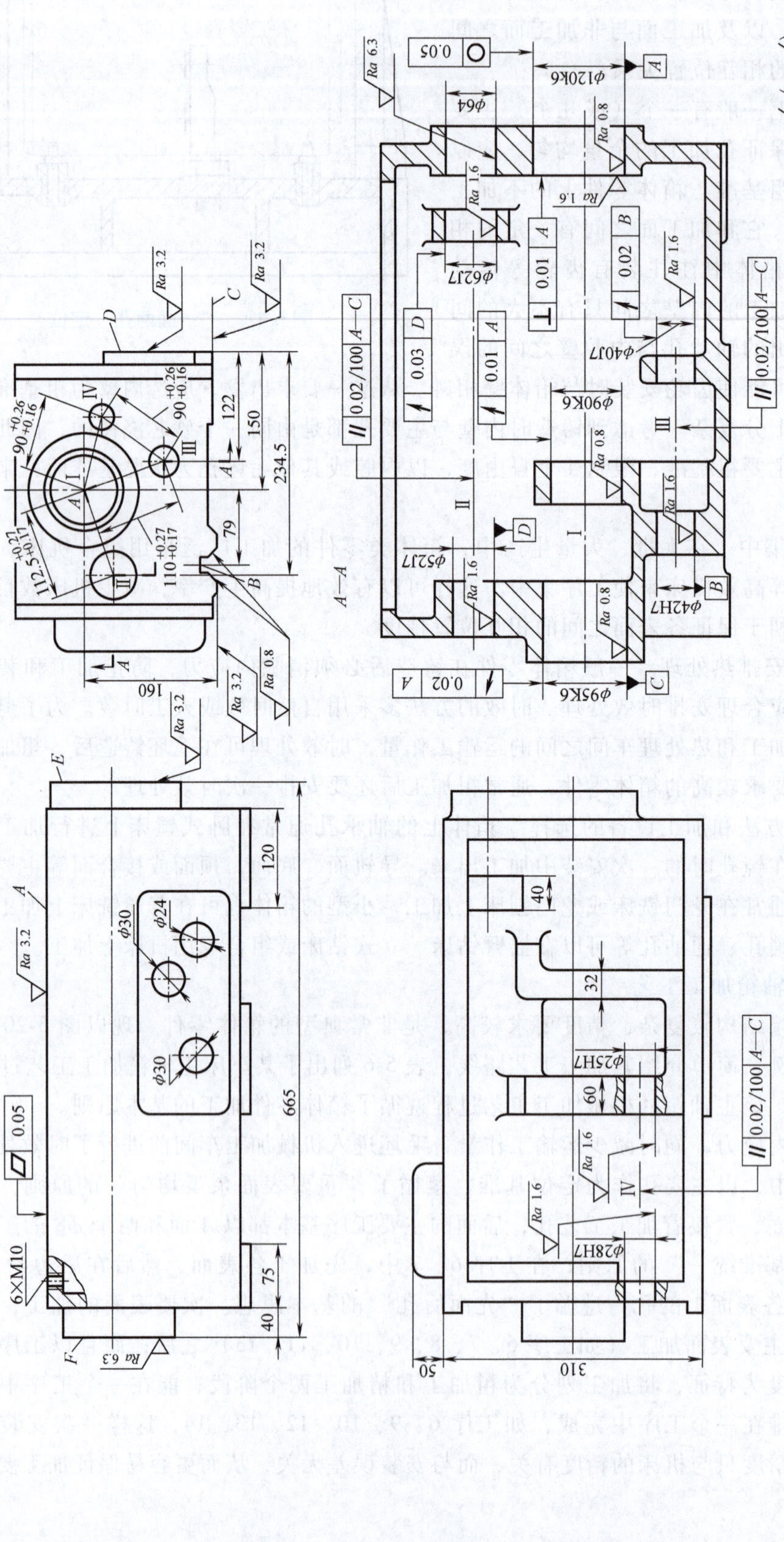

图 5-20 车床主轴箱

表 5-6 某车床主轴箱加工工艺过程

工序号	工序内容	定位基准
1	铸造	—
2	时效	—
3	油漆	—
4	铣顶面 A	孔Ⅰ和孔Ⅱ
5	钻、扩、铰 2×φ8H7 工艺孔	顶面 A 及外形
6	铣两端面 E、F 及前面 D	顶面 A 及两工艺孔
7	铣导轨面 B、C	顶面 A 及两工艺孔
8	磨顶面 A	导轨面 B、C
9	粗镗各纵向孔	顶面 A 及两工艺孔
10	精镗各纵向孔	顶面 A 及两工艺孔
11	精镗主轴孔Ⅰ	顶面 A 及两工艺孔
12	加工横向孔及各面上的次要孔	—
13	磨导轨面 B、C 及前面 D	顶面 A 及两工艺孔
14	将 2×φ8H7 及 4×φ7.8mm 均扩至 φ8.5mm，攻 6×M10 螺纹	—
15	清洗、去飞边、倒角	—
16	检验	—

思考与练习题

5-1 什么是零件的结构工艺性？对零件结构工艺性的具体要求是什么？

5-2 常用毛坯的种类？选择毛坯应考虑哪些主要因素？

5-3 粗、精基准的概念及选择的原则是什么？如何处理在选择时出现的矛盾？

5-4 零件表面加工方法的选择应考虑哪些因素？

5-5 工艺过程一般应划分几个加工阶段？划分加工阶段的主要原因是什么？

5-6 试叙述零件在机械加工工艺过程中安排热处理工序的目的？常用的热处理方法及其在工艺过程中安排的位置？

5-7 加工顺序的安排原则是什么？

5-8 何谓工序集中、工序分散？各在什么情况下采用？

5-9 图 5-21 所示零件结构的工艺性是否合理，若不合理，试绘图改进并说明理由。

5-10 图 5-22 所示零件的 A、B、C 面，$\phi 10^{+0.027}_{0}$mm 及 $\phi 30^{+0.033}_{0}$mm 孔均已加工完成。试分析加工 $\phi 12^{+0.018}_{0}$mm 孔时，选用哪些表面定位最合理？为什么？

5-11 试拟订成批生产盘类零件（图 5-23）的工艺路线，并为各工序选定定位基准。

5-12 试拟定小批生产螺钉零件（图 5-24）的机械加工工艺过程，毛坯为圆棒料。

5-13 试拟定齿轮轴零件（图 5-25）的加工工艺路线。生产数量为 10 件，材料为 40Cr 调制，齿面淬火。

机械制造技术

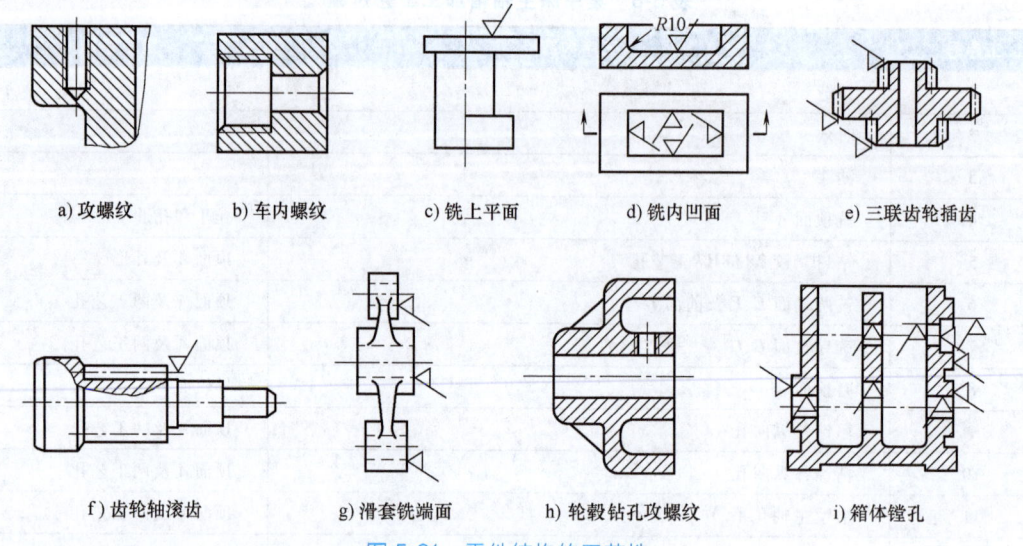

a) 攻螺纹   b) 车内螺纹   c) 铣上平面   d) 铣内凹面   e) 三联齿轮插齿

f) 齿轮轴滚齿   g) 滑套铣端面   h) 轮毂钻孔攻螺纹   i) 箱体镗孔

图 5-21　零件结构的工艺性

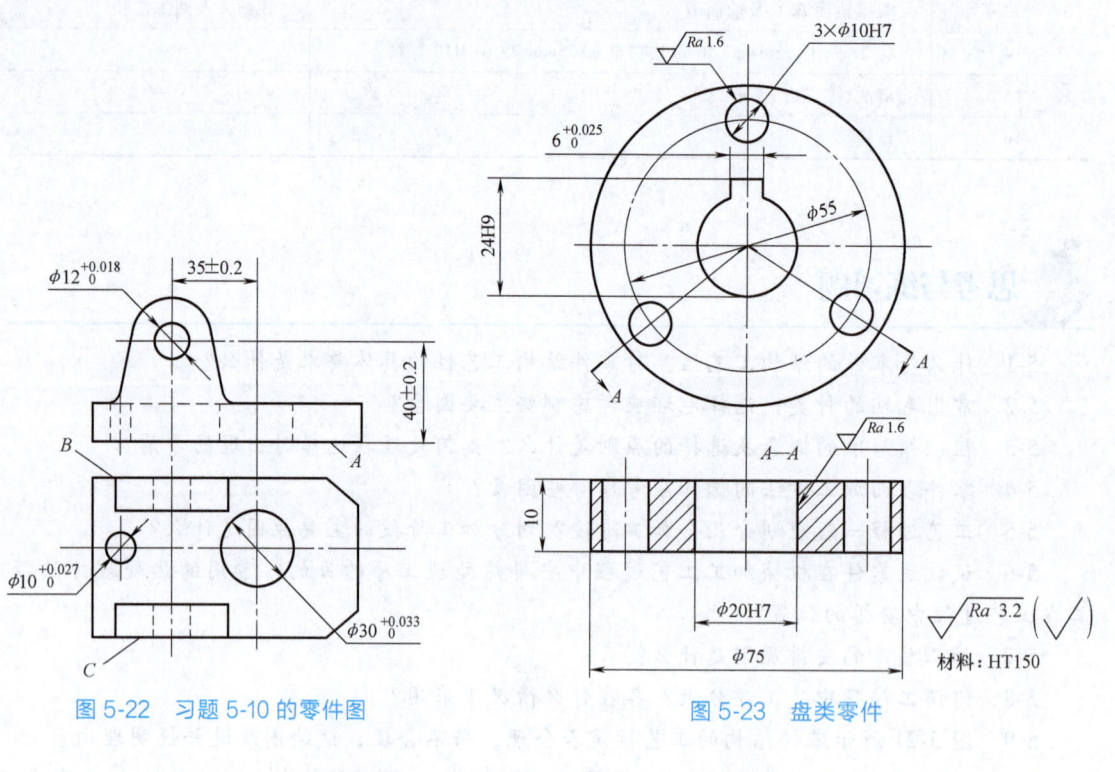

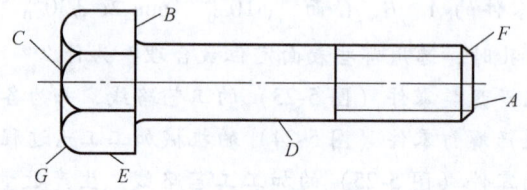

图 5-22　习题 5-10 的零件图

图 5-23　盘类零件

图 5-24　螺钉零件

图 5-25 齿轮轴零件

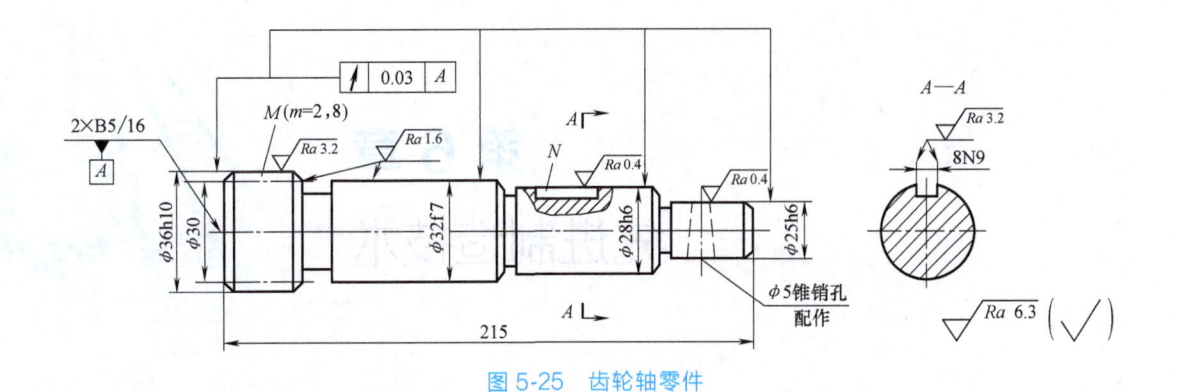

5-14 试拟定图 5-26 所示零件的机械加工工艺路线（包括工序号、工序名称、工序内容、定位基准及加工设备）。该零件材料为铸铁，在毛坯中孔未铸出，成批生产。

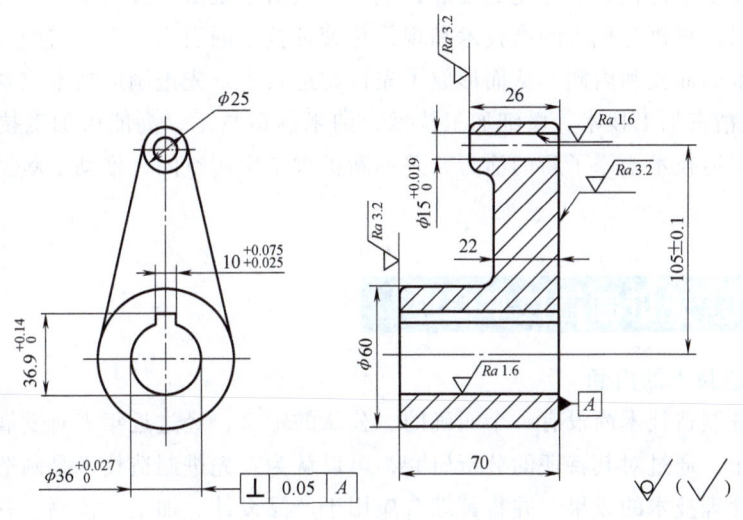

图 5-26 习题 5-14 的零件图

第 6 章 先进制造技术

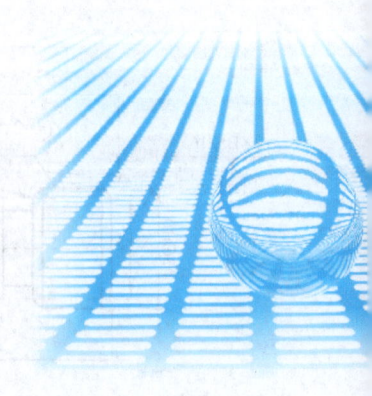

随着社会需求个性化、多样化的发展，生产规模沿小批量—大批量—多品种变批量的方向发展，以及以计算机为代表的高技术和现代化管理技术的引入、渗透与融合，不断地改变着传统制造技术的面貌和内涵，从而形成了先进制造技术。先进制造技术主要包括快速成型技术、精密/超精密加工技术、微细加工技术、纳米制造技术、高能束加工技术等。先进制造技术为传统制造技术增添了新的活力，并不断扩大了应用空间，推动了新型制造技术的发展和应用。

6.1 先进制造技术概述

1. 先进制造技术的内涵

目前对先进制造技术尚没有一个明确的、公认的定义，经过近年来对发展先进制造技术方面开展的工作，通过对其特征的分析研究，可以认为：先进制造技术是制造业不断吸收信息技术和现代管理技术的成果，并将其综合应用于产品设计、加工、检测、管理、销售、使用、服务乃至回收的制造全过程，以实现优质、高效、低耗、清洁、灵活生产，提高对动态多变的市场的适应能力和竞争能力的制造技术的总称。

2. 先进制造技术的特点

（1）先进制造技术的实用性　先进制造技术最重要的特点在于，它首先是一项面向工业应用，具有很强实用性的新技术。从先进制造技术的发展过程和其应用于制造全过程的范围，特别是在达到的目标与效果上，无不反映出这是一项应用于制造业，对制造业、对国民经济的发展可以起重大作用的实用技术。先进制造技术的发展往往是针对某一具体的制造业（如汽车制造、电子工业）的需求而发展起来的先进、适用的制造技术，有明确的需求导向特征；先进制造技术不是以追求技术的高新为目的，而是注重产生最好的实践效果，以提高效益为中心，以提高企业的竞争力和促进国家经济增长与综合实力为目标。

（2）先进制造技术应用的广泛性　先进制造技术相对传统制造技术在应用范围上的一个很大不同点在于，传统制造技术通常只是指各种将原材料变成成品的加工工艺，而先进制造技术虽然仍大量应用于加工和装配过程，但由于其组成中包括了设计技术、自动化技术、系统管理技术，因此还可将其综合应用于制造的全过程，即覆盖了产品设计、生产准备、加工与装配、销售使用、维修服务甚至回收再生的整个过程。

（3）先进制造技术的动态特征　由于先进制造技术本身是在针对一定的应用目标，不断地吸收各种高新技术的基础上，逐渐形成、不断发展的新技术，因而其内涵不是绝对的和一成不变的。反映在不同的时期，先进制造技术有其自身的特点；也反映在不同的国家和地区，先进制造技术有其本身重点发展的目标和内容，通过重点内容的发展以实现这个国家和地区制造技术的跨越式发展。

（4）先进制造技术的集成性　传统制造技术的学科、专业单一独立，相互间的界限分明；先进制造技术由于专业和学科间的不断渗透、交叉和融合，相互之间的界线逐渐淡化甚至消失，技术趋于系统化、集成化，已发展成为集机械、电子、信息、材料和管理技术为一体的新型交叉学科。因此可以称其为"制造工程"。

（5）先进制造技术的系统性　传统制造技术一般只能驾驭生产过程中的物质流和能量流。随着微电子、信息技术的引入，使先进制造技术还能驾驭信息生成、采集、传递、反馈、调整的信息流动过程。先进制造技术则是可以驾驭生产过程的物质流、能量流和信息流的系统工程。

一项先进制造技术的产生往往要系统地考虑制造的全过程，如并行工程就是集成地、并行地设计产品及其零部件和相关过程的一种系统方法。这种方法要求产品开发人员与其他人员一起携手工作，在设计的开始就考虑产品整个生命周期中（从概念形成到产品报废处理等）的所有因素，包括质量、成本、进度计划和用户要求等。一种先进的制造模式除了考虑产品的设计、制造全过程外，还需要更好地考虑到整个的制造组织。

（6）先进制造技术强调的是实现优质、高效、低耗、清洁、灵活的生产　先进制造技术的核心是优质、高效、低耗、清洁等基础制造技术，它是从传统的制造工艺发展起来的，并与新技术结合，实现了局部或系统集成，其重要的特征是实现优质、高效、低耗、清洁、灵活的生产。这意味着先进制造技术除了通常追求的优质、高效外，还要针对21世纪人类面临的有限资源与日益增长的环保压力的挑战，实现可持续发展，要求实现低耗、清洁。此外，先进制造技术也必须面临人类在21世纪消费观念变革的挑战，满足对日益"挑剔"的市场的需求，实现灵活生产。

（7）先进制造技术最终的目标是要提高对动态多变的产品市场的适应能力和竞争能力　为确保生产和经济效益持续稳步的提高，能对市场变化做出更灵敏的反应，以及对最佳技术效益的追求，提高企业的竞争能力，先进制造技术比传统的制造技术更加重视技术与管理的结合，更加重视制造过程组织和管理体制的简化及合理化，从而产生了一系列先进的制造模式。随着世界自由贸易体系的进一步完善，以及全球交通运输体系和通信网络的建立，制造业将形成全球化与一体化的格局，新的先进制造技术也必将是全球化的模式。

6.2　快速成型制造技术

快速成型技术（Rapid Prototyping Technology，RPT），又称快速原型技术，是一种基于离散堆积成型的数字化制造技术，是集激光技术、计算机辅助设计（CAD）、计算机辅助制造（CAM）、计算机数控技术（CNC）、精密检测技术、精密机械、精密伺服驱动和新材料等先进技术于一体的一种全新制造技术。它通过堆积成型的方法自动而迅速地将设计的三维

CAD 模型转化为具有一定功能的原型或可直接制造零件。具有生产周期短、成本低的优势，可以灵活地对产品进行修正，在新产品开发中具有广阔的应用前景。

快速成型技术的基本原理是：不管任何复杂的三维零件都可以看成是由不同的二维平面轮廓组成的薄片叠加而成，依据这个离散-堆积的原理，计算机可以将产品三维设计模型拆分成一系列二维平面图形，得到各层截面的轮廓，每层的二维截面轮廓的生成可以由多种方法实现，计算机根据二维截面轮廓数据，通过激光束烧结铺设好的金属粉末，或是通过激光照射并固化液态的光敏树脂，或是喷射热熔材料等，生成各层的截面轮廓，逐步叠加并黏结成三维产品。整个过程是在计算机的控制下，由快速成型系统自动完成，是一种增材制造。

6.2.1 快速成型的基本原理和工艺过程

快速成型制造技术进几十年来发展出很多种工艺，但基本原理都是基于离散-堆积的原理，根据其应用情况和商品化程度，现在最为典型的快速成型制造技术分为立体光固化成型（Stereo Lithography Appearance，SLA）、选择性激光烧结（Selective Laser Sintering，SLS）、分层实体制造（Laminated Object Manufacturing，LOM）、熔融沉积成型（Fused Deposition Modeling，FDM）等。

（1）立体光固化成型　立体光固化成型（SLA）是用激光聚焦到光敏材料表面，使之固化，完成这个层面的作业后，高度方向移到下一个层面，再通过激光的照射固化这个层面，形成层层叠加的三维实体。

如图 6-1 所示，光固化材料采用的是液态的光敏树脂，如丙烯酸酯系、环氧树脂系，光敏树脂在激光的照射下能快速固化，液槽中为液态的光敏树脂，工件在升降工作台上成型，开始成型作业时，升降台处在液面的最高位置，留下一个层面的厚度，为第一层的激光扫描做准备，扫描激光束在计算机的控制下，按照预先在计算机里面设计好的三维实体模型切片后的二维平面轮廓的路径进行扫描，扫描后的液体部分将被固化，得到这一层的图形。完成这一层的图形加工后，升降台下降到下一个层面，固化好的第一个层面就被液体覆盖，刮平器刮平液面，准备进行第二层的激光扫描固化。第二次扫描完成后，新生成的固化层会牢固地黏结在前面的固化层上。这样重复以上动作，层层叠加成三维工件原型。原型取出后，通常放在荧光炉里面进行后期固化处理，继续对工件原型进行激光照射，完成100%的固化，然后可进行着色处理，得到完整产品。

立体光固化成型是最早出现的一种快速成型制造技术，20世纪80年代，美3Dsystem公司发明了第一台商用光固化快速成型机，其成型精度好（可达0.1mm），材料利用率高（近于100%），成型速度快，适宜制造结构复杂的树脂零件。但该技术的缺陷是树脂固化时会产生收缩、应力或引起形变，其次是系统造价高，使用和维护成本高，加工环境比较差。

（2）选择性激光烧结　选择性激光烧结（SLS）是采用激光有选择性地分层烧结固体粉末（如塑料粉末、陶瓷与黏结剂混合粉末、金属与黏结剂混合粉末等），并使烧结成型的固化层层层叠加生成所需形状的零件。SLS的工艺过程包括CAD模型建立及数据处理、铺粉、烧结及后处理等。SLS的原理如图6-2所示。

整个系统中主要装置由粉末缸和成型缸组成，其他装置有激光器、扫描光路系统、工作平台、滚筒等。工作时，粉末供料系统中的活塞推动粉末缸活塞上升，滚筒把粉末推送到成型缸上面的工作平台，均匀铺设一层粉末，等待激光扫描。计算机根据设计原型的切片模型控制激光束的扫描路径，选择性地在粉末层上扫描照射，被照射到的粉末被烧结固化，形成这一层面的截面形状。完成后，成型活塞下降到下一个层面，粉末缸活塞上升，滚筒重新铺上新粉，激光束在计算机的控制下进行第二个截面的扫描，完成第二场的烧结固化，同时和第一层的固化层牢固黏结在一起。如此循环往复，层层叠加，完成三维零件的成型。

图 6-1 立体光固化成型原理示意图

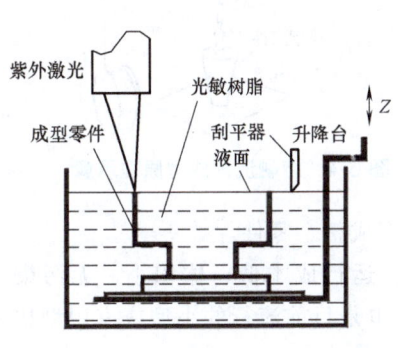

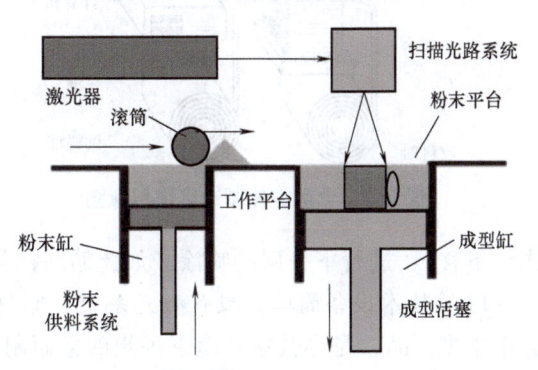

图 6-2 选择性激光烧结（SLS）原理示意图

选择性激光烧结技术最早出现是在 1992 年，美国 DTM 公司推出第一台商业化生产设备 Sinter Sation。和其他快速成型制造技术相比，它的优点在于使用材料广泛。理论上讲，任何加热后能够形成原子间黏结的粉末材料都可以作为 SLS 的成型材料，可成功进行 SLS 成型加工的材料有石蜡、高分子、金属、陶瓷粉末和它们的复合粉末材料。SLS 成型材料品种多、用料节省，成型件性能分布广泛，适合多种用途。SLS 不需要支撑材料，其自身粉床可以充当支撑。

（3）分层实体制造 分层实体制造（LOM）是以片材（如加有添加剂和热熔胶的纸、塑料薄膜、陶瓷膜等）为原材料，激光束按照二维平面截面轮廓对材料进行切割。LOM 的主要装置有计算机、原料片存储和供料系统、热压辊、激光器等，其原理图如图 6-3 所示。

成型工作开始时，背面涂有热熔胶和添加剂的纸经过供料系统传送到工作台的加工平面，热轧辊进行滚压，将一层层的纸黏结在一起，激光切割系统在计算机系统的控制下，按照计算机提取的二维平面轮廓数据路径，对原材料纸进行切割，并将无轮廓区切割成小方格，以便成型后进行剔除。完成这一层的切割后，升降平台下降一个层的厚度，送料机构将新的一层纸传送并叠加上去，通过热轧辊黏结，准备第二次的激光扫描切割，如此循环往复，形成按照要求的三维图形，完成后，取下黏结在一起的纸，剔除掉小方格区域的废料，得到所设计的三维零件。

LOM 工艺具有成型速度快、原材料成本低，制作出来的零件相当于塑料或类似于硬木的产品，广泛用于铸造木模。它的缺陷在于原材料比较单一，剔除废料比较费事，层厚也不易调整。

（4）熔融沉积成型 熔融沉积成型（FDM）是以丝状原料（如石蜡、树脂材料、金属或合金材料），利用电加热的方式融化材料进行喷射成型，其原理如图 6-4 所示。

成型工作开始时，带有喷头的丝状供料系统，在加热的状况下，温度可至 1000℃，丝料熔化加热喷头的走向由计算机控制，按照截面的平面图形路径进行喷射，在加工平面上形成二维平面图形，并迅速冷却固化，完成这一层的扫描喷射后，喷头上移一层高度（或者工

237

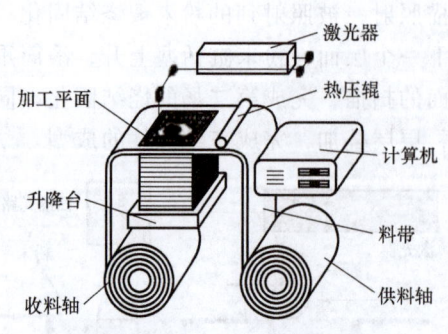

图 6-3 分层实体制造原理示意图

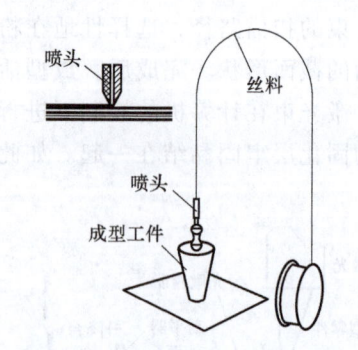

图 6-4 熔融沉积成型原理示意

作台下移），进行下一层的喷涂。如此循环往复，直至完成整个零件。

FDM 技术设备简单，没有激光系统，原材料便宜，运行成本低、体积小、无污染，适合中小型产品，是办公室环境下理想的桌面制造系统，也是目前流行的小型或家用型快速成型技术设备。它的主要缺陷在于成型精度低，成型速度比较慢，与截面垂直的方向强度较小，需要支撑材料。

（5）激光近似成型制造（Laser Engineering Net Shaping，LENS） 该工艺相当于把 SLS 和 FDM 工艺结合起来，金属粉末不是铺设在工作平面上，而是采用与激光束同轴的喷粉送料的方式，金属粉末同步送入激光在成型表面上形成的熔池中融化凝固，激光束的扫描路径由计算机设计模型的平面二维截面轮廓控制，最终完成成型。LENS 技术制造出来的金属制件组织致密，力学性能高，可以达到锻件性能。

（6）电子束熔化技术（Electron Beam Melting，EBM） 该工艺类似于 SLS 工艺，在真空环境下，热源采用电子束，熔化预先铺设的金属粉末，逐层熔化堆积成型，金属粉末成型发生完全冶金熔化，组织致密、结合强度大，且能量利用率高。它的缺陷在于成型速度较慢，需要一套复杂的真空系统，生产成本高。

6.2.2 快速成型制造的应用

近几十年来，快速成型制造技术得到快速的发展，原材料的种类、成型结构的复杂程度、成型精度等都有非常大的进步，应用范围不断扩大，主要有以下几方面：

（1）产品开发设计评价 快速成型的设计实体模型，可以对产品的实现方案、外观、功能等进行评价，还可以根据设计人员、市场人员、制造车间以及客户的反馈意见，合理地确定生产方式和工艺流程。与传统模型制造相比，快速成型方法不仅速度快、精度高，而且能够随时通过 CAD 进行修改与再验证，使设计更完善。

（2）产品样件性能测试 根据不同的材料对快速成型的实体样件进行性能测试，并可设计不同的方案，制造不同性能的样件，提供多样性的产品。

（3）模具快速制造 快速成型技术特别适合结构复杂的原型模板，制造快速模具，可便捷地实现产品小批量生产，更具有先进生产技术的特点，更加柔性化和敏捷化。

（4）工艺装备检验 快速成型技术可以方便地制造出结构复杂的产品零件，例如夹具、模具、金属浇注模型等，给零件和模具的工艺设计提供参考，并可以进行产品装配检验，避免结构和工艺设计可能出现的错误。

（5）航空航天　快速成型技术在航空航天行业应用非常广泛，直接从 CAD 文件快速地制造产品物理原型（样件），用以验证产品外观造型、零件装配关系或进行功能试验，从而提供了一种可测量、可触摸的直观手段，改善了设计过程中的人机交流方式，大大缩短了产品的开发周期。在航空航天业中，设计师大部分采用激光烧结技术制造原型，由于从图样到实物完全是可见和可体验的，因此缩短了设计和制造的中间过程。

（6）汽车行业　汽车外形及内饰件的设计、改型、发动机的优化等，都大量采用了快速成型制造技术。美国通用汽车公司的快速成型部门大量采用 SLS 和 SLA3D 打印技术进行产品开发，已经打印超过 2 万个零部件的验证模型。

（7）电子行业　利用 3D 打印可在玻璃、树脂等基板上，设计制造电子器件和光学器件，如 RFID、太阳能光伏器件、OLED 等。在电子产品时尚化和个性化上，快速成型制造技术也是应用广泛。

（8）医疗工程　在医疗器械的设计、试产、试用，CT 扫描信息的实物化，手术模拟，人体骨关节的配置等方面都广泛应用到了快速成型制造技术，在很多专科（如颅外科、神经外科、整形外科和口腔外科等）中也是非常普遍。

（9）建筑行业　快速成型技术已经可以"打印"方形、环形、圆形以及不规则形状的房屋部件，甚至也有能力"打印"一整栋房屋，许多建筑企业正在探索 3D 打印建造技术的应用并已取得良好的效果。另外一方面，建筑师们也越来越能接受快速成型打印出来的建模模型。

（10）工艺品的制造　采用快速成型技术设计工艺品，使得创作、制造一体化，提高产品设计水平，降低成本，缩短设计和制造周期，实现产品设计的个性化。快速成型制造技术在工艺品行业占据重要地位。

6.3　精密、超精密加工技术

精密加工和超精密加工代表了加工精度发展的不同阶段，通常按加工精度划分，可将机械加工分为普通加工、精密加工和超精密加工。划分的界限随着历史进程逐渐更新，过去的精密加工对今天来讲已经是普通加工。现在，精密加工是指加工精度为 $1\sim0.1\mu m$，表面粗糙度 Ra 为 $0.1\sim0.01\mu m$ 的加工技术；超精密加工是指加工精度小于 $0.1\mu m$，表面粗糙度 $Ra<0.025\mu m$ 的加工技术。目前，超精密加工技术已经为纳米级别，达到操纵原子的水平。

精密加工对环境的要求十分严格，超精密加工对环境的要求就更加苛刻。只有对它的支撑环境加以严格控制，才能保证加工精度。超精密加工技术综合应用了机械技术发展的新成果及现代电子技术、测量技术和计算机技术等，是尖端技术产品发展中不可缺少的关键环节，超精密加工还未有一个确切的定义，是一个相对的概念，代表了当今时代的最先进最精密的加工技术。

1983 年 Taniguchi 对各时期的加工精度进行了总结并对其发展趋势进行了预测，Byrne 等在此基础上描绘了 20 世纪时期的加工精度，如图 6-5 所示。图 6-6 所示为 2003 年时各种加工方法可获得的加工精度，可以看出，其中微细加工可实现特征尺寸为 $1\mu m$，表面粗糙度区域 5nm 的加工。

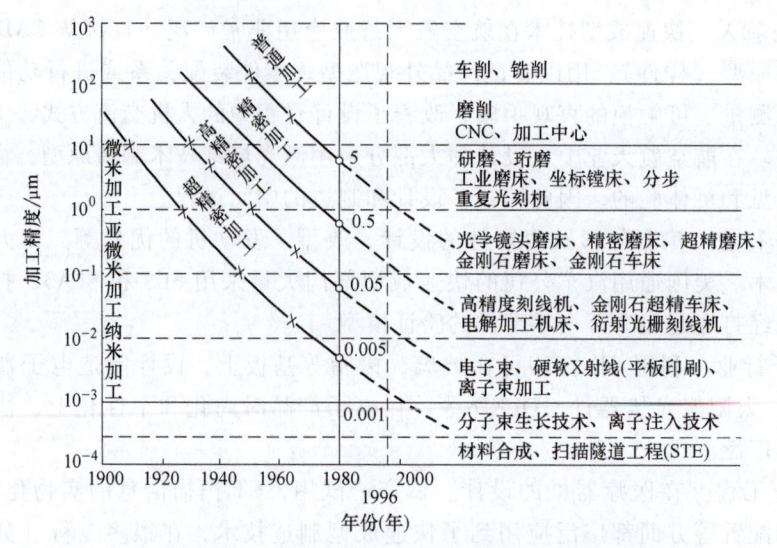

图 6-5 各种加工方法所能达到的精度及发展趋势预测图

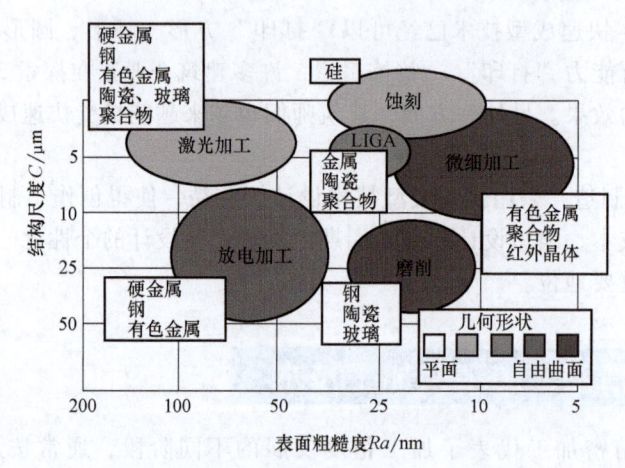

图 6-6 各种加工方法可获得的加工精度

6.3.1 精密和超精密加工的类型和方法

根据加工方法的机理和特点,精密和超精密加工技术可分为三大类。

1. 机械精密和超精密加工技术

精密和超精密加工技术包括切削、磨削、研磨、抛光、珩磨等传统加工方法,如超精密金刚石刀具切削、超精密砂轮磨削、精密研磨、抛光和精密珩磨等。

(1) 切削 切削分为精密和超精密切削、精密和超精密铣削、精密和超精密镗削、微孔钻削。超精密切削的精度为 $1\sim0.1\mu m$,表面粗糙度为 $0.05\sim0.008\mu m$;微孔钻削的精度为 $20\sim10\mu m$,表面粗糙度约为 $0.2\mu m$。该加工方法主要用于铜、铝等不宜磨削加工的软金属的精密加工,如计算机用的磁鼓、磁盘及大功率激光用的金属反光镜等。

(2) 磨削 磨削分为精密和超精密砂轮磨削、精密和超精密砂带磨削,精度为 $5\sim0.5\mu m$,表面粗糙度为 $0.05\sim0.008\mu m$。使用该加工方法的加工材料可以是黑色金属、硬脆材料和非金属材料。

(3) 研磨　研磨分为精密和超精密研磨、油石研磨、磁性研磨、滚动研磨。其中，前两种研磨的精度为 $1\sim 0.1\mu m$，表面粗糙度为 $0.025\sim 0.008\mu m$，后两种研磨的精度在 $10\sim 1\mu m$，表面粗糙度约为 $0.01\mu m$。

(4) 抛光　抛光分为精密和超精密抛光、弹性发射加工、液体动力抛光、水合抛光、磁流体抛光、挤压研抛、喷射加工、砂带研抛，超精研抛等。抛光的精度在 $1\sim 0.1\mu m$，表面粗糙度为 $0.025\sim 0.008\mu m$。

(5) 珩磨　珩磨是指用油石砂条组成的珩磨头，在一定压力下沿工件表面往复运动的加工过程，其加工精度为 $1\sim 0.1\mu m$，表面粗糙度为 $0.01\sim 0.025\mu m$。该加工方法主要用来加工铸铁及钢，不宜用来加工硬度小、韧性好的有色金属。

2. 非机械精密和超精密加工技术

非机械精密和超精密加工技术包括电火花加工、电化学加工、化学加工、超声加工等非传统加工方法，如微细电火花加工、微细电解加工、微细超声加工、激光加工，电子束加工、离子束加工等。

(1) 电火花加工　电火花加工又分为电火花成形加工和电火花线切割加工，基本原理都是在绝缘的液体介质中，利用工具电极与工件电极间脉冲性火花放电来蚀除导电材料的方法。电火花线切割是利用一根可以连续移动的钼丝或铜丝作为工具电极，在工件和电极丝间通以脉冲电流，靠火花放电进行切割加工。它的加工精度为 $50\sim 1\mu m$，表面粗糙度为 $2.5\sim 0.16\mu m$。加工材料限于导电金属。

(2) 电化学加工　电化学加工主要有电解和电铸，其加工精度为 $100\sim 3\mu m$，电解的表面粗糙度为 $1.25\sim 0.016\mu m$，电铸的表面粗糙度为 $0.02\sim 0.012\mu m$。电解可加工型孔、型面和型腔，电铸一般加工成形小零件。

(3) 化学加工　化学加工在微电子行业，特别是集成电路中制备掩模版和光刻工艺中经常用到的一种加工方法。

(4) 超声加工　超声加工是利用超声频做小振幅振动，并通过它使工件之间游离于液体中的磨料对被加工表面产生捶击作用，使工件材料表面逐步破碎的特种加工，可加工任何硬脆金属和非金属，常用于穿孔、切割、焊接等。

另外，还有激光加工、电子束加工、离子束加工等，可加工任何材料，其主要用于打孔、切割、焊接、表面处理、刻蚀、镀膜、注入、掺杂等。

3. 复合精密和超精密加工方法

复合精密和超精密加工方法包括传统加工方法的复合、特种加工方法的复合、传统加工方法和特种加工方法的复合。

复合加工是利用多种能源组合进行材料切除的方法，以便提高加工精度或加工效率，常用的手段就是把不同的加工方法复合在一起，能够相辅相成，形成新的加工工艺。常见的复合加工有精密电解磨削、精密电解研磨、精密电解抛光，精密超声车削、精密超声磨削、精密超声研磨，以及机械化学研磨、机械化学抛光等。

6.3.2　超精密切削与磨削

1. 超精密切削

(1) 超精密切削采用的刀具必须具有的性能

1）应具有极高的硬度、耐磨性和弹性模量，以保证刀具的使用寿命。
2）刀具刃口应磨得极其锋锐，刃口半径小，能实现超薄切削厚度。
3）切削刃应无缺损，避免切削时刃形复刻在加工表面，而不能得到极光滑的镜面。
4）刀具应与工件材料的抗黏结性好、化学亲和性小、摩擦系数低，能得到极好的加工表面完整性。

天然单晶金刚石具备以上的优异特性，是超精密切削的理想刀具材料，目前超精密切削刀具采用的金刚石材料为大颗粒（0.5~1.5 克拉）无杂质、无缺陷、浅色透明的优质天然单晶金刚石。

（2）金刚石刀具　金刚石刀具在切削时，刀具处于工件晶粒内部切削状态，能从整个晶粒中切除一部分，这对晶面选择提出了特殊的要求。另外，金刚石刀具的切削刃钝圆半径决定了最小切削厚度。切削刃钝圆半径越小，最小切削厚度越小。最小切削厚度指的是能稳定切削的最小有效切削厚度。图 6-7 所示为最小切削厚度 h_{Dmin} 与刀具钝圆半径 ρ 的关系，A 为极限临界点，A 点以上的材料将形成切屑，A 点以下的材料经刀具后刀面碾压变形后形成加工表面。

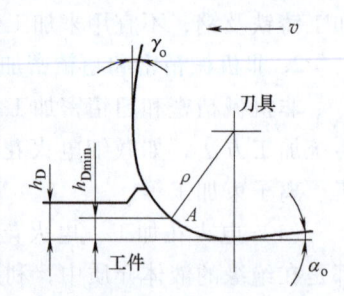

图 6-7　最小切削厚度与刀具钝圆半径的关系示意图

要注意到的是，金刚石刀具会和黑色金属发生化学反应和亲和作用，因此不能加工黑色金属。

目前国外的金刚石刀具刃口半径可以达到数纳米，我国的一般为 $0.1~0.5\mu m$。1986 年，日本大阪大学和美国 LLL 国家实验室合作，成功地实现了 1nm 切削厚度的稳定切削。

虽然金刚石刀具在超高速切削过程中，刀刃处于高温、高应力环境下，但由于速度高、进给量小，整个工件的温升却不高，塑性变形小，加工质量高。

（3）超精密切削机床　超精密切削机床必须具有：高精度，如主轴的回转精度、导轨运动精度、定位精度、重复精度及分辨精度；高的静刚度、动刚度和热刚度；较高的稳定性，能长时间保持高精度、抗干扰、抗振动；精密微进给系统，能实现精确的 CNC 控制。

中小型超精密加工机床一般采用 T 形结构，主轴箱带动工件做纵向进给，刀架做横向运动。T 形结构有利于提高导轨的运动精度，测量系统安装简单。大型超精密加工机床一般采用立式结构。

超精密切削机床通常采用空气静压轴承，具有高回转精度、转动平稳、温升小等优点，但空气静压轴承承载能力小。大型超精密机床采用液体静压轴承。

床身和导轨多采用花岗岩制造，具有热膨胀系数低，阻尼特性好等优点。导轨采用空气静压导轨或液体静压导轨，在不考虑成本的情况下还可以考虑用磁悬浮导轨。

进给驱动系统必须具有高刚度、运动平稳、传动无间隙、移动灵敏度高和调整范围宽的特性。微量进给装置可实现微量进给、超薄切削、在线误差补偿。微量进给装置主要有机械传动式、弹性变形式、热变形式、磁致伸缩式、电致伸缩式。其中，磁致伸缩式和电致伸缩式微量进给系统可以实现自动化控制，有较好的动态特性，能实现误差在线补偿，因此得到普遍应用。

2. 超精密磨削

对于黑色金属，由于金刚石对黑色金属有化学亲和力，不宜采用超精密金刚石切削；同样，对于陶瓷和玻璃的硬脆材料，在微量切削时切应力很大，临界剪切能量密度也很大，切削刃处的高温和高应力使金刚石产生较大的机械磨损。对于上述材料，超精密磨削是一种更加理想的加工手段。

超精密磨削，是指加工精度达到 $0.1\mu m$ 以上，表面粗糙度 Ra 低于 $0.025\mu m$ 的一种亚微米级加工方法，且此方法正在向纳米级发展。镜面磨削，是指加工表面粗糙度 Ra 为 $0.02\sim 0.01\mu m$，表面光泽如镜的超精密磨削。超精密磨削的关键技术在于砂轮的选择，砂轮的修整、磨削液的选择，超精密磨床的选择，以及超稳定的加工环境。

（1）磨具　超精密磨削采用的砂轮多为金刚石和立方氮化硼磨料。对于非金属硬脆材料，有色金属和合金材料，采用金刚石砂轮。对于黑色金属材料，采用立方氮化硼砂轮，具有较好的热稳定性和较强的化学惰性。

砂轮的黏结剂有三种：陶瓷、树脂和金属。陶瓷黏结剂比较耐用，但不适合重载。树脂黏结剂对磨料的结合强度较弱，但磨削时不易堵塞，磨削效率高，主要用于磨削效率高、加工质量要求低的情况，同样不适合重载。金属黏结剂主要有两种：青铜基和铸铁基。青铜基主要用于玻璃、陶瓷等非金属硬脆材料的磨削；铸铁基主要用于硬脆材料。

（2）超精密磨床　超精密磨床的要求和超精密车床的要求相类似：

1）高精度、高刚度、高稳定性。目前国内外的超精密磨床的磨削精度可以达到 $0.25\sim 0.5\mu m$，表面粗糙度 Ra 为 $0.006\sim 0.01\mu m$。刚度值一般在 $200N/\mu m$ 以上。

2）微量进给装置。微量进给装置的分辨率达到 $0.001\sim 0.01\mu m$，实现微量进给的装置包括精密丝杠、弹性支承、电热伸缩、磁致伸缩、电致伸缩、压电陶瓷等，采取闭环控制。

3）磨床结构。主轴支承技术由动压向动静压和静压发展，由液体静压向空气静压发展。空气静压轴承的精度高、发热小、稳定，但刚度和承载能力相对小。多采用空气静压导轨，基本没有摩擦力，具有较好的刚度和运动精度。床身采用天然或人造花岗岩。

6.3.3　精密、超精密加工技术的应用

随着航空航天、精密仪器、光学和激光技术的迅速发展，以及人造卫星姿态控制和遥测器件、光刻和硅片加工设备等各种高精度平面、曲面和复杂形状零件的加工需求日益迫切，精密、超精密加工技术的应用范围日益扩大，在航空航天、国防、汽车、家电、IT 电子信息高技术领域都有广泛应用。同时，精密和超精密加工技术的发展也促进了机械、模具、液压、电子、半导体、光学、传感器和测量技术及金属加工工业的发展。

（1）航空航天　航天技术作为高新技术领域的前沿，对精密、超精密加工技术的需求和依赖性更为突出，新型航天系统的更新换代大多是与精密、超精密加工技术的突破分不开的。陀螺气浮轴承、浮子高精度金刚石切削加工技术的突破为气浮平台的研制和批量生产提供了可能；形状位置精度达 $0.1\sim 0.3\mu m$ 的动压马达制造技术的最终突破，才真正意义上实现了静压液浮陀螺平台的研制；平面度为 $0.03\mu m$，表面粗糙度在 $0.5nm$ 以内的超光滑表面研抛技术的突破才使激光陀螺精度达到 $0.01°/h$ 量级。人造卫星仪器轴承是真空无润滑轴承，其孔和轴的表面粗糙度达到 $1nm$，圆度和圆柱度均为纳米级；飞机发动机转子叶片的加工精度由 $60\mu m$ 发展到 $12\mu m$，表面粗糙度由 $0.5\mu m$ 减小到 $0.2\mu m$，发动机的压缩效率将从 89% 提高到 94%。传动齿轮的齿形、齿距误差若能从 $3\sim 6\mu m$ 降低到 $1\mu m$，则单位齿轮箱重量所传递的转矩将提高一倍左右。

（2）国防工业　卫星反射镜、侦察卫星相机透镜、隐形雷达探测镜、激光陀螺、静电陀螺、半球谐振陀螺等，均为典型的曲面零件，其加工精度对武器系统的性能和精度有至关重要的作用，其形状精度都在 $0.1\mu m$ 量级。激光陀螺反射镜平面度为 $0.03\mu m$，表面粗糙度为 $0.5nm$，反射率要求达到 99.99% 以上。部分军事卫星的分辨率达十几厘米，其核心技术就是摄像机光学零件的精密加工。

（3）民用产品　目前，精密、超精密技术在我国的应用不再局限于国防和航空航天等部门，已扩展到了国民经济的许多领域。在计算机、现代通信、影视传播等行业，精密和超精密技术直接影响着产品的更新换代。计算机磁盘、录像机磁头、激光打印机的多面棱镜、复印机的感光筒等零部件的精密、超精密加工，现采用的都是高效的大批量自动化生产方式。

光电显示器、数码相机、激光打印机、光纤通信等光电产品和光通信产品在全球已形成一个庞大的消费市场，自由曲面光学元件的加工与使用已经成为用于光电及通信产品的关键零部件之一。大型超精密五轴自由曲面加工中心就适用于加工多种类型的光学元器件及精密零件，它的加工精度、形状精度可达到亚微米级，表面粗糙度为纳米级，可进行三维自由曲面的铣削、磨削，也可进行二维的超精密切削。

超精密加工技术不仅促进了机械、计算机、电子、光学等技术的发展，从某种意义上说，超精密加工技术担负着支持最新科学技术进步的重要使命，是衡量一个国家制造技术的重要标志。

6.4　微细加工技术

当今先进制造技术的发展有两大趋势。一是向着自动化、柔性化、集成化、智能化方向发展，使制造技术形成一个系统，采用现代制造技术的自动化技术，进行设计、工艺和生产管理的集成，提高产品的加工精度和产品质量，使产品达到精密级。二是寻求制造产品的极大尺度、极小尺度和极端功能的极限。极大尺度产品是指如万吨的水压机、大型飞机、航天飞船、航空母舰等大型、重型设备。极小尺度产品主要是微型结构和微型器件，尤其是半导体器件集成电路制造中的微电子和微机械系统。极大尺度和极小尺度的核心零部件在极端条件下都具有极端尺寸和极端的功能的特征。微细加工技术是属于制造极小尺寸零件的一项前沿技术，在微机械及集成电路制造中得到高度发展。

微机械是指集微型执行器以及信号处理和控制电路、接口电路、通信和电源于一体的完整微型机电系统。微机械在美国常称为微型机电系统（Micro Electro Mechanical System，MEMS），在日本称为微机械（Micro-machine），欧洲则称为微系统（Micro-system）。

微机械按其尺寸特征可分为微小机械（$1\sim 10mm$）、微机械（$1\mu m\sim 1mm$）和纳米机械（$1nm\sim 1\mu m$）。微细加工主要是指加工 $1mm$ 以下的微细尺寸零件，属于精密加工范畴，加工精度在 $0.01\sim 0.001mm$ 的加工，即微细度为 $0.1mm$ 的亚毫米级微细零件加工。现在也出现了超微细加工，主要是指加工 $1\mu m$ 以下超微细尺寸零件，加工精度在 $0.1\sim 0.001\mu m$ 的加工，即微细度为 $0.1\mu m$ 的亚微米级的超微细零件加工。一般尺度大于 $100nm$ 的加工，称为微细加工，制作 $100nm$ 以下的结构才可称为纳米量级的加工，微细度为 $1nm$ 以下的毫微米（纳米）级的超微细加工是将来的发展方向，属于超精密加工范畴。

6.4.1 微细加工的类型和方法

微细加工方法种类繁多，机理各不相同，既包含了传统加工方法，如切削加工、磨料加工、电火花加工等，也包含了和传统加工方法完全不同的新方法，如光刻加工、分子束外延生长、离子束注入等。从加工机理上微细加工可分为三大类：分离加工、结合加工和变形加工。

1）分离加工又称为去除加工，根据手段的不同，可以分为切削加工、磨料加工、特种加工和复合加工，这和传统的精密加工相类似。

2）结合加工可分为附着加工、注入加工和结合加工。附着加工是在工件表面上附加一层别的材料，如果这层材料与工件基体材料不发生物理化学作用，只是覆盖在上面，就称之为弱结合，典型的加工方法是电镀、蒸镀等；如果这层材料与基体材料发生化学作用，生成新的物质层，则称为结合或强结合，典型的加工方法有氧化、渗碳等。注入加工是指表层经过处理后发生物理、化学、力学，电磁学等性质变化。结合加工指焊接、黏结等。

3）变形加工又称为流动加工，其机理是通过材料的流动使工件产生变形，其特点是不产生切屑，典型的加工方法是压延、拉拔、挤压等。变形加工中主要用于集成电路封装以及引线等。

表6-1详细列出了常用的微细加工方法的分类、可加工材料以及应用范围等。可以看出，微细加工的范围非常广，既可以用于传统的精密加工，也可以用于现代集成电路的半导体工艺中的微细加工，中间并没有清晰的分界。根据应用的场合，在满足加工精度的条件下，可选择合适的加工方案，精密加工或是微细加工。

表 6-1 常用的微细加工方法

分类	加工方法	表面粗糙度 $Ra/\mu m$	可加工材料	应用范围
分离加工	切削加工			
	等离子切割	—	各种材料	熔断钼、钨等高熔点材料,合金钢,硬质合金
	微细切削	0.05~0.008	有色金属	球、磁盘、反射镜,多面棱体
	微细钻削	0.2	低碳钢、铜、铝	钟表底板,液压泵喷嘴,化纤喷丝头,印刷电路板
	磨料加工			
	微细磨削	0.05~0.008	黑色金属、硬脆材料	集成电路基片的切割,外圆、平面磨削
	研磨	0.025~0.008	金属、半导体、玻璃	平面、孔、外圆加工、硅片基片
	抛光	0.025~0.008	金属、半导体、玻璃	平面、孔、外圆加工、硅片基片
	砂带研磨	0.01~0.008	金属、非金属	平面、外圆
	弹性发射加工	0.025~0.008	金属、非金属	硅片基片
	喷射加工	0.01~0.02	金属、玻璃、石英、橡胶	刻槽、切断、图案成形,破碎
	特种加工			
	电火花成形加工	2.5~0.02	导电金属、非金属	孔、沟槽、狭缝、方孔、型腔
	电火花线切割加工	2.5~0.16	导电金属	切断、切槽
	电解加工	1.25~0.06	金属、非金属	模具型腔、打孔、套孔、切槽、成形、去飞边

(续)

分类		加工方法	表面粗糙度 $Ra/\mu m$	可加工材料	应用范围
分离加工	特种加工	超声波加工	2.5~0.04	硬脆材料、非金属	刻模、落料、切片、打孔、刻槽
		微波加工	6.3~0.12	绝缘材料、半导体	在玻璃、石英、红宝石、陶瓷、金刚石等上打孔
		电子束加工	6.3~0.12	各种材料	打孔、切割、光刻
		离子束加工	0.02~0.001	各种材料	成形表面、刃磨、刻蚀
		离子束去除加工	6.3~0.12	各种材料	打孔、切断、划线
		光刻加工	2.5~0.2	金属、非金属、半导体	刻线、图案成形
	复合加工	电解磨削	0.08~0.01	各种材料	刃模、成形、平面、内圆
		电解抛光	0.05~0.008	金属、半导体	平面、外圆孔、型面、细金属丝、槽
		化学抛光	0.01	金属、半导体	平面
结合加工	附着加工	蒸镀	1.25~0.02	金属	镀膜、半导体器件
		分子束镀膜	1.25~0.02	金属	镀膜、半导体器件
		分子束外延生长	1.25~0.02	金属	半导体器件
		离子束镀膜	1.25~0.02	金属、非金属	干式镀膜、半导体器件、刀具、工具、表壳
		电镀(电化学镀)	1.25~0.02	金属	电铸型、图案成形、印刷电路板
		电铸	1.25~0.02	金属	喷丝板、栅网、网刃、钟表零件
		喷镀	1.25~0.02	金属、非金属	图案成形、表面改性
	注入加工	离子束注入	0.2~0.μm	金属、非金属	半导体掺杂
		氧化、阳极氧化	0.2~0.02	金属	绝缘层
		扩散	0.2~0.02	金属、非金属	掺杂、渗碳、表面改性
		激光表面处理	0.2~0.02	金属	表面改性、表面热处理
	接合加工	电子束焊接	1.25~0.3	金属	难熔金属、化学性能活泼金属
		超声波焊接	1.25~0.3	金属	集成电路引线
		激光焊接	1.25~0.3	金属、非金属	钟表零件、电子零件
	变形加工	压力加工	1.25~0.2	金属	板、丝的压延、精冲、拉拔、挤压、波导管、衍射光栅
		铸造(精铸、压铸)	1.25~0.2	金属、非金属	集成电路封装、引线

在现代先进制造技术当中，微细加工技术主要聚焦在集成电路制造技术，是大规模集成电路和计算机技术的技术基础，是信息时代、微电子时代、光电子时代的关键技术之一，以下将主要介绍和集成电路有关的基于光刻技术的集成电路制造工艺和 MEMS 制造工艺中的体硅微加工（Bulk Microfabrication）、表面硅微加工（Surface Microfabrication）、LIGA 工艺、微立体光刻以及电化学制造（即时掩模）工艺。

6.4.2 微细加工的工艺过程

1. 基于光刻技术的集成电路制造工艺

尽管半导体材料在电子领域的应用由来已久，1947 年晶体管的发明为这一历史上最伟大的技术进步奠定了基础。自从集成电路（IC）技术成为计算机、手表、家用电器和汽车的控制、信息系统、电信、机器人、太空旅行、武器装备的基础，微电子技术在人们的生活中起着越来越重要的作用。当今集成电路的主要优点是体积小、成本低。随着制造技术越来越先进，所制造的器件（如半导体、二极管、电阻器和电容器）的尺寸在不断减小。因此，更多的元件可以放在一个芯片（小块半导体材料）上，电路就是在这上面制造的。现今生产的典型芯片的尺寸小到 0.5mm×0.5mm。在过去，单个芯片上最多只能制造 100 个器件；现在单个芯片可以包含 1000 万个器件。这种规模的集成被称为大规模集成电路（VLSI）。一些最先进的集成电路可能包含超过 1 亿个器件，称为超大规模集成电路（ULSI）。英特尔安腾处理器上的晶体管已超过 20 亿个，更新的进展包括晶圆级集成电路（Wafer-Scale Integration，WSI），即用一整片硅片来制造一个设备。这种方法在大规模并行超级计算机的设计中引起了极大的关注，包括三维集成电路（3DIC），它使用多层有源电路来维持水平和垂直的连接。本节将简要介绍目前在微电子器件和集成电路制造中使用的典型工艺。

（1）晶体生长和晶圆制备　在自然界中，硅以二氧化硅和各种硅酸盐的形式出现。然而，它必须经过一系列的提纯步骤才能成为制造半导体器件所需的高质量、无缺陷的单晶材料。首先在电炉中将二氧化硅和碳一起加热，得到纯度为 95%～98%的多晶硅。这种物质通常被转化成另一种形式——三氯氢硅，接下来在高温氢气中被提纯和分解，由此产生极高质量的电子级硅（EGS）。单晶硅通常通过直拉法获得。该工艺利用一种晶种，将其浸入硅熔体中，然后在旋转时缓慢拉出。同时，可以添加定量的杂质以获得均匀掺杂的晶体。最终形成一个圆柱形单晶锭，直径通常为 100～300mm，长度超过 1m。然而，该技术还不能精确控制单晶锭直径。因此，单晶锭通常比要求的尺寸大几毫米，然后被研磨成精确的直径。通过一系列加工和精加工操作，将单晶锭生产成硅片。

接下来，使用内圆镶有金刚石的刀片将晶体切割成单个晶片。在该方法中，使用的刀具为圆环形锯片，切削刃位于内圆上。虽然大多数电子器件所需的衬底深度不超过几微米，但晶圆通常被切割成约 0.5mm 的厚度。该厚度为吸收温度变化提供了必要的物理支撑，并为后续制造提供了所需的机械支撑。然后用金刚石砂轮沿晶圆边缘研磨。这种操作使晶圆周围的轮廓更耐剥落。最后，必须对晶片进行抛光和清洁，以消除锯切过程造成的表面损伤。通常通过化学-机械抛光（也称为化学-机械平面化）进行。为了正确地控制制造过程，必须确定晶圆中晶体的方向。因此，晶圆上有凹口或平面，以便识别。晶圆也可通过制造商生产的激光划线标记进行识别。信息的激光刻写可以在晶圆的正面或背面进行。一些晶圆的正面有一个 3～10mm 大小的边缘区域，用于标记划线信息，如批号、方向和唯一的晶圆识别码。设备制造在整个晶圆表面进行。晶圆通常分为 25 或 50 块进行加工，每块直径为 150～200mm；或 12 至 25 块，每块直径为 300mm。由于器件尺寸小，晶圆直径大，一个晶圆上可以放置上千个电路。可生产的芯片数量取决于晶圆的横截面积。由于这个原因，一些先进的芯片制造商已经开始使用更大的单晶圆锭，直径 300mm 的晶圆现在已经越来越普遍。

基于光刻技术的集成电路制造工艺主要包含以下过程：前期有掩模制备、光刻、薄膜沉积、刻蚀、外延生长、氧化和掺杂等，后期有测试、键合与封装，制成集成印刷电路板。光刻加工在整个过程分为两个阶段：第一阶段是掩膜制备；第二阶段是图形形成及转移的光刻过程，这是集成电路制造中最关键的技术。

（2）光刻工艺过程　光刻是指将定义的几何图案传输到基板表面的过程，主要是针对集成电路制造中，高精度微细线条所构成的高密度微细复杂图形。利用各个波段的光子（可见光和紫外射线）对光敏抗蚀胶（或称光刻胶）的曝光作用实现光刻。

1）光学光刻的工艺过程。光刻有很多种形式，其中光学光刻是最普遍的形式，光学光刻（Optical Lithography）是最早用于半导体集成电路的微细加工技术，是大规模集成电路生成的主要工具，在生产技术中占主导地位。光学曝光与照相的原理相似。在半导体硅片上（硅极易氧化，硅片表面通常会有氧化层）涂敷上一层光刻胶，光刻使用的掩模，是一种玻璃或石英板，上面有一个刻有铬薄膜的芯片图案。网线图像的大小可以与芯片上所需的结构相同，但一般是放大图像，通常放大 5~20 倍，放大后的图像通过透镜系统聚焦到涂有光刻胶的硅片薄膜上，掩膜上的图案形成透光和不透光部分，透过薄膜的光使得光刻胶发生化学作用，这就是光学曝光。光刻胶上就呈现了掩膜上的图形结构，再通过显影过程把剩余的光刻胶层显示出来，成为具有和掩膜图形一样的微细结构。下一步是刻蚀，把图形转移到硅片上，最后是去胶，如图 6-8 所示。

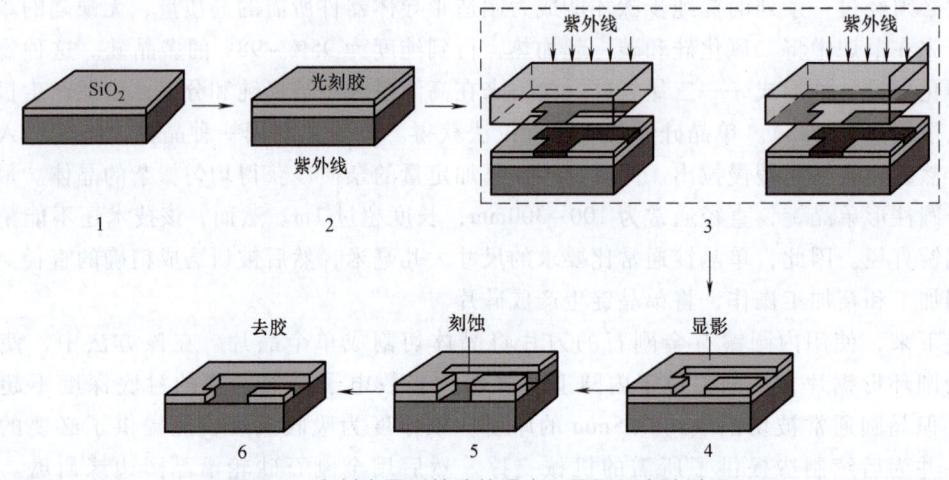

图 6-8　光刻中图形转移的曝光、显影和去胶过程

光刻工艺的详细步骤如下：

① 硅片表面处理。经过化学表面清洗后的硅片必须进行脱水烘烤，通常在真空或干燥的氮气中进行，烘烤温度为 150~200℃，烘烤时间为 15~30min，以去除硅片上吸附的水分，使得光刻胶能强有力地附着在硅片表面上。为了进一步提高光刻胶和硅片衬底的黏附性，实际中在涂胶前会再涂敷一层化学增黏剂，确保光刻胶不会脱落。

② 涂胶。涂胶是在硅片上涂敷光刻胶，通常采用旋涂的方法，即甩胶。将硅片置于高压容器内，硅片用真空吸盘固定住，将光刻胶滴在硅片的中央，通过高速旋转将光刻胶均匀地分散到整个硅片上，形成薄膜。薄膜的厚度和均匀程度可以通过滴胶量和旋转速度控制。

③ 前烘。前烘又称软烘，用来去除光刻胶中有机溶剂成分，使光刻胶固化。可在加热至约 100℃ 的热板上进行，也可在烘箱中进行，典型的烘烤温度为 90~100℃。前烘还可以增强 HMDS（六甲基二硅氮烷，增黏剂）与硅片之间的结合牢固强度。

④ 曝光。经过涂胶及前烘后的硅片就放在曝光机里面进行曝光，即带有掩膜图形的光场对光刻胶曝光，发生光化反应，掩膜图形在光刻胶上反映出来。在这过程中有一个非常关

键的步骤——对准，硅片必须在所需的位置下仔细对齐标线，掩模版必须与硅片上的曝光层精准对齐，这个过程由自动控制的分步重复光刻机来完成。

⑤ 后烘。通过烘烤使光刻胶中的光敏化合物发生适当的扩散，消除图形边缘由于界面放射光和入射光叠加在一起产生的驻波效应导致的不平整结构。近年的工艺中也有涂胶前在硅片表面涂一层抗反射剂，或在涂胶后再涂一层抗反射剂的做法，目地是消除反射光。典型的后烘工艺是在 100℃下烘烤 10min。

⑥ 显影。显影是把曝光后在光刻胶上发生光化反应的化合物去除掉，使得微细图形显现出来的过程。一般是把曝光后的硅片放在显影的腐蚀溶液中，溶解掉曝光部分（正胶）或未曝光部分（负胶），从掩膜投影过来的图案就显示出来了。一般正胶显影使用碱性显影剂，如 KOH 溶液或 TMAN 溶液。还可采用喷淋式，将显影溶液喷淋在带有光刻胶的硅片上，显影溶液穿透胶表面，产生凝胶。显影后取出，清洗残留的显影液。

⑦ 坚膜。坚膜又称硬烘，其目的是为了去除残留的溶剂，并提高光刻胶膜的坚固程度和抗刻蚀能力，增强胶层和硅片衬底的结合牢固度。坚膜的烘烤温度为 105~120℃。

⑧ 刻蚀。曝光、显影出来的图形部分没有被光刻胶掩盖，刻蚀是通过腐蚀等物理-化学过程去除硅片表层的物质，形成微细结构的过程。

⑨ 去胶 光刻之后，必须去除显影的光刻胶。去胶也称为剥离，一般分为湿式和干式。在湿式剥离中，光刻胶被丙酮或强酸等溶液溶解。干式剥离将光刻胶暴露于氧等离子体中，这也称为灰化，利用等离子态氧的高化学活性完成光刻胶的腐蚀去除。干式剥离在现代大规模集成电路的批量生产中应用非常普遍，因为它不涉及消耗的危险化学品的处置，更容易控制，并且可以产生特殊的表面。

2）按光路形式分类。根据光路形式的不同，曝光可分为接触式曝光、邻近式曝光和投影式曝光。

① 接触式曝光。在光刻曝光时掩膜和基体上涂敷的光刻胶直接接触，产生与掩膜完全相同的微细结构。掩膜和涂胶的硅片通过施加一定的压力来保持界面的紧密接触，胶层也必须是薄薄一层。接触式光刻不需要光学聚焦成像系统，方法简单、成本低，分辨率可以达到 0.5~0.1μm，但接触式曝光掩膜和光刻胶接触，会产生一定的污染和缺陷，在早期应用的比较多。

② 邻近式曝光。掩膜和光刻胶表面不直接接触，掩膜悬浮在基体上面，和光刻胶表面保持 10~50μm 的距离，这样可以避免接触式曝光所产生的污染和缺陷。邻近式曝光也不需要光学聚焦成像系统，但间隙的存在导致了分辨率的降低。为了提高分辨率，可以减小间隙以及缩短曝光的波长。邻近式曝光分辨率可达 0.5~1μm，可以满足微机械系统、微流体系统的加工，但不适合大规模集成电路的生产。

③ 投影式曝光。如图 6-9 所示，光源通过照明光学系统照射到掩膜板上，被光学聚焦成像系统投射到晶片的光刻胶表面，经过曝光、显影，获得微细结构。投射式曝光采用的成像一般是缩小比例（如 5∶1），掩膜的图案可以是实际在光刻胶上加工图案的 5 倍，

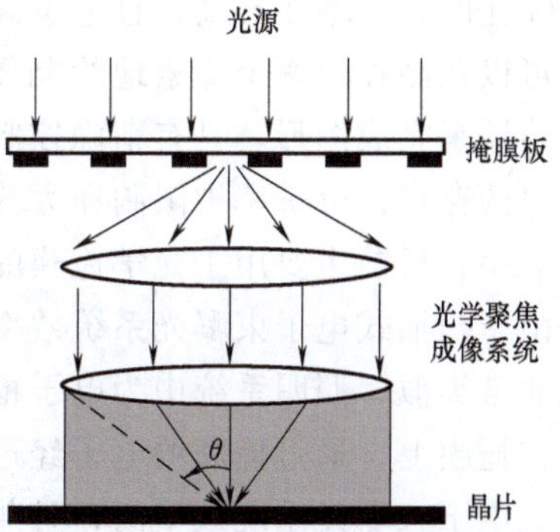

图 6-9 投影式曝光系统的原理示意图

这样使得掩膜制备更加容易。投影式曝光需要采用透镜、反射镜或者折射-反射混和的照明光学系统和聚焦成像系统。投影式曝光由于分辨率高，采用缩小倍率可在大面积的晶片上重复曝光多个图形，生产率高，取代了接触式和邻近式曝光系统，应用于大批量生产大规模集成电路。

3) 按光源分类。根据光源不同，曝光可以分为紫外线（UV）曝光、深紫外线（Deep UV）曝光、极紫外线（Extreme UV）曝光。另外，非传统意义的光学光刻曝光技术，分别有 X 射线曝光、电子束曝光和离子束曝光。

① 紫外线曝光。紫外线是常见的光学光刻曝光采用的光源，根据投影式曝光的分辨率公式，照明光源的波长直接影响到曝光的分辨率，低频段的紫外线的波长范围在 320~400nm，这种情况下，分辨率大约在 1μm，可以加工微米量级的集成电路，对于微米量级以下的曝光，紫外线光源已经不满足要求，需要寻求更短波长的曝光工艺。

② 深紫外线曝光。深紫外线曝光采用比紫外线波长更短的深紫外线作为曝光光源，现在成熟的工艺有两种：一种是采用氟化氪（KrF）气体的准分子激光器，光源波长为 248nm；另一种采用氟化氩（ArF）气体的准分子激光器，光源波长为 193nm，其最小加工特征尺寸可以缩小到 32nm。

③ 极紫外线曝光。极紫外线曝光采用波长为 11~13nm 的极紫外线作为曝光光源，习惯还是把极紫外线曝光归于光学光刻技术。极紫外线又称为软 X 射线，频率非常高，折射系数接近于 1，不能采用一般光学波段的折射与反射光学系统，可以借助与多层膜反射镜构成反射式的束导引控制和聚焦成像系统。

④ X 射线曝光。虽然光学光刻是最广泛使用的光刻技术，但分辨率还是受很大的限制，X 射线辐射波长更短，波长范围在 10~0.01nm 之间，焦深很大。分辨率达到纳米量级，可以加工更小特征尺寸的微细图案，并且 X 射线光刻比光刻更不易受灰尘影响。此外，由于焦深大，X 射线可以加工高深宽比（定义为深度与横向尺寸的比值）的结构，深宽比可以高于 100，光学光刻的深宽比一般限制在 10 左右。然而，X 射线需要同步辐射，造价很昂贵，目前多应用在掩膜制备上以及实验室研究中。鉴于制造设施需要大量资本投资，工业界更愿意改进和改善光学光刻技术。目前，X 射线光刻技术尚未普及，在 LIGA 工艺中充分应用了 X 射线曝光的优点。

⑤ 电子束曝光。电子束曝光（Electron Beam Lithography，EBL）使用聚焦电子束对电子束敏感的抗蚀胶层进行曝光光刻。电子束对抗蚀胶的曝光和光学曝光本质上是一样的，但电子束曝光的分辨率非常高，且电子束可以进行扫描，称为扫描式电子束曝光系统，不需要掩膜，可以在晶片上逐个像素地绘制图案。通过使用图形软件（称为直接写入）控制图案的逐点传输来完成图形。具有精确控制晶圆小区域曝光、大焦深和低缺陷密度的优点。由于电子散射的存在，分辨率被限制在大约 10nm。不足的是，电子束曝光的效率远远低于光学曝光的效率，目前主要用于光学掩膜的制备。

由于扫描式电子束曝光系统效率低，电子束曝光也有投影式曝光系统，和光学光刻曝光系统非常类似，照明系统中为电子枪，阴极发射电子，经过电子透镜聚焦形成照明电子束，投射在掩膜上，通过掩膜的电子经过电子透镜系统聚焦成像，投射到涂敷抗蚀胶的晶片上。投影式电子束曝光系统效率高，且兼具了电子束光刻的高分辨率，但其缺点在于需要掩膜，技术复杂，还不能大规模用于集成电路的大批量生产。

⑥ 离子束曝光。离子束曝光（Ion Beam Lithography，IBL）使用聚焦离子束对离子束敏感的抗蚀胶进行曝光光刻。它和电子束曝光非常类似，但对抗蚀胶的灵敏程度要求非常高，且离子与抗蚀胶或晶片作用时散射范围相对于电子束曝光来说非常小，没有邻近效应。离子束系统的离子源没有电子源简单，离子光学系统的聚焦成像质量低于电子束系统。但由于离子束还具备其他功能，如溅射、沉积、刻蚀等，因此离子束在微纳加工中是一重要研究领域。

（3）集成电路制造的其他典型工艺　光刻技术是微电子工艺中最复杂最昂贵的一项关键技术，目前在 VLSI 大规模生产技术当中，主要使用电子束曝光系统制备掩膜，使用其他光学光刻技术进行大规模集成电路的生产，如紫外线曝光、深紫外线曝光、浸没式曝光技术等。以下将按照集成电路的主要制造过程逐个介绍各项工艺，包括前期的掩模制备、光刻（之前已述）、薄膜沉积、外延生长、氧化、刻蚀、扩散和离子注入等，后期的测试、键合与封装。

1）掩膜制备。掩膜是根据需加工的图案制备的带有透明图形窗口的模板，通常是涂有大约 100nm 厚的铬层玻璃板或石英板，由透光部分和不透光部分组成，目前普遍使用扫描电子束曝光技术制备掩膜，其步骤如下：

玻璃板或石英板制备→抛磨和清洗→沉积 100nm 铬层→涂敷抗蚀胶→扫描电子束曝光，显影，获得微细图案→刻蚀，去除未被抗蚀胶覆盖的铬层→去胶，去除抗蚀胶层→对掩模版的关键尺寸和图形的完整度、保真度进行检测与控制→清理点状残留物→对掩膜的缺陷进行修复（如离子刻蚀）→最终缺陷检查。

2）薄膜沉积（Thin Film Deposition）。集成电路制造的基本思想是将微纳米结构通过逐层叠加的方式构建在平面衬底材料上，在衬底材料的上面添加了很多薄膜层，形成许多不同类型的薄膜。沉积薄膜广泛用于微电子器件加工，特别是绝缘和导电薄膜。通常沉积薄膜包括多晶硅、氮化硅、二氧化硅、钨、钛和铝。在某些情况下，硅片晶圆仅仅用作机械支撑，在其上生长定制外延层。薄膜可以通过多种技术沉积，根据薄膜形成过程中是否发生化学变化，分为物理沉积、化学沉积和混合方法沉积。蒸发沉积和溅射沉积是物理沉积，化学气相沉积是化学沉积，等离子体增强化学气相沉积是物理和化学相结合的混合方法沉积。

① 蒸发沉积（Evaporative Deposition）。它是利用物质在真空中加热到高温时蒸发气化，形成某种薄膜的气态喷束，再在衬底上淀积形成该物质薄膜的一种薄膜沉积技术，主要用于沉积金属膜。在这个过程中，金属在真空中被加热气化；蒸发后，金属在基体表面形成一薄层。蒸发热通常由加热灯丝或电子束产生。操作简单、效率高，但薄膜与衬底结合相对较差，工艺重复性不理想。

② 溅射沉积（Sputtering Deposition）。它是使溅射气体（氩、氖、氙等惰性气体）在电场作用下放电形成等离子体，并在电场的作用下，轰击阴极靶材表面（用于制作薄膜的材料），使其原子和原子簇团飞散出来，溅射到目标表面，形成薄膜的方法。溅射系统通常包括一个直流电源来产生带电离子。当离子撞击靶材时，原子被击落，随后沉积在系统内安装的晶圆上。溅射沉积的原子、分子的能量可以达到 10～50eV，是蒸发沉积产生能量的 100 倍，所以薄膜与衬底的附着性好，薄膜纯度高、致密性好，材料适用范围大，工艺可控制性和重复性好，但效率比较低，方向性没有真空蒸发沉积好。该领域的进展主要有射频电源（射频溅射）、磁场（磁控溅射）和离子束溅射沉积。

③ 化学气相沉积（Chemical Vapor Deposition，CVD）。它是利用气体在适当的温度下发生化学反应，将反应物沉积在衬底表面而形成薄膜的方法。利用这项技术，二氧化硅可通过硅烷或氯硅烷的氧化来沉积。化学气相沉积方法需要在较高的温度下进行，衬底的环境温度较高，有一定的局限性。图 6-10a 所示为在大气压下运行的连续 CVD 反应器的原理。另外一种类似方法是在较低压力下运行，称为低压化学气相沉积（Low Pressure Chemical Vapor Deposition，LPCVD），如图 6-10b 所示。这种方法可以一次镀上几百片晶圆，其生产速度比大气压下的化学气相沉积法要快得多，并且在减少载体消耗的情况下提供了优异的薄膜均匀性。这种技术通常用于沉积多晶硅、氮化硅和二氧化硅。

a) 化学气相沉积　　　　　　　　b) 低压化学气相沉积

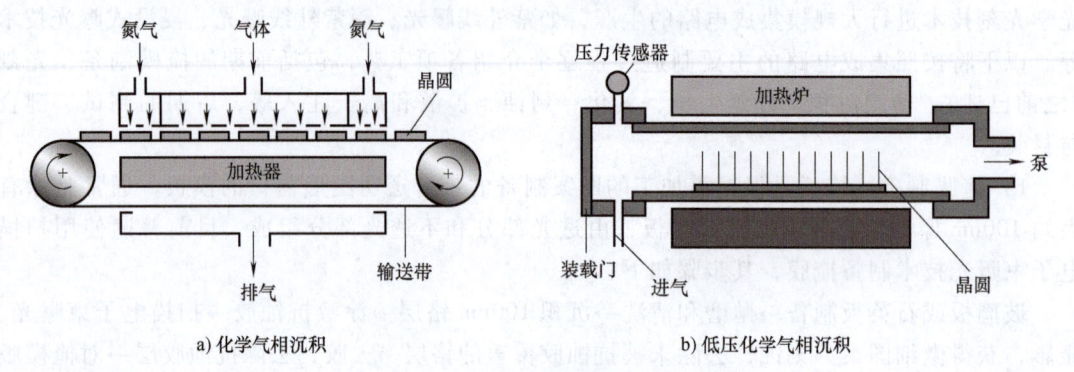

图 6-10　系统框架图

④ 等离子体增强化学气相沉积（Plasma Enhanced Chemical Vapor Deposition，PECVD）。它是在辉光放电引起的等离子作用下进行的化学气相沉积，在沉积的过程中，等离子体和化学沉积的作用同时发生。这种方法的优点是在沉积过程中能保持较低的温度，大大提高了沉积效率，成膜质量好。PECVD 主要用来沉积 SiO_2、SiN、SiC 等介电薄膜和半导体薄膜，这些薄膜经常作为微纳器件的绝缘层、牺牲层及掩膜层等。

3）外延生长（Epitaxy Growth）。薄膜沉积方法生成的是非晶膜和多晶膜，沉积部位及晶态结构是随机的，但集成器件要求膜层分子有序排列，膜层厚度薄到几纳米或几十纳米，这种薄膜不能用沉积法获得，必须用外延法生长。外延生长是在一个单晶的衬底上，定向地生长出与基底晶态结构相同或类似的晶态膜层。

根据外延生长物的来源，外延分为气相外延和液相外延。如果硅是从气相中沉积出来的，这个过程称为气相外延（VPE）。有些半导体材料（如 GaAs）可以通过将其溶于某种溶剂的溶液里进行外延生长，这一过程称为液相外延生长（LPE）。LPE 将基片浸入过饱和状态的溶液里，溶液的溶质析出并按基片的晶格结构生长。和气相外延相比，液相外延难以实现多层复杂结构的生长，膜厚不容易控制，将被气相外延所替代。

分子束外延（Molecular Beam Epitaxy，MBE）是通过真空蒸发生成的分子束在单晶衬底上生长单晶层的物理外延方法，是超高真空下的气相低温生长过程。分子束外延能够获得洁净度非常高的外延薄膜，由于薄膜一次只生长一个原子层，可以很好地控制掺杂分布。这种控制水平在砷化镓技术中尤其重要。然而，与其他传统的薄膜沉积技术相比，分子束外延工艺具有相对较低的生长速率，且设备复杂，价格昂贵。

4）氧化（Oxidation）。氧化是指由于氧与基材反应而形成的氧化层。氧化物薄膜也可以通过先前描述的沉积技术形成。热生长氧化物显示出比沉积氧化物更高的纯度，因为它们是直接从高质量衬底生长的。然而，如果所需薄膜的成分不同于基质材料的成分，则必须使用沉积方法。硅成为最流行的半导体材料的主要原因之一就是硅的表面容易通过加热氧化形成SiO_2氧化层薄膜。氧化硅层可以实现器件的保护和隔离层，金属层之间的绝缘层、表面钝化层、MOS器件的栅氧化层、掺杂的阻挡掩蔽层，是非常重要的薄膜结构。氧化通常分为干氧化和湿氧化两种工艺。

① 干氧化（Dry Oxidation）。这是一个相对简单的过程，在一个富氧的环境中通过提高基底温度（通常为750～1100℃）来完成。在常温下，硅很容易发生氧化反应，氧化层的厚度一般不超过2.5nm，然而一旦形成这层氧化层，氧气就很难穿过去到达硅表面和硅发生氧化反应。在氧化过程中会消耗一些硅衬底（图6-11）。可以发现氧化层厚度与硅消耗量之比为1∶0.44。因此，如果要获得氧化层100nm厚，将会消耗约44nm厚的硅。硅消耗的一个重要影响是界面附近衬底中杂质的重排。由于不同的杂质在二氧化硅中具有不同的偏析系数或迁移率，一些杂质从氧化物界面耗尽，而另一些杂质堆积在氧化物界面上，因此必须调整工艺参数以补偿这种影响。

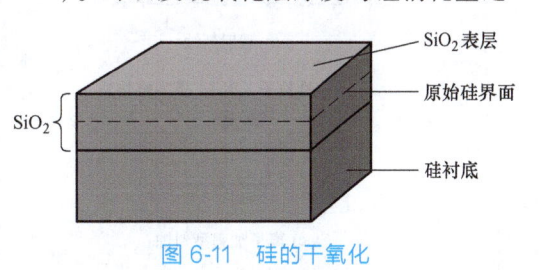

图 6-11 硅的干氧化

② 湿氧化（Wet Oxidation）。它是在有水蒸气存在的情况下进行氧化的，水蒸气作为氧化剂。由于水蒸气比氧气在氧化硅层中的溶解度更高，扩散得很快，水汽的湿氧化速度比干氧化要快很多，但湿氧化生成的氢气可能会留在氧化层中，使得湿氧化层的密度比干氧化层小，介电强度较低，因此湿氧化适合需要厚氧化层且不要求承受强电场的场合。工业上的常见做法是将干氧化法和湿氧化法结合起来，在三层中（干-湿-干）生长氧化物。这种方法结合了湿氧化生长速度快和干法氧化质量高的优点。

上述两种氧化方法主要用于用氧化物涂覆整个硅表面，也可用于需要氧化表面的某些部分。只对某些区域进行氧化的过程称为选择性氧化，它使用氮化硅来阻止氧气和水蒸气的通过。因此，可以通过用氮化硅覆盖某些区域的方法实现选择性氧化，被覆盖区域下的硅不受影响，而未覆盖区域被氧化。

5）刻蚀（Etching）。刻蚀是利用物理或化学工程有选择地去除表面薄层的物质，从而在目标功能材料表面形成所需的微细图形的工艺，是整个薄膜或薄膜的特定部分被移除的过程，在制造过程中起着重要作用。该工艺的关键标准之一是选择性，即刻蚀一种材料而不刻蚀另一种材料的能力。在硅技术中，刻蚀工艺必须有效地刻蚀二氧化硅层，并且尽量不触及下面的硅或抗蚀剂材料。此外，必须将多晶硅和金属刻蚀成具有垂直壁轮廓的高分辨率线，并且还必须尽可能少地去除底层绝缘膜或抗蚀胶。它主要有两种工艺：湿刻蚀和干刻蚀。

① 湿刻蚀（Wet Etching）。它是使用含化学腐蚀剂的溶液的腐蚀和溶解作用来去除暴露在光刻胶窗口部位的薄膜物质的工艺。光刻胶以及被光刻胶覆盖的部位不受腐蚀和溶解的作用。将晶片浸入溶液中，溶液通常为酸性，SiO_2的腐蚀溶液通常使用稀释的氢氟酸（HF）；Si的腐蚀溶液通常采用硝酸、氢氟酸和醋酸的混合液。大多数湿刻蚀操作的一个主要特征是各向同性，也就是说，腐蚀液以相同的速率在工件的所有方向上进行刻蚀。这种各向同性会导致掩模材料下方的底切现象，并限制了基板中几何特征的分辨率。

② 干刻蚀（Dry Etching）。所有不涉及化学腐蚀溶液的刻蚀技术都可称为干刻蚀。现代集成电路完全通过干法刻蚀进行刻蚀，与湿刻蚀工艺相比，干刻蚀具有高度的方向性，可以加工出垂直向下的各向异性刻蚀。此外，干刻蚀工艺只需要少量的反应气体，而湿刻蚀工艺中使用的溶液必须定期更新。干刻蚀通常涉及高磁场和放电区域，有等离子体溅射刻蚀、反应性等离子刻蚀、物理化学刻蚀，低温干刻蚀等。图 6-12 所示为不同干刻蚀工艺的对比。

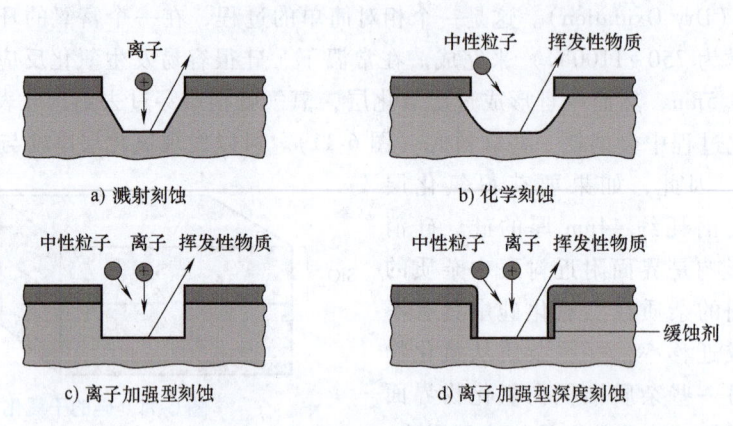

a) 溅射刻蚀

b) 化学刻蚀

c) 离子加强型刻蚀

d) 离子加强型深度刻蚀

图 6-12　不同干刻蚀工艺的对比

③ 等离子体溅射刻蚀（Plasm Sputter Etching）。等离子体溅射刻蚀是等离子体内的离子在电场加速作用下轰击被刻蚀的工件表面，导致工件物质的原子反冲和被溅射出来，从而实现刻蚀作用，是一种物理刻蚀技术。等离子溅射刻蚀基本上是纵向的，各项异性能好，易于获得小的尺寸特征和良好的纵横比，洁净无污染。但也存在一些问题，喷射出的材料可能重新沉积到靶材上，尤其是在大纵横比的情况下。溅射会导致材料损坏或过度腐蚀。溅射刻蚀不是材料选择性的，并且由于大多数材料以大致相同的速率溅射，因此难以进行掩蔽，所有里面的物体都会受到溅射，如工件上的光刻胶部分。等离子溅射刻蚀速度慢，刻蚀速率限制在每分钟几十纳米，后期光刻胶难以去除。

离子束刻蚀是等离子体溅射刻蚀的一种新形式，是利用聚焦成束的高能离子束轰击工件发生的离子溅射现象，被刻蚀的工件区和等离子体发生区是分开的，离子束由离子源和加速-聚焦系统产生后注入高真空度的工件工作区里。整个工件一次性溅射，而不是扫描溅射。离子束刻蚀也是纯粹的物理作用，具有优异的刻蚀纵向方向性。

离子束刻蚀也称为离子铣，可以通过刻蚀直接加工微细结构，通过直接控制离子束的轰击位置和通断来"直接写入"微细图案。或是使用聚焦离子光束，一层一层剥离工件表面原子层，形成洁净表面。

④ 反应性等离子刻蚀（Reactive Ion Etching，RIE）。等离子体溅射刻蚀或离子束刻蚀具有很好的各项异性，但不具有刻蚀选择性；反应性等离子刻蚀不仅具有刻蚀选择性，又同时具有刻蚀各项异性。反应性等离子刻蚀是利用轰击离子加强等离子体的化学刻蚀效应。

氯基的等离子体常用来对硅、砷化镓和铝基的金属化层进行反应离子刻蚀。没有离子轰击的情况下，氯气或者氯原子对没有掺杂的硅的腐蚀刻蚀速率非常低，如果有离子的轰击，将增强氯离子向内的渗透，快速和硅反应，生成挥发性的氯硅化合物，增大刻蚀速率。而且，如果是刻蚀沟槽的情形下，侧壁基本不会收到垂直于基片入射的离子轰击，横向的刻蚀基本不受离子轰击的增强影响,只在纵向受到离子轰击的增强效应。因此,反应性等离子刻蚀具有良好的各向异性。

反应性等离子体刻蚀的原理如图 6-13 所示。图中,a 表示产生一种反应性物质,例如,与高能电子碰撞后离解产生氟原子;b 表示反应性物质扩散到基材表面;c 表示被表面吸附;d 表示活性物质发生化学反应,与硅形成挥发性化合物;e 表示挥发性的化合物从表面解吸出来;f 表示扩散到大量气体中,随后被真空泵抽走。

从图 6-13c 处可以看到,一些反应物聚合在表面,因此需要通过等离子体反应器中的氧气或外部灰化操作进行额外的去除。

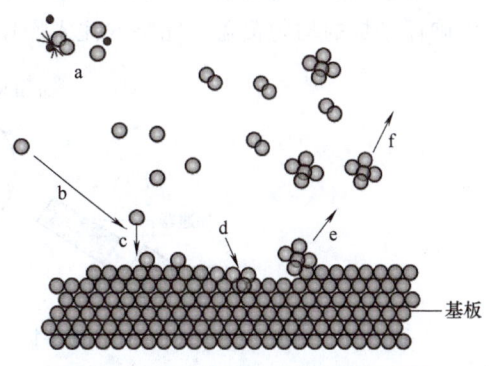

图 6-13 反应性等离子体刻蚀原理图

⑤ 物理化学刻蚀(Physical Chemical Etching)。反应离子束刻蚀(Reactive Ion Beam Etching,RIBE)和化学辅助离子束刻蚀(Chemically Assisted Ion Beam Etching,CAIBE)工艺结合了物理和化学刻蚀的优点。该工艺主要使用化学反应性物质进行材料去除,同时通过离子对表面的撞击来辅助去除。RIBE 也称为深度反应离子刻蚀(Deep Reactive Ion Etching,DRIE),可以通过周期性地中断刻蚀过程并沉积聚合物层来产生数百纳米深度的垂直沟槽。在化学辅助离子束刻蚀(CAIBE)中的干式刻蚀辅助化学刻蚀,干式刻蚀可以在表面上进行更多反应,清洁反应产物的表面,并允许化学反应物质进入清除区域。物理化学刻蚀非常有用,因为离子轰击是定向的,因此刻蚀是各向异性的。此外,离子轰击能量低,对去除掩模的贡献不大,可以生成纵横比非常大的近垂直壁。由于离子轰击不直接去除材料,因此在加工过程中可以使用掩模。

⑥ 低温干刻蚀(Cryogenic Dry Etching)。该方法可以用于获得具有非常深的垂直壁的结构。工件降至低温,然后进行化学辅助等离子束刻蚀工艺,由于温度非常低可确保没有足够的能量用于发生表面化学反应,除非离子正面轰击材料的表面,而斜向冲击,例如发生在深裂缝侧壁上的冲击,不足以驱动化学反应。因此可以用低温的方法,获得垂直壁的深沟槽结构。

6)扩散和离子注入(Diffusion and Ion Implantation)。扩散是微电子器件的常用工艺技术,在硅材料中掺加杂质,通过控制杂质的种类和浓度,形成所需要的 N 型或 P 型导电性能,这是由扩散和离子注入过程完成的。

但物体密度分布不均匀的时候,物质就会出现迁徙的现象,或者称为扩散,是物体热运动的结果。掺杂剂以沉积膜的形式引入到衬底表面,或者把衬底放置在含有掺杂剂源的蒸汽中。该过程在升高的温度下进行,温度通常为 800~1200℃,衬底内的掺杂剂移动速率、温度、时间,和掺杂剂的扩散系数(或扩散率)以及衬底材料的类型、质量有关。通常在 1000℃的温度下,几小时的扩散过程,扩散的深度为 $1\mu m$。对于 CMOS,1150℃的温度下,16h 的扩散过程,扩散深度为 $5\mu m$。

由于扩散的性质,在基材表面掺杂剂浓度开始急剧下降。为了在衬底内获得更均匀的浓度,在称为驱动扩散的过程中进一步加热晶片,以驱动掺杂剂向内扩散。

扩散掺杂在早期应用得非常普遍,但扩散方法很难控制杂质的分布,现代采用的方法通常是离子注入。离子注入中杂质是以高能离子的形态直接注入硅等半导体材料内部,需要专门的设备，如图 6-14 所示。通过高达 100 万 eV 的高压场加速离子，然后通过滤质器，选择所需的掺杂剂来完成注入。以类似于阴极射线管的方式，光束通过多组偏转板扫过晶片，从而确保基板的均匀覆盖。完整的注入操作必须在真空中进行。

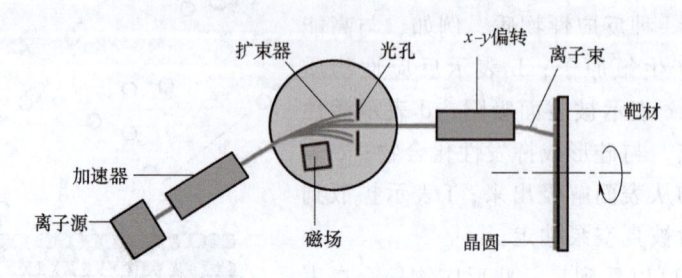

图 6-14 离子注入原理示意图

离子对硅表面的高速撞击会破坏晶格结构并导致电子迁移率降低。为了使离子注入后的基体恢复晶态，并消除辐射损伤导致的缺陷，可进行退火，将基板加热到相对较低的温度，通常为 400~800℃，持续 15~30min，退火提供了硅晶格重新排列和自我修复所需的能量。退火的另一个重要功能是驱动注入的掺杂剂。单独注入只能将掺杂剂嵌入硅表面以下不到 $0.5\mu m$；退火可使掺杂剂能够扩散到更理想的几微米深度。

炉内退火可能会导致晶体的完整性受到破坏，采用激光束或电子束退火可以对掺杂部位进行局部加热，产生局部高温以达到退火的作用。

7）测试（Testing）。器件制作完成后必须连接成具有完整且功能齐全的集成电路，这些集成电路是由具有低电阻和对介电绝缘体表面良好粘附性的金属组成。随着器件尺寸的不断缩小，铝互连越来越受到关注。电迁移是铝原子在高电流下受到漂移电子的影响而物理移动的过程。在极端情况下，电迁移会导致金属线断裂或短路。问题的解决方案：可以添加夹层金属层（如钨和钛），也可以使用纯铜，其电阻率较低，并且具有更好的电迁移性能。

这些层间电介质的平面化（即产生平面表面）对于减少金属短路和互连线宽变化至关重要。用于实现平坦表面的一种常用方法是均匀的氧化物刻蚀工艺，该工艺可以使介电层的峰谷变得平滑。然而，当今常用的平坦工艺是化学机械抛光（Chemical Mechanical Polishing，CMP），是一种基于化学反应与机械研磨结合进行的平坦化工艺，典型的 CMP 工艺将研磨介质与抛光化合物或研磨液结合在一起，将表层的凸起部分研磨掉，既有机械物理过程，又包含化学过程，研磨后加以清洗，形成大面积的光滑平坦表面。CMP 工艺可以将晶片抛光至完美平整度 $0.03\mu m$ 以内，已成为使用最广泛的平坦化工艺。

清洗完以后就是测试晶片上的每个单独电路。每个芯片由计算机控制的探针平台进行测试，该平台包含可访问芯片的针状探针，连接到芯片上的焊盘。探针一般有两种形式：

① 测试模式或结构。探针测量放置在划线（裸片之间的空白空间）中的测试结构（通常在有源裸片外部）。这些探针由晶体管和铝互连结构组成，可测量各种工艺参数，例如电阻率、接触电阻和电迁移。

② 直接探头。这种方法在每个管芯的焊盘上使用 100% 测试。该平台扫描整个晶圆并使用计算机生成的时序波形来测试每个电路是否正常运行。如果遇到有缺陷的芯片，则会用一滴墨水进行标记。晶圆级测试完成后，可能会进行背面研磨以减小原始基板厚度，最终的芯片厚度取决于封装要求，通常去除晶圆厚度的 25%~75%。背面研磨后，每个芯片都与晶

圆分离。然后对芯片进行分类，分出可以用于封装的功能性芯片和带墨标记废芯片。

8）键合与封装（Wire Bonding and Packaging）。键合是指将晶圆芯片固定在基板上，以确保工作的可靠性。一种简单的键合方法是用环氧树脂将芯片固定到材料上；另一种方法是通过加热金属合金达成共晶键合，具体来说是将某些共晶合金作为中间层，通过加热使材料熔融。共晶体是两种金属以晶粒形式互相固溶、结合产生的混合物。在加热熔融时，混合物的熔融温度远低于各自单独纯元素的熔融温度，这个温度称之为共晶温度，在共晶温度下可形成共晶合金；温度降低时，共晶合金交替析出各自固态金属，使得两种金属牢固地结合在一起。共晶键合广泛使用的是 Au-Si 混合物，其体积分数分别是 96.4% 的 Au 和 3.6% 的 Si。

封装过程在很大程度上决定了每个完整 IC 的总成本，电路封装的考虑因素包括芯片尺寸、外部引线数量、工作环境、散热和功率要求。例如，用于军事和工业应用的 IC 需要具有特别高强度、韧性和耐高温性的封装。封装由聚合物、金属、或陶瓷制成。陶瓷封装通常由氧化铝（Al_2O_3）制成，具有良好的导热性，但引脚数比金属封装高，比较昂贵。塑料封装价格低廉且引脚数高，但它们具有高耐热性和散热性。陶瓷封装设计用于更宽的温度范围以及高可靠性和军事应用，其成本远高于塑料封装。封装的电路和其他分立器件被焊接到印刷电路板上进行最终安装。

2. 微机电系统制造

之前讨论了集成电路的制造以及纯粹根据电气或电子原理工作的产品，称为微电子设备，实际应用当中存在大量具有机械性质且尺寸与微电子器件相似的器件，统称为微机电系统（Micro Electro Mechanical System，MEMS），可概括为批量制造的，集微型机构、微型传感器、微型执行器以及信号处理和控制电路，甚至外围接口、通信电路和电源于一体的微型器件或系统。微电子设备是基于半导体材料，而微机电设备和 MEMS 的材料不一定是硅，可以是其他材料。

MEMS 制造技术方法主要包括：体硅微加工（Bulk Microfabrication）、表面硅微加工（Surface Microfabrication）、LIGA 微加工，以及后面出现的微立体光刻和电化学制造。

（1）体硅微加工（Bulk Microfabrication） 20 世纪 80 年代初，体硅微加工是最常用的微米级加工方法。该工艺在单晶硅上使用各向异性刻蚀，这种方法依赖于向下刻蚀到表面并在某些晶面、掺杂区域和可刻蚀膜上停止，以形成所需的特殊结构。典型的例子就是悬臂结构，如图 6-15 所示。使用前述中的掩膜技术，通过硼掺杂将 n 型硅衬底的矩形贴片更改为 p 型硅。氢氧化钾等刻蚀剂无法去除重度硼掺杂的硅；因此，该贴片将不会被刻蚀。然后制作一个掩膜，例如在硅上使用氮化硅。当用氢氧化钾刻蚀时，未掺杂的硅将被迅速去除，而掩膜和掺杂的贴片基本上不受影响。暴露的 n 型硅衬底将被刻蚀，由于各项异性，进行到（111）晶面时停止。

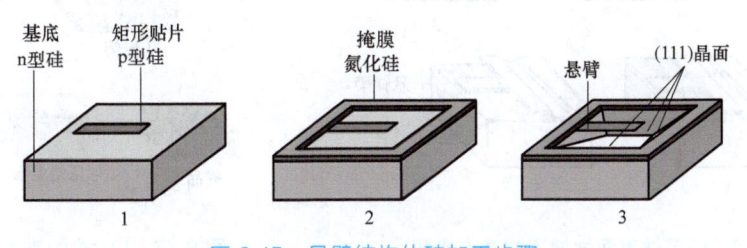

图 6-15　悬臂结构体硅加工步骤

（2）表面硅微加工（Surface Microfabrication） 体硅微加工对于生产形状简单的微器件很有用。但它仅限于单晶材料，因为当使用湿刻蚀时，多晶材料不会在不同方向上以不同速度加工，即不具备各向异性，而 MEMS 应用时大多为其他多种材料，这样的情况下出现了表面硅微加工工艺，也称为牺牲层工艺。图 6-16 所示为硅器件表面微加工的基本步骤。隔离层或牺牲层沉积在涂有薄介电层（称为隔离或缓冲层）的硅衬底上。通过化学气相沉积的磷硅酸盐玻璃（PSG）是最常见的牺牲层材料。图 6-16 中的步骤 2 显示了在应用掩膜和刻蚀后的牺牲层。在牺牲层上沉积结构薄膜；薄膜可以是多晶硅、金属、金属合金或电介质（图 6-16 中的步骤 3）。然后通常通过干刻蚀对结构膜进行图案化，以确保垂直壁和加工精度（图 6-16 中的步骤 4）。最后，再进行湿刻蚀，把牺牲层去除掉，留下了一个独立的悬梁臂结构（图 6-16 中的步骤 5）。注意，在图案化之前，必须对晶片进行退火以去除沉积金属中的残余应力；否则一旦去除牺牲层，结构膜将严重翘曲。

（3）LIGA 微加工工艺 LIGA 是光刻、电铸和压塑成形工艺的德语首字母缩写词（德语为 Lithographie、Galvanoformung、Abformung）。其核心是利用光刻技术制备掩膜版，得到微细图案后，用电铸的方法"长出"与掩膜反型的微细结构模具，然后用压铸和注塑的方法获得 3D 的微细结构。LIGA 采用的曝光源是 X 射线，X 射线具有非常强的穿透力，可以获得毫米量级的深度曝光，同时在横向尺度的分辨率能够保持微米级，采用电铸的方法来制备压塑模具，所以可以制造大深宽比的结构，深度可以是图形横向尺寸的 100 倍以上。压塑的材料范围广泛，不仅有前面所述的硅等半导体材料，还可以包括金属、塑料、玻璃等，在微机械加工，MEMS 系统制造等领域有广阔的应用前景。

LIGA 的基本加工步骤，如图 6-17 所示。将聚甲基丙烯酸甲酯（PMMA，通常高达数百微米的光刻胶）涂敷在主基板上→将 PMMA 暴露在柱状 X 射线下进行曝光、显影→电铸（其

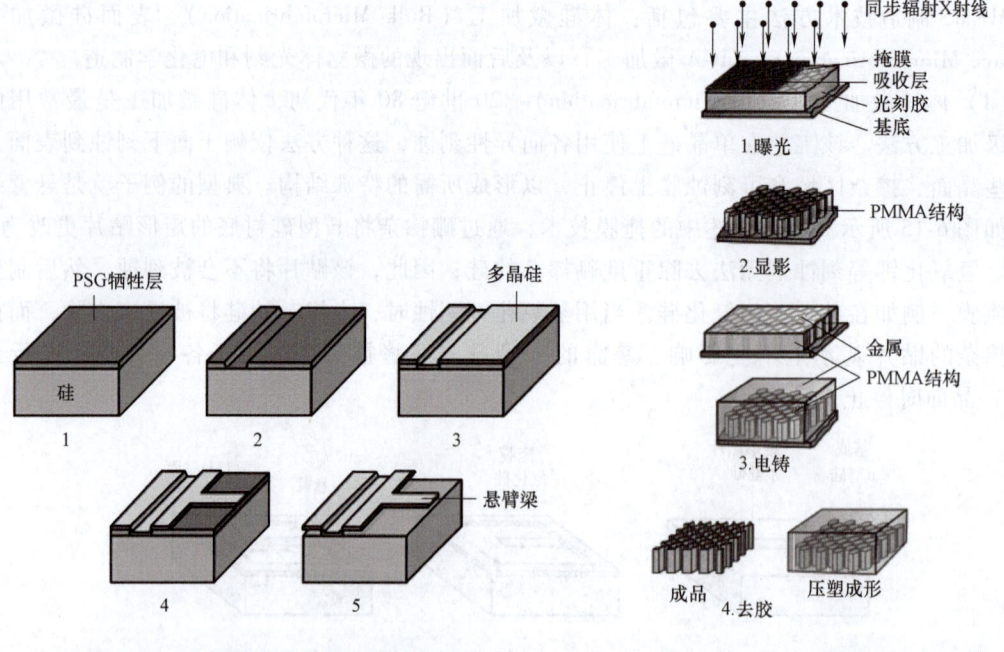

图 6-16 硅器件表面微加工的基本步骤

图 6-17 LIGA 的基本加工步骤

实是一种电镀技术），将光刻以后得到的光刻胶掩膜固定在一个导电的电极基板上，通过沉积的方法覆盖一层金属层，然后电镀到一定的厚度，得到后续压铸或注塑所使用的模具→去除光刻胶，形成独立的金属模具→进行压塑成形。

LIGA 中使用的基板是导体或导体涂层绝缘体。主要基板材料包括奥氏体钢板、硅片、镀钛层、铜镀金、钛或镍，另外也可使用镀金属陶瓷和玻璃。表面可以通过喷砂进行粗糙化，使得抗蚀剂材料具有良好的附着力。

光刻胶必须具有高 X 射线敏感性，最常见的光刻胶材料是 PMMA，其具有非常高的分子量。在 X 射线的照射下会释放出大量游离的小分子，在显影过程中，小分子被腐蚀去除。显影后，剩余的三维结构被冲洗和干燥。显影采用的溶液要求只溶解曝光部分的 PMMA，对未曝光部分的溶解度越小越好，显影液的组成成分为 60% 的二乙二醇丁醚醋酸酯、20% 的四氢-1,4 恶嗪、5% 的二乙醇胺和 15% 的去离子水，相应的清洗溶液为 80% 的二乙二醇丁醚醋酸酯和 20% 的水。

LIGA 还有一种形式是 UV-LIGA（紫外准光刻 LIGA 技术），其利用紫外光来进行光刻，采用深层刻蚀工艺，也可制造非硅材料的高深宽比微细结构，虽然高深宽比和结构精度达不到 X 射线 LIGA 技术的水平，但加工时间短、成本低，能够满足微机械的制造要求。

在电沉积当中电镀的金属通常是镍。镍沉积在基材的暴露区域，填充 PMMA 结构，甚至可以覆盖抗蚀剂（图 6-17）。镍是首选材料，因为电镀相对容易且沉积速率控制良好。也可以实现镍的化学镀，并且镍可以直接沉积到电绝缘基材上。

LIGA 在加工高纵横比厚的机械结构时有明显的优点，能够加工复杂的微机械机构，但由于 X 射线同步辐射比较昂贵，工艺的应用受到限制。

（4）微立体光刻　微立体光刻类似于快速成型制造中的立体光刻，是在传统的快速成型工艺——立体光固化成型（Stereo Lithography，SL）基础上发展起来的一种新型微细加工技术。与传统的 SL 工艺相比，它采用更小的激光光斑（几个微米），树脂在非常小的面积发生光固化反应，微立体光刻采用的层厚通常是 $1 \sim 10 \mu m$。传统立体光刻层厚在 $75 \sim 500 \mu m$ 之间，激光点聚焦到 $0.05 \sim 0.25 mm$ 直径，微立体光刻使用与立体光刻方法基本相同的方法。但是，这两种工艺之间存在以下重要差异：

1）激光聚焦度更高（直径小至 $1 \mu m$）。
2）层厚度约为 $10 \mu m$。
3）所使用的光聚合物必须具有低得多的黏度以确保形成均匀的层。
4）在微立体光刻中不需要支撑结构，因为较小的结构可以由流体支撑。
5）具有大量金属和陶瓷成分的部件，可以通过将纳米颗粒悬浮在液体光聚合物中来生产。

虽然微立体光刻技术具有许多成本优势，但通过这种方法制造的 MEMS 器件目前难以与控制电路集成。

（5）电化学制造　电化学制造也称为即时掩膜，是一种用于生产 MEMS 器件的技术，使用即时掩膜的 MEMS 器件的固体自由形式制造被称为电化学制造（EFAB）。如图 6-18 所示，步骤 1，弹性材料掩膜首先通过常规光刻技术生产；步骤 2，在电极定位槽中将掩膜压在基底上，使弹性体贴合基底并排除接触区域中的电镀溶液，进行电沉积，可以观察到，电沉积只能发生在未被掩蔽的区域；步骤 3，最终产生掩膜的镜像。通过使用由第二种材料制成的牺牲填料，即时掩膜技术可以产生复杂的三维形状，包括悬垂、拱形等其他特征。

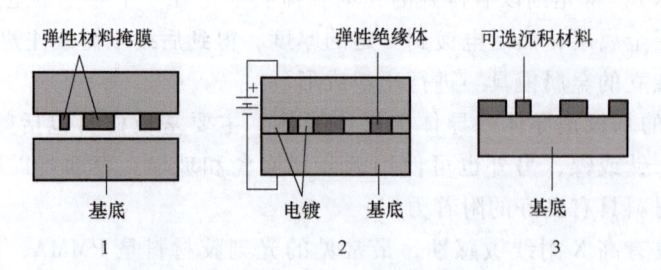

图 6-18 MEMS 中的即时掩膜技术

6.4.3 微细加工技术的应用

微细加工技术最典型的应用是大规模和超大规模集成电路的加工制造，在其制造过程中，从制备晶片和掩膜开始，经历多次氧化、光刻（曝光）、刻蚀、外延、注入（或扩散）等复杂工序，以及划片、引线焊接、封装、检测等一系列工作，直到最后得到成品，每道工序都要采用微细加工技术。在集成电路制造中，横向微细加工技术主要包括：图形设计、图形产生和刻蚀。其中集成电路的图形线条的产生随着线条宽度的变细和加工工艺的微细化发展，在做各种金属薄膜、介质薄膜、多晶体、各种掺杂或不掺杂半导体、多元化合物半导体薄层时，主要运用了纵向微细加工技术，包括蒸发、溅射、高压氧化、减压化学气相沉积（减压CVD）、热扩散、离子注入和退火、气相或液相外延、分子束外延等。

利用微细加工技术，可以将机载产品的硬件比例大幅缩小，以满足其体积小、重量轻的空间特殊要求。目前已有大量的微型机械或微型系统被研发出来，如用于航空航天、汽车工业、医疗器械、军事武器、机器人等领域的各种微型压力传感器、加速度传感器、温度传感器、智能传感器；用于军事领域的微型机器人、飞行器；用于医疗卫生领域的微型泵、微型阀等手术器械；用于航空航天工业和军事工业的微型开关；用于计算机、核工业的各种微型喷嘴；用于仪器仪表、计算机和机械工业的微型零件、微型电动机、微型发动机等微执行机构等，这些都是采用现代微细加工技术的产物。随着微细加工技术研究的不断深入，将来会有更多类的微机械机电产品被研制出来并投入使用。

6.5 纳米制造技术

在纳米制造中，零件是在纳米长度尺度上生产的。该术语通常指微米级以下或长度在 10^{-6}~10^{-9}m 之间的制造策略，一般指 0.1~100nm 的加工。纳米加工和传统的切削、磨削加工完全不同，要得到 1nm 的加工精度，加工的最小单位必须在亚纳米级，纳米级加工实际上是以一个个原子或分子作为加工对象，其机理就是要切断原子间的结合，实现原子或分子的去除。

纳米制造采用两种加工类型：自上而下和自下而上。自上而下的方法是使用大型构建块和各种制造工艺（例如光刻、湿法和等离子刻蚀）来构建更小的特征和产品（微处理器、传感器和探针），相当于一种去除材料加工。在另一方面，自下而上的方式使用小的构建块（例如原子、分子或原子和分子的簇）来构建结构。理论上，自下而上的方法类似于增材制造技术，只是自下而上的纳米制造方法是在原子或分子尺度上进行操作和构建产品。

目前纳米制造方法可按以下几个方面划分：

（1）传统加工的超精密化　例如超精密切削、超精密磨削、超精密研磨和超精密抛光等。

（2）传统加工的超微细化　例如高能束加工、光刻和 LIGA 技术等。它包括各种形式的光刻技术，例如电子束光刻、离子束光刻、纳米压印光刻等。其中，纳米压印技术不通过光或高能粒子的曝光过程，而将微细图形通过模具压制复型工艺直接转移到芯片上的窗口形式的掩膜层上，实现光刻的图形转移功能。其最佳的分辨率已达到 5nm。

（3）扫描探针显微加工　扫描探针显微加工（Scanning Probe Microscope，SPM）包括扫描隧道显微（Scanning Tunneling Microscope，STM）加工和原子力显微（Atomic Force Microscope，AFM）加工，可对原子进行操纵。

（4）纳米生物加工　纳米生物加工利用微生物加工金属等材料，有去除、约束和自生产三种形式。

6.5.1　纳米制造的典型加工方法

扫描探针显微加工方法包括扫描隧道显微加工、原子力显微加工、蘸笔纳米光刻等。

（1）扫描隧道显微加工（STM）　扫描隧道显微镜是 1981 年由 IBM 瑞士苏黎世实验室的 G. Binnig 和 H. Rohrer 发明，用于观察物体表面 0.1nm 级的表面形貌，其原理是基于量子力学的隧道效应，即当两个互不接触的电极之间的距离缩短到 1nm 以内时，会产生隧道电流，电流的大小和距离有关。根据这一原理，可以用来检测物体表面的形貌。在检测的过程中发现，可以利用探针来搬迁、去除、增添和排列重组单个原子和分子，实现原子级的精密加工，也可以直接用于光刻技术，局部阳极氧化、纳米点沉积，以及三维立体纳米微结构的自组装。

1）原子搬迁和排列重组。如图 6-19 所示，当探针对准物体表面的原子距离非常近且保持不接触的状态时，该原子受到探针尖端原子对它的原子间作用力，同时也受到本身相邻原子对它的原子间结合力，当距离足够小时，原子间的作用力将大于原子间结合力，因此该原子将脱离原来表面，而跟随探针尖端移动，根据此原理，可实现原子的搬迁和排列重组。1990 年，美国 IBM 公司首次在超真空和液氦温度（4.2K）的条件下，用 STM 将吸附在 Ni 表面的 35 个氙原子，逐一进

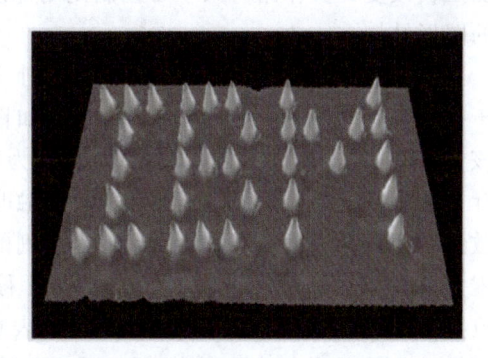

图 6-19　原子搬迁 IBM 字母形状

行搬迁，排列成了 IBM 三个字母，每个字母高 5nm，原子间的最短距离约为 1nm。

2）原子的去除和增添。当探针对准物体表面的某个原子时，如果加上电偏压或脉冲电压，该原子将电离成离子而被电场蒸发。在脉冲电压的情况下，也可以从探针尖端发射原子，实现原子增添。

3）纳米光刻。扫描隧道显微技术可以用于纳米光刻。从扫描隧道显微镜出来的隧道电流（即电子束）在偏压的控制下，可使针尖处的电子束聚焦到极细，光斑直径极小，照射

到光刻胶上面，获得非常精细的图案。美国 IBM 公司 McCord 等在 Si 表面进行光刻加工，获得线宽为 10nm 的图形。

4）局部阳极氧化。扫描隧道显微镜工作时，针尖和工件表面之间存在隧道电流和电化学产生的法拉第电流，当偏压电压为正时，针尖为阴极，工件表面为阳极，吸附在工件表面的水分子提供氧化所需要的 HO^{-1} 离子。阳极氧化区域的大小和深度会受到针尖的尖锐度、偏压大小、环境湿度以及扫描速度的影响，控制上述因素，可以加工出细致均匀的氧化结构。

5）纳米点沉积。在一定的脉冲电压作用下，扫描探针针尖材料的原子可以迁移并沉积在工件表面，形成纳米点。改变脉冲电压和次数，可以控制形成的纳米点的尺寸大小。

6）三维立体纳米微结构的自组装。当温度升高，扫描探针针尖的强电场可以将工件表面的原子聚集到针尖下方，自组装成三维立体微结构。日本某电子公司通过增大 STM 针尖和工件 Si 表面之间的负偏压，将环境温度控制在 600℃，使工件表面的 Si 原子聚集到 STM 的针尖下，自组装成了纳米尺度的六边形 Si 金字塔。

（2）原子力显微加工　原子力显微加工主要使用原子力显微镜（AFM）在纳米尺度上操纵材料。扫描隧道显微镜依靠隧道电流进行测量，不能用于非导体的材料，1986 年，G. Binnig 发明了依靠探针和物体表面间的原子作用来测量物体表面的形貌。当原子间距离缩小到 0.1nm 数量级时，原子间的相互作用力就表现出来了。原子间的距离小于原子直径时，作用力为排斥力。AFM 通常采用原子之间的排斥力来测量，当探针扫描物体表面时，保持探针和被测表面间的排斥力恒定，探针扫描时的纵向位移即被测表面的形貌。探针通常是用悬臂方式装在一个微力传感器弹簧片上，探头安装在显微镜中，激光通过探头背面的镜子被反射到一组光电传感器上。悬臂的任何垂直或扭转偏转都被记录为光电传感器上的电压变化。原子力显微镜具有真正的原子分辨率（$1×10^{-10}$m）。

原子力显微镜使用高硬度金刚石或 Si_3N_4 探针尖，可在工件表面直接进行纳米级的刻划加工，改变针尖作用力大小可控制刻划深度，按指令结构图形进行扫描，即可刻划出所要求的图形结构。

（3）蘸笔纳米光刻　蘸笔纳米光刻（DPN）是基于扫描探针显微镜的纳米加工技术，如图 6-20 所示。该方法利用原子力显微镜（AFM）探针为"笔"，在探针上蘸有特殊的"墨水"，当与表面接触时，墨水会扩散到基底材料表面而沉积。蘸笔纳米光刻的具体工作过程为首先将探针蘸上墨水，然后将探针移到画图形的位置，移动探针，在探针针尖和工件表面足够近时，探针针尖的墨水与表面接触，由于毛细管作用墨水依附在材料表面，根据扫描的路径，形成图案。

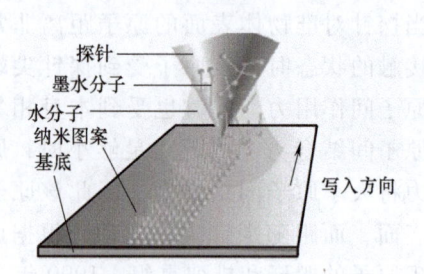

图 6-20　蘸笔纳米光刻原理图

蘸笔纳米光刻中选择合适的墨水非常重要，墨水必须和基底材料有亲和作用，能够通过化学吸附作用在基底材料表面形成稳定的单分子层。影响图形分辨率的因素主要有：表面晶柱尺寸、表面化学吸附性、探针驻留时间和环境温度。DPN 的最好分辨率可以达到 10～15nm。理论上讲，任何能与基底材料表面形成自组装分子层的化学物质都可以用来当作墨水，这些材料包括聚合物、胶体纳米颗粒（如磁性纳米晶体，碳纳米管）、溶胶-凝胶前体、有机小分子、生物分子（蛋白质和 DNA），甚至单个病毒颗粒和细菌。由此可见，DPN 技术在生物化学纳米图形制作上将有更大的发展。

6.5.2 纳米制造技术的应用

（1）汽车产业　纳米制造技术在汽车产业的应用十分广泛。应用纳米技术可以提高汽车的安全、轻质、环保等性能。由于纳米材料比表面积大、催化效率高等特点，在汽车尾气及车内空气净化方面应用纳米技术，将使排放的气体更清洁、更环保。发动机应用纳米陶瓷复合材料，将使发动机更坚固，使用寿命更长。在安全防护方面，应用纳米力敏传感材料、汽车防腐底漆、自清洁功能面漆及纳米改性高分子材料，可以显著地提高汽车寿命，改善汽车的安全和防腐耐磨性能。在各类电动机中，应用的新型纳米稀土永磁材料以及汽车动力应用的纳米太阳能电池，将进一步降低能耗，使能源更清洁，动力更强劲。

（2）建筑行业　纳米材料以其特有的光、电、磁等性能为建筑材料的发展带来一次前所未有的革命，未来可移动的整体房屋可以用纳米复合材料建造，包括轻质高强度的墙体、门窗、管材、环保涂料、屋面材料、太阳能电池、通风及给排水净化系统等。具有自清洁功能的纳米抗菌防腐涂料，对墙体有更牢固的附着力，并且易于清洁，能有效地抑制细菌、霉菌的生长，分解空气中的有机物，去除臭味，净化空气中的有害气体，增加空气中的负离子浓度，从而达到清洁空气等功效。利用纳米技术开发的纳米导电涂料，可用于储油罐、机房等设施的防静电处理。利用纳米材料屏蔽紫外线的功能可大大提高聚氯乙烯（PVC）塑钢门窗的抗老化性能，增加使用寿命。

（3）机械行业　金属材料的晶粒细化和纳米化，尤其是强机械力作用下的材料表层晶粒的纳米化，可制成高强度或者高耐磨损性的金属纳米材料，可用于制造阀门轴承及高强度耐磨损部件。金属材料的表面纳米化能够明显地提高金属材料（如铜、铁、低碳钢和不锈钢等）的力学和化学性能，而又不损害材料的韧性。

（4）电子信息行业　在电子信息行业，应用纳米技术制造出的基于量子效应的新型纳米器件将克服电子信息产业发展中的局限，这包括以强场效应、量子隧穿效应等为代表的物理限制，以功耗、互联延迟、光刻等为代表的技术限制，以及制造成本昂贵、用户难以承受的经济限制。具有量子效应的纳米信息材料将提供不同于传统器件的全新功能。

（5）生物医药行业　纳米技术将在生物医学、药学、人类健康等生命科学领域有重大应用。随着纳米技术在生物医学领域的发展，它对疾病（特别是重大疾病）的早期诊断和治疗将产生深远的影响。例如，采用可植入性和弥补性生物相容材料、诊断器件以及治疗技术等。纳米材料将有更多的机会应用于药物输运、诊断和治疗系统，因此纳米生物技术具有重要的社会与经济前景。

（6）能源行业　纳米能源技术的开发，将在一定程度上缓解世界能源短缺的现状，提高现有能源的使用效率，为世界的可持续发展提供新的动力。纳米材料和技术将在低成本固态太阳能电池、高性能可充电电池（含超级电容器）和温差电池、燃料电池等方面取得实质性进展。纳米太阳能电池材料、高效储能材料、热电转换材料有可能解决日益严重的能源危机。

6.6 高能束加工技术

高能束加工是指利用能量密度很高的激光束、电子束或离子束等去除工件材料的特种加工方法的总称。其偏转扫描柔性好、无惯性，能实现全方位加工。高能束加工属于非接触加工，无加工变形，而且几乎可以对任何材料进行加工。

6.6.1 激光加工

随着 20 世纪 60 年代世界第一台红宝石激光器的出现，预示着一种新的加工方法的产生——激光加工（Laser Beam Machining，LBD）。由于激光加工不需要加工工具，加工速度快，和工件无接触，表面变形小，可以加工任何材料，容易实现自动化控制，因此它是应用最为广泛和活跃的加工技术之一，具有柔性、高效、高质量的优势，应用在几乎所有加工制造领域，在减量化、轻量化、再制造、节能、环保等方面发挥着越来越重要的作用。

1. 激光加工机理

激光（Laser），是 Light Amplification by Stimulated Emission of Radiation 的缩写，原子中的电子受激后吸收能量从低能级跃迁到高能级，再从高能级回落到低能级的时候，所释放的能量以光子的形式放出，激光是一种通过受激辐射而得到的放大的光，具有相同的频率、方向、偏振状态和位相关系。普通光源是一种由大量原子向任意方向无规律地自发辐射的光，波长和相位都杂乱无章，且持续时间极短，不能作为加工光源。

原子由原子核和电子组成，电子在一定的轨道绕原子核转动，具有动能，同时，电子受到原子核的吸引，具有一定的势能，两种能量的和称为原子的内能。原子的内能大小导致了低能级和高能级之分，一般原子总是处于低能级状态，这种状态称为基态。当受到外界光的照射，原子的内能增加，外层的电子轨道半径增大，原子处于高能级状态，原子被激发到高能级，这种状态称为激发态或高能态。基态能量为 E_1，激发后为 E_2（高能态）。高能态的原子不稳定，总想回到低能态，原子从高能态回到低能态，称为跃迁。通常情况，原子位于低能态。部分原子，如氦原子、二氧化碳分子以及氩、氪、氙等，在外来能量的激发下，高能态的原子数大于低能态的原子数，处于亚稳态能级，称为粒子的反转，在这种情况下，如果受到外来光的刺激，高能级的粒子会发生跃迁，从高能级 E_2 跃迁到低能级 E_1 上，能量差以光的形式辐射出来，这种发光过程称为受激辐射。受激辐射出来的光在激光器的共振腔内振荡放大，形成激光，透过激光器的小孔发射出来。

激光为受激辐射，和普通光相比，激光具有以下特性：

1）单色性好，具有确定的波长和频率。

2）亮度大，激光发射时间短，发光面积小，发光立体角小，发光强度非常高。

3）方向性好，激光的发散角非常小，可达 0.1mrad，几乎是沿着平行方向发射，光束直径可小于 $10\mu m$。

4）相干性好，从激光器中发射出来的光量子由于共振原理，在波长、频率、偏振方向上都是一致的，所以与普通光源相比，激光的相干性要强很多。

当高能光束的激光照射到加工表面时，一部分光被反射，一部分光被吸收。工件材料对激光的吸收由吸收系数决定，它取决于材料的种类、特性、温度、表面状态以及激光波长。被吸收的光转换成热能，由于激光斑点小，激光能量密度高，被照射的区域温度迅速升高，工件材料熔化或汽化形成小凹坑，由于热传导，激光斑点的金属继续熔化，汽化的金属蒸汽迅速膨胀，熔融物质被喷出，同时还会有冲击波的产生，这样会在被加工表面打出一个凹坑。

在这个过程中，激光与材料发生的相互作用非常复杂，在极短时间和极小范围内，受激光烧蚀的材料发生熔融、汽化、光化学反应、等离子体的形成，材料的光学属性和热力学属性也都会发生极大的改变。分子动力学模拟仿真对于揭示激光蚀除机制是一个非常有效的手段，大量分子动力学模拟仿真研究表明，激光蚀除机制受激光辐射参数（波长、激光强度、脉宽）、材料特性、加工条件和环境的影响，主要决定因素在于激光的波长和脉宽。机光蚀除机制可分为光热效应、光机械效应和光化学效应。

2. 激光加工设备

激光加工的设备主要由激光器、电源、光学系统和机械系统组成。激光器是激光加工的主要设备，它通过把光能转换成热能，产生高能束激光。电源为激光器提供能源，并提供电压控制、储能电容组、时间控制器和触发器。光学系统主要包括聚焦系统、观察瞄准系统和显示系统。机械系统为整个加工设备的总成，包括床身、移动的工作台、机电控制系统等，整个系统由计算机控制，能够实现数控操作。

激光器可分为固体激光器、液体激光器、气体激光器和半导体激光器，常用的激光器为固体激光器和气体激光器。

（1）固体激光器　固体激光器主要由工作物质、激励能源、聚光器、谐振腔组成。常用的工作物质有红宝石、钕玻璃、掺钕钇铝石榴石（YAG）、二氧化碳等。激励能源主体部分为光泵、脉冲氪灯或者脉冲氙灯，工作物质受到光泵的激发后，吸收能量的电子变迁到高能级，工作物质的亚稳态粒子数大于低能级粒子数，发生粒子数反转。聚光器的作用是把氙灯发出的光聚集在工作物质上，一般为圆柱形或椭圆形，内壁的表面粗糙度保持 $Ra = 0.025\mu m$。谐振腔又称光学谐振腔，在工作物质两端各加一块相互平行的反射镜，一块为全反射镜，另一块为部分反射镜，当部分反射镜的反射率和谐振腔的长度匹配时，可使激发的光子在输出轴方向上多次往复反射，发生光学谐振，从部分反射镜一端输出单色性和方向性好的激光。激光器结构图如图6-21所示。

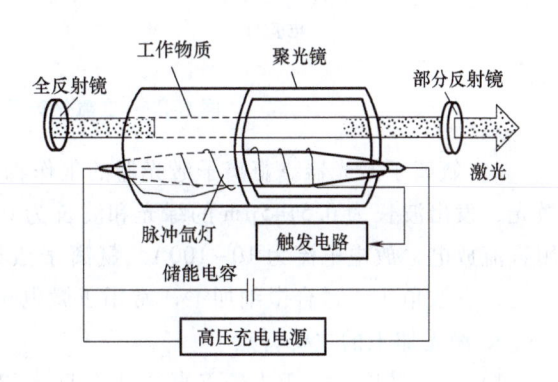

图6-21　激光器结构示意图

1）红宝石激光器。红宝石激光器的工作物质是掺杂0.05%氧化铬的氧化铝晶体，波长为 $0.6943\mu m$ 的红外激光，一般为脉冲输出，工作频率小于1次/秒，相干性好，比较稳定，在激光加工发展初期用得较多，现在大多已被钕玻激光器和掺钕钇铝石榴石激光器所代替。

2）钕玻激光器。钕玻激光器的工作物质是掺有1%~5%氧化钕（Nd_2O_3）的非晶体硅酸盐玻璃，波长为 $1.06\mu m$ 的红外激光，一般为脉冲输出，工作频率为几次/秒，效率可达2%~3%，广泛用于打孔、切割、焊接等工作。

3）掺钕钇铝石榴石激光器。掺钕钇铝石榴石激光器的工作物质为掺有1.5%左右钕的钇铝石榴石晶体，波长为 $1.06\mu m$ 的红外激光。钇铝石榴石的热物性好，导热性比较好，热膨胀系数小，效率可达3%。可以脉冲输出，工作频率可达10~100次/秒，也可以连续方式输出，输出功率可以达到几百瓦。广泛用于打孔、切割、焊接、微调等工作。

(2) 气体激光器 常用的气体激光器有二氧化碳激光器、氩离子激光器等。气体激光器效率高，连续输出功率大，广泛用于切割、焊接、热处理等加工。

1) 二氧化碳激光器。二氧化碳激光器的工作物质为二氧化碳，波长为 10.6μm 的红外激光，效率可达 20% 以上，一般为连续输出工作方式，输出功率可达几万瓦。图 6-22 所示为二氧化碳激光器的结构示意图，它主要由放电管、谐振腔、冷却系统和激励电源组成。放电管为硬质玻璃管，输出功率和玻璃管的长度成正比。构成谐振腔的反射镜放在腔体两端可供调节的腔片架上，腔体多采用平凹腔。凹面镜为全反射镜，平面镜为输出端反射镜。全反射镜一般为金属膜。输出端的形式一般是在全反射镜的中心开一小孔，外面再贴上能透过红外波长的红外材料，激光可以从这里透视出去。激励电源和普通激光器相同，采用射频电源、直流电源、交流电源和脉冲电源，通过正、负电极接入二氧化碳激光器。

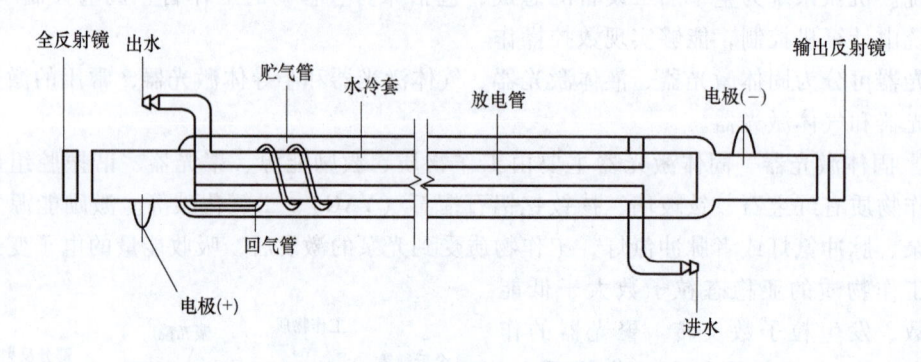

图 6-22 二氧化碳激光器的结构示意图

2) 氩离子激光器。氩离子激光器的工作物质为氩气，通过气体放电，粒子数反转产生激光，发出波长为 0.5145μm 的绿光和波长为 0.4880μm 的青光，效率仅为 0.05% 左右，采用直流放电，放电电流为 10~100A。氩离子激光器虽然效率比较低，但发射出来的激光波长短，发散角小，适合微细加工，常用于微电子行业中的刻蚀。

3. 激光加工的主要特点

1) 加工精度高。激光斑点直径可达 1μm 以下，加工中无须和工件材料接触，无切削力作用，热作用范围小，变形小，表面质量高。

2) 加工材料范围广。可加工陶瓷、玻璃、宝石、金刚石、硬质合金等各种金属和非金属材料，适合硬脆材料加工。

3) 加工性能好。可进行打孔、切槽、表面改性、焊接等多种加工，并可透过透明材料加工。

4) 加工速度快。易采用全自动化控制，生产率高。

4. 激光加工的应用

激光加工的应用非常广泛，其中最为成熟的工艺有打孔、切割、焊接、表面改性等，在快速成型制造以及微纳米加工等方面得到迅速发展。在此着重介绍激光打孔、激光切割、激光焊接和激光表面改性技术。

(1) 激光打孔 激光打孔在激光加工应用最为广泛，激光可以在任何材料上打孔，目前已应用于火箭发动机和柴油机的燃料喷嘴、飞机机翼、化学纤维喷丝板打孔，钟表及宝石轴承打孔，以及集成电路陶瓷衬套等硬脆材料的打孔。和传统打孔工艺相比，激光打孔的优点主要在于：

1）可进行微细打孔，孔径可以达到微米级。
2）可加工深径比大的微小孔，深径比可达 100∶1。
3）可加工异形孔。
4）加工材料广、加工效率高。

（2）激光切割　激光切割的原理和激光打孔的原理基本相同，利用高功率密度激光束照射被切割材料，使材料很快被加热熔化甚至汽化，形成孔洞，随着光束对材料的移动或者工件相对光束的移动，完成对材料的切割。激光切口边缘光滑整齐，无须后续清洗和打磨。激光诱导的分离过程产生高强、自然回火边缘，无微小裂纹，对切割材料无机械冲击和压力，特别适合硬脆材料的切割。

切割金属材料时，通常在激光束同轴方向上供给惰性气体（如氮气或氩气）。激光束产生的热量形成熔化层，在来自喷嘴的高压气体作用下，向下喷射，穿过切口。熔切可用于切割厚达 25mm 的碳素钢。如果同轴方向供给的是氧气，可以提高切割速度，表面粗糙度也有明显改善，利用激光束结合氧气将材料加热至燃点。当激光束产生的热量将基材表面熔化时，气体与材料产生放热反应，并产生额外的热量源，以形成氧化层或熔渣。随着气流将熔渣从材料的底部吹出，切口随即形成。这也称为激光火焰切割，通常用于在相对较快的速度下切割合金钢，切割厚度可达 40mm。

（3）激光焊接　激光焊接采用激光作为焊接热源，机器人作为运动系统。当激光光斑上的功率密度足够大（$>10^6 W/cm^2$）时，工件表面吸收能量迅速熔化或汽化，工作区的材料被烧熔粘合形成焊接接头。

从原理来讲激光焊接可分为两种形式：一种是传导焊，另一种是深度熔焊。传导焊的激光能量密度在 $10^5 \sim 10^6 W/cm^2$ 之间，吸收的能量以热传导的形式向工件内部传播，使材料表面发生熔化，所形成的焊缝为半圆形。如果激光能量密度达到 $10^7 W/cm^2$，金属在激光的照射下迅速加热，其表面温度在极短的时间内升高至沸点，金属发生气化。金属蒸气以一定的速度离开金属熔池的表面，产生一个附加应力反作用于熔化的金属，使其向下凹陷，在激光斑下产生一个小凹坑。随着加热过程的进行，激光可以直接射入坑底，形成一个细长的"小孔"。光斑密度很大时，所产生的小孔将贯穿于整个板厚，形成深穿透焊缝。小孔随着光束沿着焊接方向前进。金属在小孔前方熔化，绕过小孔流向后方，重新凝固形成焊缝。

激光焊接具有很多优点，能量密度高，适合高速焊接。焊接时间短、材料本身的热变形及热影响区小，尤其适合高熔点、高硬度加工。激光焊接无焊渣，对环境无污染，且可以通过光纤实现远距离、普通方法难以达到的部位、多路同时或分时的焊接。

（4）激光表面改性　激光表面改性技术是表面工程制造中极具应用潜力的制造技术，表面改性技术采用物理、化学、电学、光学等知识，改变材料或工件表面的化学成分或组织结构，使其表面具有耐高温、防腐蚀、耐磨损、抗疲劳、抗冲击、防辐射、导电、导磁等性能，已经成为了一门独立的表面工程技术，出现了表面改性、表面处理、表面加工、表面涂层以及表面清洁技术。常见的激光表面改性技术有激光淬火、激光熔凝、激光合金化、激光熔覆及激光冲击强化等，其中最具代表性的表面改性技术有激光淬火、激光熔覆及激光冲击强化。

1）激光淬火。激光淬火又称激光表面热处理，是利用聚焦后的激光束作为热源照射在待处理工件表面，使其需要硬化部位温度瞬间急剧上升而形成奥氏体，随后经快速冷却获得晶粒细的马氏体或其他组织淬硬层的热处理加工技术。它与传统淬火后马氏体形成的机理类似，都是通过加热和迅速冷却，常规淬火后的组织是通过冷却介质（水或油）快速冷却，而激光淬火是铁基合金在激光停止照射后，利用金属本身的热传导发生"自淬火"而得到马氏体组织。处理后的工件表面硬度比常规淬火高 15%～20%，可获得极细的硬化组织，耐磨性也得到很大的提高，而且激光加热速度快，因而热影响区小、变形小、表面粗糙度等级高。工件处理后不需要修磨，可加工复杂零件，对零件的尺寸、大小及表面都没有严格的限制。无需水等任何介质，是清洁、绿色的加工方式。

2）激光熔覆。激光熔覆（Laser Cladding）也称激光熔敷或激光包覆。激光熔覆技术是指以不同的填料方式在被涂覆基体表面上放置选择的涂层材料，经激光辐射使之和基体表面一薄层同时熔化，并快速凝固后形成稀释度极低并与基体材料成冶金结合的表面涂层，从而显著改善基体材料表面的耐磨、耐蚀、耐热、抗氧化及电器特性等的工艺方法。激光熔覆具有稀释度小、组织致密、涂层与基体结合好、适合熔覆材料多等特点。

激光熔覆按送粉工艺的不同可分为两种：粉末预置法和同步送粉法。两种方法的效果相似，同步送粉法具有易实现自动化控制，激光能量吸收率高，无内部气孔，尤其适合熔覆金属陶瓷，可以显著提高熔覆层的抗开裂性能，使硬质陶瓷相可以在熔覆层内均匀分布等优点。

激光熔覆常用于修复零件，在大型企业重大成套设备连续可靠运行中解决了快速修复的难题，修复后的部件强度可达到原强度的 90% 以上。关键部件表面通过激光熔覆超耐磨抗蚀合金，可以在零部件表面不变形的情况下提高零部件的使用寿命。

3）激光冲击强化。激光冲击强化（Laser Shocking Peening，LSP）技术，也称激光喷丸技术。它是一种利用短脉冲激光束对材料表面进行改性，提高材料的抗疲劳、磨损和应力腐蚀性能的技术。激光冲击强化可以同时做到在材料表面产生残余压应力，降低表面粗糙度，提高表面硬度，改善组织结构等效果。

激光冲击强化的原理如图 6-23 所示，高能激光束穿过材料表面的约束层照射到材料的吸收层上。吸收层材料在吸收大量的激光能量后，会瞬间产生高压等离子体。由于约束层的存在，高压等离子体会冲击材料表层，产生应力波，当冲击结束后，由于材料内部力的自平衡作用，材料表层会形成残余的压应力。经过激光的冲击，材料表层组织结构发生改变，形成多种强化的亚细结构，提高了表面强化层的失效抗力。同时，激光冲击强化会使材料表层形变，产生硬化，提高表面层的屈服强度。

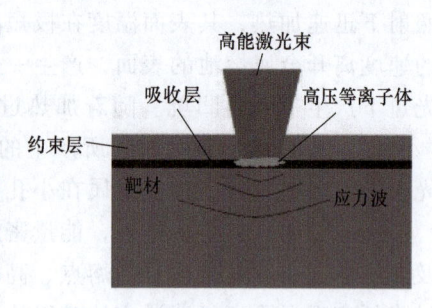

图 6-23 激光冲击强化的原理

据统计，在航空航天和船舶领域，49% 的喷气发动机构件损伤由疲劳失效造成，其中，叶片、机匣和传动部件等是最易发生疲劳断裂的零部件，激光冲击强化技术已成为改善发动机关键零部件疲劳寿命的必要手段。

6.6.2 电子束加工

电子束加工（Electron Beam Machining，EBM）和离子束加工（Ion Beam Machining，

IBM）均为高能束加工，加工原理各有不同，但两种加工方式都必须在真空中进行，属于精密和超精密加工，在精密微细加工方面，尤其是在微电子学领域中得到较多的应用。电子束加工主要用于打孔、焊接等热加工和电子束光刻化学加工。离子束加工则主要用于离子刻蚀、离子镀膜和离子注入等加工。

1. 电子束加工机理

电子束加工分为热效应和化学效应两种机理。电子束的热效应加工是利用能量密度为 $10^6 \sim 10^9 \text{W/cm}^2$ 的能束，在极短的时间（几分之一微秒）内，以极高的速度（$1.6 \times 10^5 \text{km/s}$）冲击到工件表面，表面材料迅速达到几千摄氏度以上的高温，产生熔化和汽化，实现加工的目的。电子束化学效应是用功率密度较低的电子束照射工件材料，利用电子轰击材料表层，使材料的分子链切断或重新聚合，发生化学变化，达到加工或改性的目的。

2. 电子束加工装置

电子束加工装置主要由电子枪、真空系统、控制系统和电源等部分组成，如图 6-24 所示。

（1）电子枪 电子枪是获得电子束的装置。它包括电子发射阴极、控制栅极和加速阳极等。阴极经电流加热发射电子，带负电荷的电子高速飞向带高电位的阳极，在飞向阳极的过程中，经过加速极加速，又通过电磁透镜把电子束聚焦成很小的束斑。发射阴极一般用钨或钽制成，在加热状态下发射大量电子。小功率时用钨或钽做成丝状阴极，大功率时用钽做成块状阴极。控制栅极为中间有孔的圆筒形，其上加以较阴极为负的偏压，既能控制电子束的强弱，又有初步的聚焦作用加速阳极接地，而阴极为很高的负电压，所以能驱使电子加速。

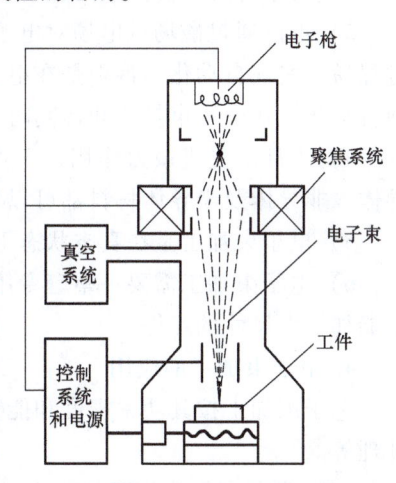

图 6-24 电子束加工原理

（2）真空系统 真空系统是为了保证在电子束加工时维持 $1.33 \times 10^{-2} \sim 1.33 \times 10^{-4} \text{Pa}$ 的真空度。因为只有在高真空中，电子才能高速运动。此外，加工时的金属蒸气会影响电子发射，产生不稳定现象。因此，也需要不断地把加工中生产的金属蒸气抽出去。真空系统一般由机械旋转泵和油扩散泵（或涡轮分子泵）两级组成，先用机械旋转泵把真空室抽至 $1.4 \sim 0.14 \text{Pa}$，然后由油扩散泵（或涡轮分子泵）抽至 $1.4 \times 10^{-2} \sim 1.4 \times 10^{-4} \text{Pa}$ 的高真空度。

（3）控制系统 电子束加工装置的控制系统包括束流聚焦控制、束流位置控制、束流强度控制、工作台位移控制等。

1）束流聚焦控制是为了提高电子束的能量密度，使电子束聚焦成很小的束斑，它基本上决定着加工点的孔径或缝宽。聚焦方法有两种：一种是利用高压静电场使电子流聚焦成细束；另一种是利用"电磁透镜"靠磁场聚焦。后者比较安全可靠。所谓电磁透镜，实际上为一电磁线圈，通电后它产生的轴向磁场与电子束中心线平行，端面的径向磁场则与中心线垂直。根据左手定则，电子束在前进运动中切割径向磁场时将产生圆周运动，而在圆周运动时，在轴向磁场中又将产生径向运动，所以实际上每个电子的合成运动为一半径越来越小的空间螺旋线而聚焦交于一点。根据电子光学的原理，为了消除像差和获得更细的焦点，常会再进行第二次聚焦。

2）束流位置控制是为了改变电子束的方向，常用电磁偏转来控制电子束焦点的位置，如果使偏转电压或电流按一定程序变化，电子束焦点便可按预定的轨迹运动。

3）束流强度控制是为了获得大的运动速度，常在阴极上加上 50~150kV 的负高压。

4）工作台位移控制是为了在加工过程中控制工作台的位置。因为电子束的偏转距离只能在数毫米之内，过大将增加像差和影响线性，因此在大面积加工时需要用伺服电动机控制工作台移动，并与电子束的偏转相配合。

（4）电源 电子束加工装置对电源电压的稳定性要求较高，常用稳压设备，这是因为电子束聚焦以及阴极的发射强度与电压波动有密切关系。

3. 电子束加工的特点

1）电子束发射器发射的电子束流束斑极小且可控，可以用于精密加工。

2）对于各种不同的被处理材料，其效率可高达 75%~98%，而所需的功率则较低。

3）可以通过磁场或电场对电子束的强度、位置、聚焦等进行直接控制，所以整个加工过程易于实现自动化。特别是在电子束曝光中，从加工位置找准到加工图形的扫描，都可实现自动化。在电子束打孔和切割时，可以通过电气控制加工异形孔，实现曲面弧形切割等。

4）工件不受机械力作用，不产生宏观应力和变形。加工材料范围很广，脆性、韧性、导体、非导体及半导体材料都可以加工。

5）电子束加工是在真空状态下进行的，对环境几乎没有污染。

6）电子束加工需要一整套专用设备和真空系统，价格较贵，生产应用有一定局限性，不能加工大尺寸的工件。

4. 电子束加工的应用

电子束加工按其功率密度和能量注入时间的不同，可用于打孔、切割、刻蚀、焊接、热处理等。

（1）电子束打孔与切割 电子束打孔适用于高速打孔，目前最小的孔可以达到 1μm，每个电子束脉冲打一个孔，脉冲的速率快，打孔的速度可以达到每秒几千个，还可以更改孔的密度、孔径、孔的位置。电子束的粗细强度和聚焦位置都能很方便地控制，束斑形式可控，可以加工异形孔。电子束打孔与切割不受材料限制，可加工难熔、高强度和非导电材料，且无工具磨损的问题，加工精度高，加工质量好，无缺陷，还可以加工小深孔，如在叶片上打深度 5mm，直径为 0.4mm 的孔，孔的深径比大于 10∶1。需要注意的是，用电子束加工玻璃、陶瓷、宝石等脆性材料时，由于在加工部位的附近有很大温差，容易引起变形甚至破裂，在加工前需要对工件进行预热。

电子束不仅可以加工各种直型孔和面，也可以加工弯孔和曲面。利用电子束在磁场中偏转的原理，使电子束在工件内部偏转，控制电子速度和磁场强度，即可控制曲率半径，加工出弯曲的孔。

（2）电子束刻蚀 电子束刻蚀是在计算机的控制下，利用电子束对抗蚀剂的作用，实现电子束曝光，如扫描电子束曝光、投影电子束曝光和软 X 射线曝光。加工出来的图形分辨率高、线条边缘陡直，广泛应用于光刻技术的掩膜制造。电子束刻蚀也可以直接在晶片上加工图形，实现"无掩膜"曝光技术，但加工时间长，不能实现大批量生产，只能应用于掩膜制备、原型化、小批量器件的制备和研发。

（3）电子束焊接 电子束焊接具有焊缝深径比大、焊接速度快、工件热变形小等特点，焊接可保证焊接稳定性和重复性。电子束焊接还能完成一般焊接方法难以实现的异种金属焊接。如铜和不锈钢的焊接，钢和硬质合金的焊接，铬、镍和钼的焊接等。由于电子束焊接对焊件的热影响小、变形小，可以在工件精加工后进行焊接。

（4）电子束热处理　电子束热处理是利用高能量密度的电子束加热，进行表面淬火的技术。由于电子束加热速度和冷却速度都很快，在相变过程中，奥氏体化时间很短，故能获得超细晶粒组织，硬化深度可达 0.3~0.8mm。通过对工件表层的加热、冷却、改变表层组织结构，获得所需性能的金属热处理工艺。常用的电子束表面改性工艺有电子束表面淬火、电子束表面熔凝、电子束表面合金化和电子束表面熔覆等。电子束加热设备功率大，能量利用率高；电子束加热和冷却速度快，热影响区小，工件变形小，加工可在真空状态下进行，减少了氧化、脱碳，表面质量高，节省了后续机加工量；电子束加工定位准确，参数易于调节，可严格控制表面改性位置、深度及性能。和激光热处理相比，电子束的电热转换效率高，可达 90%，激光的电转换效率一般为 10% 左右。另外电子束热处理在真空中进行，可以防止材料氧化，获得更好的加工质量。

6.6.3　离子束加工

1. 离子束加工机理

离子束加工的原理和电子束加工基本类似，是在真空条件下，将氩（Ar）、氪（Kr）、氙（Xe）等惰性气体通过离子源电离形成带有 10keV 数量级动能的惰性气体离子，在电场经过加速聚焦，形成质量大、动能高的离子束撞击到工件表面。不同的是离子带正电荷，其质量比电子大数千倍甚至上万倍，一旦离子加速到较高速度时，离子束比电子束具有更大的撞击动能，其靠微观的机械撞击能量，是一种力效应，而不是热效应。

2. 离子束加工装置

离子束加工装置包括离子源、真空系统、控制系统和电源等部分，和电子束加工装置类似，不同的是离子源。常用的离子源有卡夫曼型离子源、双等离子体型离子源，以及在聚焦离子束加工中广泛应用的液态金属离子源。

1）卡夫曼型离子源。如图 6-25 所示，惰性气体从入口注入电离室，灯丝在加热到高温下发射电子，电子受到阳极的吸引以及电磁线圈的偏转作用，向下做高速螺旋运动，惰性气体在高速电子的撞击下被电离成离子。阳极和阴极各有上下对齐的几百个小孔，形成数百条比较准直的离子束，撞向工件材料表面。如果调整电压，就可以得到不同速度的离子束。

2）双等离子体型离子源。如图 6-26 所示，利用阳极和阴极之间的低气压直流电弧放电，将氩、氪或氙等惰性气体在阳极小孔上方的低真空中被电离成等离子体。中间电极的电位一般比阳极电位低，它和阳极都用软铁制成，这两个电极之间形成很强的轴向磁场，使电弧放电局限在这中间，在阳极小孔附近产生强聚焦高密度的等离子体。引出电极将正离子导向阳极小孔以下的高真空区，再通过静电透镜所构成的聚焦装置形成高密度离子束轰击工件表面。

3）液态金属离子源。它是利用液态金属在强电场作用下产生磁场，致使离子发射所形成的离子源，一般是将钨丝经过电化学腐蚀成尖端直径只有 5~10μm 的钨针，然后将熔融的液态金属粘附在钨针尖上，液态金属在外加电场力作用下形成一个极小的尖端（泰勒锥），液态表面的金属离子以场蒸发的形式逸出表面，产生离子束流。

271

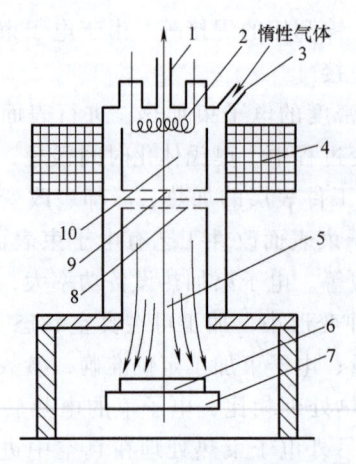

图 6-25　卡夫曼型离子源示意图
1—真空抽气口　2—灯丝　3—惰性气体注入口
4—电磁线圈　5—离子束流　6—工件　7—阴极
8—引出电极　9—阳极　10—电离室

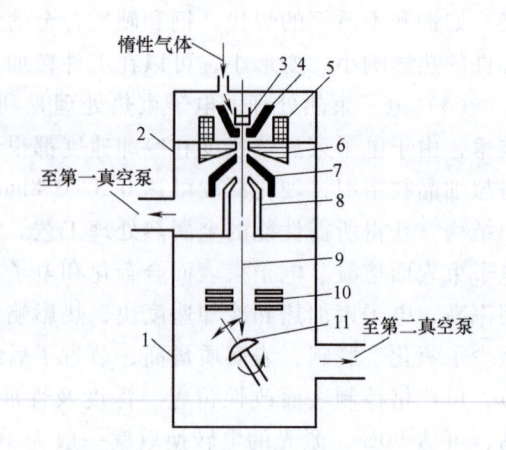

图 6-26　双等离子体型离子源示意图
1—加工室　2—离子枪　3—阴极　4—中间电极
5—电磁铁　6—阳极　7—控制电极　8—引出电极
9—离子束　10—静电透镜　11—工件

3. 离子束加工的分类

离子束射到材料表面时会发生撞击效应、溅射效应和注入效应。具有一定动能的离子斜射到工件材料（或靶材）表面时，可以将表面的原子撞击出来。这就是离子的撞击效应和溅射效应。如果将工件直接作为离子轰击的靶材，工件表面就会受到离子刻蚀（也称离子铣削）；如果将工件放置在靶材附近，靶材原子就会溅射到工件表面而被溅射沉积吸附，使工件表面镀上一层靶材原子的薄膜；如果离子能足够大并垂直工件表面撞击时，离子就会钻进工件表面，这就是离子的注入效应。按照以上的物理效应，离子束加工可以分为以下四类：

（1）离子刻蚀　该加工方法是用能量为 0.5~5keV 的氩离子倾斜轰击工件，将工件表面的原子逐个剥离。如图 6-27a 所示。其实质是一种原子尺度的切削加工，所以又称离子铣削。这就是近代发展起来的毫微米加工工艺。

（2）离子溅射沉积　该加工方法也是采用能量为 0.5~5keV 的氩离子，倾斜轰击某种材料制成的靶，离子将靶材原子击出，垂直沉积在靶材附近的工件上，使工件表面镀上一层薄膜，如图 6-27b 所示。所以离子溅射沉积是一种镀膜工艺。

（3）离子镀也称离子溅射辅助沉积　该加工方法也是用 0.5~5keV 的氩离子，不同的是在镀膜时，离子束同时轰击靶材和工件表面，如图 6-27c 所示。该加工方法目的是为了增强膜材与工件基材之间的结合力，也可将靶材高温蒸发，同时进行离子撞击镀膜。

（4）离子注入　该加工方法是用 5~500keV 较高能量的离子束，直接垂直轰击被加工材料，由于离子能量相当大，离子钻进被加工材料的表面层，如图 6-27d 所示。工件表面层含有注入离子后，改变了化学成分，从而改变了工件表面层的物理和化学性能。根据不同的目的可选用不同的注入离子，如磷、硼、碳、氮等。

4. 离子束加工的特点

1）由于离子束可以通过电子光学系统进行聚焦扫描，材料是逐层去除原子的，离子束流密度及离子能量可以精确控制，所以离子刻蚀可以达到纳米（0.001μm）级的加工精度。

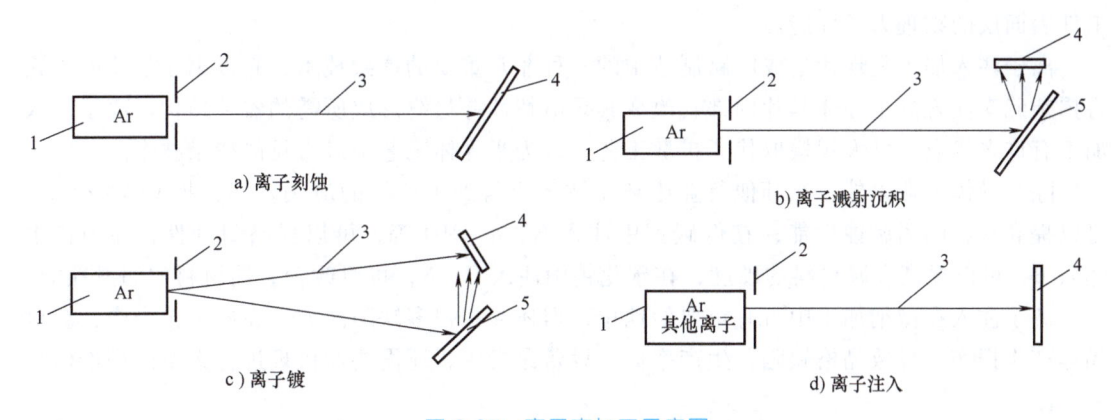

图 6-27　离子束加工示意图

1—离子源　2—引出电极　3—离子束　4—工件　5—靶材

离子镀膜可以控制在亚微米级精度，离子注入的深度和浓度也可极精确地控制。因此，离子束加工是所有特种加工方法中最精密、最微细的加工方法，是当代毫微米加工（纳米加工）技术的基础。

2）由于离子束加工是在高真空中进行的，所以污染少，特别适用于对易氧化的金属、合金材料和高纯度半导体材料的加工。

3）离子束加工是靠离子轰击材料表面的原子来实现的。它是一种微观作用，宏观压力很小，所以加工应力、热变形等极小，加工质量高，适合于对各种材料和低刚度零件的加工。

4）离子束加工设备费用贵、成本高，加工效率低，因此应用范围受到一定限制。

5. 离子束加工的应用

离子束加工的应用范围正在日益扩大、不断创新。目前用于改变零件尺寸和表面物理力学性能的离子束加工有：用于从工件上做去除加工的离子刻蚀加工，用于给工件表面涂覆的离子镀膜加工，用于表面改性的离子注入加工等。

（1）离子刻蚀加工　离子刻蚀加工是从工件上去除材料的加工方法，是一个撞击溅射的过程。当离子束轰击工件，入射离子的动量传递到工件表面的原子，传递能量超过了原子间的键合力时，原子就从工件表面撞击溅射出来，达到刻蚀的目的。为了避免入射离子与工件材料发生化学反应，必须用惰性元素的离子。离子刻蚀可用于加工空气轴承的沟槽、打孔、加工极薄材料及超高精度非球面透镜，还可用于刻蚀集成电路等的高精度图形。

（2）离子镀膜加工　离子镀膜加工有溅射沉积和离子镀两种。离子镀时，工件不仅接受靶材溅射来的原子，还同时受到离子的轰击。

离子镀时，蒸发粒子是以带电离子的形式在电场中沿着电力线方向运动，因而凡是有电场存在的部位，均能获得良好镀层。普通真空镀膜只能镀直射表面，离子镀适合镀复杂零件上的内孔、凹槽和窄缝等其他方法难镀的部位。离子镀的镀层组织致密、无针孔、无气泡、厚度均匀，且能修补工件表面的微小裂纹和麻点等缺陷，能有效地改善被镀零件的表面质量和物理力学性能。离子镀的工件内部不受高温的影响。对材料没有限制，各种金属、合金以及某些合成材料、绝缘材料、热敏材料和高熔点材料等均可镀覆。

（3）离子注入加工　离子注入加工是用高能量的离子束，直接轰击工件表面，由于离子能量相当大，可使离子钻进被加工工件材料表面层，改变其表面层的化学成分，从而改工件表面层的物理力学性能。

离子注入加工是现代集成电路制造中的一种非常重要的掺杂技术，它以离子加速的方式将掺杂元素注入到半导体晶片内部，改变其导电特性并最终形成所需的器件结构。离子注入加工有许多优点，已大规模取代了扩散工艺，成为半导体工艺中最常见的掺杂技术。

除半导体工业以外，在其他行业中离子注入也得到了广泛的应用。如：把 Cr 注入 Cu，可以提高材料的耐腐蚀性能；在低碳钢中注入 N、n、MO 等，可以提高耐磨性；在纯铁中注入 B，可以提高金属材料的硬度；在碳化钨中注入 C、N，可以改善金属材料的润滑性能。

离子注入在微纳加工中占有重要的地位，但还存在很多缺陷。如，在硅工艺当中，会对晶体产生损伤，导致晶格缺陷，生产率低，设备昂贵等，还需要对机理进行大量的理论研究和实践。

思考与练习题

6-1 简述先进制造工艺的特点。
6-2 简述先进制造工艺发展的总趋势。
6-3 简述快速成型四种典型工艺的工作原理。
6-4 金刚石刀具超精密切削有哪些应用？
6-5 超精密切削时如何才能使加工表面成为优质的镜面？
6-6 超精密切削对刀具有哪些要求？为什么单晶金刚石是被公认为理想的、不能代替的超精密切削的刀具材料？
6-7 简述超精密磨削的特点、所采用的砂轮的材料、砂轮修整方法和步骤。试分析普通磨料砂轮和超硬磨料砂轮在修整机理上的不同。
6-8 超精密车床有哪几种总体布局？各自的优缺点是什么？
6-9 超精密加工对机床设备和环境有什么要求？
6-10 微电子产品为什么采用硅作为材料？
6-11 湿氧化和干氧化工艺有什么区别？
6-12 蒸发沉积和溅射沉积有什么区别？
6-13 怎么消除离子注入对工件表面的影响？
6-14 什么是体硅微加工和表面硅微加工？两者在工艺上有什么区别？各有什么优缺点？
6-15 什么是 LIGA 技术？该技术有什么优点？
6-16 光学光刻技术的步骤有哪些？
6-17 如果制造一个直齿齿轮，齿轮厚度是齿轮直径的十分之一，齿轮直径分别是 10μm、100μm、1mm，分别可以采用哪些加工工艺？
6-18 试述激光加工的能量转换过程，它是如何蚀除材料的？
6-19 试述电子束加工装置组成。
6-20 电子束加工和离子束加工在原理上有什么不同？
6-21 简述激光加工、电子束加工和离子束加工各自的适用范围，三者各有什么优缺点。

参 考 文 献

[1] 周泽华. 金属切削原理 [M]. 上海：上海科学技术出版社，1993.

[2] 陈日曜. 金属切削原理 [M]. 2版. 北京：机械工业出版社，2002.

[3] 乐兑谦. 金属切削刀具 [M]. 2版. 北京：机械工业出版社，1993.

[4] 戴红军. 我国机械制造业的发展研究 [D]. 天津：河北工业大学，2010.

[5] 陆剑中，孙家宁. 金属切削原理与刀具 [M]. 5版. 北京：机械工业出版社，2011.

[6] 袁哲俊，刘华明. 金属切削刀具设计手册 [M]. 北京：机械工业出版社，2008.

[7] 颜兵兵. 机械制造基础 [M]. 北京：机械工业出版社，2012.

[8] 刘英. 机械制造技术基础 [M]. 3版. 北京：机械工业出版社，2018.

[9] 邓文英，宋力宏. 金属工艺学：下册 [M]. 5版. 北京：高等教育出版社，2008.

[10] 周桂莲. 机械制造技术基础：下册 [M]. 北京：电子工业出版社，2011.

[11] 戴曙. 金属切削机床 [M]. 北京：机械工业出版社，1994.

[12] 贾亚洲. 金属切削机床概论 [M]. 2版. 北京：机械工业出版社，2011.

[13] 卢秉恒. 机械制造技术基础 [M]. 4版. 北京：机械工业出版社，2018.

[14] 于骏一，邹青. 机械制造技术基础 [M]. 2版. 北京：机械工业出版社，2009.

[15] 黄健求. 机械制造技术基础 [M]. 2版. 北京：机械工业出版社，2011.

[16] 张继祥. 工程创新实践 [M]. 北京：国防工业出版社，2011.

[17] 胡忠举，宋昭祥. 现代制造工程技术实践 [M]. 4版. 北京：机械工业出版社，2019.

[18] 王宝刚. 机械制造应用技术 [M]. 北京：北京理工大学出版社，2012.

[19] 张木青，于兆勤. 机械制造工程训练教材 [M]. 广州：华南理工大学出版社，2004.

[20] 王小翠. 工程训练指导与报告 [M]. 西安：西北工业大学出版社，2008.

[21] 任家隆，刘志峰. 机械制造基础 [M]. 3版. 北京：高等教育出版社，2015.

[22] 李东君，吕勇. 数控加工技术 [M]. 北京：机械工业出版社，2018.

[23] 王先逵. 机械制造工艺学 [M]. 4版. 北京：机械工业出版社，2019.

[24] 王新荣，王晓霞. 机械制造工艺及夹具设计 [M]. 哈尔滨：哈尔滨工业大学出版社，2014.

[25] 袁哲俊，王先逵. 精密与超精密加工技术 [M]. 2版. 北京：机械工业出版社，2016.

[26] 王太隆. 先进制造技术 [M]. 2版. 北京：机械工业出版社，2003.

[27] 刘璇，冯凭. 先进制造技术 [M]. 北京：北京大学出版社. 2012.

[28] 蒋文明，樊自田. 镁合金消失模铸造新技术研究 [J]. 铸造，2020，70（1）：28-37.

[29] 陈永来，张帆，单群，等. 精密成形技术在航天领域的应用进展 [J]. 材料科学与工艺，2013，21（4）：57-64.

[30] 高玉魁，蒋聪盈. 激光冲击强化研究现状与展望 [J]. 航空制造技术，2016（4）：16-20.

[31] 王凌云，杜晓辉，张方方，等. 航空微机电系统非硅材料微纳加工技术 [J]. 航空制造技术，2016（17）：16-22.

[32] 高永基，孙旭明，张海霞. 微纳米分子系统研究领域的最新进展：IEEE NEMS 2013 国际会议综述 [J]. 太赫兹科学与电子信息学报，2013，11（3）：495-500.

[33] 王继强，耿延泉，闫永达. 基于 AFM 纳米机械刻划加工纳米结构及应用 [J]. 自然杂志，2020，42

(3)：210-218.

[34] 陈泳讫，佟存柱，秦莉，等. 表面等离子体激元纳米激光器技术及应用研究进展[J]. 中国光学，2012，5（5）：453-461.

[35] 刘鑫，俞荣标. 精密雕刻技术在复杂曲面模具加工中的应用[J]. 精密成形工程，2011，3（3）：85-87.

[36] 梁雷，刘之景. 蘸笔纳米光刻术的新应用[J]. 现代科学仪器，2006（2）：10-13.

[37] 王文，徐涛，孙立涛. 原位液体环境透射电镜技术在纳米晶体结构研究中的应用[J]. 电子显微镜学报，2018，37（5）：500-512.

[38] 唐天同，王兆宏. 微纳加工科学原理[M]. 北京：电子工业出版社，2010.